高等职业教育“十四五”规划教材

农药应用技术

曹延明　王学顺　丁俊杰　主编

中国农业大学出版社
·北京·

内 容 简 介

本书是高等职业教育相关专业专用教材，在编写体例上充分体现高等职业人才培养目标和就业岗位群对人才培养能力需求的特点。本教材针对高等职业教育培养目标，按职业岗位的能力和要求设计教材内容，突出“理论知识够用，实践技能适用”的原则。全书采取模块项目化编写，包括知识目标、能力目标、模块小结、模块巩固，共分为 11 个模块，64 个工作项目。

本书以工作项目为主线，使“教、学、做”一体化呈现，体例新颖，层次清晰，深入浅出，实用性、针对性和可操作性强，突出了农业职业综合能力的培养。本书可作为植物保护与检疫技术、作物生产与经营、园艺技术等相关高等职业学校学生使用，也可供农民培训和基层植保工作者参考使用。

图书在版编目(CIP)数据

农药应用技术 / 曹延明，王学顺，丁俊杰主编. --北京：中国农业大学出版社，2022.12 (2024.8 重印)

ISBN 978-7-5655-2922-1

Ⅰ.①农… Ⅱ.①曹…②王…③丁… Ⅲ.①农药施用-高等职业教育-教材 Ⅳ.①S48

中国国家版本馆 CIP 数据核字(2023)第 008354 号

书　名 农药应用技术
作　者 曹延明　王学顺　丁俊杰　主编

策划编辑 康昊婷　　**责任编辑** 田树君
封面设计 郑　川
出版发行 中国农业大学出版社
社　址 北京市海淀区圆明园西路 2 号　　**邮政编码** 100193
电　话 发行部 010-62733489，1190　　读者服务部 010-62732336
编辑部 010-62732617，2618　　出　版　部 010-62733440
网　址 http://www.caupress.cn　　**E-mail** cbsszs@cau.edu.cn
经　销 新华书店
印　刷 北京溢漾印刷有限公司
版　次 2023 年 2 月第 1 版　2024 年 8 月第 2 次印刷
规　格 185 mm×260 mm　16 开本　16.25 印张　405 千字
定　价 39.00 元

编写人员

主　编　曹延明　黑龙江农业职业技术学院
　　　　王学顺　黑龙江农业职业技术学院
　　　　丁俊杰　黑龙江省农业科学院佳木斯分院

副主编　孙　雪　黑龙江农业职业技术学院
　　　　胡法龙　黑龙江农业职业技术学院
　　　　刘春博　吉林省经济管理干部学院

参　编　孙　宇　黑龙江农业职业技术学院
　　　　李洪波　黑龙江农业职业技术学院
　　　　赵　姝　黑龙江农业职业技术学院
　　　　于洪明　黑龙江护苗农业科技开发有限公司
　　　　张　爽　黑龙江农业职业技术学院
　　　　张晓桐　黑龙江农业职业技术学院
　　　　葛　欣　黑龙江农业职业技术学院

前　言

“农药应用技术”是高等职业教育植物保护专业的专业课程之一。根据《关于深化职业教育教学改革全面提高人才培养质量的若干意见》《职业教育提质培优行动计划（2020—2023年）》等文件精神，按照中国农业大学出版社要求“教材要与岗位技术标准对接、着力培养学生就业创业能力”，紧紧围绕培养学生动手能力强，上手快，具有高素质、高技能的专门人才而编写。

近几年来，农业高等职业教育飞速发展，随着农民对生产高品质、高产、高效益农产品要求及消费者对无公害农产品需求的日益增长，我们需要进行农作物病虫草害防治环节的优化，科学合理地使用农药，促进其治理水平的提升，实现现代化农业建设的稳定发展。2016年，黑龙江省出台《关于深入推进农业“三减”行动的实施意见》，深入推进农业减化肥、化学农药和化学除草剂的“三减”行动，争当全国现代生态农业发展排头兵，推动大粮仓变成绿色粮仓、绿色菜园、绿色厨房。当前，农药已经成为全国农业生产必备的农资产品，其效率高、防治效果好、见效快、省工时、经济效益好等诸多优点，已经成为农民解决病虫草害的最佳途径，但是相应地也带来了环境的污染、对人畜的二次伤害。本教材力求使学生在学习过程中自觉树立“预防为主、综合防治”的观念，科学合理使用农药来防治作物病虫草害，达到优质、高产、高效益的目的。

党的二十大报告指出，实施科教兴国战略，强化现代化建设人才支撑。本教材针对高等职业教育人才培养目标，按职业岗位的能力和要求设计教材内容，突出“理论知识够用，实践技能适用”的原则。全书采取模块项目化编写，分为知识目标、能力目标、模块小结、模块巩固，分为11个模块，64个工作项目。

本教材由曹延明、王学顺、丁俊杰担任主编，由孙雪、胡法龙、刘春博担任副主编，由孙宇、李洪波、赵姝、于洪明、张爽、张晓桐、葛欣参编。编写分工如下：曹延明负责编写模块一、模块三；王学顺负责编写前言、模块二、模块四、模块十；丁俊杰负责编写模块五、模块七；孙雪负责编写模块八；胡法龙负责编写模块九；刘春博负责编写模块十一；孙宇负责模块六中的项目一至四；李洪波负责模块六中的项目五至八；赵姝负责模块六中的项目九至十二；于洪明负责模块六中的项目十三至十六；张爽负责模块六中的项目十七至十九；张晓桐负责模块六中的项目二十至二十二；葛欣负责模块六中的项目二十三、二十四。

本书编写过程中得到黑龙江农业职业技术学院农学系、教务处领导和同事们的大力支持，在此表示衷心的感谢。本书在编写过程中参阅、参考和引用了大量的有关文献资料，在此对文献的作者表示诚挚的谢意。

由于编者水平有限，时间紧张，书中谬误在所难免，敬请各位专家、同行，使用本教材的教师、学生，本书的各位读者提出宝贵意见，以便改进。

编　者

2024 年 6 月

目　录

模块一　农药的基本概念及发展简史 …… 1
项目一　农药的基本概念 …… 1
一、农药的定义与分类 …… 1
二、毒力与药效 …… 2
三、毒性与药害 …… 3
四、农药剂型及施用方法 …… 4
五、农药的残留与残毒 …… 6
六、有害生物抗药性 …… 6
项目二　农药发展简史 …… 7
一、无机及天然产物农药阶段(19 世纪中叶至 20 世纪中叶) …… 7
二、近代有机合成农药阶段(1945—1975 年前后) …… 8
三、现代有机合成农药阶段(20 世纪 70 年代中期至今) …… 9
项目三　农药在国民经济中的地位 …… 10
一、人类社会仍然需要农药 …… 10
二、使用农药是综合防治中的重要措施 …… 11
模块二　杀虫剂 …… 12
项目一　杀虫剂发展历史与现状 …… 12
项目二　有机磷类杀虫剂 …… 14
一、概述 …… 14
二、有机磷杀虫剂的化学结构与类型 …… 15
三、有机磷杀虫剂的反应活性 …… 19
四、有机磷杀虫剂的毒性 …… 22
五、有机磷杀虫剂的作用方式、毒理和应用 …… 23
项目三　氨基甲酸酯类杀虫剂 …… 23
一、概述 …… 23
二、氨基甲酸酯杀虫剂的化学结构与类型 …… 25
三、氨基甲酸酯类杀虫剂的反应活性 …… 26

四、氨基甲酸酯类杀虫剂的毒性…… 28
五、氨基甲酸酯类杀虫剂的作用方式、毒理和应用 …… 28
项目四 拟除虫菊酯类杀虫剂 …… 29
一、概述…… 29
二、第一代拟除虫菊酯杀虫剂…… 31
三、第二代光稳定性拟除虫菊酯杀虫剂…… 32
四、光稳定性拟除虫菊酯杀虫剂的发展…… 33
五、拟除虫菊酯杀虫剂的异构体与生物活性…… 35
六、拟除虫菊酯杀虫剂的作用方式、毒理和应用 …… 35
项目五 沙蚕毒素类与甲脒类杀虫剂 …… 36
一、沙蚕毒素类杀虫剂…… 36
二、甲脒类杀虫剂…… 37
项目六 新烟碱类杀虫剂 …… 38
一、概述…… 38
二、新烟碱类杀虫剂的生物活性…… 39
三、新烟碱类杀虫剂的毒理、选择性和生态效应 …… 40
四、新烟碱类杀虫剂的应用…… 41
项目七 吡咯、吡唑、吡啶类杀虫剂 …… 41
一、吡咯类杀虫剂…… 41
二、吡唑类杀虫剂…… 45
三、吡啶类杀虫剂…… 46
项目八 苯甲酰苯脲类和嗪类杀虫剂 …… 47
一、概述…… 47
二、苯甲酰苯脲类杀虫剂的代谢降解和安全性…… 48
三、苯甲酰苯脲类与嗪类杀虫剂的毒性与毒理…… 49
四、苯甲酰苯脲类与嗪类杀虫剂的主要品种、作用方式及应用 …… 50
项目九 邻苯二甲酰胺类和邻甲酰氨基苯甲酰胺类杀虫剂 …… 51
一、概述…… 51
二、主要理化性质与生物活性…… 52
三、作用方式、毒理与应用 …… 53
项目十 保幼激素与蜕皮激素类杀虫剂 …… 54
一、保幼激素类杀虫剂…… 54
二、蜕皮激素类杀虫剂…… 56
项目十一 天然源化合物杀虫剂 …… 58
一、概述…… 58
二、天然源化合物杀虫剂的分类…… 59
模块三 杀螨剂 …… 73
项目一 杀螨剂发展概况 …… 73
项目二 以杀螨卵为主的杀螨剂 …… 74

一、概述…… 74
二、主要理化性质…… 75
三、主要特性…… 75
四、应用…… 76
项目三 具有生长调节活性的杀螨剂 …… 76
一、概述…… 76
二、理化性质…… 77
三、作用特点…… 77
四、应用…… 78
项目四 具有神经毒剂作用的杀螨剂 …… 78
一、概述…… 78
二、主要理化性质…… 81
三、主要特性…… 81
四、应用技术…… 82
项目五 具有呼吸代谢抑制作用的杀螨剂 …… 83
一、概述…… 83
二、主要理化性质…… 85
三、主要特性…… 86
四、使用技术…… 86
模块四 杀菌剂 …… 88
项目一 杀菌剂及其发展历史和现状 …… 88
一、概述…… 88
二、杀菌剂发展简史…… 90
项目二 保护性杀菌剂 …… 91
一、无机铜杀菌剂…… 91
二、无机硫杀菌剂…… 92
三、有机硫杀菌剂…… 93
四、取代苯类杀菌剂…… 94
五、酰亚胺类杀菌剂…… 95
项目三 内吸性杀菌剂 …… 96
一、羧酰替苯胺类…… 96
二、苯并咪唑类…… 97
三、有机磷类…… 99
四、酰苯胺类 …… 101
五、三唑类 …… 103
六、嗜球果伞素类或 QoI 杀菌剂 …… 106
七、羧酸氨基化合物类杀菌剂 …… 109
项目四 植物诱导抗病激活剂…… 111
一、概述 …… 111

二、烯丙异噻唑 …… 112
三、苯并噻二唑 …… 112
四、寡糖 …… 113
项目五　杀菌农用抗生素 …… 114
一、概述 …… 114
二、杀菌农用抗生素的特性 …… 117
模块五　杀线虫剂 …… 119
项目一　熏蒸性杀线虫剂 …… 119
一、概述 …… 119
二、主要类型 …… 120
三、生物活性与应用 …… 121
项目二　非熏蒸性杀线虫剂 …… 122
一、概述 …… 122
二、主要类型与理化性质 …… 124
三、生物活性与应用 …… 125
模块六　除草剂 …… 127
项目一　除草剂的分类、特性及发展史 …… 127
一、除草剂的分类、选择性和杀草特性 …… 127
二、除草剂发展史 …… 129
项目二　苯氧羧酸类 …… 131
一、概述 …… 131
二、主要物理和化学性质 …… 132
三、生物活性和特点 …… 134
四、作用特性 …… 134
五、应用 …… 135
项目三　苯甲酸类 …… 135
一、概述 …… 135
二、生物活性和作用特性 …… 136
三、应用 …… 137
项目四　联吡啶类 …… 137
一、概述 …… 137
二、主要物理和化学性质 …… 137
三、生物活性、毒理与毒性 …… 138
四、应用 …… 138
项目五　酰胺类 …… 138
一、概述 …… 138
二、主要物理和化学性质 …… 140
三、作用特性、毒性与毒理 …… 140
四、生物活性与应用 …… 141

项目六　氨基甲酸酯和硫代氨基甲酸酯类…… 141
一、概述 …… 141
二、主要物理和化学性质 …… 142
三、生物活性和作用特性 …… 143
四、应用 …… 144
项目七　二苯醚类…… 144
一、概述 …… 144
二、主要的物理和化学性质 …… 145
三、生物活性 …… 145
四、作用特性与毒理、毒性…… 146
五、应用 …… 146
项目八　脲类…… 147
一、概述 …… 147
二、结构与活性 …… 148
三、生物活性和作用特性 …… 148
四、应用 …… 149
项目九　三氮苯类…… 149
一、概述 …… 149
二、结构与活性 …… 150
三、生物活性与毒性 …… 151
四、作用特性 …… 152
五、应用 …… 152
项目十　二硝基苯胺类…… 153
一、概述 …… 153
二、主要物理和化学性质 …… 153
三、生物活性 …… 154
四、作用特性 …… 154
五、应用 …… 155
项目十一　有机磷类…… 155
一、概述 …… 155
二、结构和活性 …… 156
三、生物活性和作用特性 …… 157
四、应用 …… 158
项目十二　芳氧苯氧丙酸酯类…… 159
一、概述 …… 159
二、主要物理和化学性质 …… 161
三、生物活性和作用特性 …… 161
四、应用技术 …… 162
项目十三　磺酰脲类…… 162

一、概述 …… 162
二、主要理化性质 …… 164
三、生物活性和作用特性 …… 165
四、应用 …… 166
项目十四 咪唑啉酮类 …… 167
一、概述 …… 167
二、结构和活性 …… 168
三、生物活性和作用特性 …… 169
四、应用 …… 170
项目十五 磺酰胺类 …… 170
一、概述 …… 170
二、主要性质和作用特性 …… 172
三、应用 …… 173
项目十六 嘧啶水杨酸类 …… 173
一、概述 …… 173
二、作用特点和应用 …… 174
项目十七 环己烯酮类 …… 175
一、概述 …… 175
二、理化性质和作用特性 …… 175
三、应用 …… 176
项目十八 嘧啶类 …… 176
一、概述 …… 176
二、性质和作用特性 …… 177
三、应用 …… 177
项目十九 吡啶类 …… 177
一、概述 …… 177
二、作用特点 …… 178
三、应用 …… 178
项目二十 腈类 …… 178
一、概述 …… 178
二、作用特点和应用 …… 179
项目二十一 *N*-苯基肽亚胺类 …… 179
一、概述 …… 179
二、理化性质和作用特点 …… 179
三、应用技术 …… 180
项目二十二 三酮类 …… 180
一、概述 …… 180
二、作用特性和应用 …… 180
项目二十三 吡唑类 …… 181

一、概述 …… 181
二、作用特点和应用 …… 182
项目二十四 其他重要品种 …… 182
一、二氯喹啉酸 …… 182
二、异噁草松 …… 182
三、噁草酮 …… 183
四、野燕枯 …… 184
五、哒草特 …… 185
模块七 杀软体动物剂 …… 187
项目一 无机杀软体动物剂 …… 187
一、概述 …… 187
二、主要特性 …… 187
三、生物活性与应用 …… 188
项目二 有机杀软体动物剂 …… 188
一、概述 …… 188
二、不同类型有机杀软体动物剂的主要特性、生物活性与应用 …… 190
模块八 杀鼠剂 …… 194
项目一 急性杀鼠剂 …… 194
一、概述 …… 194
二、生物活性与应用 …… 196
项目二 慢性杀鼠剂 …… 197
一、概述 …… 197
二、生物活性与应用 …… 202
模块九 植物生长调节剂 …… 204
项目一 植物生长促进剂 …… 205
一、生长素类 …… 205
二、赤霉素类 …… 207
三、细胞分裂素类 …… 209
四、乙烯类 …… 211
五、油菜素甾醇类 …… 212
六、其他及复合植物生长促进剂 …… 213
项目二 植物生长延缓剂 …… 215
项目三 植物生长抑制剂 …… 216
模块十 农业有害生物抗药性及综合治理 …… 219
项目一 害虫的抗药性 …… 219
一、害虫抗药性的概念 …… 219
二、害虫抗药性的形成与机理 …… 221
三、害虫抗药性治理 …… 222
项目二 植物病原物抗药性 …… 224

一、病原物抗药性发生原理 …… 225
二、病原物抗药性治理 …… 225
项目三　杂草的抗药性及克服办法 …… 227
一、杂草对除草剂抗性发展简史 …… 228
二、杂草抗药性的形成与机理 …… 228
三、杂草抗药性的综合治理 …… 228
模块十一　新农药的研究与开发 …… 231
项目一　化学合成与工艺研究 …… 231
一、先导化合物的发现和优化 …… 231
二、小试研究和中试研究 …… 233
项目二　生物筛选与作用机理 …… 234
一、生物筛选在新农药研究与开发中的意义 …… 234
二、供筛选的生物材料 …… 234
三、筛选方法 …… 235
四、作用方式及作用机理研究 …… 237
项目三　农药安全评价 …… 237
一、农药卫生毒理安全评价 …… 238
二、农药环境安全评价 …… 238
项目四　农药管理和农药登记 …… 239
一、农药管理及其意义 …… 239
二、国内外农药管理概况 …… 239
三、农药管理的基本内容 …… 239
四、我国农药登记管理的机构、内容和程序 …… 241
参考文献 …… 244

模块一
农药的基本概念及发展简史

【知识目标】

通过本模块学习，理解农药的定义及分类，农药的制剂种类，明确农药对农作物的影响，了解农药的中毒类型，了解农药对作物的影响及科学用药的原则，从而为后续学习奠定一定的基础。

【能力目标】

具备农药的辨别分类能力，毒力、药效、致死中量、致死中浓度、有效中量、有效中浓度等的计算能力，根据影响药效的因素与人畜的毒性，制定科学用药的方法和策略。

项目一　农药的基本概念

一、农药的定义与分类

1. 农药的定义

农药(pesticide)主要是指用于预防、消灭或者控制农业、林业的病、虫、草和其他有害生物以及有目的地调节植物、昆虫生长的化学品。这里所说的化学品可以是人工合成的，也可以是天然的动植物及微生物的代谢产物。但不论是人工合成的化合物还是天然产物，作为农药都应具备两种基本属性：①具有确定的分子结构；②在一定剂量范围内对有害生物有显著的生物活性。因此诸如寄生蜂、捕食螨、致病细菌、病毒等所谓“生物农药”不属于本书所述的农药范畴。

需要指出的是，对于农药的含义和范围，不同的时代、不同的国家和地区都有差别。如美国，早期曾将农药称为“有经济价值的毒剂”(economic poison)，后又称为“农用化学品”(agricultural chemical)，甚至称为“农用化学调控剂”(agricultural bioregulator)，欧洲亦称之为“农用化学品”(agrichemical)，当前在国际文献中已通用“pesticide”一词。

2. 农药的分类

《农药手册》(*The Pesticide Manual*)第 17 版收录 860 个农药品种。为了便于研究与使用,可从不同的角度对其进行分类。一般是按功能和用途将农药分成杀虫剂、杀螨剂、杀菌剂、除草剂、杀鼠剂及植物生长调节剂等若干大类,然后再将每一大类按化学结构或作用方式细分。以杀虫剂为例 ,可以按化学结构分为若干类别,如:

有机磷类杀虫剂,如敌敌畏、辛硫磷、马拉硫磷等。

氨基甲酸酯类杀虫剂,如西维因、速灭威、抗蚜威、涕灭威、克百威、双氧威等。

拟除虫菊酯类杀虫剂,如丙烯菊酯、甲氰菊酯、氰戊菊酯、溴氰菊酯等。

沙蚕毒素类杀虫剂, 如杀螟丹、杀虫双、杀虫环等。

新烟碱类(氯化烟酰类)杀虫剂,如吡虫啉、啶虫脒等。

也可按作用方式将杀虫剂分成若干类别,如:

胃毒剂(stomach poison),药剂伴随害虫取食活动通过口器及消化系统进入体内起毒杀作用的一类杀虫剂。当代合成杀虫剂中,极少有纯粹的胃毒剂。

触杀剂(contact poison),药剂通过害虫体壁侵入体内起毒杀作用的一类杀虫剂。当代合成杀虫剂中绝大多数都可称作触杀剂。

熏蒸剂(fumigant),药剂以气体状态通过害虫的呼吸系统进入体内起毒杀作用的一类杀虫剂。

特异性杀虫剂(special action insecticide),这是一类并不直接杀死害虫,而是通过干扰昆虫的行为、影响昆虫的生长发育而控制其危害的药剂,如昆虫拒食剂、诱引剂、驱避剂或昆虫生长调节剂等。

二、毒力与药效

二维码 1　知识拓展

1. 毒力

毒力(toxicity)是指在一定条件下某种农药对某种供试有害生物作用的性质和程度,即内在的毒杀能力。杀虫剂毒力大小常以致死中量、致死中浓度表示,其值越小,毒力越大。

致死中量(median lethal dose),杀死供试昆虫种群一半个体所需的剂量。常以 LD_{50} 表示,其单位有两种:一种是以供试昆虫个体所接受的药量为单位,如 μg(药量)/头(昆虫);另一种是以供试昆虫单位体重所接受的药量为单位,如 μg(药量)/g(昆虫)。

致死中浓度(median lethal concentration),杀死供试昆虫种群一半个体所需的浓度。常以 LC_{50} 表示,单位为 μg(有效成分质量)/mL(药液容积)。

杀菌剂和除草剂毒力大小常以有效中浓度表示,其值越小,毒力越大。

有效中浓度(median effective concentration),引起供试生物群体的半数产生某种药剂反应的浓度。常以 EC_{50} 表示,单位为 mg(有效成分质量)/L(药液容积)或 μg(有效成分质量)/mL(药液容积)。

2. 药效

药效(effectiveness of pesticide)是指某药剂在大田实际生产中对某种有害生物的防治效果。表示药效的指标有 3 类:①施药防治前后有害生物种群数量的变化;②施药前后有害生物危害程度的变化；③施药与不施药作物收获量的变化。

毒力和药效都是药剂对有害生物作用强度的量度。一般来说，毒力是药效的基础，但毒力并不等于药效，而且在某些情况下，一种农药的毒力强大并不一定药效就好。毒力是药剂本身(纯品或原药)对供试生物作用的结果，一般是在室内相对严格控制的条件下采用比较精密的标准化方法测定的结果，而药效则是在田间条件下施用某种农药制剂(除有效成分外，还有多种助剂)对有害生物的防治效果。显然，除了药剂本身外，某些因素如制剂形态、加工方法、喷施方法和质量，有害生物的生长发育阶段，特别是湿度、温度、光照、土壤等环境条件都对药效有显著影响。

三、毒性与药害

(一)毒性

二维码 2　知识拓展

毒性(toxicity)实际上就是农药对高等动物的毒力。常以大鼠通过经口、经皮、吸入等方法给药测定农药的毒害程度，推测其对人、畜潜在的危险性。农药对高等动物的毒性通常分为以下 3 类：

1. 急性毒性(acute toxicity)

急性毒性是指农药一次大剂量或 24 h 内多次小剂量对供试动物(如大鼠)作用的性质和程度。经口毒性和经皮毒性均以致死中量 LD_{50} 表示，单位为 mg/kg，而吸入毒性则以致死中浓度 LC_{50} 表示，单位为 mg/L 或 mg/m^3。显然，某种农药的 LD_{50} 值或 LC_{50} 值越小，则这种农药的毒性越大。世界卫生组织(WHO)推荐的农药危害分级标准和我国目前规定的农药急性毒性分级暂行标准如表 1-1 、表 1-2 所示。

表 1-1　世界卫生组织农药危害分级标准

毒性分级	级别符号语	经口半数致死量/(mg/kg)		经皮半数致死量/(mg/kg)	
		固体	液体	固体	液体
Ⅰa 级	极度危害	≤5	≤20	≤10	≤40
Ⅰb 级	高度危害	5～50	20～200	10～100	0～400
Ⅱ级	中度危害	50～500	200～2 000	100～1 000	400～4 000
Ⅲ级	轻度危害	>500	>2 000	>1 000	>4 000

表 1-2　我国农药急性毒性分级标准

毒性分级	经口致死中量/(mg/kg)	经皮致死中量/(mg/kg)	吸入致死中浓度/(mg/m^3)
剧毒	<5	<20	<20
高毒	5～50	20～200	20～200
中等毒	50～500	200～2 000	200～2 000
低毒	>500	>2 000	>2 000

2. 亚急性毒性(subacute toxicity)

亚急性毒性指农药对供试动物多次重复作用后产生的毒性，给药期限为 14～28 d，每周给药 7 次。亚急性毒性主要是考察农药对供试动物引起的各种形态、行为、生理生化的变异，检测指标包括:①动物一般中毒症状表现、体重、食物消耗等;②血液学检查;③临床生化测定;④病理学检查。

3. 慢性毒性(chronic toxicity)

慢性毒性指农药对供试动物长期低剂量作用后产生的病变反应,给药期限为1～2年,主要评估农药致癌、致畸、致突变的风险。除常规的病理检测、生理生化检测外,还要对其后代的遗传变异、累代繁殖等进行观测。

(二)药害

药害(phytotoxicity)指农药被施用防治有害生物的同时对被保护的农作物所造成的伤害,可分为直接药害和间接药害。直接药害指农田施药时对当季被保护农作物造成的伤害,而间接药害主要指飘移药害(施药时粉粒或雾滴飘移散落在邻近敏感作物造成的伤害)、残留药害(施药后残存于土壤中的农药对后茬敏感作物造成的伤害)及二次药害(施药后土壤或作物秸秆中残留农药代谢产物对后茬作物造成的伤害)。药害的症状表现主要有:①生长发育受阻。如种子不能发芽或发芽出土前、后枯死;出苗迟缓,生长受抑制,分蘖、开花、结果、成熟迟缓等;②颜色改变。如叶片失绿、白化、黄化,根和叶呈现枯斑,变褐凋萎;③形态异常。如植株扭曲,根、花芽、果实等畸形;④产量下降、品质变劣。产生药害的原因很多,大致有下述4个方面:①农药制剂质量差,有害杂质超标,甚至变质;②施用技术不当如过量施药、误用农药或混用不当,飘移、渗漏及残留农药对下茬作物的影响等;③环境方面,如任意扩大使用范围,在敏感作物上施药;施药时期不当,过早或过迟施药;高温、干旱条件下施药等;④ 作物本身生长发育不良,或施药时正值对药剂敏感的发育阶段。

农药对作物是否容易产生药害可用安全性指数 K 来表示:

$$K=\frac{\text{农药防治有害生物所需的最低浓度}}{\text{作物对农药能忍受的最高浓度}}$$

显然,K 值越大,作物就越不安全,容易产生药害;相反,K 值越小,农药使用时对作物就越安全。

四、农药剂型及施用方法

(一)农药剂型

农药厂生产的绝大多数原药不经加工都不能直接在农作物上使用。因为在每公顷面积上农药有效成分用量很少,往往只有几百克,几十克,甚至不足10 g。如果不加以稀释,就无法将如此少的农药均匀撒布到如此大的面积上,从而不能充分发挥农药的作用。使用农药时,还要求它附着在作物上或虫体上、杂草上,所以还必须加入一些其他辅助材料,以改善其湿润、黏着性能。此外,通过农药加工还可以延长农药的残效期或将高毒的农药加工成安全的使用剂型。总之,为了安全、经济、有效地使用农药,必须将原药加工成合适的制剂。一种农药制剂名称通常包括3个部分,即有效成分含量、农药名称和剂型,如2.5%溴氰菊酯乳油、50%速克灵可湿性粉剂、2.5%百菌清烟剂等。剂型实际上是制剂的一种形态特征,主要有下述几种:

(1)粉剂(dustable powder,DP) 粉剂通常由原药和填料(或载体)及少量其他助剂(如分散剂、抗分解剂等)经混合粉碎至一定细度而成。粉剂中有效成分含量通常在10%以下,一般不需稀释直接喷粉施药，亦可供拌种、配制毒饵或毒土等使用。

(2)可湿性粉剂(wettable powder，WP)　这是一种易被水湿润且能在水中悬浮分散的粉状物，通常由原药、填料或载体、润湿剂、分散剂及其他助剂经混合粉碎至一定细度而成。可湿性粉剂一般以水稀释至一定浓度后喷雾施药，其有效成分含量通常在10%～50%，也有高达80%以上的品种。

(3)可溶性粉剂(soluble powder，SP)　是由可溶于水的原药、填料、湿展剂及其他助剂组成的粉状剂型。可溶性粉剂可直接加水稀释后喷雾施药，有效成分含量通常在50%以上，有的高达90%。

(4)粒剂(granule)　由原药、载体及其他助剂经混合、造粒而成的松散颗粒状剂型。一般供直接施药，其有效成分含量通常在1%～20%。

(5)水分散性粒剂(water dispersible granule，WDG 或 WG)　由原药、填料或载体、润湿剂、分散剂、稳定剂、黏着剂及其他助剂组成。水分散性粒剂使用时将其加入水中，制剂很快崩解、分散，形成悬浮液，稀释至一定浓度后喷施，其有效成分含量通常在70%以上。

(6)乳油(emulsifiable concentrate，EC)　是将原药、乳化剂及其他助剂溶于有机溶剂中形成的均相透明溶液。其有效成分含量通常在20%～50%，但亦有低至1%，高至90%的品种。加水稀释后形成稳定的乳状液体，供喷雾使用。

(7)水乳剂(emulsion in water)和微乳剂(microemulsion，ME)　这两种剂型均由以难溶于水的原药、乳化剂、分散剂、稳定剂、防冻剂及水为原料，经匀化工艺而成，一般不用或用少量有机溶剂。水乳剂的粒径多数在0.5～1 μm，外观是乳白色，是热力学不稳定体系，而微乳剂的粒径多在0.01～0.1 μm之间，外观呈透明的均相液，是热力学稳定体系。水乳剂的有效成分通常在20%～50%，微乳剂的有效成分含量通常在5%～50%，加水稀释成一定浓度后供喷雾用。

(8)水悬浮剂(aqueous suspension concentrate，SC)　将不溶于水的固体原药、湿润剂、分散剂、增稠剂、抗冻剂及其他助剂经加水研磨分散在水中的可流动剂型。其有效成分含量通常在40%～60%，使用时加水稀释至一定浓度的悬浊液，供喷雾。

(9)油剂(oil solution，OS)　是农药的油溶液剂，有些品种含有助溶剂或稳定剂。油剂的有效成分含量一般为20%～50%，使用时不需稀释，以超低容量喷雾机具喷雾。

(10)烟剂(smoke generator)　烟剂是由原药、燃料、助燃剂、阻燃剂等按一定比例混合加工成粉状物或饼状物。点燃后无明火，农药受热汽化后可在空气中凝结成微细颗粒(烟)。

(11)种衣剂(seed dressing agent)　种衣剂是在悬浮剂、可湿性粉剂、乳油等剂型的基础上，加入一定量的黏合剂、成膜剂而形成的一种特殊剂型。用种衣剂处理种子后，即在种子表面形成一层牢固的药膜。

(12)缓释剂(controlled release formulation，CRF)　可以控制农药有效成分从制剂中缓慢释放的农药剂型。使用较多的是微胶囊剂(microcapsule formulation)，将液态或固态农药包被在粒径30～50 μm的胶囊中，使用时农药通过囊壁缓慢释放出来发挥生物效应。

此外，还有水剂、气雾剂、涂抹剂、毒饵、糊剂、膏剂等剂型。

(二)农药施用方法

农药施用方法可分为地面施药法和航空施药法。地面施药法最常见的是喷雾法和喷粉法。

(1)喷雾法(spraying) 是利用喷雾机具将农药制剂的稀释液雾化并分散到空气中,形成液气分散体系的施药方法。除油剂可直接作超低容量喷洒外,乳油、可湿性粉剂、微乳剂、水乳剂、微胶囊剂等均需以水稀释至一定浓度用喷雾机具喷洒。

(2)喷粉法(dusting) 是利用喷粉机具产生的气流将粉剂吹散后沉积到作物上的施药方法。适合喷粉的只有粉剂这一种剂型。

此外,还有熏蒸法、毒饵法、拌种法、种苗浸渍法、撒施法、烟雾法及树干注射法等。

航空喷雾法即利用飞机将农药制剂从空中均匀喷洒在目标区域的施药方法。航空施药的最大优点是作业效率高,适合大面积单一作物、果园、草原、森林病虫害的防治,最明显的缺点是对非靶标生物的杀伤及对环境污染的风险比较大。

五、农药的残留与残毒

农药残留指大田施用农药防治病、虫、草等有害生物后一个时期内没有分解解毒而残存于收获物、土壤、水源、大气中的那部分农药及其有毒衍生物。

农药残毒指食物或环境中残留农药对人类的毒害,尤其是慢性毒性引起的毒害。目前人们特别关心的是“三致”,即致癌(残留农药引起的恶性肿瘤)、致畸(残留农药对胚胎发育的影响)和致突变(残留农药对染色体性状和数量的影响)。农药残毒有如下两个特点:

(1)因其是一种慢性毒性引起的毒害,潜伏期往往很长,因而不易察觉,而一旦发现则难以治疗。

(2)危害面广。这和急性中毒不同,急性中毒往往是少数人,而残留中毒往往是一个广泛地区的大多数人。

作物与食品中农药残留主要来自下述 3 个方面:

①来自农药对农作物的直接污染 农药在田间喷洒后,部分农药就残留在作物上,可能黏附在农作物体表,也可能渗透进植物组织表皮层或内部,还可能被作物吸收传导而遍布植物各部分。这部分农药虽然受到外界环境的影响或植物体内酶系的作用而逐渐降解,但因农药本身稳定性的差异及作物种类的不同,这种降解或快或慢,于是农作物收获时就或多或少地带有农药残留。

②来自对污染环境中农药的吸收 田间施药时,大部分农药散落于农田,其中一部分就残存于土壤,另一部分被雨水冲刷至江河湖泊,污染环境。在被污染的土壤中种植农作物或用被污染的水灌溉,残留农药即被农作物吸收进体内。

③来自生物富集及食物链 生物富集是指生物体从其周围环境中不断吸收低浓度农药,并逐渐在其体内积累的能力。食物链则指动物取食含有残留农药的作物或生物后,使残留农药在生物之间转移的现象。一般肉类、乳品中含有的农药残留主要是畜、禽取食被残留农药污染的饲料而造成的在其体内的积累。水产品中的残留农药主要是被农药污染的水质经水生生物富集,而鱼类等再取食这些生物,残留农药即转入鱼等水产品中。

六、有害生物抗药性

所谓抗药性是指在同一地区连续使用同一种农药而引起有害生物对药剂抵抗力提高(即敏感度下降)的现象。需要指出的是,这里所说的抗药性是药剂本身作用的结果,是药剂不断淘汰敏感个体,保留相对不敏感个体逐渐发展起来的有害生物种群,应和“自然耐药性”区别开来。所谓自然耐药性是指有害生物因不同的生长发育阶段、不同生理状态及环境条件的变化而对药剂产生敏感度下降的现象，和施用农药本身无直接关系。

有害生物抗药性的产生，原因是多方面的，而有害生物不同，其产生抗药性的机理也不尽相同。

就害虫对杀虫剂的抗药性而言，其产生抗药性的机理包括 3 个方面：①解毒代谢能力增强。昆虫体内存在多种解毒酶系，特别是微粒体多功能氧化酶系代谢活性增加，是其对杀虫剂产生抗药性的主要机理。②靶标部位敏感性下降。昆虫体内杀虫剂作用的靶标部位如有机磷类杀虫剂作用靶标乙酰胆碱酯酶（AChE）发生变构，而拟除虫菊酯类杀虫剂作用靶标钠通道的改变是昆虫对这两类杀虫剂产生抗性的机理之一。③穿透速率的降低。杀虫剂穿透昆虫表皮速率的降低也是昆虫产生抗性的机理之一。

病原菌对杀菌剂产生抗药性的机理主要是靶标基因突变而导致杀菌剂和作用位点亲和性下降。一般来说，基因过量表达导致的解毒代谢作用加强并不是病原菌产生抗药性的重要机理。

杂草对除草剂产生抗药性的机理则主要是除草剂作用位点产生突变，靶标敏感性降低以及杂草解毒代谢能力加强。

科学用药、合理用药是延缓有害生物对农药产生抗药性的基本策略。其主要措施包括：①尽量采用非化学防治的办法，不到万不得已不使用农药。即使施用农药，在保证防治效果的前提下尽量采用低浓度、低剂量。减少施药次数和施药量。提倡局部施药，尤其是杀虫剂，只在害虫为害达到防治指标的区域施药。②选择不同作用机理的农药交替轮换施用，避免长期单一使用一种或几种作用机理相同的农药。③农药的合理混用，特别是具有不同作用机理和明显产生增效作用的农药混用是延缓抗性的有效措施之一。

项目二　农药发展简史

尽管人类利用天然矿物和植物防治农业病虫害的历史可以追溯到 3 000 年前的古希腊古罗马时期，但农药作为商品规模化生产、流通和使用却始于 19 世纪中叶。100 多年来，农药的发展可大致分为下述 3 个历史阶段：

一、无机及天然产物农药阶段（19 世纪中叶至 20 世纪中叶）

这一阶段的农药主要是以矿物和植物为原料生产的无机农药和天然产物农药。世界著名的三大杀虫植物除虫菊、鱼藤和烟草的强大杀虫作用虽然早已被确认，但真正将除虫菊花粉、鱼藤根粉及烟草碱作为农药商品化生产及销售则始于 19 世纪中期。在这一阶段作为商品生产和应用的无机农药主要有杀虫剂亚砷酸钠、砷酸铅、巴黎绿（杀虫活性成分为亚砷酸铜）、氟硅酸钙、冰晶石（主要成分为氟铝酸钠）及硫黄等。杀菌剂主要有硫黄粉、石硫合剂、波尔多液、硫酸铜。除草剂则主要有亚砷酸钠、氯酸钠、氟化钠及硝酸铜等。这一阶段的农药有下述特点：

（1）其原料大多数是天然的植物或矿物，经过简单的反应或加工而成。剂型单一，主要是粉剂或可湿性粉剂。

(2)其作用方式单一,杀虫杀菌谱较窄。无机杀虫剂如砷制剂、氟制剂等由于难以穿透昆虫表皮,一般不表现触杀作用,只有胃毒作用,因此只适用于防治咀嚼式口器害虫,而三大植物杀虫剂大多以粉剂供应,有效成分含量低,主要用来防治个体较小的蚜、螨等。无机杀菌剂如硫制剂、铜制剂均为保护性杀菌剂,而无治疗作用,只有在病原菌入侵之前使用有效,而且前者主要用于防治锈病、白粉病等,后者主要用于防治疫霉菌和霜霉菌引起的病害。无机除草剂大多为灭生性的,本身没有选择性。

(3)活性低,使用量大。这一阶段的农药无论是植物杀虫剂还是其他无机农药,其对有害生物的毒力均较小,因而要达到预期的防治效果就必须使用大剂量,其制剂的用量通常都在每公顷几千克至几十千克之间。

(4)对非靶标生物的危害相对较小。三大植物杀虫剂对哺乳动物的急性毒性,特别是经皮毒性较低,因而对人、畜比较安全。无机农药中,尽管砷制剂的经口毒性很高,但经皮毒性很低,因而在使用中除误食外,对哺乳动物仍比较安全。无机农药一般都不具备触杀活性,所以对许多害虫的天敌等非靶标生物相对安全。但是由于无机农药特别是砷制剂等,其有毒成分并不分解消失,因而其残留及残毒是一个突出的问题,为此,英国政府于1903年第一次制定了食物中砷的残留标准(1.43 mg/kg)。

二、近代有机合成农药阶段(1945—1975年前后)

第二次世界大战结束后,有机氯杀虫剂DDT和六六六在全世界范围内迅速广泛使用。自1943年第一个有机磷酸酯类杀虫剂进入市场后,内吸磷、甲拌磷、敌百虫、敌敌畏、久效磷、磷胺、二溴磷、对硫磷、甲基对硫磷、辛硫磷、二嗪磷、马拉硫磷、乐果、杀螟硫磷、毒死蜱、喹硫磷、水胺硫磷、水杨硫磷、三唑磷、甲胺磷、乙酰甲胺磷等一大批有机磷杀虫剂相继成功开发。自1956年甲萘威真正商品化并广泛应用后,克百威、异丙威、残杀威、仲丁威、速灭威、涕灭威、抗蚜威也相继投入商品化生产。至此,形成了以有机氯、有机磷和氨基甲酸酯为三大支柱的杀虫剂市场。

在这一阶段,有机合成杀菌剂得以快速发展。继1930年开发福美锌、五氯硝基苯及1931年开发福美双后,又先后开发出敌克松、代森铵、萎锈灵和氧化萎锈灵等有机硫杀菌剂;开发出稻瘟净、异稻瘟净、敌瘟磷等有机磷杀菌剂;开发出灭菌丹、菌核利、异菌脲、腐霉利等羧酰亚胺类杀菌剂;开发出硫菌灵、甲基硫菌灵、苯菌灵、噻菌灵及多菌灵等苯并咪唑类杀菌剂。至1975年前后已逐渐形成以有机硫类、有机磷类、羧酰亚胺类及苯并咪唑类四大支柱的杀菌剂市场。

这一阶段涌现的除草剂品种繁多。继1942年相继开发出苯氧羧酸类除草剂2,4-D钠盐、2,4-D丁酯和2甲4氯后,又开发出豆科威、麦草畏等苯氧羧酸类除草剂;草枯醚等二苯醚类除草剂;氟乐灵、除草通等二硝基苯胺类除草剂;甲草胺、敌稗、丁草胺、新燕灵等酰胺类除草剂;敌草隆、绿麦隆、利谷隆等取代脲类除草剂;西玛津、莠去津、扑灭津、西草净、扑草净等三氮苯类除草剂;菌达灭、燕麦畏、禾大壮、燕麦灵等硫代氨基甲酸酯类除草剂,灭草松、噁草酮、燕麦枯等杂环类除草剂。

这一阶段农药的特点可概括为:

(1)广谱。这一阶段的杀虫剂无论是有机氯、有机磷还是氨基甲酸酯类,其分子结构都具有合理的亲水亲油平衡值,具有强大的触杀作用和胃毒作用,许多品种有内吸作用,少数还有熏蒸作用，因而这些杀虫剂绝大多数都是广谱性杀虫剂，其中许多品种还是杀虫杀螨剂。这一阶段的杀菌剂，除具有保护作用外，许多品种，特别是有机磷类、苯并咪唑类以及萎锈灵和氧化萎锈灵等都是内吸性杀菌剂，具有显著的治疗作用。许多品种，如代森锰锌、多菌灵、甲基硫菌灵等都是广谱性杀菌剂。这一阶段的除草剂除二苯醚类为触杀性除草剂外，其余均为内吸性除草剂，许多品种既可做土壤处理，又可做茎叶处理。许多典型的除草剂，对多种禾本科杂草和阔叶杂草均可有效防除。

(2)高效。这一阶段的农药，其生物活性与无机及天然产物农药阶段相比，至少提高了一个数量级，如杀虫剂的田间有效用药量，有机磷类、氨基甲酸酯类为 200～500 g/hm^2；有机氯类为 1 000～2 000 g/hm^2；杀菌剂田间有效用药量，保护性杀菌剂如代森锰锌等为 1 500 g/hm^2 左右，而苯并咪唑类则为 300～500 g/hm^2；除草剂的田间有效用量，苯氧羧酸类(2,4-D 丁酯)为 400～600 g/hm^2，二硝基苯胺类(氟乐灵)500～800 g/hm^2，三氮苯类(扑草净)150～300 g/hm^2。

(3)高毒。这一阶段的农药尤其是杀虫剂，许多都是高毒品种，如有机磷酸酯类杀虫剂甲胺磷、内吸磷、对硫磷、甲拌磷等，氨基甲酸酯类杀虫剂克百威、涕灭威等，这些杀虫剂不但对人、畜极不安全，而且对害虫天敌、禽鸟、鱼类等非靶标生物也不安全。

(4)化学性质稳定，容易产生残留残毒，污染环境。有机氯杀虫剂六六六、DDT 虽然急性毒性并不大，但因其化学性质稳定，在环境中滞留时间很长，容易产生残留毒性。

三、现代有机合成农药阶段(20 世纪 70 年代中期至今)

一方面，近代有机合成农药具有药效好、成本低、使用方便等优点，其品种、产量迅速增加，使用更加广泛，无论是农药工业还是种植业都获得显著的经济效益；但另一方面，这些农药对非靶标生物造成危害，对环境产生一定程度的污染。1962 年美国海洋生物学家 R. Carson 博士所著《寂静的春天》(*Silent Spring*)的出版引起了全世界的轰动。虽然她在书中对农药的环境污染问题做了许多夸张的描述，但却引起全社会，特别是各国政府对环境的高度重视，促进了环境友好农药的发展，并在 20 世纪 70 年代中期进入现代有机合成农药阶段。这一阶段的农药具有下述几个特点：

(1)生物活性大幅度提高。这一阶段开发的农药品种，其生物活性较之近代有机合成农药阶段提高了一个数量级。就杀虫剂而言，氯氰菊酯、溴氰菊酯、氟氯氰菊酯等拟除虫菊酯类杀虫剂是其代表。据报道，溴氰菊酯的触杀毒力是 DDT 的 100 倍左右，是甲萘威的 80 倍，马拉硫磷的 50 倍。其田间用量仅 10～25 g/hm^2。就杀菌剂而言，三唑酮、三唑醇及丙环唑等三唑类麦角甾醇合成抑制剂最具代表性。三唑酮田间喷雾防治麦类锈病，其用量为 125～250 g/hm^2，而用作拌种处理，其用量仅为种子重量的 0.03%。

(2)新颖的分子骨架结构。这一阶段涌现出许多具有新颖分子结构的高效农药。就杀虫剂而言，除前面已述及的拟除虫菊酯类杀虫剂外，还有吡虫啉、啶虫脒、烯啶虫胺、噻虫嗪等氯化烟碱类杀虫剂，灭幼脲、除虫脲、氟虫脲、伏虫隆、定虫隆等苯甲酰脲类杀虫剂，抑食肼、虫酰肼、氯虫酰肼、环虫酰肼等酰肼类杀虫剂，哒螨酮、哒幼酮、NC-184、NC-194 等哒嗪酮类杀虫杀螨剂，以及唑螨酯、吡螨胺、氟虫腈、乙硫氟虫腈等吡唑类杀虫剂。就杀菌剂而言，这一阶段发展了三唑类杀菌剂，如丙环唑、腈菌唑、烯唑醇、氟硅唑、丙硫菌唑等，咪唑类杀菌剂如抑霉唑、咪鲜胺、氰霜唑等，吗啉类杀菌剂，如十三吗啉、丁苯吗啉、烯酰吗啉等，酰胺类杀菌剂，如甲霜灵、氟酰胺、氰菌胺、甲呋酰胺等，吡啶类杀菌剂，如氟啶胺、啶菌胺、啶酰菌胺等，以及甲氧基丙烯酸酯类杀菌剂，如嘧菌酯、肟菌酯、醚菌酯等。就除草剂而言，1975 年开发成功第一个芳氧苯氧基丙酸酯类除草剂禾草灵后，又陆续开发出喹禾灵、右旋吡氟乙草灵、吡氧禾草灵、噁唑禾草灵等；1982 年开发出第一个磺酰脲类除草剂氯磺隆后，又陆续开发出苯磺隆、苄嘧磺隆、噻吩磺隆等几十个品种。此外，这一阶段还开发出咪草烟、咪草酯等咪唑啉酮类除草剂以及烯草酮、丁苯草酮、烯禾啶等环已烯酮类除草剂。

(3)新颖的作用靶标。这一阶段开发的农药不仅具有新颖的分子结构，而且还具有独特的作用靶标。

杀虫剂中灭幼脲等苯甲酰脲类杀虫剂主要是影响昆虫表皮几丁质的沉积从而影响了新表皮的形成；氟虫腈等吡唑类杀虫剂是 γ-氨基丁酸(GABA)受体的抑制剂；而杀虫抗生素阿维菌素则是 GABA 的激活剂；虫酰肼等酰肼类杀虫剂是类蜕皮激素剂，影响昆虫蜕皮；而哒幼酮等哒嗪酮类杀虫剂则是类保幼激素剂，影响昆虫的变态发育；新开发的环虫腈等嘧啶胺类杀虫剂以二氢叶酸还原酶为靶标；而邻甲酰氨基苯甲酰胺类杀虫剂则和昆虫肌细胞中鱼尼丁受体通道(RyR_3)结合，影响"钙库"中 Ca^{2+} 释放。

杀菌剂中，三唑酮等三唑类杀菌剂是影响麦角甾醇的合成，从而影响细胞膜的功能；三环唑等影响黑色素的生物合成，附着胞壁不能黑化而丧失穿透侵染能力；嘧菌酯等甲氧丙烯酸酯类杀菌剂抑制了病原菌线粒体呼吸链中电子传递，作用部位是复合体Ⅲ(细胞色素 b 和细胞色素 c 的复合体)；嘧菌胺等嘧啶苯胺类杀菌剂一是抑制病原菌细胞壁降解酶的分泌，二是干扰甲硫氨酸(蛋氨酸)生物合成；拌种咯等苯基吡咯类杀菌剂是抑制蛋白激酶 PK-Ⅲ的活性，使活化的调节蛋白不能失活，导致甘油合成失控，细胞肿胀死亡；而噻瘟唑、活化酯等则为防御素激活剂，本身并无杀菌活性，而是激发植物产生防御性物质。

除草剂中，乙酰乳酸合成酶(ALS)是支链氨基酸合成的主要酶系，磺酰脲类、咪唑啉酮类、嘧啶水杨酸类及磺酰胺类除草剂正是以此酶为靶标；乙酰辅酶 A 羧化酶(ACCase)是脂肪酸合成的主要酶系，芳氧苯氧丙酸类及环已烯酮类除草剂是以此酶为靶标；八氢番茄红素去饱和酶是类胡萝卜素生物合成的主要酶系，是苯基哒嗪酮类、苯氧基苯酰胺类、四氢嘧啶酮类除草剂的作用靶标；对羟苯基丙酮酸双氧化酶(HPPD)是类胡萝卜素生物合成的另一种重要酶系，磺草酮等三酮类、异噁唑草酮等异噁唑类除草剂以此酶为靶标。此外，5-烯醇丙酮酰莽草酸-3-磷酸酯合成酶(EPSP)及谷氨酰胺合成酶(GS)则分别是草甘膦和草铵膦的作用靶标。

(4)良好的环境相容性。这一阶段的农药，尤其是杀虫剂绝大多数高效、低毒，与环境有良好的相容性。如抑制昆虫几丁质合成的苯甲酰脲类、类蜕皮激素酰肼类及类保幼激素哒嗪酮类等杀虫剂不但对靶标生物高效，而且对许多非靶标生物安全，在环境中易于降解，是理想的化学农药。

项目三　农药在国民经济中的地位

一、人类社会仍然需要农药

人类社会仍然需要农药，首先是因为需要更多的粮食。人口的增长使得食品不足和缺乏营养，成为当今世界面临的重大问题。要大量增加粮食，除需要有多种现代农业措施的配合外，其中比较现实的措施之一就是尽可能减少由于病、虫、草、鼠等有害生物危害造成的占总产量30%的损失，而在相当长的一个时期内，农药仍然是实施这一措施的主要物质基础。

人类社会需要农药，特别是杀虫剂，因为农药在控制某些人类疾病方面极为重要。有20多种严重威胁人类健康的疾病是由昆虫、蜱螨传播的，主要防治措施就是控制这些媒介虫螨的传播。使用农药是有效的控制措施。

此外，在草原灭蝗灭鼠，森林防虫，道路、机场、园林除草，禽畜体内体外寄生虫及禽畜饲养周围环境的卫生防控，工业品、木材等的防蛀、防霉、防腐中，农药也发挥了重要作用。

二、使用农药是综合防治中的重要措施

我国早在1975年就提出"预防为主，综合防治"的植物保护方针。综合防治应该理解为从生态学的观点出发，全面考虑生态平衡、经济利益及防治效果，综合利用和协调农业防治、物理和机械防治、生物防治及化学防治（使用农药）等有效的防治措施，将有害生物的危害控制在一个可以接受的水平。化学防治具有高效、速效防治有害生物，操作方便、适应性广及经济效益显著等特点，因此在综合防治体系中占有重要地位。在目前及可以预料的今后很长一个历史时期，化学防治仍然是综合防治中的主要措施，是不可能被其他防治措施完全替代的。如果停止使用农药，粮食、蔬菜、水果等将遭受严重损失。

【模块小结】

农药含义与农药分类（按来源、作用机理、作用方式、化学结构等进行分类）；毒力与药效概念以及区别，影响药效的因素，毒力与药效的计算与表示单位（包括致死中量、有效中量、相对毒力指数、发病指数、防除效果等）；农药药害的种类、症状表现、产生药害的原因；农药对人畜的毒性（包括急性毒性、亚急性毒性和慢性毒性），毒性种类和特点。

【模块巩固】

1. 在现代社会中为什么仍然要使用农药？
2. 现代有机合成农药阶段的农药有哪些特点？
3. 阐述毒力、药效之间的区别和联系。

模块二
杀虫剂

【知识目标】

通过本模块学习，重点了解杀虫剂的分类，杀虫剂的毒理，常用杀虫剂的理化性质、作用特点、防治对象和使用方法，达到能够在生产上正确、合理、安全使用杀虫剂的目的。

【能力目标】

具备各类杀虫剂的分类能力，熟悉各类杀虫剂的优势和注意事项，能够根据常见害虫的发生特点选择正确合理的杀虫种类，独立制订科学的实施方案，并掌握实践操作要领。

项目一　杀虫剂发展历史与现状

杀虫剂可被定义为防治农、林业害虫及病媒昆虫的农药。使用杀虫剂防治害虫的历史可以追溯到古希腊罗马时代。公元前1000年，古希腊人Homer曾提到硫黄可作为熏蒸剂杀虫。古罗马学者Pliny长老曾提倡用砷作为杀虫剂，并提到用橄榄油处理豆科植物的种子可以防治害虫。公元前100年，罗马人就应用藜芦来控制田鼠、家鼠和害虫。公元900年，中国已开始使用砷制剂来防治园林害虫。1690年，烟草提取物被用作杀虫剂使用；1848年，鱼藤被报道作为杀虫剂使用；1858年，除虫菊在美国被首次用来防治害虫。可以看出，早期使用的“杀虫剂”多为天然矿物和一些植物。

对于杀虫剂系统的科学研究始于19世纪中叶对砷化合物的研究，该研究导致了1867年巴黎绿(一种不纯的亚砷酸铜)的应用，当时在美国该药剂用于控制科罗拉多甲虫的蔓延，使用范围十分广泛，并在1900年成为世界上第一个立法的杀虫剂。此后，一直到20世纪30年代后半叶，杀虫剂在植物保护领域的应用仍然仅限于无机化合物和植物性产品，杀虫活性低，单位面积用量大，作用单一，被称为“低效杀虫剂时代”。

20世纪30年代后的一段时期至第二次世界大战末期，世界各国在新农药的研制方面相继取得突破性进展，开创了现代有机合成农药的新纪元。这个时期，威力巨大的有机氯类杀虫剂DDT诞生于瑞士，有机磷酸酯类杀虫剂在德国得到开发。嗣后，氨基甲酸酯类及一些含杂原子的化合物作为杀虫剂使用，使杀虫剂的发展进入“高效杀虫剂时代”。20 世纪 70 年代后，科学家在拟除虫菊酯光稳定性方面的研究取得重大突破，一系列高效、光稳定拟除虫菊酯类杀虫剂投入使用，把有机合成杀虫剂又推到“超高效杀虫剂时代”。

20 世纪 50～60 年代，由于大量的化学合成农药推向市场，人们一度对害虫化学防治的前景持乐观态度。然而，随着使用化学农药后一些副作用的出现，人们又对其提出了许多批评。随之，研究和开发对环境友好农药的呼声越来越高。

诚然，使用了半个多世纪的化学杀虫剂如有机氯类、有机磷酸酯类、氨基甲酸酯类及 20 世纪 70 年代后大量应用的拟除虫菊酯及其他类杀虫剂，在卫生害虫及农业害虫的防治中立下了不可磨灭的功劳，但也暴露出化学杀虫剂的一些问题，如许多有机氯类杀虫剂在环境中的高残留性，有机磷酸酯类及氨基甲酸酯类部分品种对高等动物的高毒性以及害虫对拟除虫菊酯类易产生抗药性等。其中，绝大部分杀虫剂对有益生物的高杀伤性，尤其是人们所不满意的。尽管人们力图通过制剂加工、改善使用方法以及发展害虫综合治理体系去解决这些问题，但仍然有许多不能令人满意的地方。这些杀虫剂在使用中暴露出来的问题，成为督促人们研究、开发新型杀虫剂的动力。

在人们的不懈努力下，于 20 世纪末，杀虫剂的研究开发取得重大进展。如对传统的有机磷酸酯类杀虫剂，在低毒化及对付害虫抗药性方面做了许多非常有益的工作。不对称型磷酸酯及杂环有机磷杀虫剂的开发成功，可以说是此类杀虫剂发展史上的重大事件，如已商品化的丙硫磷、丙溴磷、毒死蜱、嘧啶氧磷和哒嗪硫磷等。对氨基甲酸酯类杀虫剂的低毒衍生化研究方面也出现了可喜的成果，如在高毒品种克百威和灭多威的基础上，开发出了丁硫克百威、硫双灭多威、丙硫克百威和棉铃威等。这些化合物既保留了其母体化合物对害虫高效的特点，又降低了对哺乳动物的毒性。拟除虫菊酯类杀虫剂在 20 世纪末发展极快，除了在其化学结构中引入氟原子增加了杀螨活性外，还积极在开发诸如对蜜蜂安全和用于防治土壤地下害虫的品种这个领域也初见成果，如 1983 年开发的氟胺氰菊酯对蜜蜂安全，1987 年开发成功的七氟菊酯则是第一个适用于地下害虫防治的品种。

除了对传统杀虫剂品种的改造以外，一些结构新颖的杀虫剂在理论上逐渐趋于成熟并陆续用于生产实践。这些新颖杀虫剂各具特点，在作用机理和应用方式上各具千秋。如氯化烟酰类杀虫剂，由于其作用机制独特和强有力的内吸杀虫作用，一问世就得到了各界的普遍赞誉；吡啶类杀虫剂如吡蚜酮，虽然对其作用机制还不是很清楚，但使用该剂后能引起正在危害作物的刺吸式口器害虫即刻停止取食，起到对害虫危害的实际控制作用；吡咯类杀虫剂与常规杀虫剂不同，不是干扰昆虫的神经系统，而是干扰其呼吸作用，影响氧化磷酸化过程而使昆虫中毒死亡。苯甲酰苯脲类化合物已有几个品种作为杀虫剂使用，如除虫脲、伏虫隆和氟啶脲等，是杀虫剂的另一个新天地。苯甲酰苯脲类化合物能影响昆虫几丁质的合成（尽管对其影响几丁质酶的活性还是影响其他步骤仍存在争议），这为人们研究开发新的对环境友好的杀虫剂指出了光明的前景。作为对付外骨骼的昆虫，此类几丁质合成抑制剂是发展生物合理杀虫剂的重要思路。与其同理，昆虫保幼激素及其类似物以及蜕皮激素及其类似物化学结构的确定及其后的仿生合成，也成为另一类作用机制独特、对环境友好的新颖害虫控制剂。从链霉菌发酵液中分离得到的阿维菌素是一个十六元环内酯和两个六元环的螺酮醇缩合而成的化合物，它们对家畜寄生虫、线虫、昆虫和螨类表现了极强的毒杀作用。它们的作用机制不同于传统杀虫剂，其作用位点为γ-氨基丁酸(GABA)受体，干扰昆虫体内神经末梢的信息传递，即激发神经末梢放出抑制性神经介质γ-氨基丁酸，激活氯离子通道，促使GABA门控的氯离子通道延长开放，使神经膜处于抑制状态，从而阻断神经末梢与效应器的联系，使昆虫麻痹、拒食、死亡。

鉴于许多传统杀虫剂在使用中存在选择性差的缺点，新颖杀虫剂对非靶标生物的毒性也同样引起人们的关注。新颖杀虫剂较之传统的“广谱性”杀虫剂在对环境安全性如对脊椎动物和有益昆虫的影响方面进步了许多，但许多品种仍然达不到生物合理农药(biorational pesticides)的要求。如阿维菌素对高等动物的毒性可以说降到了最低点，甚至可以将它们饲喂牲畜以驱逐其体内的寄生虫，但对有益昆虫仍然存在较高的毒性。氯化烟酰类，溴虫腈和杀虫隆等对鸟类有较高毒性；丁醚脲、噻嗪酮、氟虫腈、烯虫酯和虫酰肼等，对鱼类仍然是不安全的。相对于上述品种而言，氟啶脲、氟铃脲、虱螨脲、吡蚜酮和伏虫隆对脊椎动物是相当安全的。生物合理杀虫剂要求其品种应具有广谱活性但又不伤害非靶标生物，尽管诸多新颖杀虫剂品种较之传统性品种已进步了许多，但仍需研究更新颖的化学结构、更合理的加工剂型以及更科学的使用方法，以不断提升杀虫剂的内在价值。

项目二　有机磷类杀虫剂

一、概述

有机磷化合物作为农药使用迄今已有70多年的历史。虽然对有机磷化合物的研究早在19世纪末和20世纪初就已经得到广泛开展，然而它们的生物活性直到1932年才被Lange和Krueger发现。有机磷化合物重要的实用阶段在第二次世界大战期间及以后得到发展。在第二次世界大战期间，英国人Saunders和德国人Schrader领导的研究组在合成有机磷神经毒剂时，发现若干化合物对昆虫具有优良的毒效。1941年Schrader合成出第一个内吸性有机磷杀虫剂八甲基焦磷酸酰胺(OMPA)和四乙基焦磷酸酯(TEPP)，后者于1944年在德国商品化。

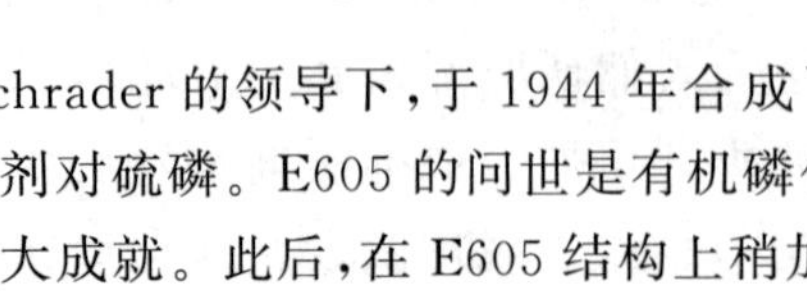

OMPA

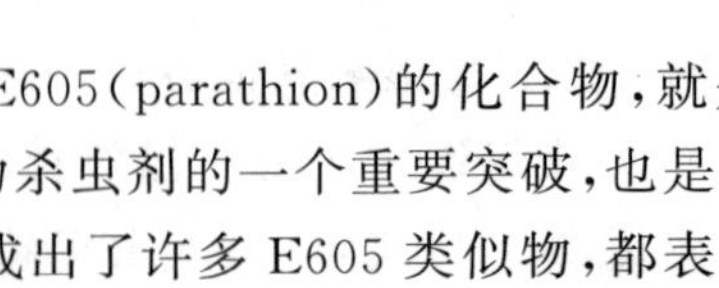

TEPP

在Schrader的领导下，于1944年合成了代号为E605(parathion)的化合物，就是此后重要的杀虫剂对硫磷。E605的问世是有机磷化合物作为杀虫剂的一个重要突破，也是农药研究史上的重大成就。此后，在E605结构上稍加修饰，合成出了许多E605类似物，都表现出了优良的杀虫活性，有些品种降低了对哺乳动物的毒性，如氯硫磷(chlorthion)、倍硫磷(fenthion)和杀螟硫磷(fenitrothion)等。

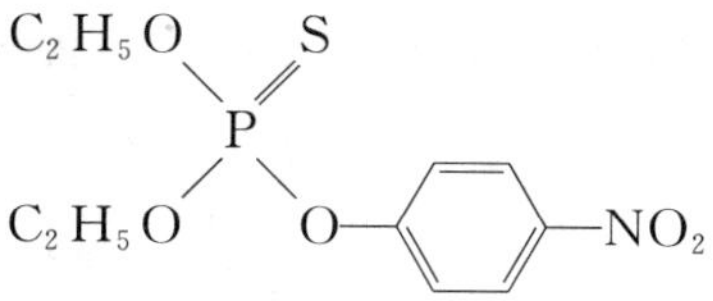

E605

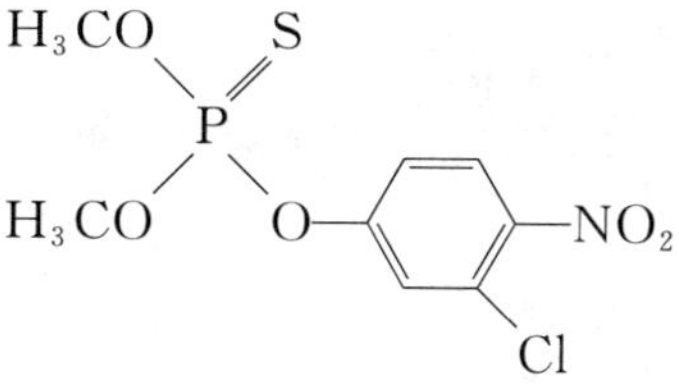

氯硫磷

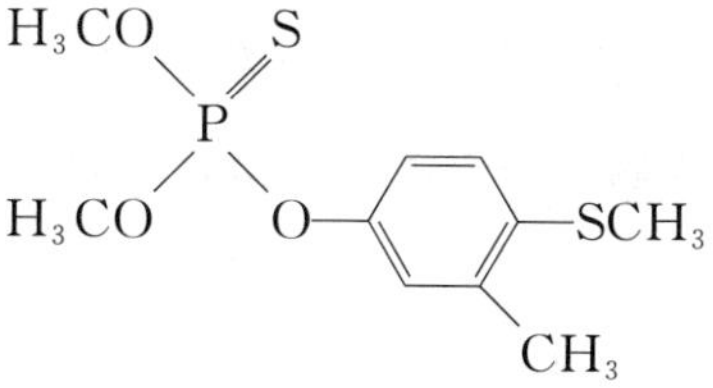

倍硫磷

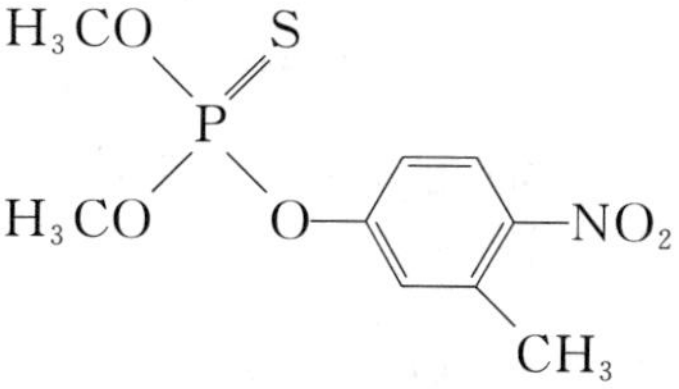

杀螟硫磷

1950 年，美国氰胺公司合成出对哺乳动物低毒的有机磷杀虫剂——马拉硫磷(malathion)；1952 年，W. Perkow 发现了合成乙烯基磷酸酯的反应(Perkow 反应)，合成了具有优异杀虫活性的敌敌畏(dichlorvos)和速灭磷(mevinphos)等，使有机磷杀虫剂的发展上升到一个新的阶段。

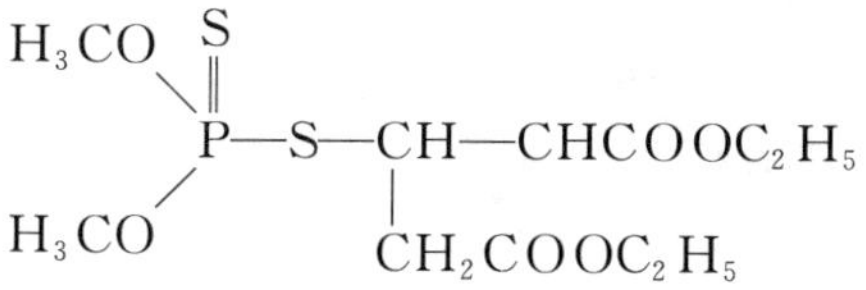

马拉硫磷

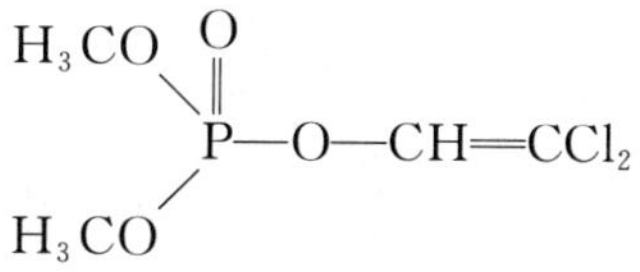

敌敌畏

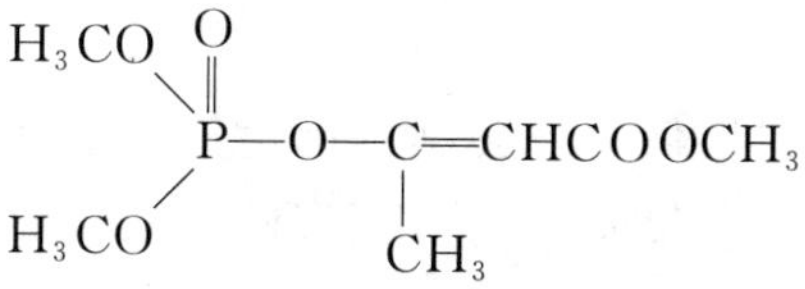

速灭磷

20 世纪 50 年代是有机磷杀虫剂蓬勃发展的时期。除杀虫作用外，还发现了有机磷化合物的杀菌、除草、杀线虫、昆虫不育、植物生长调节和具有农药增效等活性，对农药的构成和发展具有重要价值。

二、有机磷杀虫剂的化学结构与类型

磷在元素周期表第五族第二行，它和氮非常相似。它们都构成三价化合物和鎓盐。最大的差别是磷和砷、锑、铋一样，形成五价化合物。

中性磷原子电子结构是 $1s^2 2s^2 2p^6 3s^2 3p^3$，这意味着磷的 M 层有 5 个价电子，3s 轨道上有 1 个电子对，3p 轨道上有 3 个电子；电子从 3s 进到 3p，从 3p 进到 3d，活化能量比较小，分别为 3.5 和 9 电子伏；氮原子虽有类似的电子结构，但相应地从 2s 进到 2p，从 2p 进到 3d 的活化能分别为 10.9 和 12 电子伏。因此，磷化合物中 d 轨道更容易结成杂化轨道。这就是磷能形成五价或更高价化合物的原因。有机磷杀虫剂中的磷原子都是以五价的形式出现。五价磷化合物可以按照磷上 σ 键数目分为两类。大部分化合物有 4 个 σ 键，一个 π 键，少数化合物有 5 个 σ 键。

根据化学结构，有机磷杀虫剂可以分为如下几类。

(一)磷酸酯

这一类的通式是二烷基芳基磷酸酯(Ⅰ)、二烷基乙烯基磷酸酯(Ⅱ)和磷酰化羟肟酸或肟(Ⅲ)。

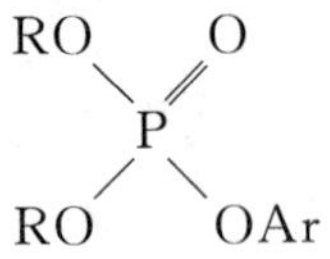
(Ⅰ)

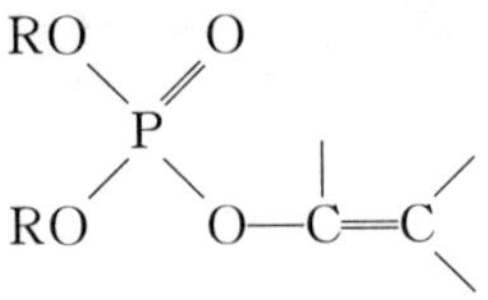
(Ⅱ)

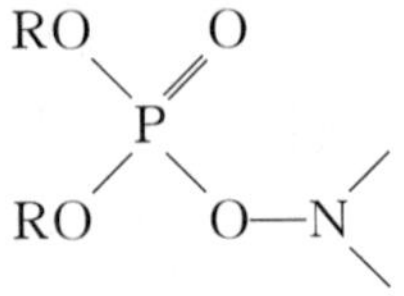
(Ⅲ)

这一类的代表品种分别有对氧磷(paraoxon)、速灭磷(mevinphos)和驱虫磷(coroxon)(一种肠胃驱虫剂)等。

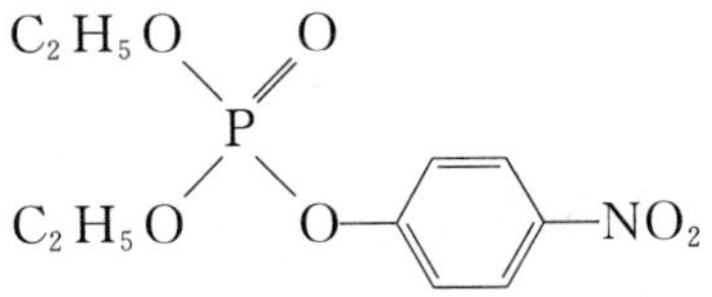
对氧磷

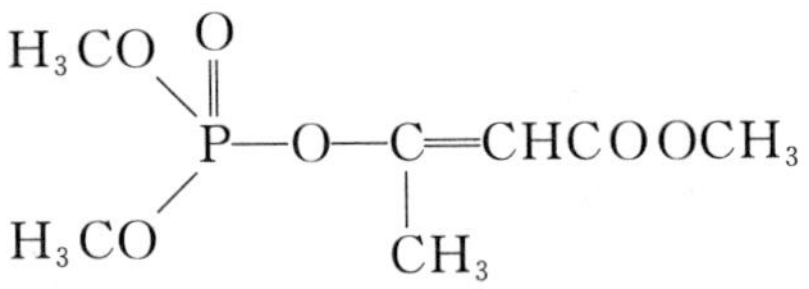
速灭磷

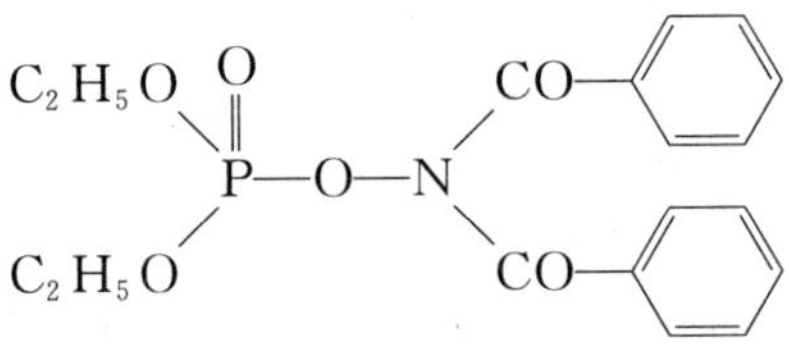
驱虫磷

(二)硫逐磷酸酯

硫逐磷酸酯一般比磷酸酯毒性低,化学性质更为稳定,是有机磷杀虫剂中最重要的类型。常见的形式为二烷基芳基(包括芳杂环基)硫逐磷酸酯(Ⅳ)、二烷基 β-烷硫乙基硫逐磷酸酯(Ⅴ)和肟的酯(Ⅵ)。

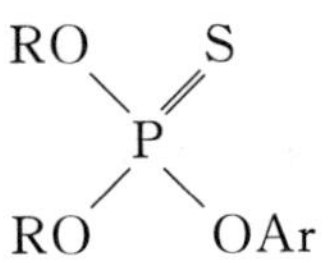
(Ⅳ)

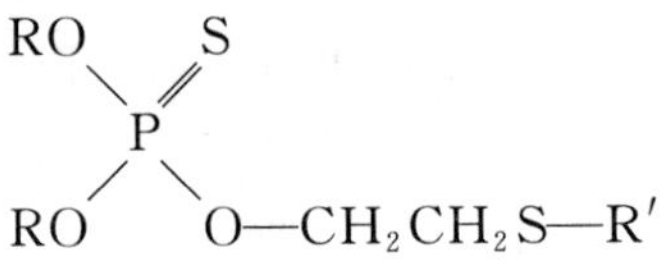
(Ⅴ)

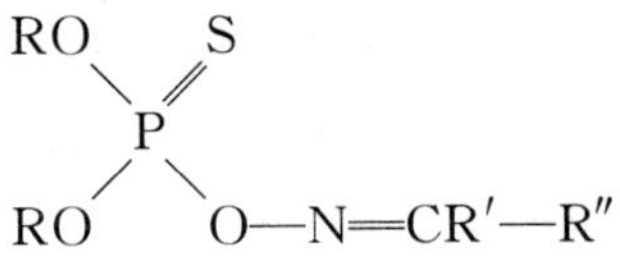
(Ⅵ)

这一类的代表品种有内吸磷(demeton)和辛硫磷(phoxim)等。

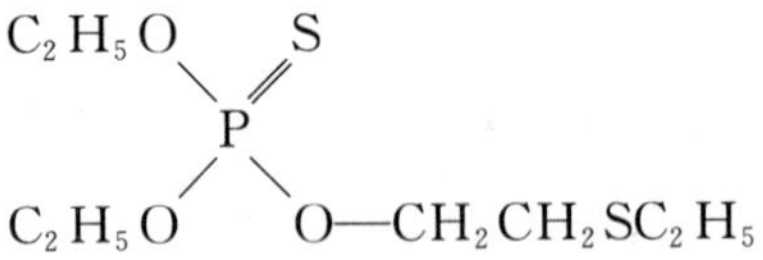
内吸磷

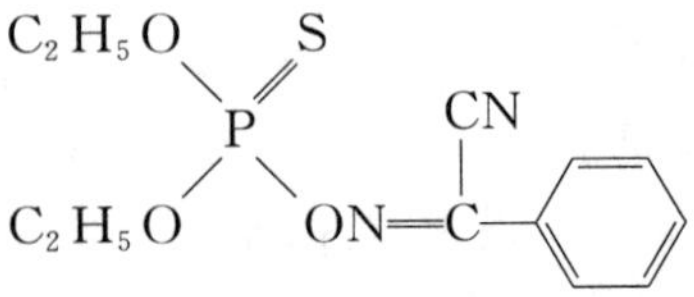
辛硫磷

(三)二硫代磷酸酯

自从 1950 年发现低毒的马拉硫磷以来,二硫代磷酸酯类杀虫剂发展很快。这一类和磷酸酯及硫逐磷酸酯不同的是,芳基已经不是很重要,许多品种在 S-烷基的 α-或 β-碳原子上有一个杂原子，构成羧酸酯（Ⅶ）、酰胺酯（Ⅷ）、硫醚或亚砜（Ⅸ、Ⅹ）、胺基酯（Ⅺ）和杂环酯（Ⅻ）。多数二硫代磷酸酯类杀虫剂属于硫逐硫赶型的，少数为二硫赶型的；多数烷氧基团是对称的，少数是不对称的；近年来，三元不对称有机磷酸酯品种发展很快，被认为是高毒有机磷品种改造的一个途径。

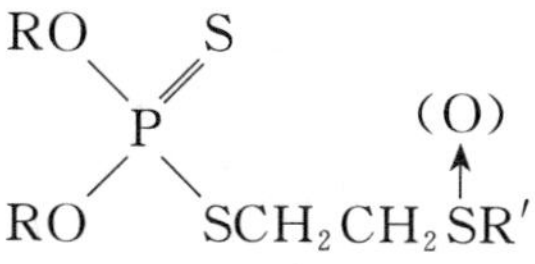
（Ⅶ）

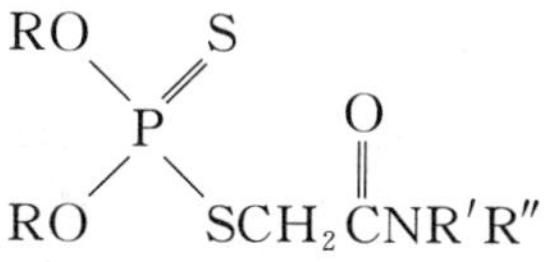
（Ⅷ）

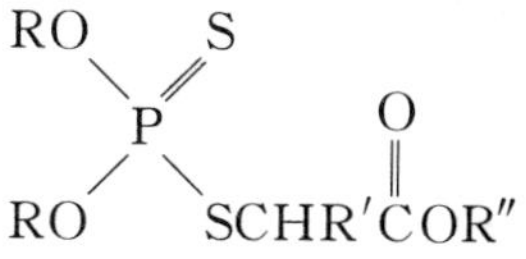
（Ⅸ）

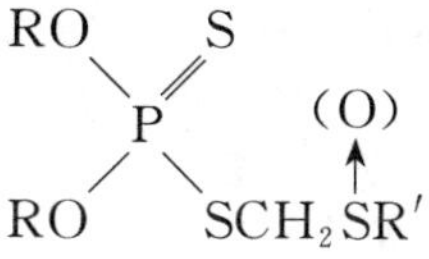
（Ⅹ）

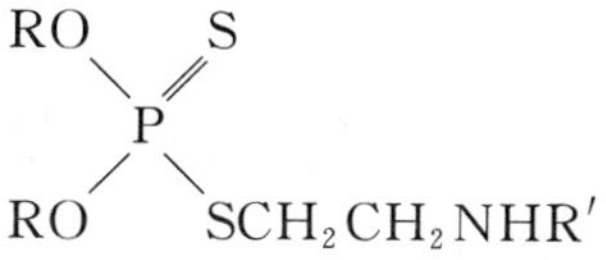
（Ⅺ）

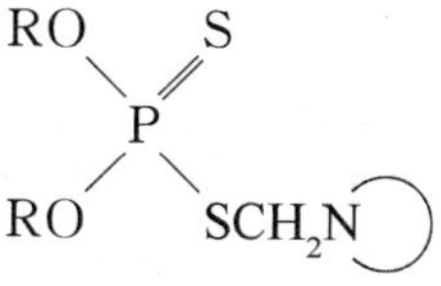
（Ⅻ）

这一类的代表品种有马拉硫磷、乐果（dimethoate）、灭蚜松（menazon）、甲拌磷（phorate）、特丁磷（terbufos）和亚胺硫磷（phosmet）等。

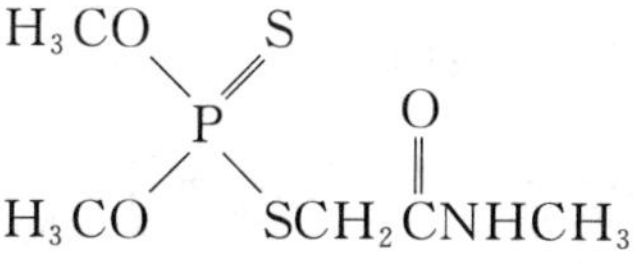
乐果

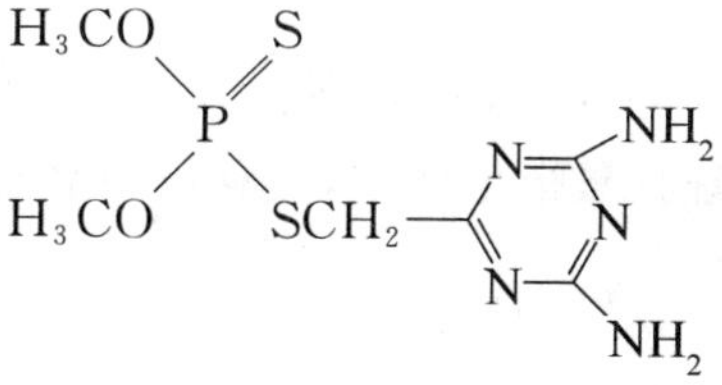
灭蚜松

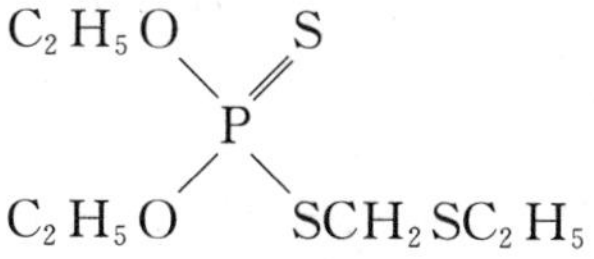
甲拌磷

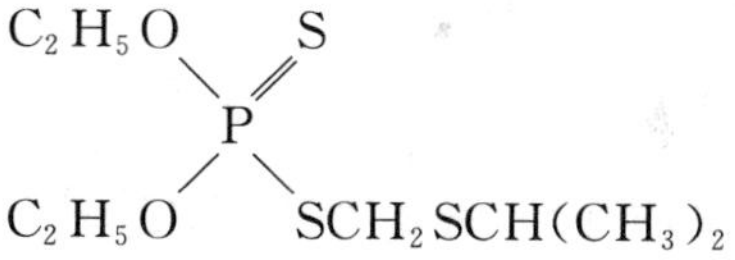
特丁磷

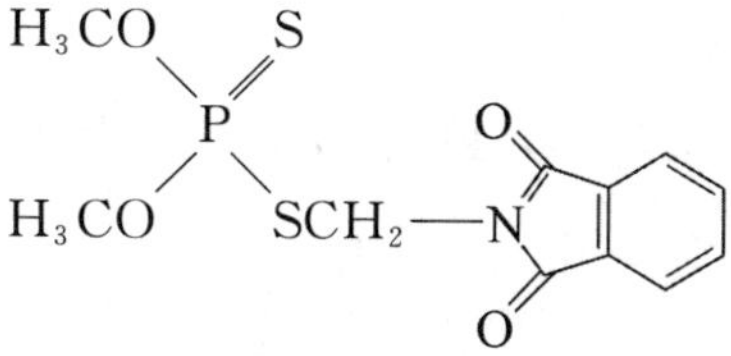
亚胺硫磷

（四）硫赶磷酸酯

硫赶磷酸酯是由相应的二硫代磷酸酯激活形成的，也是一些容易异构化的硫逐磷酸酯。此类化合物的通式如下：

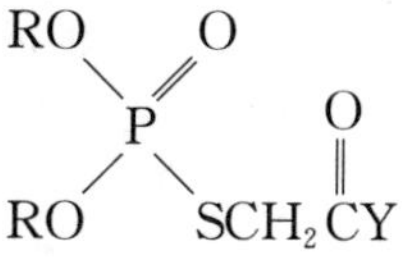
（XIII）

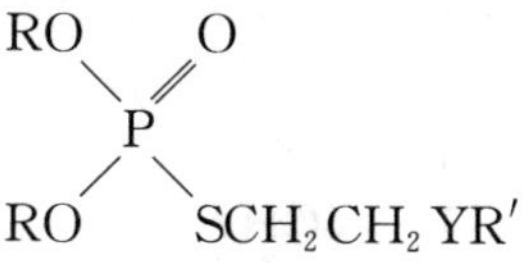
（XIV）

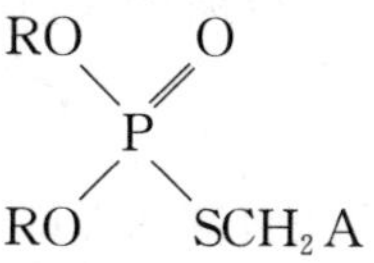
（XV）

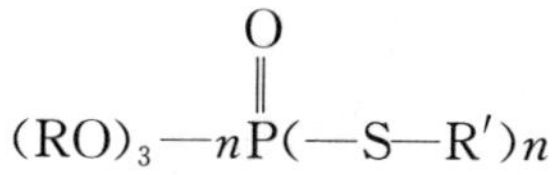
（XVI）

注：Y 是烷氧基或烷胺基；A 是芳基或芳杂环基；R′是烷基或芳基；n 是数字 1～3。

其中，ⅩⅢ和ⅩⅣ类型的化合物已有许多品种开发为杀虫剂；在 S-苄基硫赶磷酸酯（ⅩⅤ）和双 S-芳基二硫赶磷酸酯（ⅩⅥ）中发现了一些具有杀菌活性的化合物与杀线虫剂和脱叶剂等。这类化合物有氧乐果（omethoate）、胺吸磷（amiton）、因毒磷（endothion）和丙溴磷（profenofos）等。

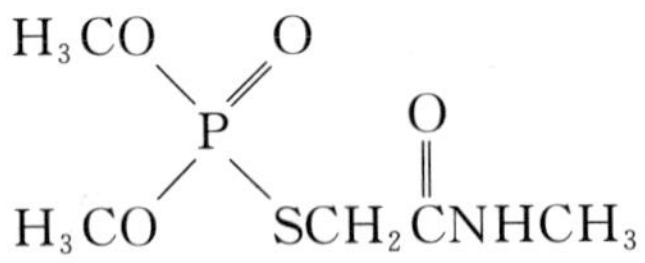
氧乐果

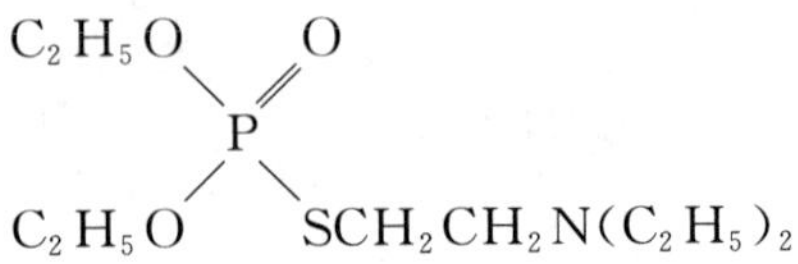
胺吸磷

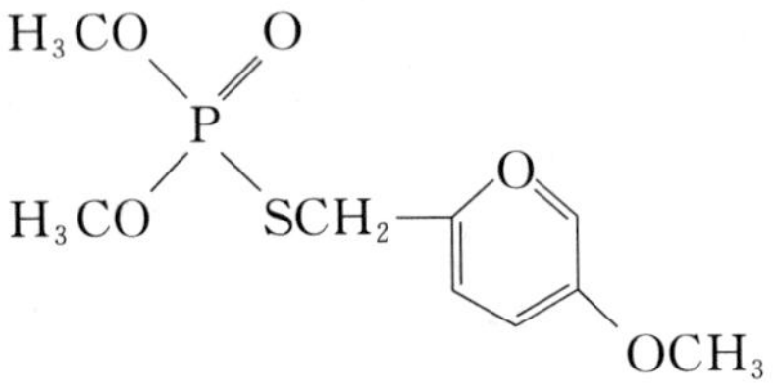
因毒磷

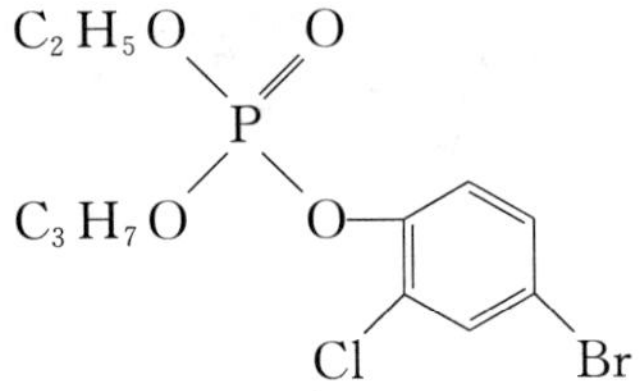
丙溴磷

（五）磷酰胺酸衍生物

在磷酰胺酸衍生物中，发现许多品种具有杀虫活性，其通式如下：

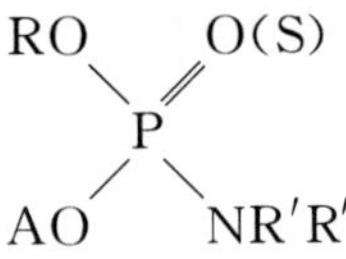
（ⅩⅦ）

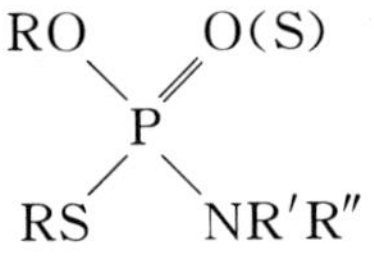
（ⅩⅧ）

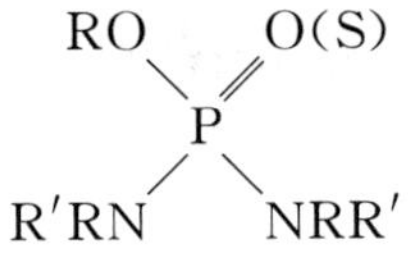
（ⅩⅨ）

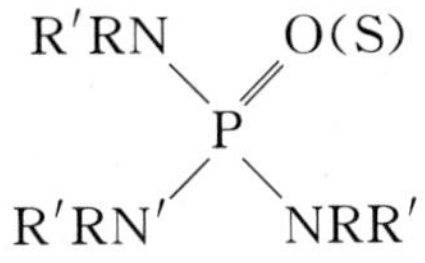
（ⅩⅩ）

除杀虫活性外，许多磷酰胺酸衍生物还具有杀螨、肠胃驱虫、杀线虫、杀菌、除草、杀鼠和不育活性。主要代表品种有乙酰甲胺磷等。

（六）磷酰氟衍生物

这类有机磷化合物在早期曾被用作杀虫剂，主要代表品种为甲氟磷（dimefox）。

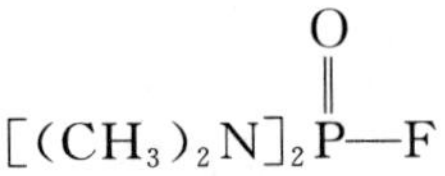
甲氟磷

（七）焦磷酸衍生物

1944 年发现四乙基焦磷酸酯，是第一个有机磷杀虫剂，自那时起人们曾对焦磷酸酯的杀虫活性进行了许多研究。但由于该类化合物的毒性太高，现已不再应用。

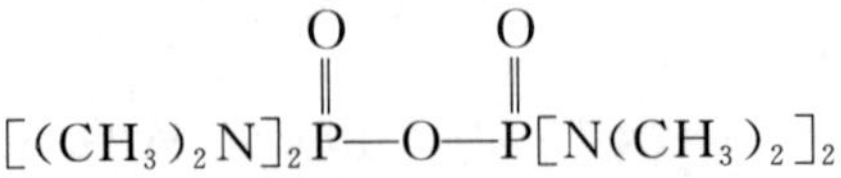
八甲磷（schradan）

(八)膦酸酯类

自从1952年发现了第一个膦酸酯杀虫剂苯硫磷，1954年发现了另一类型的膦酸酯杀虫剂敌百虫之后，人们就继续努力在有P—C键的膦酸酯化合物中寻找新的农药。目前已经发现一些具有杀虫、杀菌和植物生长调节作用的化合物。这类化合物的通式如下。

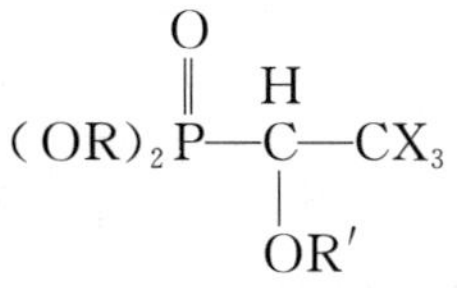
(XXI)

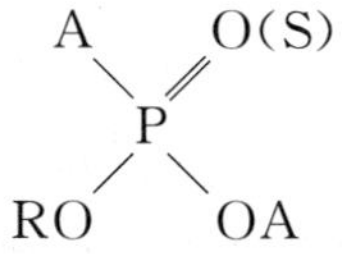
(XXII)

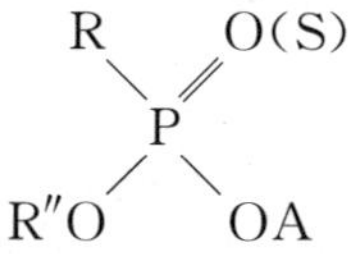
(XXIII)

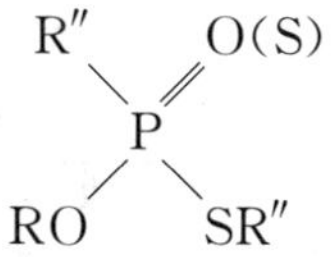
(XXIV)

其中，R为烷基，R′为H或烷基，R″为烷基或芳基，X为卤素。

除上述结构外，苯类也包括酰胺、酰氟和游离酸。主要代表品种有敌百虫(trichlofon)。

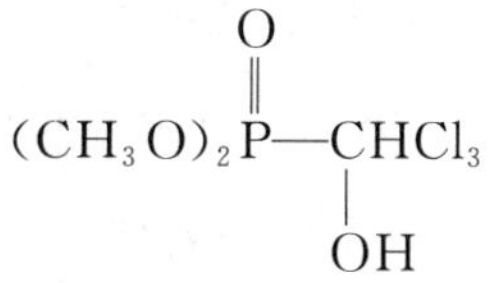
敌百虫

(九)次膦酸酯类

次膦酸酯有两个P—C键，人们曾努力在这个领域内发现新农药，目前人们在次膦酸酯化合物中只发现一个有杀虫活性的品种——氯壤膦。

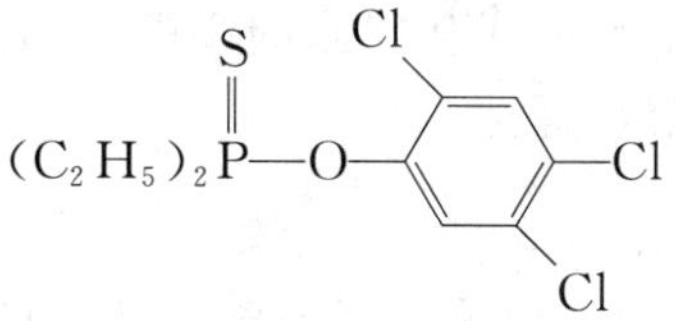
氯壤膦

三、有机磷杀虫剂的反应活性

有机磷杀虫剂的纯品多为无色结晶或液体，工业品多为颜色较深的液体；不同品种各有其特殊气味，也有部分品种无气味或气味较轻；相对密度一般都大于1；折光率、熔点和沸点比较高；正常温度下的蒸汽压和挥发度因品种而异，大多比较低；大多数品种在水中的溶解度低，能溶于大多数有机溶剂。其化学反应主要有如下几个方面。

(一)水解反应

有机磷化合物的水解有几种方式，这和酯的类型、溶剂、pH范围以及加入的催化物质有关。定性地搞清楚此类化合物的反应活性与结构的关系，有利于按照实际应用特性要求合成适用的产品，如有的品种要在较强的碱性环境使用，而有些品种则要求应用于酸性环境。为了生产无公害产品，需要控制该类化合物在动植物体内的降解速度(残留允许量、安全间隔期以及毒力效应的发挥等)。

有机磷农药一经水解就失去活性，水解是该类农药至关重要的性能。有机磷农药(A)与水、碱或酸之间的反应遵守二级反应动力学规律：

$$\mathrm{A+B \longrightarrow C+D}$$

(反应产物)

反应速率公式如下：

$$\mathrm{d}x/\mathrm{d}t=K_2(a-x)(b-x)$$

式中：a 与 b 分别为反应物 A 与 B 的初始浓度；x 为经过时间 t 后浓度下降的量，如一个反应物 B 大量过剩，或其浓度保持不变时，反应变成假一级反应，则上式可简化为

$$\mathrm{d}x/\mathrm{d}t=K_1(a-x)$$

反应速率除用水解速度常数 K_1 或 K_2 表示外，还经常采用酯的半衰期(t_{50})来表示，它的意思是 50%磷酸酯被水解所需要的时间，其公式如下：

$$t_{50}=1/K_1\mathrm{Ln}2=0.693/K_1$$

水解速率决定于化学结构与反应条件，同一类型结构在相同反应条件下，取代基不同也会明显影响水解速率。在水溶液中，大多数有机磷农药在 pH 1～5 最稳定。在此范围内，溶液的 pH 变化对水解速率影响不大。有机磷农药在碱性溶液中极不稳定，当 pH 达到 7～8 时，水解速率明显加大；由于在碱性条件下，水解反应主要是受羟基离子催化，pH 每增加 1 个数值，水解速率几乎增加 10 倍。

因碱性水解是由羟基负离子亲核进攻引起的，所以反应的难易程度取决于磷原子上的电子云密度，而电子云密度又受磷原子取代基性质的影响。因此，在磷原子上有吸电基时，磷酸酯水解性增大，有拒电基时则水解性降低。

(二)磷酰化反应

有机磷农药分子中的磷原子受到亲核试剂进攻，与磷相连的酸性较强的基团离去，致使亲核试剂被磷酰化。

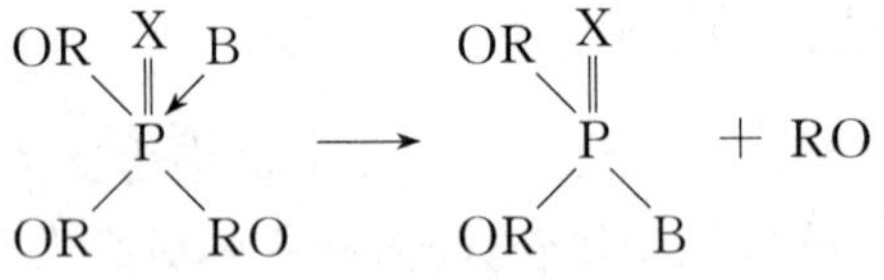

亲核试剂进攻磷原子的能力按下列顺序递减：$F^- > OH^- > PhO^- > PhS^- > Cl^- > Br^- > I^- > S_2O_3^-$，很显然，硬碱容易攻击磷原子。有机磷农药与胆碱酯酶的作用，与醇发生的酯交换，与胺类进行的胺解反应，都属于磷酰化反应。

(三)烷基化反应

当亲核试剂进攻磷酸酯 α 位碳原子时磷酸根负离子离去，亲核试剂被磷酸酯烷基化。

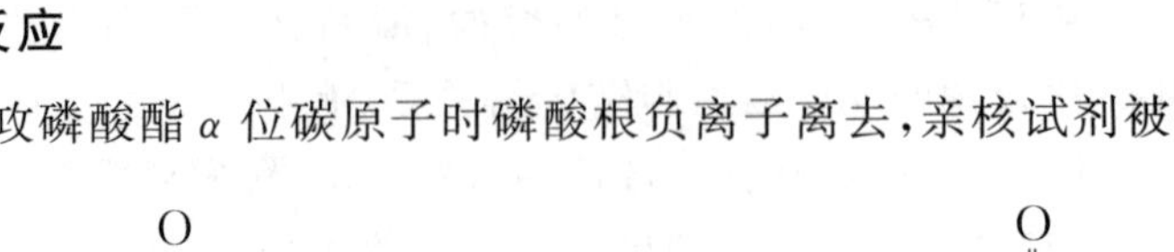

有机磷的烷基化反应在化学降解中和生化过程中都极为重要，有些品种的生物活性与烷基化直接相关。

有机磷杀虫剂的烷基化能力受两个主要因素制约：一是亲核试剂；二是 α 位碳原子的正电性。一般而言，亲核试剂是软碱，就容易进攻 α 位碳原子；α 位碳原子正电荷越高，就越容易进行烷基化。

（四）氧化反应

在有机磷杀虫剂中，有三个部位易被氧化，即硫酮的硫、硫醚的硫及氨基。一经氧化反应，有机磷杀虫剂的活性就提高；在生物体内有关酶（如单加氧酶）的作用下，有机磷杀虫剂也发生氧化反应，这种生物氧化是一种激活反应，使原杀虫剂的生物活性提高。

硫酮的硫可以在氧化剂（如硝酸、四氧化二碳等）或某些生物酶（如单加氧酶）的作用下氧化脱硫，形成磷氧双键。

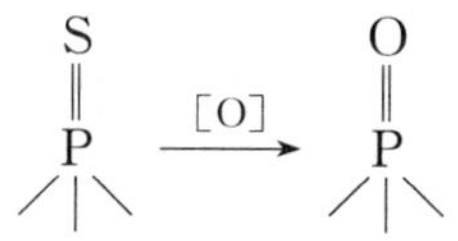

硫醚的硫易被氧化，先形成亚砜，进而氧化成为砜。

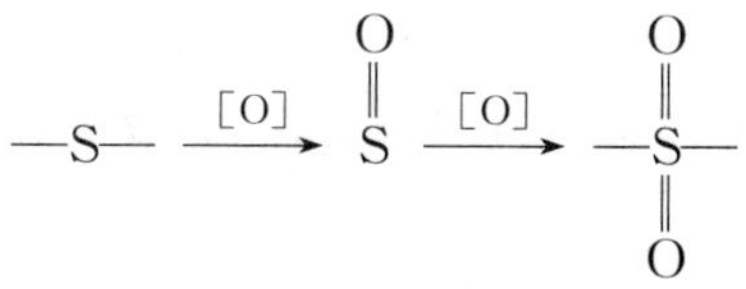

（五）光化学反应

日光具有足够的能量使有机农药引起光化学反应，这个反应可以使农药产生异构化、光（水）解、氧化、脱氯和光敏化。

如在紫外光照射下，硫酮代磷酸酯能发生异构化成为硫醇代磷酸酯或发生硫酮硫醇异构化：

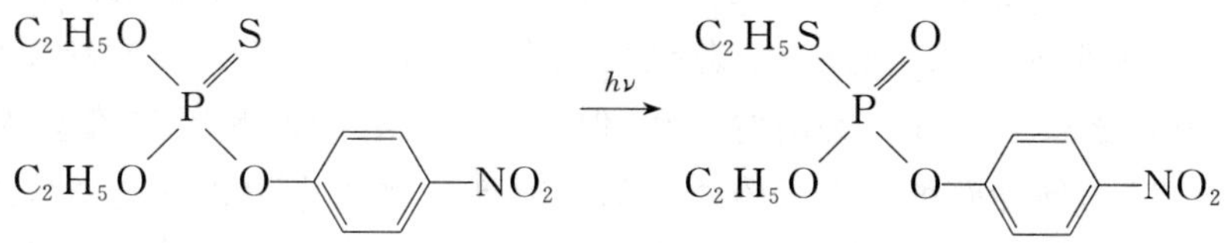

对硫磷光化学异构化：

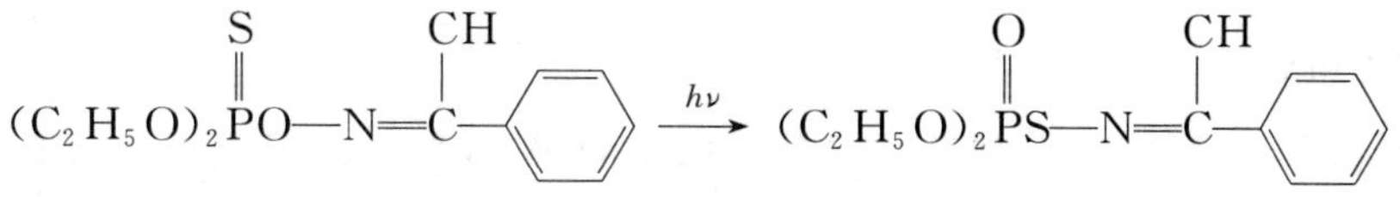

辛硫磷光化学异构化：

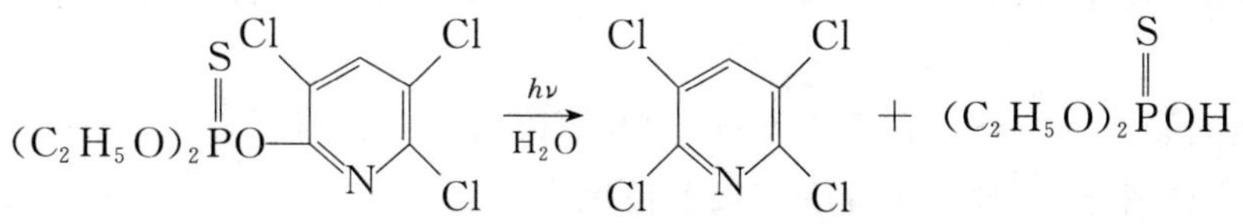

毒死蜱的光(水)解作用在有水或湿气存在的情况下发生。

有机磷农药芳香环上的氯原子可以在光化反应中脱去。

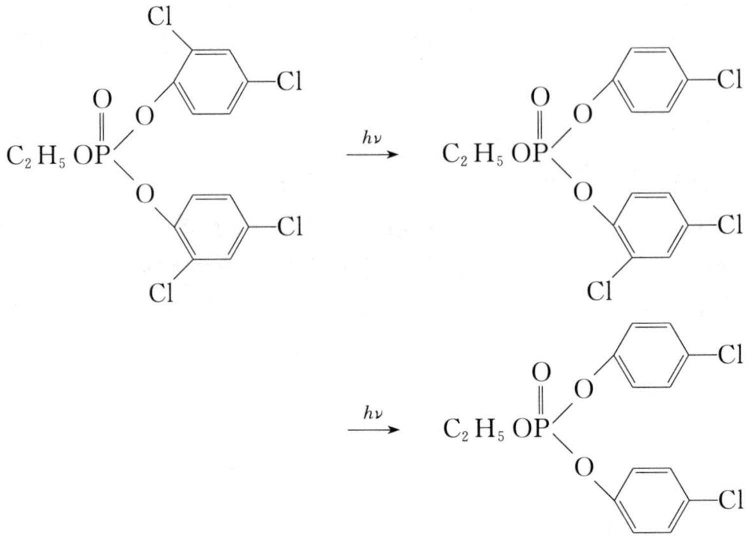

(六)热分解反应

一般有机磷杀虫剂都不能耐受高温,加热可引起分解反应。

四、有机磷杀虫剂的毒性

有机磷类杀虫剂种类繁多、毒性变化较大,在给人类生产和生活带来利益的同时,也直接或间接地、短期或长期地对人类环境造成威胁,对生命造成危害。

(一)急性毒性

有机磷杀虫剂的急性毒性是被公认的。相当一部分有机磷类杀虫剂对人、畜高毒,但大多数品种在人、畜体内能转化成无毒的磷酸化合物。同类型的有机磷杀虫剂品种如磷酰胺酸衍生物甲胺磷和乙酰甲胺磷结构稍有变化(其结构式变化如前述),急性毒性却变化很大。如甲胺磷急性经口 LD_{50} 约 30 mg/kg,为高毒品种,但经乙酰化后的乙酰甲胺磷急性经口 LD_{50} 仅为 823 mg/kg,变化为低毒品种。有机磷杀虫剂对哺乳动物的作用机理与对害虫没有本质上的差别,这类杀虫剂对包括昆虫和人在内的所有以胆碱酯酶为神经传导介质的生物都具有杀伤作用。

(二)慢性毒性

有机磷杀虫剂化学性质不稳定,在自然界极易分解,残留时间较短,所以,慢性毒性较为少见。但也有个别品种如除线磷(dichlofenthion)在生物体内存留时间较长,一次中毒后,乙酰胆碱酯酶活性被抑制时间在两个月以上,中毒后 54～75 天患者脂肪内或血液内尚能检出完整的有机磷残留。

慢性毒性问题在国内外一直争论不休,主要原因是很多农药厂工人,接触农药品种很杂且经常更换,缺乏详细记录,对工作健康与接触情况未建立档案,因而对慢性中毒缺乏科学资料;

对于长期接触有机磷的工人，除了血中胆碱酯酶活性明显降低外，其他表现不明显，或仅有一些非特异症状如头痛、头昏、乏力、失眠、肌束震颤、恶心、呕吐、心慌、气短等；此外，对有机磷中含有的杂质或无效成分在长期的接触过程中所起的作用研究甚少。在实际应用过程中的潜在毒性如迟发性神经毒性等也引起了人们极大的关注。能引起迟发性神经毒性的有机磷品种以甲胺磷为最多，依次为乐果、氧乐果、敌敌畏、稻瘟净、杀螟松、马拉硫磷、甲基对硫磷和敌百虫等。

（三）残留毒性

大多数有机磷杀虫剂在结构上比较简单，在环境中被分解后可以转化为植物的营养物质氨、磷酸以及硫醇类小分子，与生态可以和谐共存。

五、有机磷杀虫剂的作用方式、毒理和应用

有机磷杀虫剂具有触杀、胃毒、熏蒸和内吸等多种作用方式，根据品种不同，有些品种多种作用方式兼而有之，如马拉硫磷具有触杀、胃毒和内吸作用，还有比较好的熏蒸作用；而有些品种作用方式比较单一，如敌百虫，仅以胃毒作用为主。

有机磷杀虫剂对节肢动物和哺乳动物的作用是相同的，都是干扰神经系统，抑制神经传递过程中的重要传递介质分解酶（胆碱酯酶），其结果是有机磷酸酯将乙酰胆碱酯酶活性部位的丝氨酸羟基乙酰化使酶失活。

有机磷杀虫剂品种众多，化学性质差异较大，被广泛用于农作物害虫的防治。在应用中要注意中毒事件的发生。长期单一使用某一个结构相似的有机磷品种，容易导致害虫对该类品种产生抗药性，在使用中要注意与其他杀虫剂轮换使用。

项目三　氨基甲酸酯类杀虫剂

一、概述

很久前，人们曾发现在西非生长的一种蔓生豆科植物毒扁豆（*Physostigma venenosum*）种子中，存在有一种剧毒物质。17、18 世纪，尼日利亚爱菲克斯族人的统治者就采用爱菲克斯人的名称，命名为“eserine”。1864 年从该生物碱中分离得到毒扁豆碱（physostigmine）。1925 年确定了毒扁豆碱的化学结构。1935 年完成了毒扁豆碱的人工合成。毒扁豆碱是首次发现的天然存在的氨基甲酸酯类化合物。

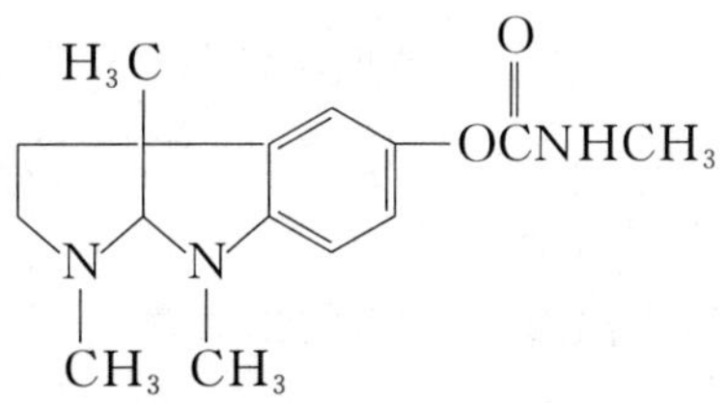

毒扁豆碱（physostigmine）

1931 年，杜邦(Du Pond)公司研究了具有杀虫活性的二硫代氨基甲酸衍生物，发现双(四乙基硫代氨基甲酰)二硫物对蚜虫和螨类具有触杀活性，福美双(thiram)具有拒食活性，代森钠(nabam)具有杀螨活性。这是研究氨基甲酸酯类化合物杀虫活性的开始。但上述化合物最终未能成为杀虫剂，而由于它们卓越的杀菌活性，很快就作为杀菌剂进入了农药行列。

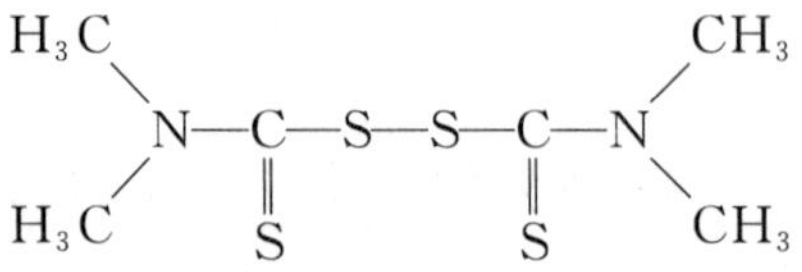
福美双

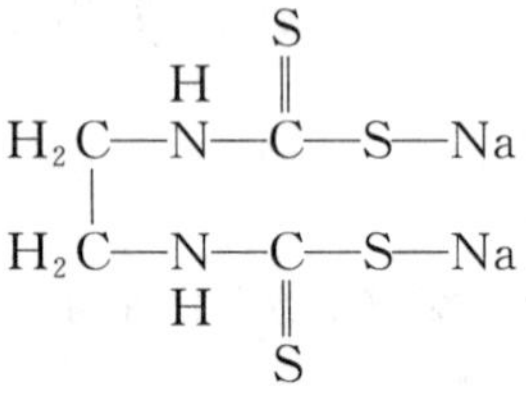
代森钠

20 世纪 40 年代中后期，第一个真正的氨基甲酸酯类杀虫剂地麦威(dimetan)在瑞士的嘉基(Geigy)公司合成成功，并于 1951 年进行商业登记。随后，一些早期的氨基甲酸酯类杀虫剂被陆续开发出来。

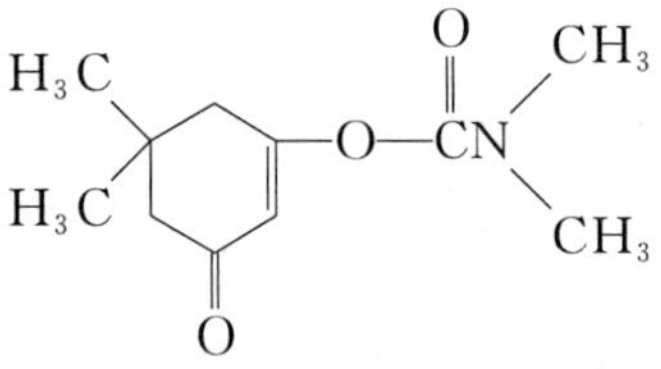
地麦威

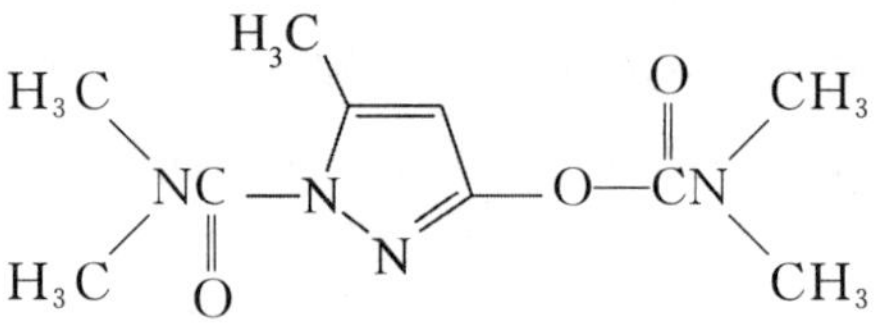
敌蝇威(dimetilan)

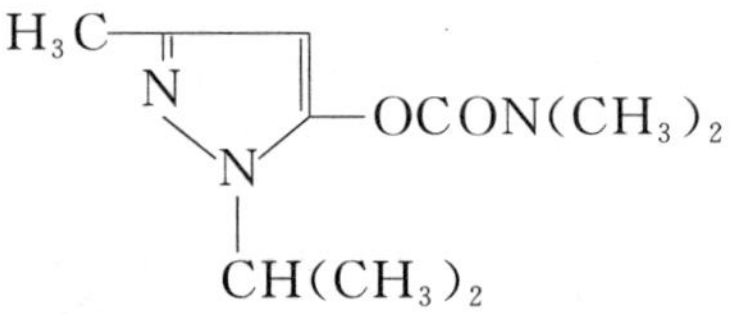
异索威(isolan)

1953 年，Union Carbide 公司合成了西维因(carbaryl)并于 1957 年正式公布生产，后来成为市场上产量最大的农药品种之一。

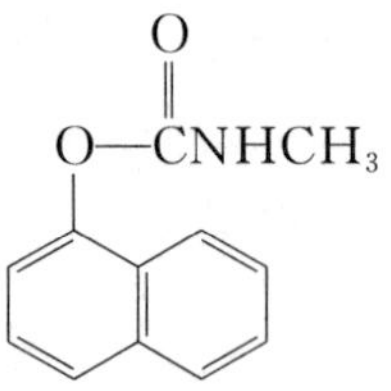
西维因

1954 年，Metcalf 和 Fukuto 等合成了一系列脂溶性、不带电荷的毒扁豆碱类似物，成为研究此类化合物结构与活性关系的典范。后来，这些化合物中的害扑威(hopcide)、异丙威、二甲威、速灭威(metolcarp)被开发成为杀虫剂。自此，确定了 *N*-甲基氨基甲酸芳基酯在杀虫剂中的地位，也为后来大量的新的氨基甲酸酯杀虫剂的出现奠定了基础。

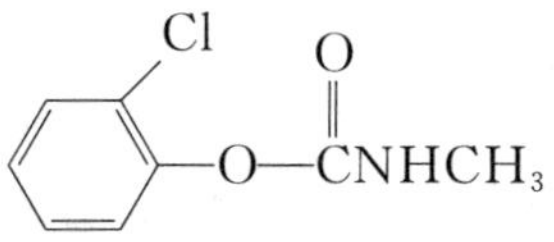

害扑威

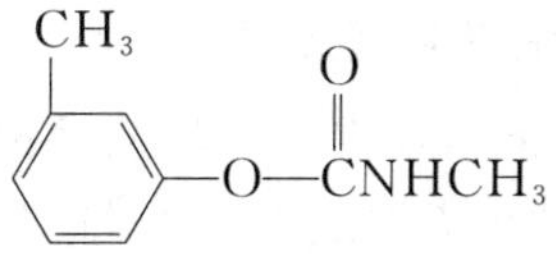

速灭威

后来，Union Carbide 公司的化学家们又将肟基引入，从而导致具有触杀和内吸活性的高效杀虫、杀螨和杀线虫剂的出现，如涕灭威（aldicarp）和杀线威（oxamyl）等。

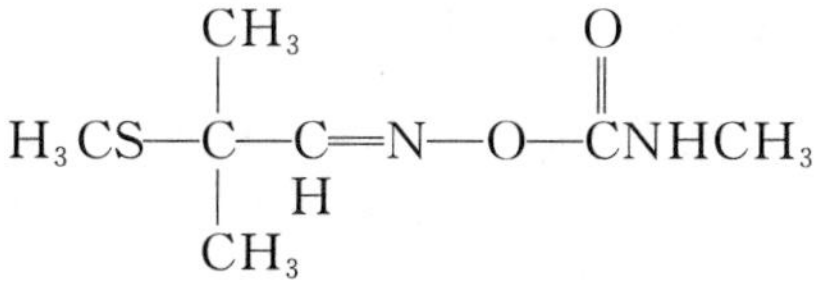

涕灭威

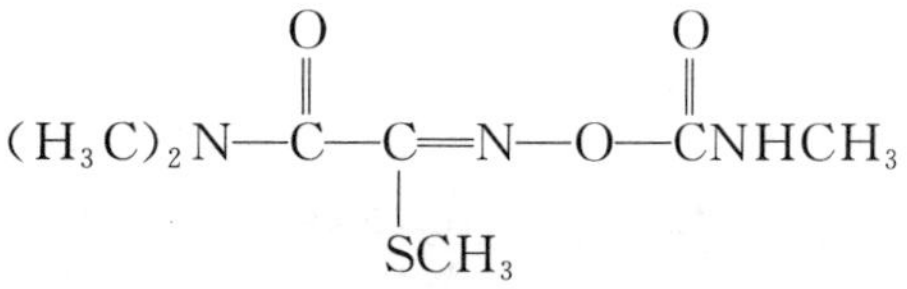

杀线威

氨基甲酸酯类杀虫剂以其作用迅速，选择性高，有些品种还具有强内吸性以及低残留毒性等优点，到 20 世纪 70 年代已发展成为杀虫剂中的一个重要类别；但某些品种的高毒性也制约了其使用范围。

二、氨基甲酸酯类杀虫剂的化学结构与类型

所有氨基甲酸酯类杀虫剂均可视为氨基甲酸的衍生物。氨基甲酸是极不稳定的，它会自动分解为二氧化碳和氨。然而，氨基甲酸盐和酯却相当稳定。

$$HO-\overset{\displaystyle O}{\overset{\|}{C}}NH_2 \longrightarrow CO_2 + NH_3$$

作为杀虫剂的氨基甲酸酯结构上的变化主要在酯基上，一般要求酯基的对应羟基化合物具有弱酸性，如烯醇、酚和羟肟等；结构的另一个可变部分是氮原子上的取代基。氮原子上的氢可以被一个甲基取代或被两个甲基取代或被一个甲基和一个酰基取代。根据取代基的变化，可以将氨基甲酸酯类杀虫剂划分为 4 种类型。

（一）*N*，*N*-二甲基氨基甲酸酯

这类化合物都是杂环或碳环的二甲氨基甲酸衍生物，在酯基中都含有烯醇结构单元，氮原子上的两个氢均被甲基取代。这类品种有地麦威、吡唑威、异索威、敌蝇威和抗蚜威（pirimicarp）等。

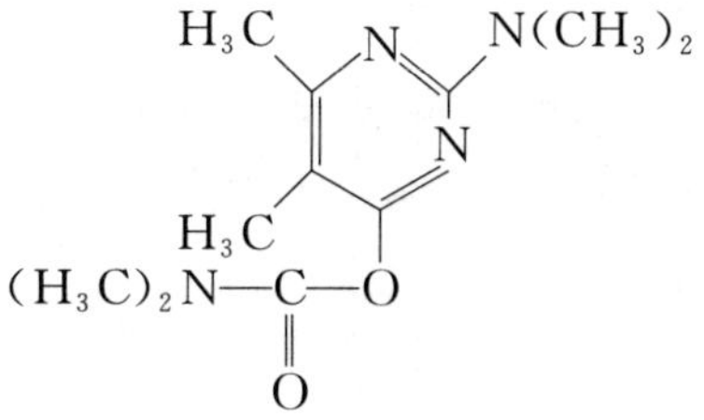

抗蚜威

(二)*N*-甲基氨基甲酸芳香酯

这类氨基甲酸酯杀虫剂是市场上品种最多的一类，氮原子上一个氢被甲基取代，芳基可以是对、邻和间位取代的苯基、萘基和杂环苯并基等，如西维因、仲丁威、灭害威、残杀威、除害威、速灭威、害扑威、叶蝉散(isoprocarp)和克百威(carbofuran)等。

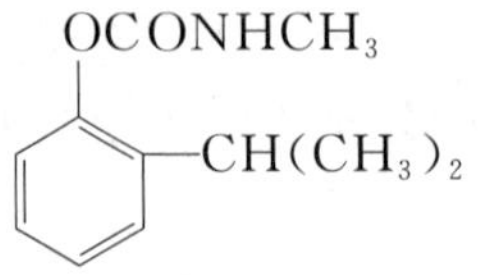

叶蝉散

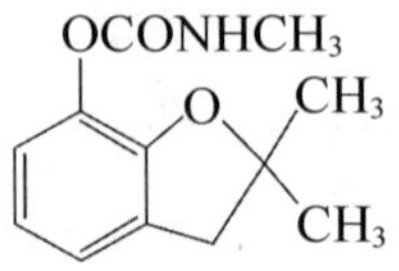

克百威

(三)*N*-甲基氨基甲酸肟酯

这类化合物是于1966年由Payne及其合作者报道的。由于肟酯基的引入而使此类化合物变得高效高毒。在这类化合物中，烷硫基是酯基中的重要单元。主要品种有涕灭威、灭多威(methomyl)、棉果威、杀线威和抗虫威等。

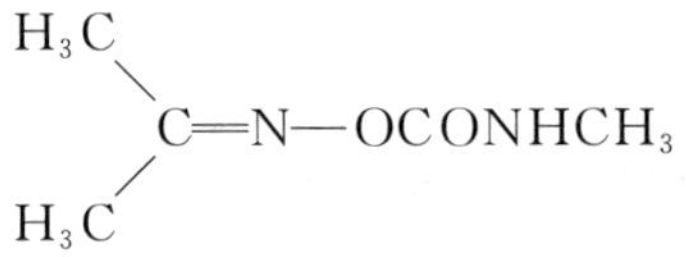

灭多威

(四)*N*-酰基(或羟硫基)*N*-甲基氨基甲酸酯

这是一类新化合物，主要是在第二、第三类化合物基础上进行改进并使之低毒化的品种。在结构上，氮原子上余下的一个氢原子被酰基、磷酰基、羟硫基、羟亚硫酰基等基团取代，造成在昆虫和哺乳动物中不同的代谢降解途径，以提高其选择性。这类化合物合成难度较大，商品化的品种还不多。这类品种有呋线威、棉铃威(alanycarb)和磷亚威等。

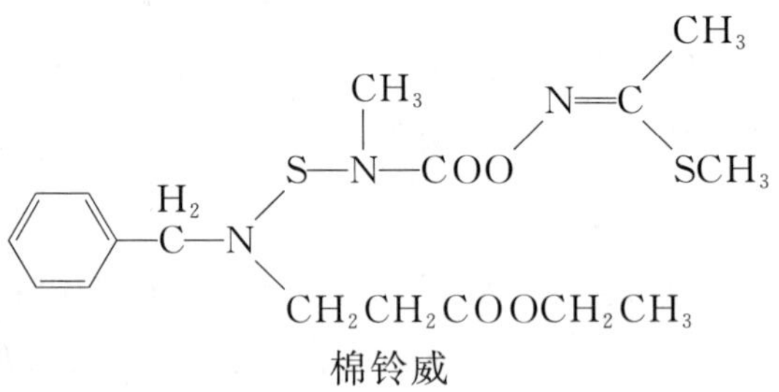

棉铃威

三、氨基甲酸酯类杀虫剂的反应活性

氨基甲酸酯杀虫剂纯品大多为白色结晶，有微弱气味，有一定的熔点，蒸汽压通常较低，不易挥发。大多数品种在水中的溶解度低，而能溶于大多数有机溶剂。其化学反应主要有如下几个。

(一)水解反应

氨基甲酸酯杀虫剂在碱性介质中容易发生水解反应，使酯键断裂，释放出胺及二氧化碳。

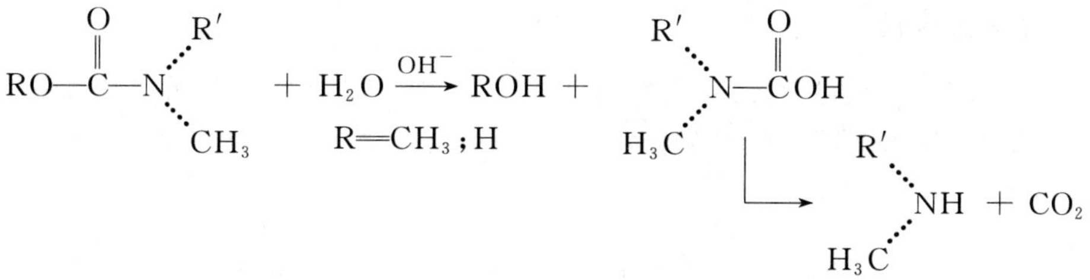

氨基甲酸酯杀虫剂对水解反应的敏感性与其结构密切相关。表 2-1 列出了不同取代基团的氨基甲酸酯杀虫剂水解反应的二级速率常数。

表 2-1　如下结构式的水解速率常数

（巴比妥缓冲液 0.1 mol/L，pH 9.5，37.5 ℃）

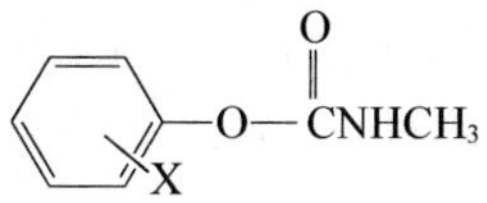

（X= H）

X	$K_{水解}$/(mol^{-1} · min^{-1})	X	$K_{水解}$/(mol^{-1} · min^{-1})
2-NO_2	3.4×10^6	2-CH_3	2.6×10^2
4-NO_2	3.5×10^5	2-*i*-C_3H_7	5.5×10
2-Cl	2.0×10^3	2-*t*-C_3H_7	2.8×10
3-Cl	1.7×10^3	3-$N(CH_3)_2$	2.0×10
4-Cl	1.0×10^3	3-*t*-C_4H_9	0.4×10
3-CH_3	3.0×10^2		

表 2-2　如下结构式的水解速率常数

（a. 巴比妥缓冲液 0.1 mol/L，pH 9.5，37.5 ℃；b. 磷酸钠缓冲液 0.05 mol/L，pH 7.8，22 ℃）

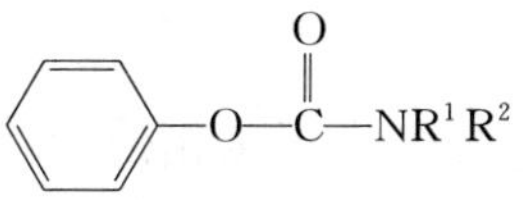

（R^1 = H，R^2 = CH_3）

R^1	R^2	$K_{水解}$/(mol^{-1} · min^{-1}) (a)	R^1	R^2	$K_{水解}$/(mol^{-1} · min^{-1})(b)
H	C_6H_5	5.8×10^3	Me	Me	3.9×10^{-3}
H	$CH_2C_6H_5$	8.2×10^2	Et	Et	6.2×10^{-5}
H	C_2H_5	5.0×10^2			
H	CH_3	2.5×10^2			

从上述结果可以看出，苯环上吸电子基团的存在对水解有利。这是由于吸电子基团能使酯羰基上电荷密度降低，从而有利于羟基的亲核进攻。当芳基酯换成烷基酯后，由于后者的给电子性，导致水解稳定性增加。

在 *N*-取代化合物中，水解稳定性的大小顺序为：*N*-甲基＞*N*-乙基＞*N*-苄基＞*N*-苯基，*N*-甲基取代物最稳定。除结构因素外，反应条件如温度、pH 等均能影响碱性水解反应的速度。氨基甲酸酯杀虫剂在酸性溶液中分解速度很慢。

(二)热分解反应

氨基甲酸酯受热至一定温度会发生热分解反应,放出具有特殊臭味的异氰酸甲酯。这是所有 N-甲基氨基甲酸芳酯受热时都会发生的反应,反应中产生相应的酚。

$$ArO-\overset{O}{\overset{\|}{C}}NHCH_3 \xrightarrow{\Delta} ArOH + CH_3NCO\uparrow$$

四、氨基甲酸酯类杀虫剂的毒性

氨基甲酸酯类杀虫剂各品种毒性相差较大。目前对低毒类品种保留应用;对高毒类品种限制使用或对其进行改造成为低毒化品种。

(1)高毒类品种(大鼠急性经口 $LD_{50} < 50$ mg/kg):丁醛肟威、己酮肟威、戊氰威、克百威、草肟威、氰乙肟威、灭多威、乙肟威、异索威、除线威、敌蝇威、胺甲异丙威和涕灭威。

(2)中毒类品种(50 mg/kg $<$ 大鼠急性经口 $LD_{50} < 500$ mg/kg):乙硫甲威、二恶威、丁苯威、丁硫克百威、丁酮威、双丙威、甲硫威、灭害威、丙硫克百威、地麦威、异丙威、吡唑威、残杀威、速灭威、唑蚜威、硫双灭多威和棉铃威等。

(3)低毒类品种(大鼠急性经口 $LD_{50} > 500$ mg/kg):乙苯威、二甲威、西维因、苯硫威、特丁威、害扑威、蜱虱威、双氧威和磷硫灭多威等。

五、氨基甲酸酯类杀虫剂的作用方式、毒理和应用

同有机磷杀虫剂相似,氨基甲酸酯类杀虫剂具有触杀、胃毒、熏蒸和内吸等多种作用方式。根据品种不同,有些品种多种作用方式兼而有之,而有些品种作用方式比较单一。从结构来讲,N-甲基氨基甲酸肟酯类一般具有很好的内吸活性,N-甲基氨基甲酸芳香酯中的个别品种如克百威也具有较好的内吸作用,其他结构的品种基本无内吸作用,以触杀和胃毒作用为主。

氨基甲酸酯类杀虫剂对节肢动物和哺乳动物的作用是相同的,都是干扰神经系统,抑制神经传递过程中的重要传递介质分解酶胆碱酯酶,其结果是氨基甲酸酯类杀虫剂将乙酰胆碱酯酶酯动部位的丝氨酸羟基酰化使酶失活。其具体作用步骤可用下式表示:

$$HAChE + XO\overset{O}{\overset{\|}{C}}NHCH_3 \underset{K_{-1}}{\overset{K_{+1}}{\rightleftharpoons}} HAChE\cdot XO\overset{O}{\overset{\|}{C}}NHCH_3 \xrightarrow{K_2}$$

乙酰胆碱酯酶　氨基甲酸酯杀虫剂　酶和药剂复合体

$$HOX + AChE\overset{O}{\overset{\|}{C}}NHCH_3 \xrightarrow{K_3} HAChE + HO\overset{O}{\overset{\|}{C}}NHCH_3 + HOX$$

脱离基团　氨基甲酰化酶　酶　甲基氨基甲酸　脱离基团

氨基甲酸酯杀虫剂品种众多,化学性质差异较大,被广泛用于农作物害虫的防治。在应用中要注意中毒事件的发生。长期单一使用某一个结构相似的品种,容易导致害虫对该类品种产生抗药性,在使用中要注意与其他杀虫剂轮换使用。

项目四　拟除虫菊酯类杀虫剂

一、概述

除虫菊素(pyrethrin)是菊科植物如白花除虫菊(*Chrysanthemum cinerariaefolium*)和红花除虫菊(*C. coseum*)等花中的杀虫有效成分。对其化学结构的研究始于1908年,1909年日本药物学家Fujitani报道除虫菊素的有效成分为“酯”结构。1923年,另一个日本科学家山本证实构成除虫菊素的酸具有三碳环结构(环丙烷)。1924年,瑞士化学家Stanudinger和Ruzicka首次报道了除虫菊素Ⅰ、Ⅱ的结构,后经多人修正,直到1947年才最终确定其结构。目前,天然除虫菊花中的有效成分已明确的共6种,均为酯类化合物。其酸部分称为菊酸,有两种,即菊酸Ⅰ和菊酸Ⅱ。其醇部分为环状酮醇,有3种,即除虫菊酮醇、瓜叶除虫菊酮醇和茉莉除虫菊酮醇。

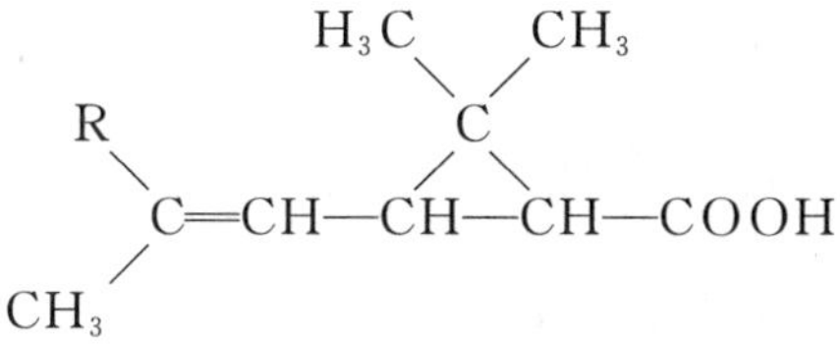

菊酸Ⅰ　　$R=CH_3$

菊酸Ⅱ　　$R=COOCH_3$

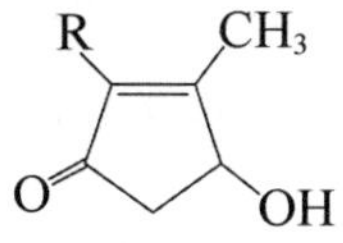

$R=CH_2CHCHCHCH_2$　　除虫菊酮醇

$R=CH_2CHCHCH_3$　　瓜叶除虫菊酮醇

$R=CH_2CHCHCH_2CH_3$　　茉莉除虫菊酮醇

这两种菊酸和3个酮醇组成了6种除虫菊酯,通称为天然除虫菊素,其中以除虫菊素Ⅰ和Ⅱ含量最多,杀虫活性最高。除虫菊素化学结构如下:

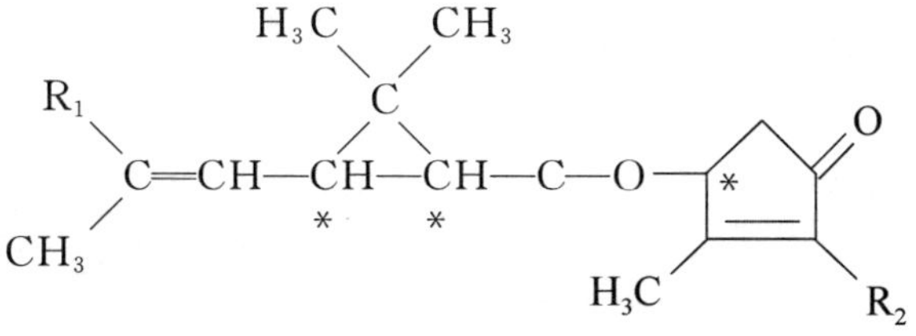

除虫菊素化学结构

表 2-3 天然除虫菊素的化学结构和组成

组分	R_1	R_2	分子式	分子量	含量/%
除虫菊素 Ⅰ	$-CH_3$	$-CH_2CH=CHCH=CH_2$	$C_{21}H_{28}O_3$	328.43	35
除虫菊素 Ⅱ	$-COOCH_3$	$-CH_2CH=CHCH=CH_2$	$C_{22}H_{28}O_5$	372.44	32
瓜叶除虫菊素 Ⅰ	$-CH_3$	$-CH_2CH=CHCH_3$	$C_{20}H_{28}O_3$	316.42	10
瓜叶除虫菊素 Ⅱ	$-COOCH_3$	$-CH_2CH=CHCH_3$	$C_{21}H_{28}O_5$	360.43	14
茉莉除虫菊素 Ⅰ	$-CH_3$	$-CH_2CH=CHC_2H_5$	$C_{21}H_{30}O_3$	330.45	5
茉莉除虫菊素 Ⅱ	$-COOCH_3$	$-CH_2CH=CHC_2H_5$	$C_{22}H_{28}O_5$	374.46	4

由于除虫菊素的菊酸含有三元环，有顺、反两种异构体，因此菊酸形成的酯也有顺式和反式两种异构体。

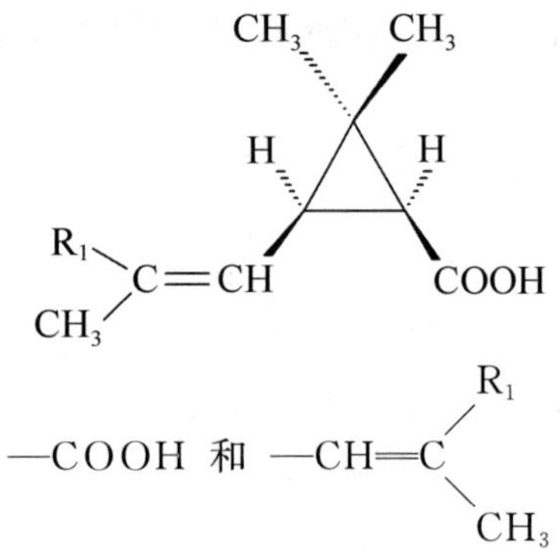

处于三元环平面同一侧，称为顺式

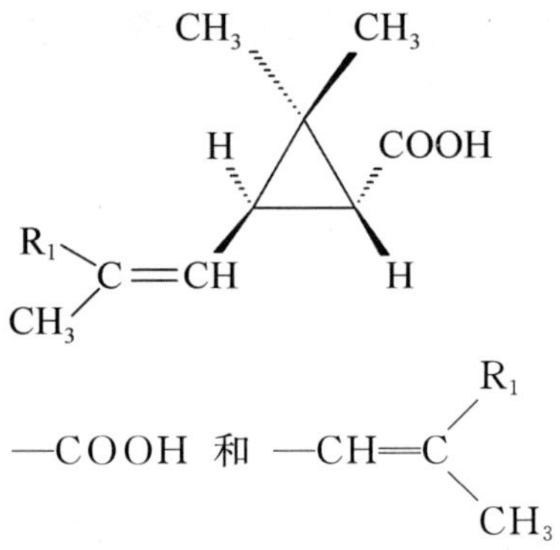

处于三元环的上下两侧，称为反式

菊酸分子中连接—COOH 的碳原子 C_1 及连接烯基的碳原子 C_3 是手性碳，而含手性碳的化合物又有 *R*、*S* 两种空间构型，因此菊酸Ⅰ存在下面 4 种异构体。

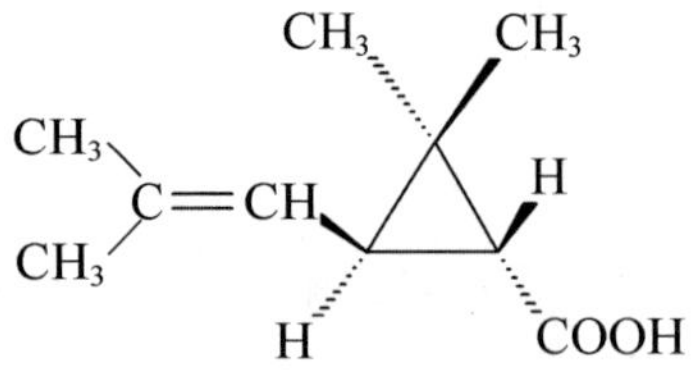

(+)1*R*∶3*R* 反式菊酸Ⅰ

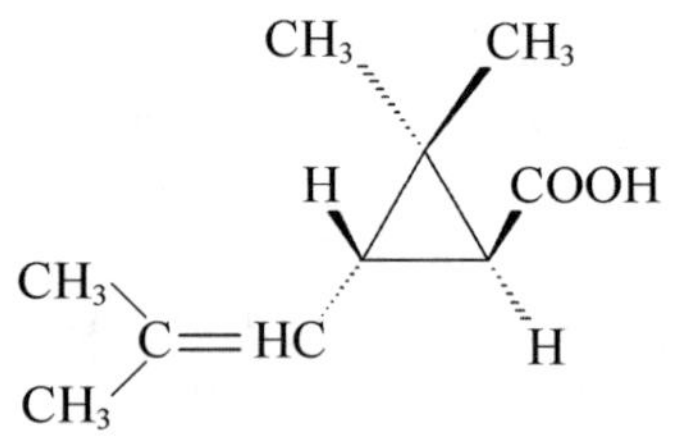

(−)1*S*∶3*S* 反式菊酸Ⅰ

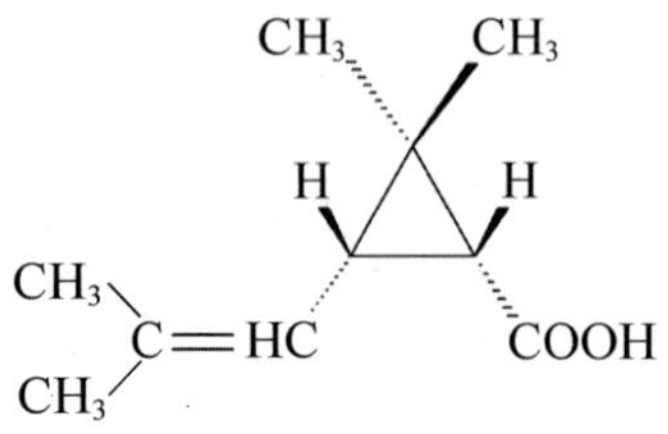

(+)1*R*∶3*S* 顺式菊酸Ⅰ

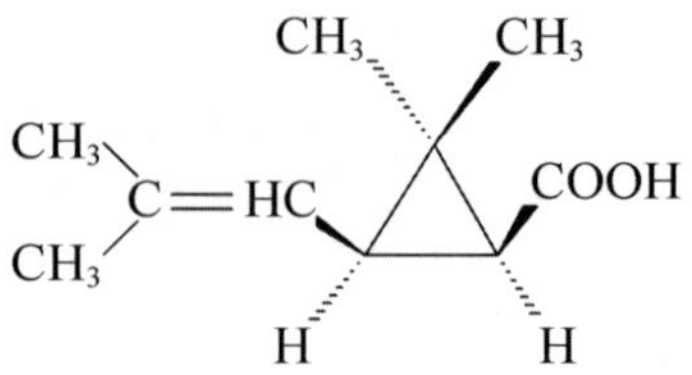

(−)1*S*∶3*R* 顺式菊酸Ⅰ

菊醇部分 C_4 也是手性碳，也有 R 和 S 构型，分别和菊酸Ⅰ的 4 个异构体组成了除虫菊素Ⅰ的 8 个异构体。但天然除虫菊素Ⅰ只有（＋）1R∶3R 反式菊酸和（＋）1R∶3S 顺式菊醇生成的酯。

天然除虫菊素是一类比较理想的杀虫剂，杀虫毒力较高，杀虫谱广，对哺乳动物低毒，不污染环境，没有慢性毒性等不良效应，也不会产生累积中毒。天然除虫菊素的主要问题是光不稳定。天然除虫菊素的分子结构中存在两个光不稳定中心，一个是菊酸的乙烯侧链上的偕二甲基，另一个是醇部分的戊烯酮环及侧链上的双键。在光照条件下，这两个部位很快被氧化而失去杀虫活性。因此，天然除虫菊酯不能在田间使用，只能用于室内防治卫生害虫。

在人们不懈地探索下，成功实现了人工合成除虫菊酯（拟除虫菊酯），并逐渐解决了其存在的种种不足，发展为一类优良的拟除虫菊酯类杀虫剂。

二、第一代拟除虫菊酯杀虫剂

第一代拟除虫菊酯杀虫剂是在天然除虫菊酯化学结构的基础上发展起来的，大体经历了 20 多年的时间（1948—1971 年）。第一个人工合成的拟除虫菊酯是丙烯菊酯（allethrin），由 Schechter 和 Laforge 于 1947 年合成并于 1949 年商品化。它以除虫菊素Ⅰ为原型，用丙烯基代替环戊烯醇侧链的戊二烯基（即在醇环侧链除去一个双键），使光稳定性稍许有些改善。

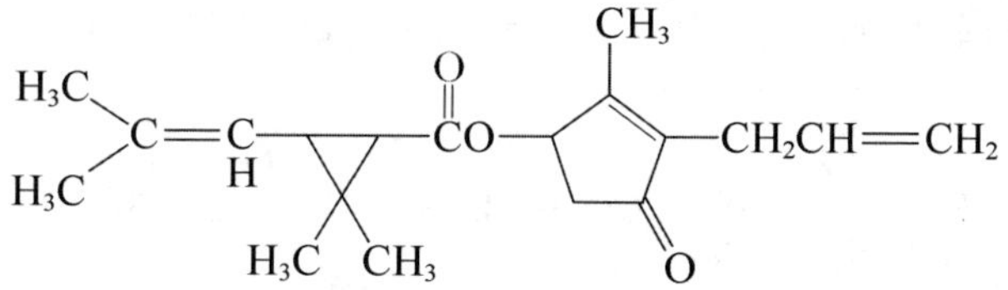

丙烯菊酯

丙烯菊酯有 8 个立体异构体，其中（＋）1R∶3R-反式-（＋）S 杀虫活性最高，（－）1S∶3R-反式-（－）R 杀虫活性最低（表 2-4）。表明丙烯菊酯与天然除虫菊素的高效异构体具有相同的立体构型。经过前后近 40 年（1908—1947 年）除虫菊酯化学的研究，终于出现了第一个人工合成除虫菊酯，虽然其杀虫活性与天然除虫菊酯相比并没有很大程度的提高，但该化合物保持了天然除虫菊素的优点。由于丙烯菊酯对光的不稳定性，其使用与天然除虫菊素一样受到了限制。改进化学结构以克服光不稳定性缺点并进一步提高其毒力，是农药化学家们努力追求的一个目标。在丙烯菊酯的基础上，为改变醇部分的化学结构以发现新的除虫菊酯品种曾进行了大量的工作，此期间也出现了不少高效品种，但直到 20 世纪 70 年代初，在光稳定性的改造方面始终未获得较大突破。

在这些早期开发的拟除虫菊酯品种中，苯醚菊酯的杀虫活性并不是很强大，但由于以比较稳定的苯环结构（苯氧基苄醇）代替了除虫菊酮醇部分的不饱和结构，使光稳定性有了改进。日本住友公司又在此基础上在分子中引入了氰基，使化合物的毒力大大提高。后来的研究结果表明，这一醇部分的改造具有重大意义，因为这一改造，既改善了化合物的稳定性，又使毒力大大提高，这个“醇”也成为此后发展起来的一系列光稳定性拟除虫菊酯的基本组成部分。

表 2-4 丙烯菊酯 8 种异构体的绝对构型及对家蝇的相对毒力

绝对构型*	LD_{50}/(μg/家蝇)	相对毒力
(+)1*R*∶3*R*-反式-(+)*S*	0.24	100
(+)1*R*∶3*S*-顺式-(+)*S*	0.41	58.5
(+)1*R*∶3*R*-反式-(−)*R*	1.31	18.3
(+)1*R*∶3*R*-顺式-(−)*R*	1.71	14.0
(−)1*S*∶3*R*-顺式-(+)*S*	3.30	7.3
(−)1*S*∶3*S*-反式-(+)*S*	4.96	4.84
(−)1*S*∶3*R*-顺式-(−)*R*	7.02	3.42
(−)1*S*∶3*S*-反式-(−)*R*	45.2	0.53

注：*(+)1*R*∶3*R*-反式-(+)*S* 表示 C_1、C_3 分别为 *R* 构型的右旋酸与 *S* 构型右旋醇形成的酯。

三、第二代光稳定性拟除虫菊酯杀虫剂

在菊酯类化合物化学结构的改造中，由于对醇部分的改造而提高了稳定性，但对于菊酸部分的改造，成效一直不大。直至 1973 年，Mataui 在合成的菊酯化合物中引入苯氧基苄醇合成了甲氰菊酯(fenpropathrin)，情况才有了改变。Mataui 合成的这个化合物对一些昆虫，特别是对螨类和粉虱等都有较好的效果，缺点是对卵无效且口服毒性较高。

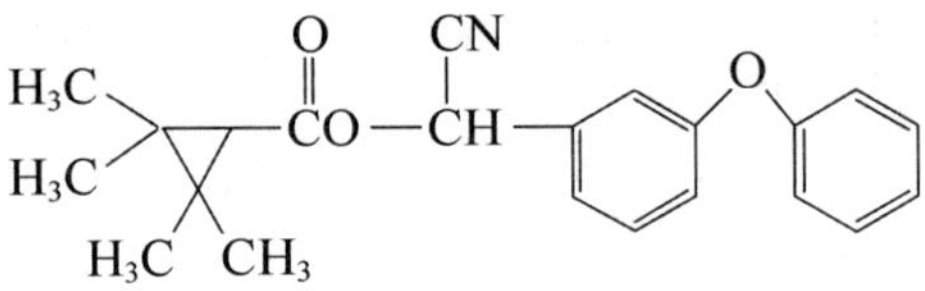

甲氰菊酯

1972 年，英国洛桑试验站(Rothamsted Research)的 Elliott 博士用氯代菊酸与苯氧基苄醇成功合成了氯菊酯(permethrin)，并于 1977 年商品化。这是第一个光稳定性的农用拟除虫菊酯，解决了天然除虫菊素和第一代拟除虫菊酯分子中的两个光不稳定中心(菊酸侧链的“偕二甲基”和醇部分的不饱和结构)的问题，这是一次意义重大的突破。

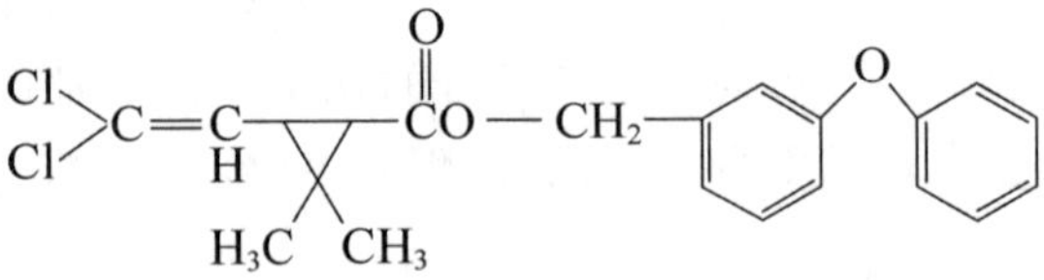

氯菊酯

Elliott 的研究工作证实，以二氯菊酸配合其他醇合成的菊酯化合物的毒力都有较大程度的提高，但对光的稳定性必须与相对稳定的苯氧基苄醇配合才有所改善。随后，Elliott 在以上结构中引入氰基，相继合成了氯氰菊酯(cypermethrin)和溴氰菊酯(deltamethrin)。

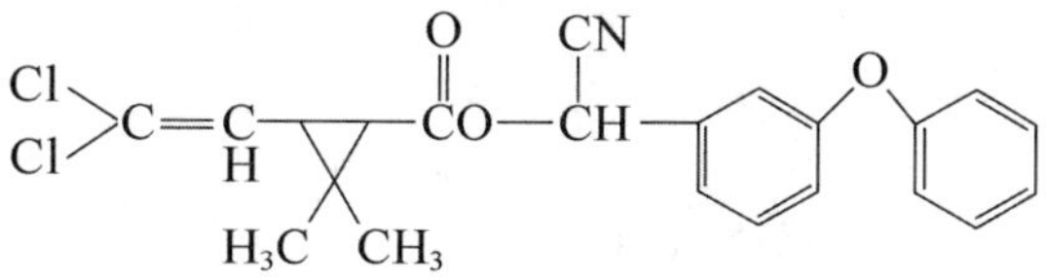

氯氰菊酯

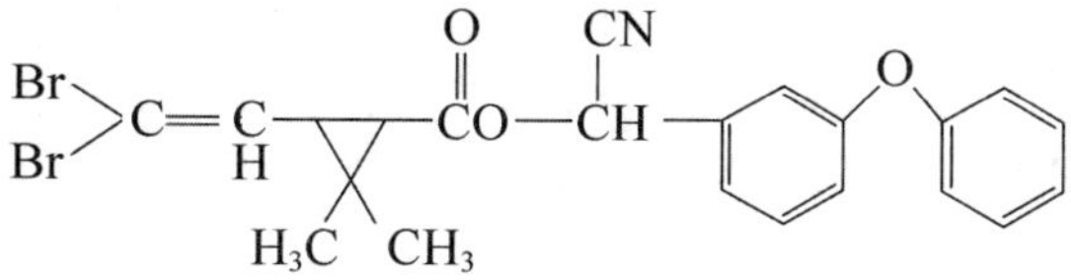

溴氰菊酯

此后,日本人板谷将有机氯杀虫剂 DDT 的有效结构嵌入菊酸中,住友公司的大野等又将氰基引入,开发合成了分子结构中不具环丙烷的氰戊菊酯(fenvalerate),从而打破了菊酯类杀虫剂必须具有“三碳环”结构的传统观点,使合成工艺大大简化。这又是一次意义重大的突破。自此,第二代光稳定性农用拟除虫菊酯杀虫剂得到了空前的发展。

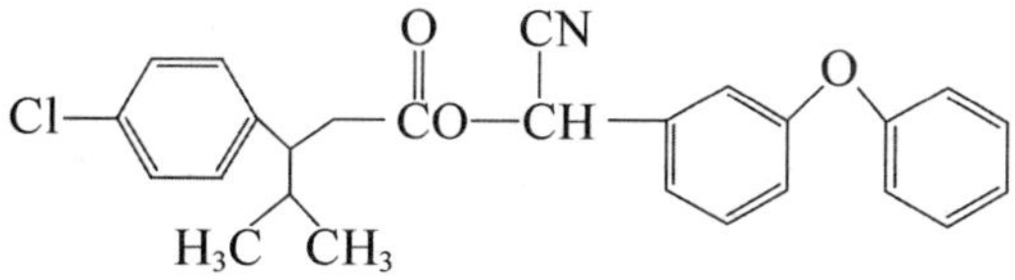

氰戊菊酯

四、光稳定性拟除虫菊酯杀虫剂的发展

氯菊酯及其后来许多第二代光稳定性农用拟除虫菊酯类杀虫剂的研究开发成功,促进了该类化合物研究的进展。这些化合物所存在的种种不足如对鱼毒性较高,对螨类和土壤害虫效果较差以及缺乏内吸性等,成了农药化学家们面临的新课题。目前,这些问题已经有了突破性进展。

1. 在结构中导入氟原子

含氟化合物作为农药使用历史悠久,但早期的含氟无机化合物因毒性太高而使其开发受到限制。在有机合成农药分子的适当部位用氟取代氢,由于氟原子的特殊性质,其理化性质变化较小,但生物活性改变较大,同时具有选择性好、活性高、用量少或者毒性降低的特点,已经受到农药研究(包括医药研究)领域的高度重视。在菊酯分子中引入氟原子,不仅保持或提高了原化合物的杀虫活性,而且表现出很好的杀螨活性,但对鱼和蜜蜂的毒性并未降低。在结构中导入氟原子开发成功的菊酯类杀虫、杀螨剂有联苯菊酯(bifenthrin)、氟氯氰菊酯(bifenthrin)、氯氟氰菊酯(bifenthrin)和七氟菊酯(bifenthrin)等。七氟菊酯因其蒸汽压高(0.7×10^{-4} Pa)而适合土壤中地下害虫的防治。

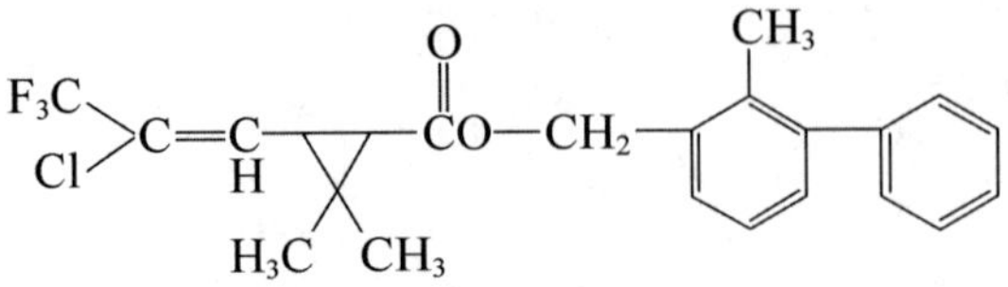

联苯菊酯

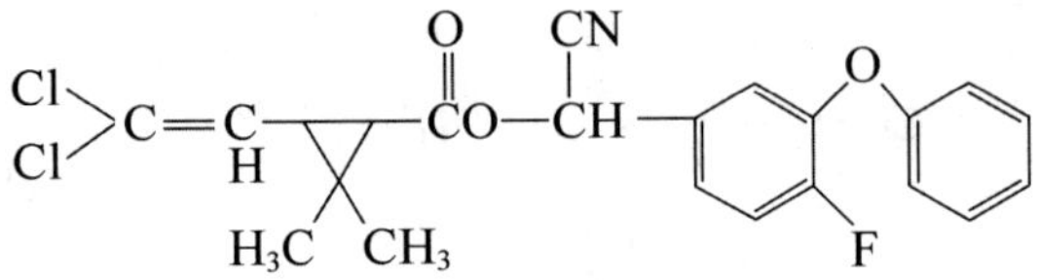

氟氯氰菊酯

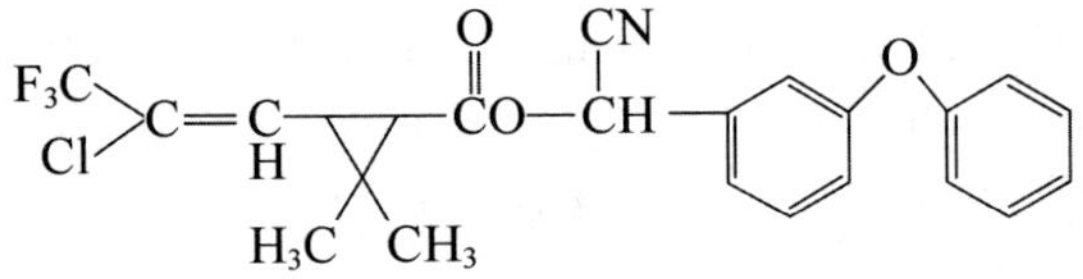

氯氟氰菊酯(

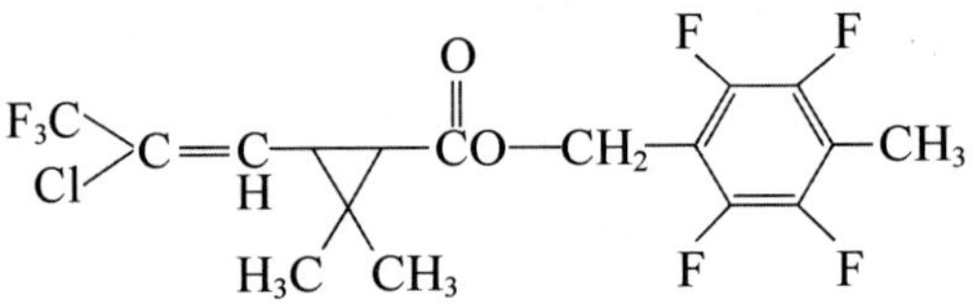

七氟菊酯

2. 在结构中导入硅原子

除了氟原子外，在新的农药结构中引入硅和锡原子均有不少成功的例子。如 20 世纪 80 年代开发了以硅原子取代菊酯结构中的碳原子，开发出了含硅的拟除虫菊酯氟硅菊酯(silafluofen)。虽然此类取代品种在对害虫活性方面并没有较大的突破，但对哺乳动物和鱼类毒性降低(大鼠急性经口 $LD_{50}>5\ 000$ mg/kg)，而且对白蚁具有良好的驱避作用，在发展拟除虫菊酯的结构上增添了一个新的领域。

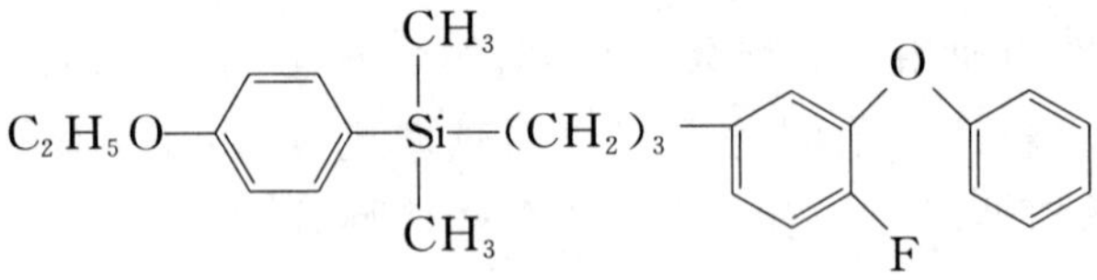

氟硅菊酯

3. 改变酯的结构

如醚菊酯(etofenprox)，其结构中已无菊酸部分，但因其空间结构与菊酯化合物有相似之处且有拟除虫菊酯化合物类似的生物活性，仍将其以“菊酯”称谓。醚菊酯对蜜蜂毒性大大降低且对稻田的捕食性蜘蛛相对安全。这一结构的改进，打破了通常认为拟除虫菊酯类杀虫剂具有高活性必须是“酯”结构的说法，可能又是一个新领域。

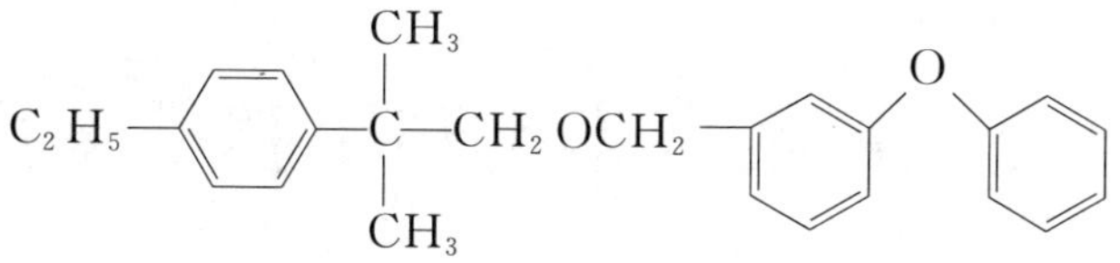

醚菊酯

五、拟除虫菊酯杀虫剂的异构体与生物活性

拟除虫菊酯类化合物的生物活性，包括杀虫活性和对哺乳动物的毒性，均依赖于菊酸和醇组成的结构及其立体化学特性，特别是不同的光学异构体活性差异很大。鉴于这一特性，在一个光稳定性的农用拟除虫菊酯合成成功以后，化学家们还要对其进行高效异构体的拆分工作。如氯氰菊酯分子结构中具有3个不对称碳原子，即有8个光学异构体。1986年，匈牙利人Hidasi等报道，从8个异构体中拆分出1*R*-顺式酸-*S*-醇酯/1*S*-顺式酸-*R*-醇酯(1∶1)和1*R*-反式酸-*S*-醇酯/1*S*-反式酸-*R*-醇酯(1∶1)的混合物(即高效顺-反氯氰菊酯)，其药效比氯氰菊酯高约1倍。同样，在溴氰菊酯的8个异构体中，单一右旋顺式异构体(1*R*,3*R*菊酸与*S*-*α*-氰醇合成的酯)杀虫活性最高。而*S*,*S*-氰戊菊酯(高效氰戊菊酯，来福灵)则为氰戊菊酯的高效异构体。

六、拟除虫菊酯杀虫剂的作用方式、毒理和应用

拟除虫菊酯杀虫剂对昆虫和螨类(少数品种)有较高的生物活性，该类化合物以触杀和胃毒发挥作用，不具有内吸性和熏蒸作用；如同有机氯杀虫剂DDT一样，菊酯类化合物为负温度系数药剂。该类化合物作用于昆虫的外周和中央神经系统，通过刺激神经细胞引起重复放电(discharge)而导致昆虫麻痹。如上的影响发生在神经索上，其刺激程度远远大于DDT。其准确的作用位点还不清楚，大概最初的毒性作用表现在对神经轴突的闭锁作用(blocking action)，因为这个解释刚好与其“负温度系数”现象相吻合；另外，此类化合物有极好的击倒活性(knockdown)，表明菊酯类化合物能很快地麻痹昆虫的肌肉，可以推断是作用于中央神经系统。

除虫菊酯引起的中毒症状可分为兴奋期与抑制期(或麻痹期)两个阶段。在兴奋期，昆虫表现活跃，爬动频繁；到抑制期，活动减少，进入麻痹状态，直至死亡。在兴奋期，可以检测到动作电位大大增加，有重复后放现象；兴奋期长短与药剂浓度相关，浓度越高，兴奋期越短，进入抑制期越快。在麻痹之后用生理盐水洗去药剂，不能或极少能使昆虫恢复，这一现象说明除虫菊酯的作用是物理作用，不具有可逆性。

除虫菊酯的作用机制是多方面的，包括对周围神经系统、中枢神经系统和其他组织器官(主要是肌肉)的作用。

拟除虫菊酯类杀虫剂对昆虫具有广谱杀伤作用，其中有些品种对螨类也具有很好的防治效果。该类药剂作用迅速，对光、热稳定，对高等动物一般具有中等毒性(个别品种低毒)，对植物安全。该类化合物的不足之处是大部分有害生物对其易产生抗药性。

项目五　沙蚕毒素类与甲脒类杀虫剂

一、沙蚕毒素类杀虫剂

(一)概述

沙蚕,即异足索沙蚕(*Lumbriconereis heteropoda*),是生活在海滩泥沙中的一种环节蠕虫。很久以前,人们发现家蝇因吮食其尸体而中毒死亡;蚊虫、蝗虫和蚂蚁等动物在沙蚕死尸上爬行或取食都会引起中毒或麻痹瘫痪;住在海边的日本人用沙蚕作诱饵钓鱼。以上种种现象表明,沙蚕体内存在有对某些动物有毒的物质。1934 年,日本学者新田清三郎(Nitta)从沙蚕中首次分离得到这种毒物,称其为沙蚕毒素 (nereis toxin)。1962 年确定其化学结构如下:

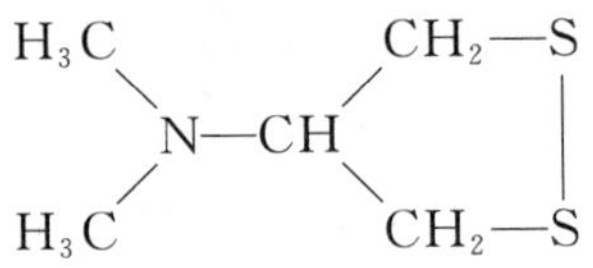

沙蚕毒素

1964 年发现这种毒素对水稻螟虫具有特殊的毒杀作用。1965 年,Hagiwara 等人工合成了沙蚕毒素。嗣后,日本武田药品工业株式会社成功开发了第一个沙蚕毒素类杀虫剂杀螟丹(cartap),这是人类历史上第一次成功利用动物毒素进行仿生合成的生物源杀虫剂。

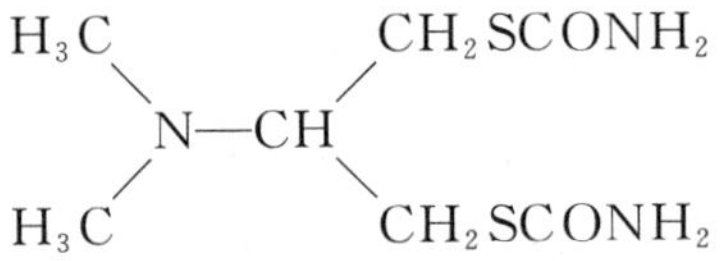

杀螟丹

1974 年,我国贵州省化工研究所和遵义碱厂合作,首次发现了杀虫双(bisultap)对水稻螟虫的防治效果,并成功将其开发为商品。1975 年,瑞士山都士公司开发出杀虫环。1983 年,Jacobsen 等报道了源于藻类生物的 1,3-二巯基-2-甲硫基丙烷的衍生物二硫戊环和三硫己环的类似物有与沙蚕毒素相似的杀虫作用。1987 年,Baillie 等根据沙蚕毒素的结构与活性,合成了一系列与该毒素作用机制相同的化合物。我国的化学家们也先后合成了 4 个该类杀虫剂。目前,已经商品化的杀虫剂如杀螟丹、杀虫双、杀虫单、杀虫环(thiocyclam-hydrogenoxal)、杀虫蟥和杀虫丁(trithialan)等,统称为沙蚕毒素类杀虫剂。这些杀虫剂自 20 世纪 60 年代后在农业害虫防治中发挥着重要作用。

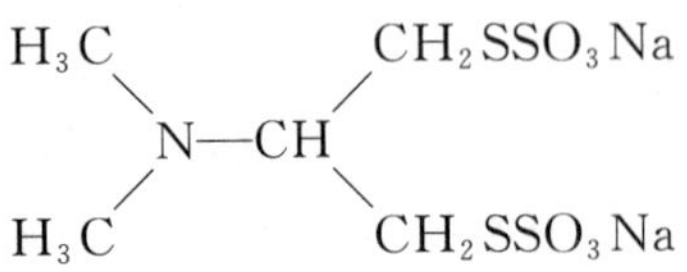

杀虫双

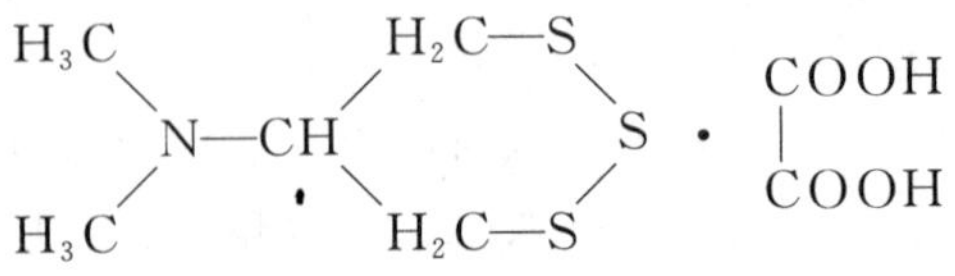

杀虫环

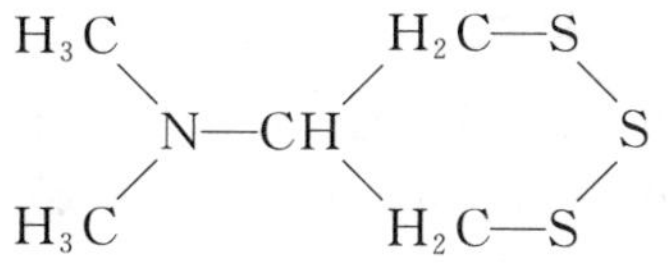

杀虫丁

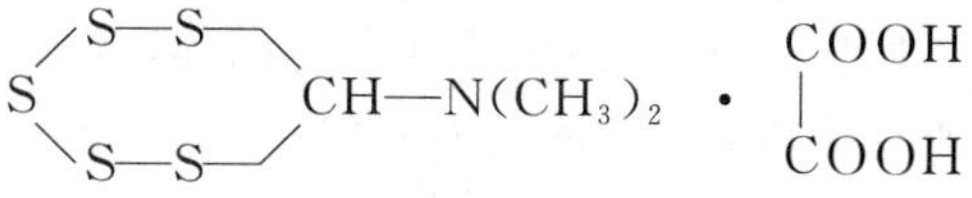

多噻烷

(二)沙蚕毒素类杀虫剂的化学结构与类型

此类化合物均为沙蚕毒素的仿生合成品种,它们都具备其母体化合物的基本特点,即在化学结构中具有“双硫键”。正是由于这个“双硫键”的存在,使该类化合物具有杀虫作用。从结构类型上,此类仿生合成化合物主要有两种类型:一为链状结构的化合物,如杀螟丹、杀虫双等;一为环状结构化合物,如杀虫环、多噻烷(polythiacycloalkane)等。

(三)沙蚕毒素类杀虫剂的反应活性与毒理

沙蚕毒素类杀虫剂均具有很好的水溶性,植物对其也有较好的内吸输导性。沙蚕毒素类杀虫剂进入昆虫体内,首先转化为沙蚕毒素,以沙蚕毒素的形式结合于神经系统突触部位的乙酰胆碱受体,阻断或部分阻断神经系统的电位传导而发挥毒杀作用。

沙蚕毒素类杀虫剂能够抑制 α-金环蛇毒素(bungarotoxin)与烟碱型乙酰胆碱受体(nAChR)的结合。α-金环蛇毒素是烟碱型乙酰胆碱受体的专一性抑制剂,在受体上的结合位点与乙酰胆碱相同,沙蚕毒素类杀虫剂与烟碱型配体竞争乙酰胆碱受体上的激动剂位点,通过竞争性地占据乙酰胆碱受体上的激动剂位点,从而抑制神经兴奋的传递。不过,沙蚕毒素类杀虫剂的这种抑制作用是可逆的。沙蚕毒素类杀虫剂对作用对象的作用较迟缓,且中毒的昆虫有“复苏”现象。

(四)沙蚕毒素类杀虫剂的毒性

沙蚕毒素类杀虫剂属于中、低毒品种,由于所有此类杀虫剂进入动物体内后都要转化为有毒性作用的沙蚕毒素,各品种间毒性的差异主要取决于转化的速度。

(五)沙蚕毒素类杀虫剂的作用方式和应用

沙蚕毒素类杀虫剂具有较好的水溶性,故该类杀虫剂的某些品种常常被加工成价廉和使用方便的水剂;该类杀虫剂容易被植物吸收,对昆虫具有触杀和胃毒作用。

目前,沙蚕毒素类杀虫剂仅有 7 个产品,即杀螟丹、杀虫环、杀虫磺、杀虫双、杀虫单、杀虫丁和多噻烷,后 4 个品种为我国所开发。此类杀虫剂具有广谱的杀虫活性,对叶螨也有较好的效果,目前多用于防治水稻螟虫。

二、甲脒类杀虫剂

甲脒类杀虫剂被市场开发的品种主要有杀虫脒和双甲脒。由于前者的慢性毒性即对哺乳动物的致癌作用已被禁止使用,目前仍在广泛使用的为双甲脒。

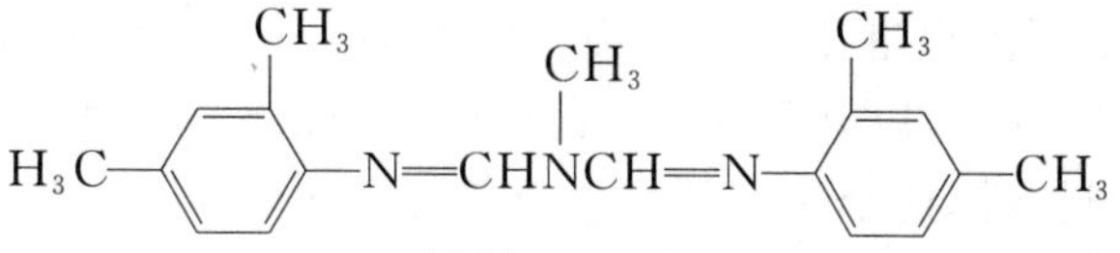

双甲脒(amitraz)

双甲脒的化学名称为 N'-(2,4-二甲基苯基)-N-{[(2,4-二甲基苯基)亚氨基]甲基}-N'-甲基亚甲氨基胺；原药为白色或浅黄色固体，常温下在水中溶解度很低，可溶于二甲苯、丙酮和甲苯等多种有机溶剂；紫外光影响较小；大鼠经口 LD_{50} 为 600～800 mg/kg，急性经皮 LD_{50}＞1 600 mg/kg，为低毒品种。

双甲脒具有虫、螨兼治的作用，现在市场上多用其来防治植物叶螨。双甲脒具有多种作用方式，主要有触杀、拒食、驱避与胃毒作用，也有一定的熏蒸和内吸作用；对叶螨科各个发育阶段的虫态都有效，但对越冬的卵效果较差。

甲脒类杀虫剂对农药发展的突出贡献在于其昆虫毒理学意义，其独特的作用机制曾引起研究人员的高度关注。对双甲脒的作用曾提出过 10 多种可能的机制，后来有了比较明确的认识，即该杀虫剂的作用机制：一是对轴突膜局部的麻醉作用，二是对章鱼胺受体的激活作用；双甲脒还抑制单胺氧化酶的活性。这种独特的作用机制对抗药性害虫的治理具有重要意义。

项目六　新烟碱类杀虫剂

一、概述

氯化烟酰(chloronicotinyl)这个名词是指硝基甲撑、硝基胍及其开链类似物，植物性杀虫剂烟碱属于此类化合物。1972 年，壳牌公司发明了一类新化合物，分子中含有硝基亚甲基杂环结构，这类化合物作用于烟碱型乙酰胆碱受体。1978 年，在苏黎世的国际纯粹化学与应用协会(IUPAC)会议上，Soloway 等提出了具有杀虫作用的氯化烟酰类化合物硝噻嗪(nithiazin)。1979 年，Soloway 等又提出过一种此类化合物，但未报道其生物活性。此后，日本拜耳农业化学(Nihon Bayer Agrochem)的化学家们对此类化合物的杀虫潜能表现了极大的乐观。1984 年，日本特殊农药制造公司合成了硝基胍 NTN33893 作为杀虫剂，1985 年进行了登记并推荐通用名为咪蚜胺(imidacloprid)，现中文通用名为吡虫啉。吡虫啉是第一个作用于烟碱型乙酰胆碱受体的氯化烟酰类化合物，现已在世界上许多个国家进行了登记。由于吡虫啉具有植物性代谢产物烟碱的基本结构，也由于其对昆虫的作用靶标与烟碱相同，都是作用于乙酰胆碱受体，也可能此类化合物的合成来源于烟碱结构“模板”的灵感，1993 年，由 Tamizawa 和 Yamamoto 建议，将此类杀虫剂称为新烟碱类杀虫剂(neonicotinoid)。

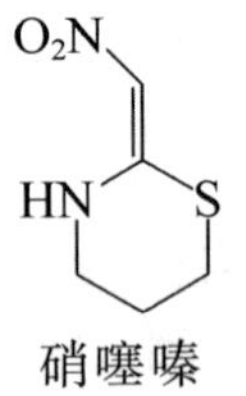
硝噻嗪

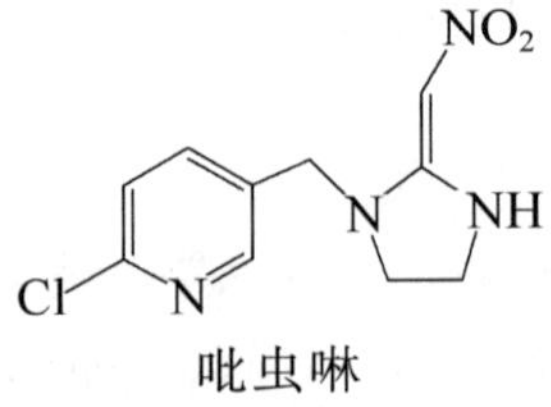
吡虫啉

自 1985 年首次发表了吡虫啉作为杀虫剂专利以后，引发了许多其他公司对 6-氯吡啶-3-甲基作为硝甲基杂环的取代基以开发系列化合物的研究。日本武田、日本曹达、日本 Agro Kanesho 等公司均很快进入了这个研究领域。此后于 1995 年日本武田公司报道了烯啶虫胺(nitenpyram)，紧接着，日本曹达公司的啶虫脒(acetamiprid)也于 1996 年推向市场。吡虫啉、烯啶虫胺和啶虫脒被认为代表了第一代新烟碱类杀虫剂，它们的共同特点即在结构中均含有6-氯吡啶-3-甲基部分的杂环基团。

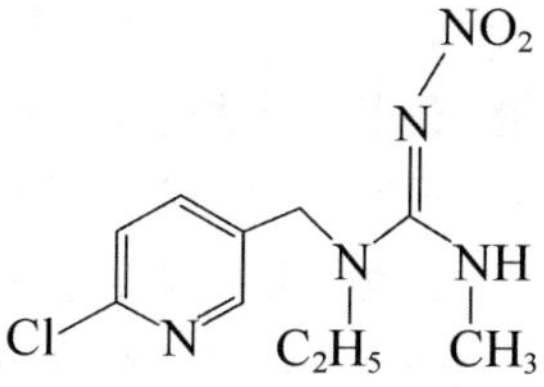

烯啶虫胺

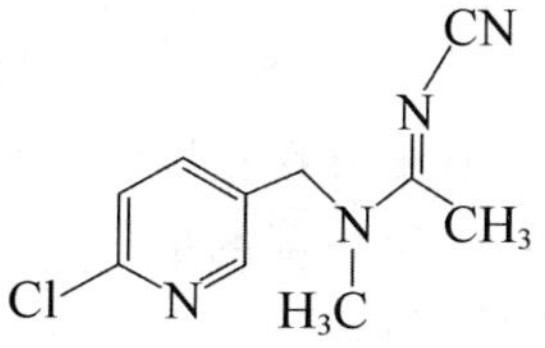

啶虫脒

1998 年，诺华公司开发成功了噻虫嗪（thiamethoxam），拜耳公司开发成功了噻虫啉（thiacloprid）和噻虫胺（clothianidin），三井化学公司开发成功了呋虫胺（dinotefuran）。噻虫嗪和噻虫胺属于噻烟碱类化合物，被认为是第二代新烟碱类杀虫剂的代表。

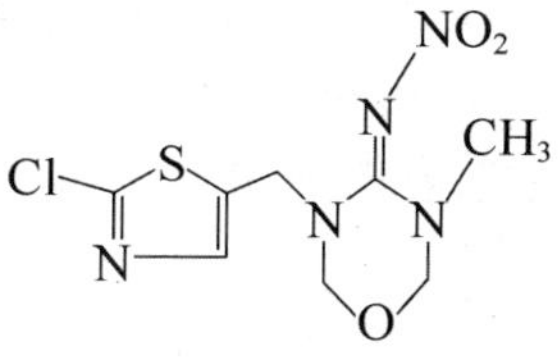

噻虫嗪

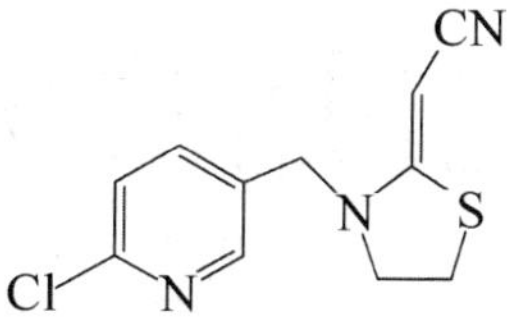

噻虫啉

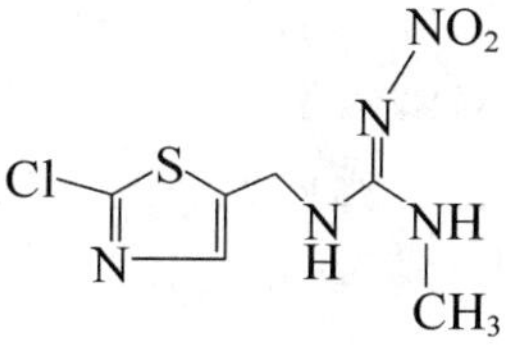

噻虫胺

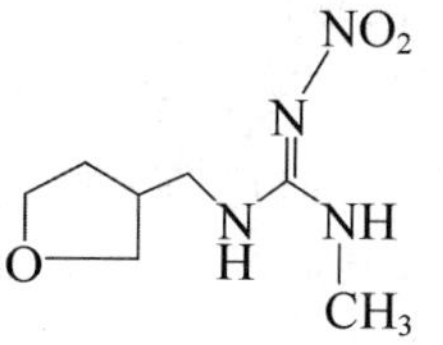

呋虫胺

至此，新烟碱类已成为发展最快的化学杀虫剂。由于它们杀虫高效，用量低和良好的内吸传导作用，从而在生产上得到迅速推广。

二、新烟碱类杀虫剂的生物活性

新烟碱类杀虫剂具有极高的杀虫活性，从已公布的数据看，具有最好杀虫活性的该类杀虫剂是以硝基胍部分为活性基和 6-氯-3-吡啶为杂环基的化合物。

新烟碱类杀虫剂的杀虫活性表现如下。

（一）对靶标害虫的活性

以吡虫啉为例进行介绍。吡虫啉对同翅目害虫如蚜虫、叶蝉、飞虱、白粉虱和缨翅目害虫蓟马表现极高的活性，对鞘翅目、双翅目和鳞翅目的一些种类也具有不同程度的杀伤作用，但还未发现其对线虫和螨类的效果。吡虫啉在植物的木质部有很好的移动性，这个特性使其进行种子处理和土壤处理防治一些害虫具有很好的效果。当然，吡虫啉用于叶部处理的效果也非常优越，土壤处理和茎叶喷洒能达到同样的防治效果。

（二）内吸活性

如果土壤中含有 2.5～5 mg/L 的吡虫啉，就可以有效地防治危害许多种作物的害虫，如金针虫（*Agriotes* sp.）、黄瓜条叶甲（*Diabrotica balteata*）和葱蝇（*Hylemyia antigua*）等典型的土壤害虫。吡虫啉在土壤中的使用不仅如此，更重要的则在于它的内吸活性，并由此经过土壤或种子处理，而达到对危害作物地上部的多种害虫的防治。例如，吡虫啉在土壤中的浓度仅为0.15 mg/L时，就可以对作物地上部的害虫（如桃蚜和蚕豆蚜）表现极好的防治效果。

虽然吡虫啉有较高的水溶性，但使用同位素标记的该化合物做渗漏测定，结果表明没有遇到淋溶问题。实际上，吡虫啉在土壤中的稳定性一般是比较高的，其半衰期为150天。但土壤使用吡虫啉后，停留在土壤表层的量却急剧减少，这种"生物抽提"现象是由该化合物的内吸作用所致。这就意味着在最后代谢之前，吡虫啉在植物根部要有一定的残留期，继而被根所吸收而保护作物。吡虫啉的残留活性对土壤或种子处理是至关重要的。

吡虫啉在不同作物中的输导表现存在差异性。该化合物属于典型的木质部输导品种，在禾本科等作物中具有明显的顶端优势且在老叶片和幼嫩叶片间形成浓度梯度。吡虫啉可以被棉花幼株吸收且大部集中在子叶中，而其余则以其未变化的母体化合物蓄积在种衣或种子周围的土壤中。吡虫啉在棉花真叶中被分布到不同的小区而不像在小麦中具有的顶端优势，这是由于棉花中腺体的作用所致。这些腺体的存在限制了吡虫啉的广泛输导和大面积分布。这也可能是棉蚜较其他蚜虫难以防治的一个原因，因为取食时不刺吸腺体的蚜虫可能免于接触到吡虫啉。

（三）亚致死剂量效应

吡虫啉具有极好的内吸性，故人们非常关心其内吸后的命运如代谢趋势及其非致死剂量（浓度）对害虫的作用。在致死剂量下，由于吡虫啉对烟碱型乙酰胆碱受体的干扰，中毒昆虫表现为典型的神经中毒症状，即行动失控、发抖、麻痹直至死亡。在亚致死浓度下，取食含有吡虫啉汁液的蚜虫，则表现为从叶片上逃逸或掉落，并由分析蜜露的排放量得知亚致死浓度的吡虫啉对蚜虫有拒食作用，即小于10 μg/L浓度的吡虫啉可以引起取食蚜虫惊厥、排放蜜露减少，最终饥饿而死。饥饿是相对的，如棉株均被吡虫啉处理，则蚜虫会因饥饿而死亡。但如果将这些饥饿蚜虫再转移到无吡虫啉处理的植株上，则蚜虫可以恢复取食活动，再次正常排放蜜露并健康生长。用黑异爪犀金龟（*Heteronychus arator*）、伪金针（*Somaticus* sp.）、野棉象甲（*Anthonomus grandis*）和烟芽夜蛾（*Heliothis virescens*）进行试验，也证明了吡虫啉的亚致死剂量对这些昆虫表现拒食作用。

三、新烟碱类杀虫剂的毒理、选择性和生态效应

用美洲蜚蠊（*Periplaneta americana*）的神经节试验表明，吡虫啉能取代同位素标记的α-金环蛇毒素（α-bungarotoxin），而该毒素是烟碱型乙酰胆碱受体（nAChR）上的一个特殊配体。此结果表明，吡虫啉是对乙酰胆碱受体产生影响而表现对昆虫的毒效。对美洲蜚蠊运动神经电生理学研究结果表明，用吡虫啉处理试虫后，其胆碱能运动神经膜表现去极化，类似于乙酰胆碱处理结果。此外，用厩蝇（*Stomoxys calcitrans*）的中央神经系统（CNS）研究表明，用吡虫啉处理试虫后，实际上几乎完全抑制了突触后烟碱型乙酰胆碱受体的活性，而且这个闭锁过程是不可逆的。用蜜蜂（*Apis mellifera*）头、家蝇和桃蚜作试材的研究，也都证明了吡虫啉与烟碱型乙酰胆碱受体的高度亲合性。

鉴于脊椎动物与昆虫的烟碱型乙酰胆碱受体在结构上相似但又不完全相同这一点，研究表明吡虫啉对大鼠肌肉的乙酰胆碱受体也表现抑制作用，但作用程度比对昆虫弱1 000倍，这

也是吡虫啉对害虫高效而对高等动物低毒的原因。如点滴测定的吡虫啉有效成分对桃蚜 LD_{50} 为 0.062 mg 有效成分/kg，而对大鼠的经口 LD_{50} 则为 450 mg 有效成分/kg。

如上所述，吡虫啉除在脊椎动物和昆虫间具有选择性外，在昆虫间的生物活性也有很大区别。我们已经知道，吡虫啉对绝大多数的刺吸式口器害虫效果很好，而只对极少数咀嚼式口器害虫有效。

对吡虫啉的田间生态效应归纳如下：吡虫啉即使在极高的施用剂量下（2 000 g a.i./hm^2）对土壤微生物也无影响；超过田间施用量 4 倍时，可以使土壤中蚯蚓密度下降，但到秋季又可恢复到正常水平；在实验室用吡虫啉对甜菜种子进行包衣处理，对赤子爱胜蚓（*Eisenia fetida*）没有影响，但处理过的种子对鸟类急性毒性较高，且对其繁殖有中等程度的影响（亚急性毒性）；另有报道，吡虫啉对鸟类有拒食影响，这一点是不可忽略的，即应避免鸟类取食吡虫啉处理过的种子。另外，吡虫啉对水藻和鱼类安全；田间喷雾施用对倍足亚纲和蜘蛛安全；对寄生阶段的有益昆虫安全，而对捕食昆虫如七星瓢虫（*Coccinella septempunctata*）主要表现在食物的缺乏，虽然啉虫啉对其有击倒活性，但恢复很快。吡虫啉对蜜蜂有毒，应避免在植物开花期使用。

四、新烟碱类杀虫剂的应用

新烟碱类杀虫剂主要代表品种有吡虫啉（imidacloprid，咪蚜胺）、啶虫脒（acetamiprid，莫比朗，吡虫清）和噻虫嗪（thiamethoxam，阿克泰）等。这些品种都具有一定的水溶性，具有内吸、触杀和胃毒作用，为中等毒性品种，主要用来防治那些刺吸式口器害虫，如蚜虫、飞虱、粉虱和叶蝉等。

项目七 吡咯、吡唑、吡啶类杀虫剂

一、吡咯类杀虫剂

（一）概述

人们在探索发现具有杀虫作用化合物的进程中，自然界中存在的天然产物具有不可磨灭的功劳，如拟除虫菊酯类杀虫剂是在天然除虫菊素的研究基础上发展起来的；氨基甲酸酯类杀虫剂的问世则得益于植物源生物碱毒扁豆碱的研究；沙蚕毒素类杀虫剂则直接来自对沙蚕毒素结构的仿生合成。除此之外，一些微生物的发酵产物也同样为杀虫剂的发现做出了重大贡献，吡咯类化合物就是一例。

吡咯类化合物（吡咯烷生物碱）广泛存在于生物源（包括植物源、动物源和微生物源）的代谢产物中，它们中的绝大多数对昆虫或者微生物具有毒杀、驱避、引诱和拒食功能，有些化合物具有植物生长调节的作用。如植物源的烟碱（nicotine）和鱼尼丁（ryanodine）等；藻类植物产生的海人草酸（α-kainic acid）和四溴吲哚等；动物源蚁类腺体产生的化合物 2,5 二烷（烯基）基取代的吡咯烷（啉）类，瓢虫合成的 azabicyclo 和 azaphenalenes 等；多种微生物能产生具有抗菌和杀虫作用的吡咯烷类化合物。

20 世纪 60 年代中期，Arima 首次发现了 *Pseudomonas pyrrocinia* 产生的吡咯类化合物

pyrrolnitrin 的杀菌活性，并以此为先导开发出了芳基吡咯类杀菌剂；1987 年，美国氰胺公司药物研究所从采自俄克拉荷马土壤中的链霉菌属真菌(*Streptomyces fumanus*)的代谢产物中分离出二噁吡咯霉素(dioxapyrrolomycin)，并报道了其杀虫活性。二噁吡咯霉素对为数众多的昆虫和蜱螨目的蜘蛛表现中等程度的生物活性，但对哺乳动物的毒性却非常高(小鼠口服 LD_{50} 为 14 mg/kg)。这些研究结果激发了人们对其化学结构改造的兴趣。

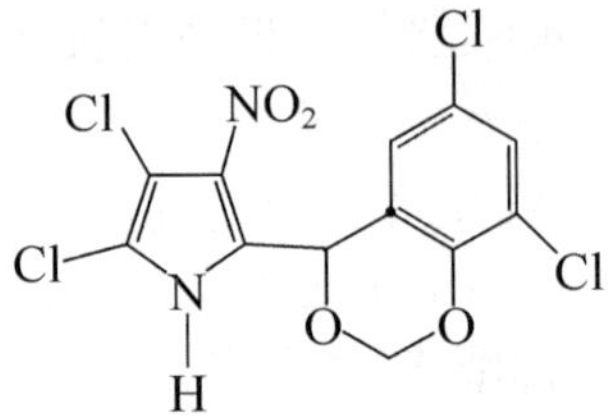

二噁吡咯霉素

经过许多科学家的研究得知，吡咯类化合物的亲脂性和酸性这两个物化参数与此类化合物的活性及选择性有重要关系。于是，人们以二噁吡咯霉素结构为基本骨架，改变或增减不同的取代基团并进行活性筛选研究，经过不懈的努力，由美国氰胺公司向世界推出了一个全新的杀虫、杀螨剂虫螨腈(chlorfenapyr)。这个化合物对烟芽夜蛾幼虫的效果与氯氰菊酯相当，比其他常规药剂效果高出 4～16 倍，为广谱性杀虫、杀螨剂。

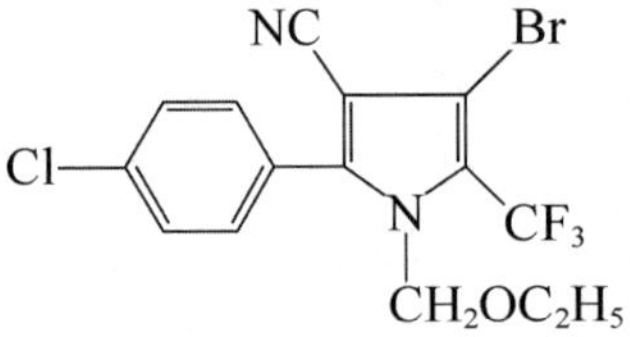

虫螨腈

(二)吡咯类杀虫剂的杀虫活性

美国氰胺公司的 David G. Kuhu 等对二噁吡咯霉素类化合物产生浓厚兴趣后，合成了大量化合物进行活性筛选，终于发现了 2-芳基吡咯类是一类全新结构的新颖杀虫剂。该基本结构化合物各取代基的不同与杀虫活性的关系见表 2-5 至表 2-9。

表 2-5 3 位上亲电子基的变化与杀虫活性

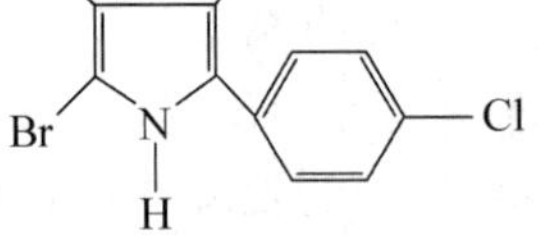

编号	亲电子基团(EWG)	防治效果(100 mg/L)/%		
		烟芽夜蛾	棉红蜘蛛	马铃薯叶蝉
1	CN	100	0	0
2	NO_2	100	0	0
3	$COCH_3$	0	0	0
4	SCF_3	0	70	0
5	SO_2CF_3	100	100	100

表 2-6　4,5-二取代-2-芳基吡咯类结构与杀虫活性

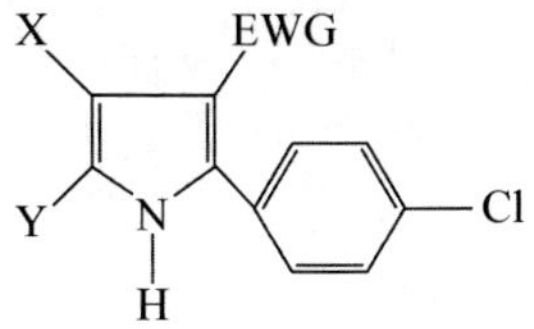

编号	取代基			防治效果(100 mg/L)/%		
	EWG	X	Y	烟芽夜蛾	棉红蜘蛛	马铃薯叶蝉
1	CN	Br	Br	100	0	0
2	CN	Cl	Cl	100	0	0
3	CN	Br	CF_3	100	100	100
4	CF_3SO_2	Br	Br	100	100	100
5	CF_3SO_2	Cl	Cl	100	100	100
6	CF_3SO_2	Br	CF_3	100	100	50

表 2-7　2-芳基吡咯化合物的不同取代基与杀虫活性

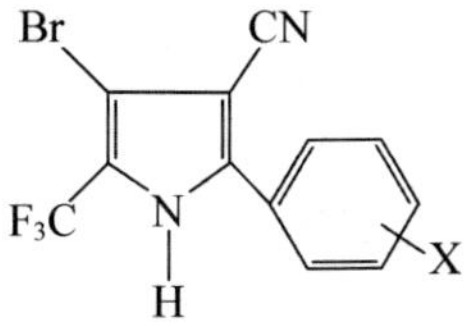

编号	取代基(X)	防治效果(100 mg/L)/%		
		烟芽夜蛾	棉红蜘蛛	马铃薯叶蝉
1	4-Cl	100	100	100
2	H	100	0	0
3	4-F	100	0	90
4	4Br	100	0	100
5	4-CF_3	100	100	100
6	4-CH_3	70	0	0
7	4-OCH_3	0	60	0
8	4-OH	0	0	0
9	4-NO_2	80	90	0
10	3-Cl	100	0	100
11	2-Cl	100	0	100

表 2-8　各种芳基吡咯腈类异构体的杀虫活性比较

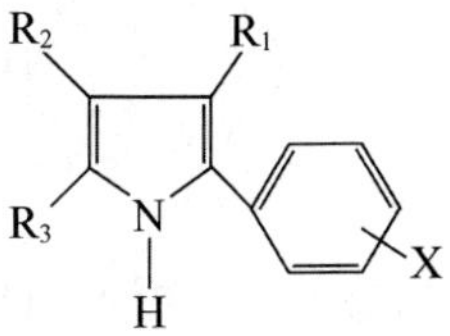

编号	取代基			死亡效果(100 mg/L)/%	
	R_1	R_2	R_3	黏虫(3龄幼虫)	烟芽夜蛾(3龄幼虫)
1	CN	Br	CF_3	100	100
2	CN	CF_3	Br	100	0
3	CF_3	Br	CN	0	0
4	Br	CF_3	CN	100	0
5	CF_3	CN	Br	0	0

表 2-9 N-取代吡咯类化合物结构与杀虫活性

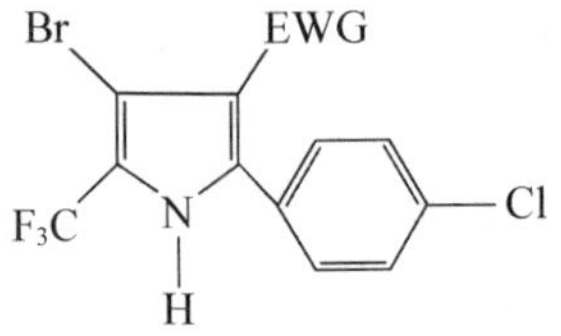

编号	取代基		防治效果(100 mg/L)/%		
	EWG	R	烟芽夜蛾	棉红蜘蛛	马铃薯叶蝉
1	CN	H	100	100	100
2	CN	CH_3	100	0	100
3	CN	$CH_2CH_2OCH_3$	100	100	100
4	SO_2CF_3	H	100	100	50
5	SO_2CF_3	$CH_2CH_2OCH_3$	90	40	0

(三)吡咯类杀虫剂的反应活性与毒理

二噁吡咯霉素及其经化学改造仿生合成的吡咯类杀虫剂,为昆虫体内线粒体氧化磷酸化的解偶联剂,药剂通过对此氧化磷酸化过程的阻断作用,使 ADP 无法转换为 ATP。化合物对氧化磷酸化作用的抑制与下列理化参数有关:①化合物必须具有亲脂性,以亲和穿透线粒体膜;②化合物分子既可作为质子酸,又可作为质子碱,以破坏膜内外的质子梯度,阻断 ADP 转化为 ATP。吡咯类杀虫剂符合这些条件。

吡咯类的虫螨腈亲脂性强,但酸性不够(pH 4.6),该化合物进入昆虫体内后进行氧化,即将吡咯环的取代基"—$CH_2OC_2H_5$"氧化为"—H",使其酸性增强而发挥作用,这个氧化作用在食草动物体内都可以进行,如在烟芽夜蛾(*Heliothis virescens*)体内用同位素标记的虫螨腈进行处理,处理 2 天后,虫体内的氧化产物 AC303,268 就达到 71%,而未代谢的虫螨腈仅为 13%。

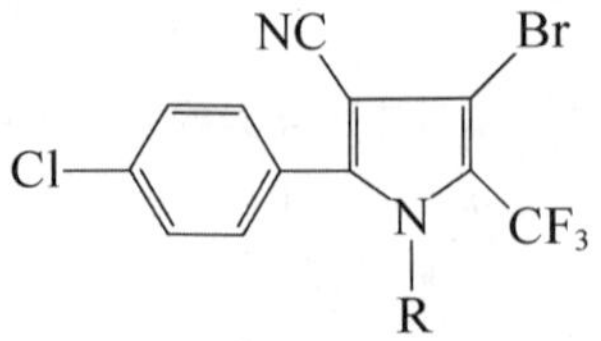

虫螨腈

注:R=—$CH_2OC_2H_5$,为虫螨腈(AC303,630),R=H,为虫螨腈的氧化产物 AC303,268。

(四)吡咯类杀虫剂的主要品种、应用及效果

目前,吡咯类杀虫剂的主要代表品种为虫螨腈(chlorfenapyr,溴虫腈),为低毒品种;作用方式:触杀,胃毒。

虫螨腈可作为广谱性杀虫、杀螨剂使用。用烟芽夜蛾不同龄期的幼虫为试材,用浸叶饲喂法进行生测,结果表明,3 龄幼虫的用药量仅为 1 龄幼虫的 2.6 倍,其相差倍数大大低于有机磷酸酯类的丙溴磷和氨基甲酸酯类的灭多威,二者对该两个龄期幼虫的用药量倍数差均在 12 倍左右。几种药剂对不同龄期的烟芽夜蛾幼虫表现出的不同毒力,这一结果指出了一个重要的问题,即大龄幼虫由于氧化代谢作用增强,其对外来化合物的解毒能力也随之提高。因在昆虫体内多功能氧化酶和谷胱甘肽-*S*-转移酶是两大重要解毒酶系,而其解毒机理即氧化水解过程对吡咯类化合物虫螨腈来讲,却是加快其氧化代谢成毒力更强的代谢产物 AC303,268 的过程。

二、吡唑类杀虫剂

(一)概述

从“新烟碱类”“吡咯类”等新颖杀虫剂结构可以看出,杂环化合物的结构变化多,开发的潜力较大,一直是农药开发的重点。另外,通常杀虫剂分子中除碳、氢、氧三元素外,还有氮、磷、硫、氯等,为研究新型杀虫剂引进一些新元素也成为努力取得突破的途径。氟原子具有模拟效应、电子效应、阻碍效应和渗透效应等特殊性质,在农药分子中引入氟原子,其理化性质变化虽然较小,但可使农药增添新活性,且对环境影响小。1989 年,法国罗纳普朗克公司成功地将吡唑杂环与氟元素结合,开发出了第一个吡唑类杀虫剂氟虫腈(fipronil)。

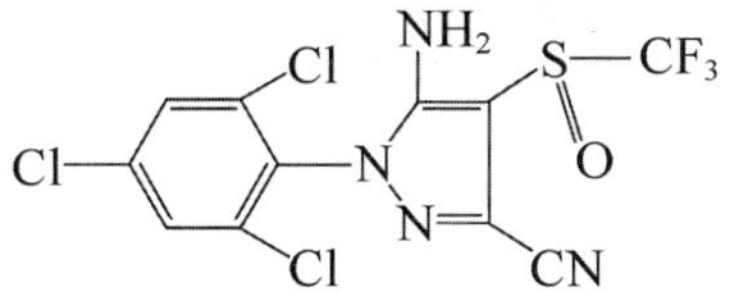

氟虫腈

此后,罗纳普朗克公司又相继推出了 Rpa-098231 和其他一些氟虫腈类似物。2005 年 6 月 1 日,我国大连瑞泽农药股份公司获得 *N*-苯基吡唑衍生物杀虫剂专利,成功开发了另一个吡唑类杀虫剂丁烯氟虫腈(butane-fipronil)。

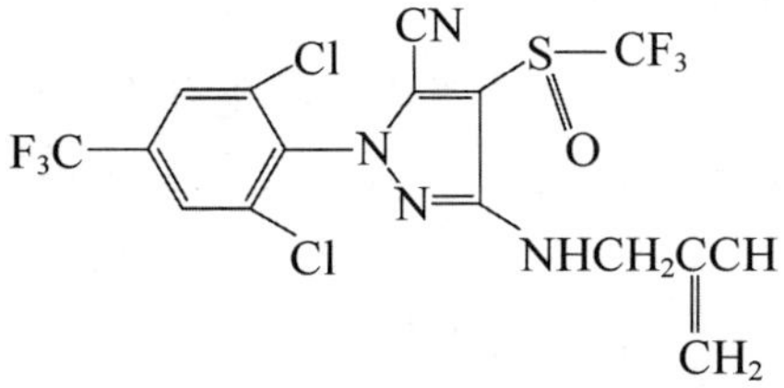

丁烯氟虫腈

另外,吡唑类化合物还有主要用于杀螨的唑螨酯和吡螨胺等,将在后面讲述。

(二)吡唑类杀虫剂的化学结构与杀虫活性

在氟虫腈的结构中,N—取代芳基具有杀虫活性,—S(O)CF_3 具有增强杀虫剂在靶标的

脂溶性及其他效应，故进行结构修饰时，一般不再变化以上两个基团。在这个思路的指导下，已有许多氟虫腈的衍生物被合成出来。

（三）吡唑类杀虫剂的毒性与毒理

吡唑类杀虫剂为中等毒性品种，如氟虫腈大鼠急性经口 LD_{50} 为 100 mg/kg，经皮 LD_{50} > 2 000 mg/kg；此外，丁烯氟虫腈对鱼的毒性低于氟虫腈。

氟虫腈通过 γ-氨基丁酸调节的氯通道干扰氯离子的通路，破坏正常中枢神经系统的活性，并在足够剂量下引起个体死亡。由于这种独特的作用机制，使氟虫腈具有与其他杀虫剂不同的特点，即与其他类杀虫剂间不存在交互抗药性，具有长效性、高活性与环境友好性以及促进植物生长的功能。

（四）吡唑类杀虫剂的主要品种、作用方式及其应用

目前，吡唑类杀虫剂的主要代表品种为氟虫腈（fipronil，锐劲特）和丁烯氟虫腈。作用方式为触杀作用、胃毒作用、内吸作用；例如，氟虫腈对多种害虫具有优异防治效果，对半翅目、鳞翅目、缨翅目、鞘翅目等害虫以及对环戊二烯类、拟除虫菊酯类及氨基甲酸酯类产生抗性的害虫都具有高度的敏感性。

三、吡啶类杀虫剂

（一）概述

吡蚜酮（pymetrozine，吡嗪酮）是吡啶类杀虫剂的一个代表，是由汽巴-嘉基（Ciba-Geigy）公司研究开发并市场化的，是全新的一类杀虫剂，对危害多种作物如蔬菜、花卉、棉花、啤酒花、果树等的刺吸式口器害虫表现出优异的防治效果，已引起全球的高度重视并得到迅猛发展。吡蚜酮对高等动物低毒，对鸟类、鱼和非靶标生物安全，在昆虫间具有高度的选择性，故该化合物是农业害虫综合治理中的一个优秀品种。

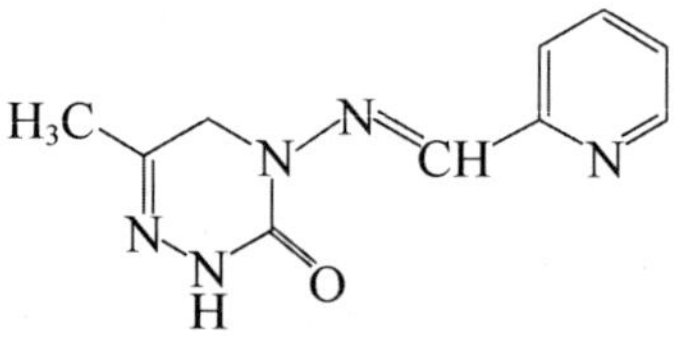

吡蚜酮

（二）吡蚜酮的毒性、毒理与应用

吡蚜酮作为杀虫剂出现，不但代表了一类全新的化合物，而且在作用方式上也是独树一帜的。吡蚜酮可用于防治大部分同翅目害虫，尤其是蚜虫科、粉虱科、叶蝉科及飞虱科害虫，适用于蔬菜、水稻、棉花、果树及多种大田作物。在毒理学上，吡蚜酮不具有“击倒”效果，对昆虫也没有直接毒性，但昆虫一接触到该化合物，即立刻停止取食，而且“停食”不是由“拒食作用”所引起的，并且是不可逆的。此作用方式被称为“口针穿透阻塞”（blockage of stylet penetration）。对这种阻塞机制尚未确定，但它可以指导人们去更好地使用这一化合物。用吡蚜酮处理后的昆虫最初死亡率是很低的，实际上，被处理昆虫在因“饥饿”致死前仍可存活数日，且死亡率高低与气候条件有关。实验室试验表明，在处理后 3 h 内，蚜虫的取食活动几乎可降低90%，处理后 48 h，死亡率可接近 100%。吡蚜酮对哺乳动物低毒。

项目八　苯甲酰苯脲类和嗪类杀虫剂

一、概述

几丁质是组成昆虫表皮的主要成分，它在昆虫的“外骨骼”中起着至关重要的作用。据近年来的研究得知，昆虫表皮层的几丁质是由低聚糖聚合而成的糖蛋白，几丁质是作为这种糖蛋白的一个辅基存在于昆虫体壁的。昆虫表皮的若干重要物理性质如弹性、韧度等，多半是由于几丁质的存在而表现出来的。在几丁质合成过程中，需要有 20-羟基蜕皮激素的参与，合成开始于昆虫体内保幼激素滴度下降之时。显而易见，发展几丁质合成抑制剂成为发展新颖杀虫剂的一个重要领域。

自 Wellinga 等(1973)在筛选除草剂敌草腈的过程中，偶然发现了能抑制昆虫几丁质合成的苯甲酰苯脲类化合物，合成了第一个具有杀虫作用的毒虫脲(代号 Du-1911)后，这一领域即迅猛发展开来，实用和商品化的品种不断出现，并很快在农林害虫防治中得到应用。噻二嗪类的噻嗪酮(buprofezin)是由日本农药株式会社于 1981 年研发的，它是第一个防治刺吸式口器害虫(如白粉虱和介壳虫)的几丁质合成抑制剂；三嗪胺类的灭蝇胺也是嗪类杀虫剂的一个很好的代表，为一类新颖的昆虫生长调节剂。

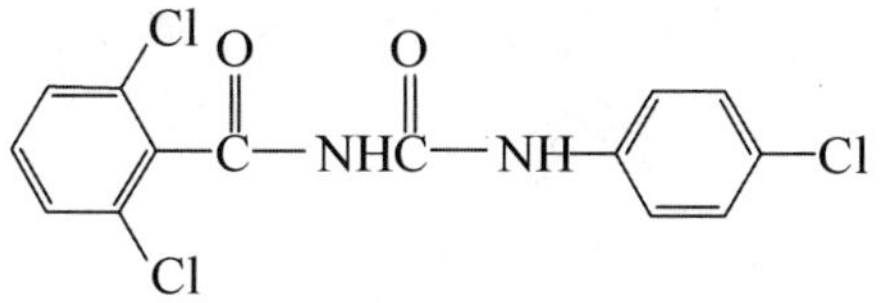

毒虫脲

这两类杀虫剂杀虫力强，对哺乳动物毒性低，对天敌昆虫影响少以及对环境无污染，是一类“环境友好农药”，我国称此类杀虫剂为“灭幼脲类杀虫剂”。苯甲酰苯脲类化合物一般由脲桥相连的两个取代苯环组成，苯环取代基通常是卤素(常见的是氯和氟)、甲基、甲氧基、三氟甲基或五氟乙氧基等。按其化学结构又可将苯甲酰苯脲类杀虫剂分为苯甲酰基取代苯基脲类、苯甲酰基吡啶氧基苯基脲类、苯甲酰基烷(烯)氧基苯基脲类、苯甲酰基氧基苯基脲类、苯甲酰基取代氨基苯脲类、苯甲酰基杂环基(或取代杂环基)苯脲类和苯甲酰基苯基脲类类似物硫脲或异硫脲类衍生物七大类，其化学结构通式分别如下：

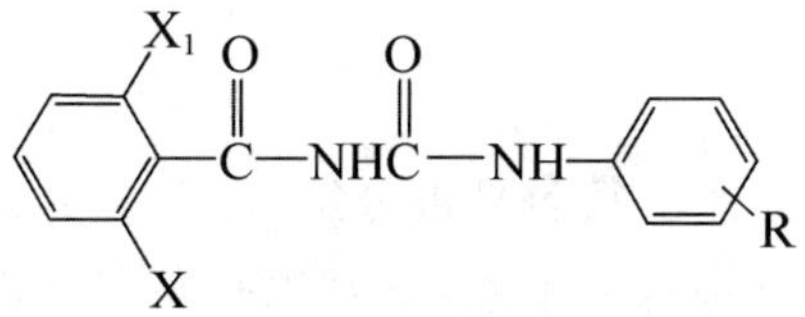

苯甲酰基取代苯基脲类

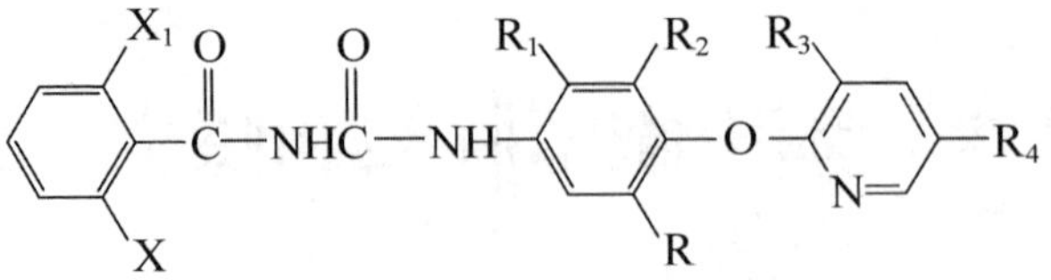

苯甲酰基吡啶氧基苯基脲类

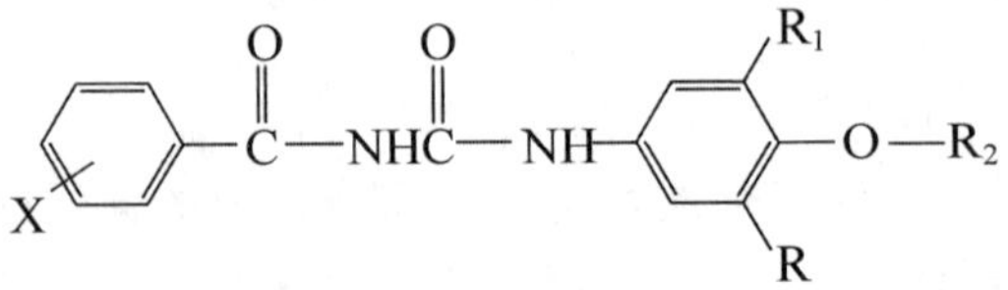

苯甲酰基烷(烯)氧基苯基脲类

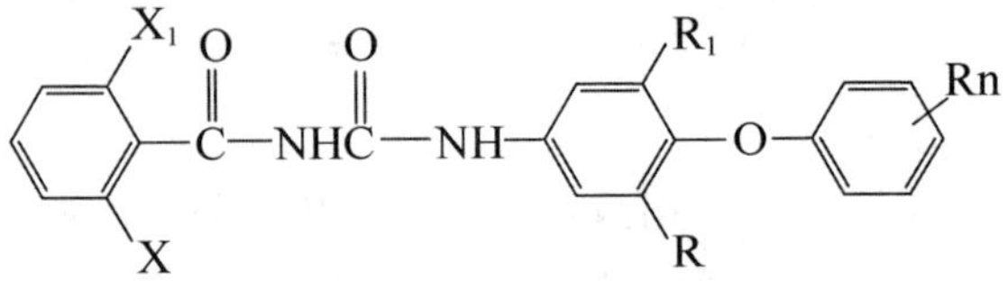

苯甲酰基氧基苯基脲类

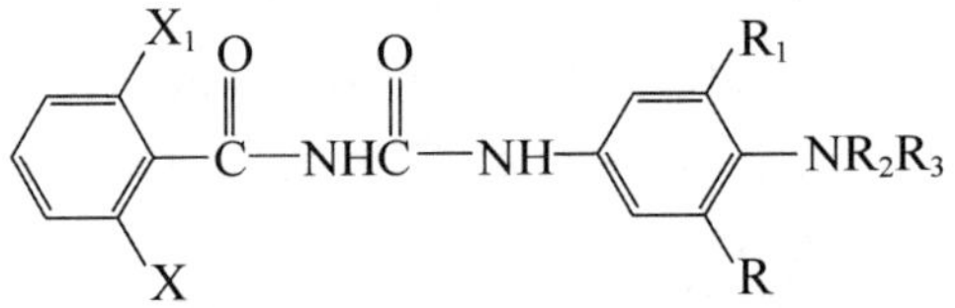

苯甲酰基取代氨基苯脲类

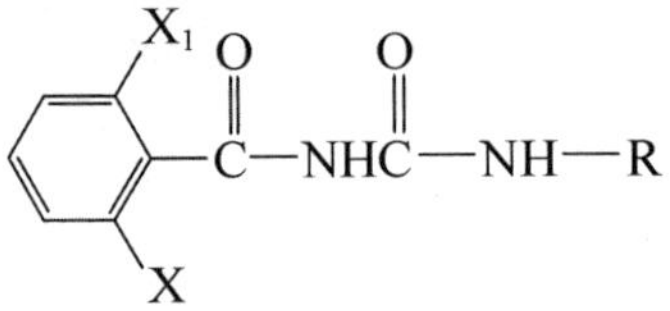

苯甲酰基杂环基脲类

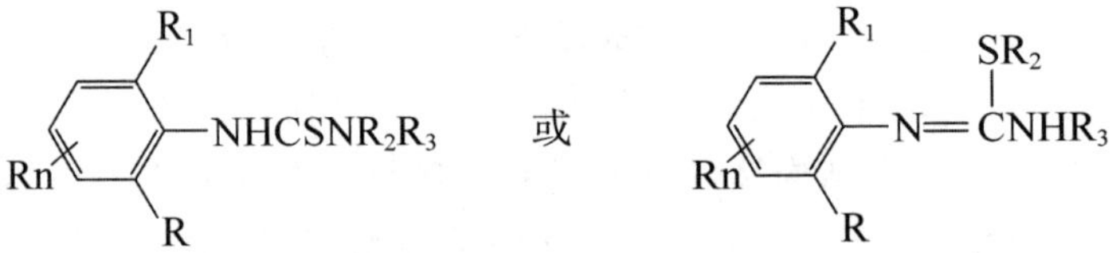

苯甲酰基苯基脲类类似物硫脲或异硫脲衍生物

二、苯甲酰苯脲类杀虫剂的代谢降解和安全性

(一)代谢与降解

苯甲酰苯脲类杀虫剂在光作用下很容易被分解,但在土壤、水、动物、植物中有适度的稳定性。在动物体内会很快以原结构形式被排泄,没有生物富集问题。少量该类化合物被生物降解后,常以大分子结合物形式排出。

1. 光解作用

苯甲酰苯脲类杀虫剂在光照特别是紫外光照下很易被分解,主要光解产物为2,6-二氟苯甲酰胺、2,6-二氟苯甲酸、异氰酸对氯苯酯、4-氯苯甲脲、N-苯氨基甲酸甲酯、4-氯苯胺和苯胺等。除虫脲的光解途径如下：

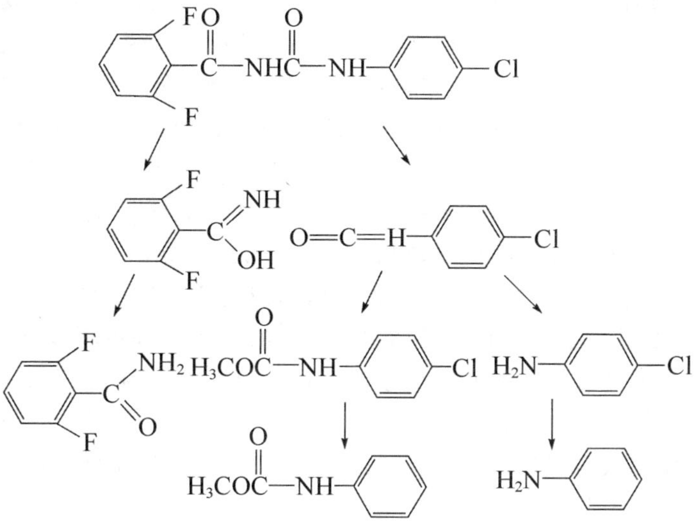

2. 在土壤中的降解

苯甲酰苯脲类化合物在土壤中的降解主要是微生物的分解作用，主要是微生物对分子脲基桥处的分解，其产物为4-氯苯基脲及2,6-二氟苯甲酸，在降解产物中占70%。二氟苯甲酸进一步降解为二氟苯及二氧化碳，而4-氯苯基脲将在土壤中成为结合态物。灭幼脲在土壤中另一个代谢途径是形成4-氯苯胺和2,6-二氟苯甲酰胺，占整个代谢物总量的20%。

3. 在动物体内的代谢

苯甲酰苯脲类化合物在动物体内的代谢主要是在微粒体多功能氧化酶(MFO)催化下的羟基化，占全部代谢产物的80%。这些羟基化过程可以发生在氯苯环上，也可以发生在二氟苯环上。这些羟基化产物与动物体内的氨基酸、葡萄糖醛酸或谷胱甘肽轭合生成水溶性大分子产物随粪便排出体外。除此之外，另有20%代谢产物是通过脲基桥断裂，生成2,6-二氟苯甲酸和4-氯苯基脲。

(二)安全性

苯甲酰苯脲类化合物的作用对象是几丁质合成过程，故它对非含几丁质成分的脊椎动物是安全的。另外，苯甲酰苯脲类杀虫剂对脊椎动物无明显蓄积毒性，对兔皮肤无刺激性，无“三致”作用(致癌、致畸、致突变)。

三、苯甲酰苯脲类与嗪类杀虫剂的毒性与毒理

苯甲酰苯脲类和噻二嗪类杀虫剂为低毒品种，对有益生物(如鸟、鱼、虾、青蛙、蜜蜂、瓢虫、步甲、蜘蛛、草蛉、赤眼蜂、蚂蚁、寄生蜂等)无不良影响，对害虫药效缓慢。

苯甲酰苯脲类和噻二嗪类杀虫剂属于昆虫生长调节剂。它既不是神经毒剂，也不是呼吸毒剂，其主要是抑制昆虫表皮的几丁质合成。被此类化合物处理后的昆虫，由于不能蜕皮或不能化蛹而引起死亡。对一些昆虫，此类化合物还可以干扰昆虫体内DNA合成而导致绝育，即

具有不育作用。

用苯甲酰苯脲类和噻二嗪类杀虫剂处理过的昆虫，中毒症状大体相似，首先是虫体活动减少，继而身体逐渐缩小及体表出现黑斑或整个虫体变黑色，至蜕皮时出现下列症状：①中毒昆虫不能蜕皮立即死亡。②蜕皮进行一半而死亡。③老熟幼虫不能蜕皮化蛹或呈半幼虫半蛹畸形状态，或虽能蜕皮化蛹，但为不正常畸形蛹；或虽能正常化蛹，但羽化后成为畸形成虫。

关于苯甲酰苯脲类和噻二嗪类杀虫剂对几丁质抑制的毒理学，早期的研究结果有如下几个方面：①用灭幼脲处理的昆虫，几丁质酶活性提高（Ishaaya & Casida，1974）；②影响蜕皮激素代谢，再影响几丁质合成（Yu & Terriere，1977）；③灭幼脲能激活蛋白分解，而这些蛋白可以作为几丁质合成酶的酶原，从而间接抑制几丁质的合成（Leighton 等，1981）。对以上这些假设，Cohen（1993）做了进一步总结：首先，灭幼脲迅速抑制几丁质酶的活性只是第二步的结果，是经过了较长的激素系统干扰或几丁质酶水平增加的结果。另外，尚未有证据说明苯甲酰苯脲类化合物对激素有抑制作用。而对于由于激活蛋白分解而抑制了几丁质酶的酶原理论也是站不住脚的，因为酶活动从未间断过。

几丁质酶抑制剂作用机制难以阐明，是细胞内的生化作用太复杂的缘故，如几丁质合成过程即是与激素反应耦合在一起的。

噻嗪酮的化学结构虽然不同于苯甲酰苯脲类化合物，但也是作用于几丁质合成，其症状出现在蜕皮和羽化期，使中毒昆虫不得蜕皮而死。灭蝇胺被认为是直接或间接影响昆虫蜕皮酶的代谢作用，干扰昆虫的蜕皮而导致死亡。

四、苯甲酰苯脲类与嗪类杀虫剂的主要品种、作用方式及应用

苯甲酰苯脲类杀虫剂的品种很多，如除虫脲（diflubenzuron，灭幼脲Ⅰ号）、氟啶脲（chlorfluazuron，定虫隆，抑太保）、氟铃脲（hexafluron，盖虫散）和氟虫脲（flufenoxuron，卡死克）等。

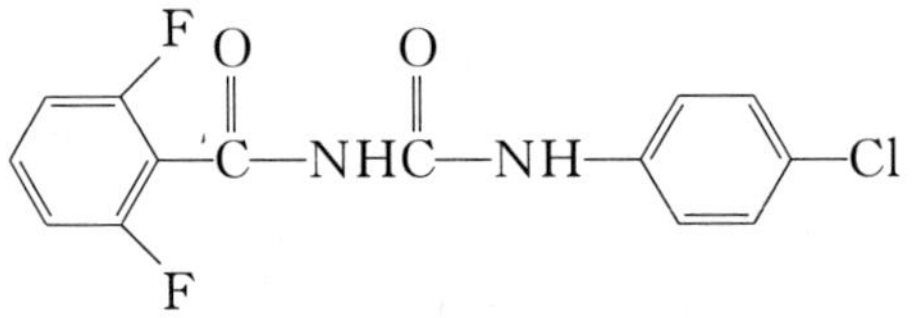

除虫脲

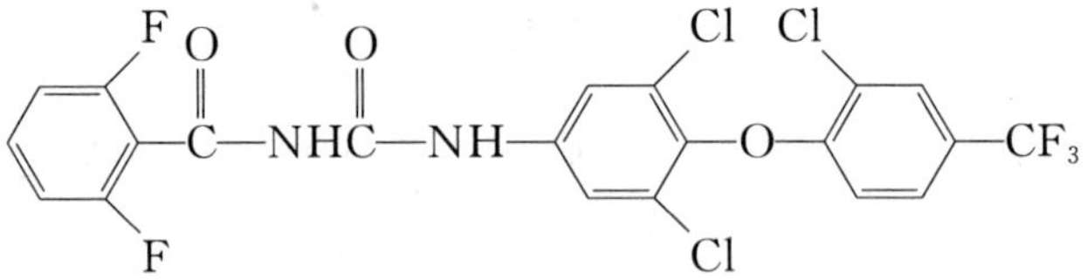

氟啶脲

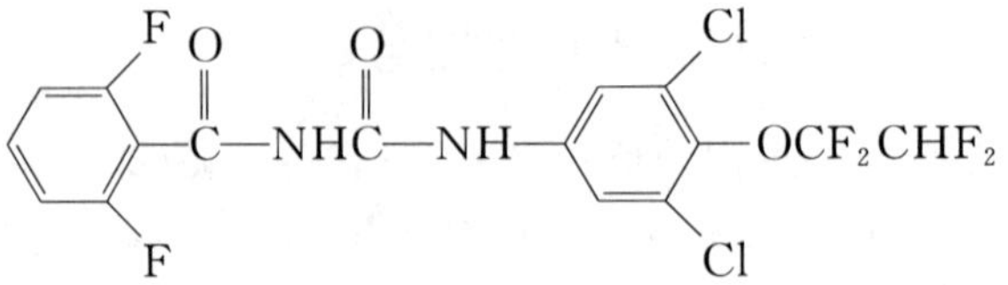

氟铃脲

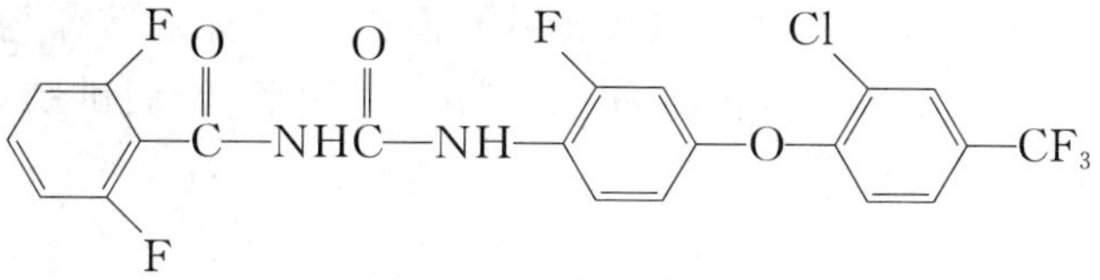

氟虫脲

这些品种对昆虫的作用方式为触杀和胃毒，对鳞翅目、鞘翅目、双翅目多种害虫有效，特别是对幼虫和卵效果好，但对蚜虫、叶蝉、飞虱无效。另外，氟虫脲兼具杀螨作用。

噻二嗪类杀虫剂的主要代表品种为噻嗪酮（buprofezin，优乐得，扑虱灵），作用方式为触杀，胃毒；对幼虫和若虫有效，对成虫没有直接杀伤力，但可缩短其寿命，减少产卵量，并且产出的多是不育卵，幼虫即使孵化也很快死亡；对半翅目的飞虱、叶蝉、粉虱及介壳虫类害虫有良好的防治效果。

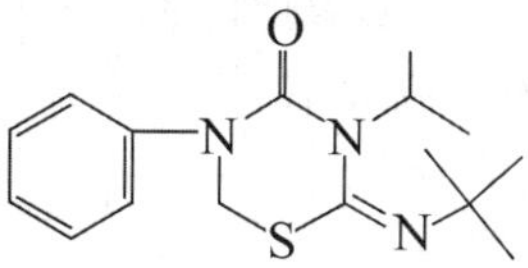

噻嗪酮（buprofezin）

三嗪胺类的代表品种为灭蝇胺（cyromazine），作用方式为内吸、触杀、胃毒作用；本化合物的主要特点为有强内吸传导作用，使双翅目幼虫和蛹在形态上发生畸变，成虫羽化受抑制。

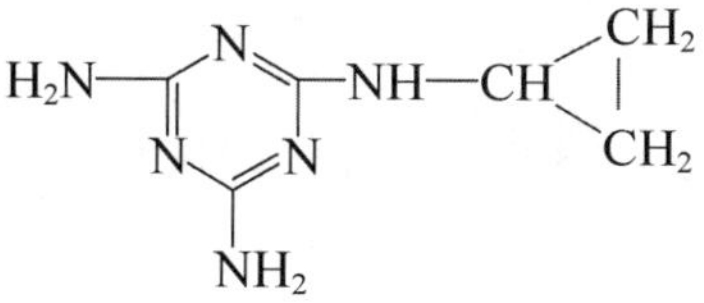

灭蝇胺

项目九 邻苯二甲酰胺类和邻甲酰氨基苯甲酰胺类杀虫剂

一、概述

邻苯二甲酰胺类（phthalic acid diamides）和邻甲酰氨基苯甲酰胺类（anthranilamide）杀虫剂是一类作用机制独特的新颖杀虫剂，此类杀虫剂能强烈激活鱼尼丁受体（ryanodine receptor），干扰肌肉收缩活动，其中对昆虫受体的干扰程度大于或等于对哺乳动物干扰程度的500倍。

鱼尼丁（ryanodine）是一种优良的天然杀虫剂，来源于大风子科（Flacourtiaceae）的 *Ryania* 属植物。*Ryania speciosa* 的干粉具有很高的杀虫活性，同属植物 *R. tomentosa*、*R. acuminata*、*R. sagotiana* 和 *R. subuliflora* 都表现有杀虫活性。

鱼尼丁的主要杀虫有效成分是里安那碱（ryanodine）和 9，21-双脱氢里安那碱（9，21-didehydroryanodine)。鱼尼丁单剂及其与除虫菊酯或鱼藤酮的复配剂曾作为杀虫剂出售，但后来因其对哺乳动物的毒性太高而自动取消了登记(美国)。后来，人们试图通过结构改造而降低其对哺乳动物的毒性，但成效甚微。

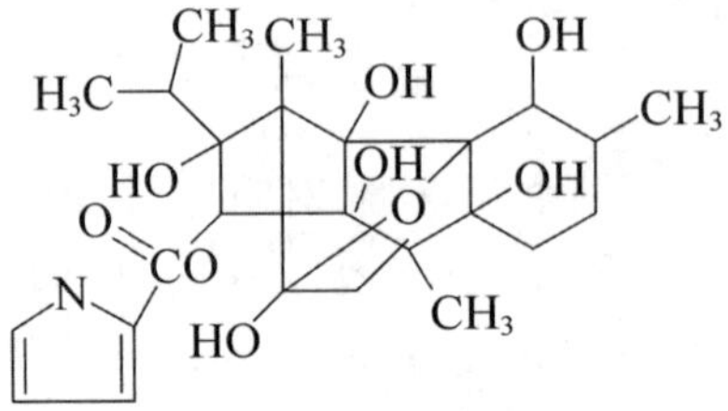

里安那碱(ryanodine)

1998 年，日本农药公司在从 1993 年以来研究的基础上，成功开发了邻苯二甲酰胺类杀虫剂氟虫酰胺(flubendiamide)，其对鳞翅目害虫(如棉铃虫)具有优异的活性，对哺乳动物安全。氟虫酰胺是第一个作用于鱼尼丁受体的新型合成杀虫剂。

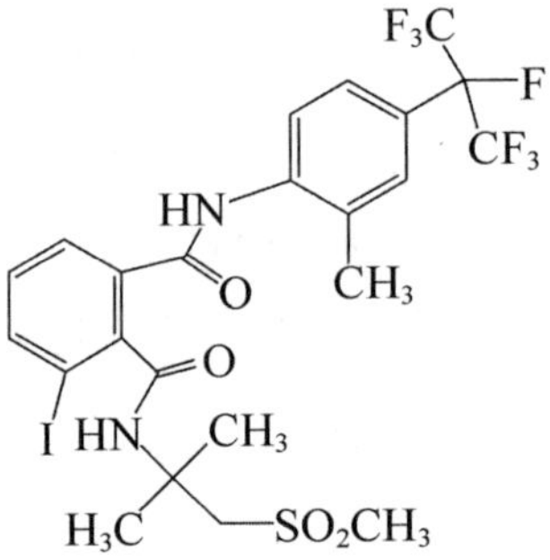

氟虫酰胺

嗣后，杜邦(DuPont)公司以氟虫酰胺为先导化合物，与先正达公司共同研究，将酰胺位置转变，得到另一新的先导化合物邻甲酰氨基苯甲酰胺。随后，将一系列杂环如吡啶、嘧啶、噻唑、吡唑、苯基吡唑等引入羧酸部分，通过构效关系研究，于 2000 年开发出来氯虫苯甲酰胺(chlorantraniliprole)。该化合物不仅和氟虫酰胺结构相似，而且具有相同的作用机制，都对哺乳动物安全。在很低的浓度下仍具有杀虫活性，如对小菜蛾幼虫的 LC_{50} 为 0.01 mg/L。自此，邻苯二甲酰胺类和邻甲酰氨基苯甲酰胺类杀虫剂走向了市场。

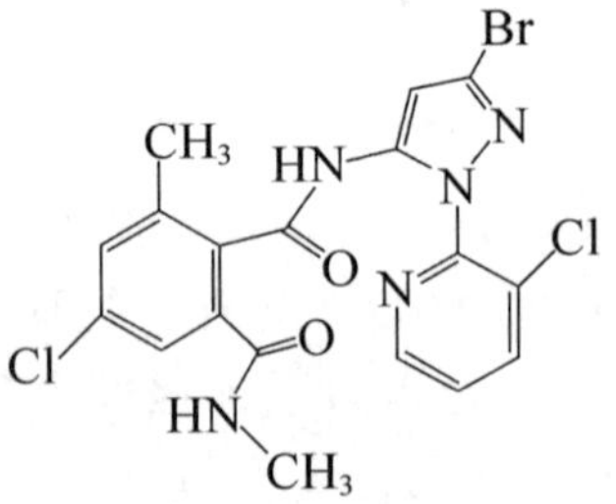

氯虫苯甲酰胺

二、主要理化性质与生物活性

对于邻苯二甲酰胺类化合物的苯环部分、芳香胺部分和脂肪胺部分的不同取代都能影响其生物活性。

早期的邻甲酰氨基苯甲酰胺类化合物以2-甲基芳基或2-甲基芳香杂环肼为基本特征，对鳞翅目害虫表现中等活性，如表2-10中的DP-001、DP-002和DP-003对草地黏虫（*Spodoptera frugiperda*）和美洲烟夜蛾（*Heliothis virescens*）幼虫的LD_{50}为40～80 mg/kg。在R_1位置用甲基和吡啶基取代是该类化合物提高活性的基础；芳基杂环和嘧啶环取代也显示相似活性；用苯基取代吡唑环上的甲基可以显著提高活性。如对以上两种害虫的LD_{50}，用上述取代基置换，其LD_{50}即可降至20 mg/kg以下。

表 2-10 取代基变化与生物活性的关系

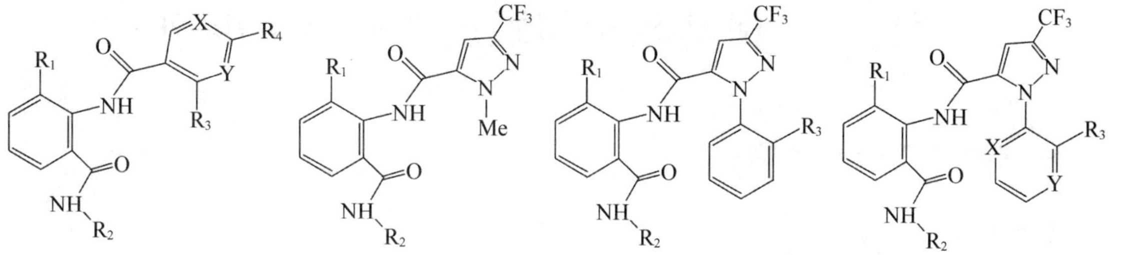

化合物	结构式	R_1	R_2	R_3	R_4	X	Y	草地黏虫 LD_{50}/(mg/kg)	美洲烟叶蛾 LD_{50}/(mg/kg)	钙流阈(μmol/L)
DP-001	Ⅰ	CH_3	iC_3H_7	H	OCF_3	C	C	51.60	78.5	8.50
DP-002	Ⅰ	CH_3	iC_3H_7	iC_3H_7	CF_3	N	N	45.20	51.40	26.60
DP-003	Ⅰ	CH_3	iC_3H_7	C_2H_6	CF_3	C	N	51.30	77.50	35.50
DP-004	Ⅰ	Cl	iC_3H_7	CH_3	CF_3	C	N	—	57.40	48.00
DP-005	Ⅱ	CH_3	iC_3H_7	—	—	—	—	48.80	130.10	99.80
DP-006	Ⅲ	Cl	iC_3H_7	H	—	—	—	2.90	17.00	2.30
DP-007	Ⅲ	Cl	iC_3H_7	Br	—	—	—	—	5.60	0.32
DP-008	Ⅲ	Cl	iC_3H_7	Cl	—	—	—	0.44	3.50	0.30
DP-009	Ⅳ	Cl	iC_3H_7	CH_3	—	N	N	—	18.40	8.90
DP-010	Ⅳ	CH_3	iC_3H_7	F	—	C	C	0.52	2.30	0.46
DP-011	Ⅳ	CH_3	C_3H_7	Cl	—	N	C	0.26	0.80	0.38
DP-012	Ⅳ	CH_3	iC_3H_7	Cl	—	N	C	0.12	0.40	0.27
氯氰菊酯			商业标准					5.30	13.48	—
茚虫威			商业标准					0.33	0.60	—

邻甲酰氨基苯甲酰胺类杀虫剂，结构类型多种多样，尤以羧酸部分对生物活性影响较大。在引进的各种杂环中，如吡啶、嘧啶、噻唑、吡唑、苯基吡唑等，以吡啶和吡唑类活性最优。根据吡唑环上的不同取代，又有三氟甲基取代物、卤素取代物和其他基团取代物等。

三、作用方式、毒理与应用

邻苯二甲酰胺类和邻甲酰氨基苯甲酰胺类杀虫剂属于神经毒剂，作用于鱼尼丁受体，为鱼尼丁受体的激活剂。基本作用过程为：化合物作用于鱼尼丁受体 Ca^{2+} 释放通道（ryanodine receptor Ca^{2+} release channel，RyR2），使 RyR2 产生变构以改变正常的细胞环境；在改变动作电位和调节细胞质 Ca^{2+} 浓度过程中加强对神经的刺激，致使正常的 Ca^{2+} 释放紊乱；异常的 Ca^{2+} 释放导致神经传导中异常的电位变化使昆虫中毒死亡。

邻苯二甲酰胺类和邻甲酰氨基苯甲酰胺类杀虫剂为广谱性杀虫剂，目前报道主要用于防治鳞翅目害虫的幼虫，如斜纹夜蛾、小菜蛾、棉铃虫、烟芽夜蛾、灰翅夜蛾、草地贪蛾、甘蓝夜蛾、苹果夜蛾和水稻二化螟等，用于棉花、蔬菜、果园和水稻等作物的保护。

项目十　保幼激素与蜕皮激素类杀虫剂

一、保幼激素类杀虫剂

（一）概述

天然昆虫保幼激素（juvenile hormone，JH）由昆虫咽侧体所分泌，对昆虫的生长、变态和滞育等生理现象具有重要调控作用，保幼激素类杀虫剂就是在对天然保幼激素研究的基础上发展起来的，属于“环境友好”农药，人们往往将其与蜕皮激素类化合物及几丁质合成抑制剂统称为昆虫生长调节剂（insect growth regulators）。

自 Roller 等（1967）分离鉴定了第一个保幼激素（JH_1）以来，迄今已发现 4 种天然保幼激素，其基本结构如下：

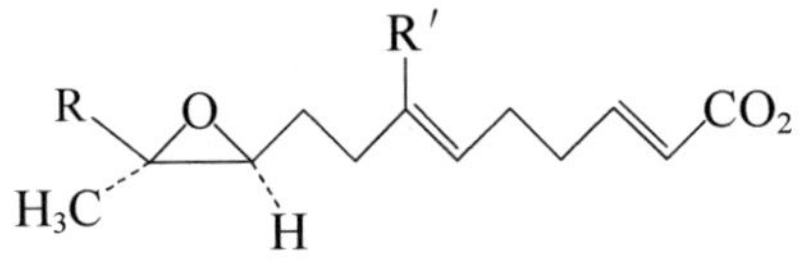

	R	R′	R″
JH_O	C_2H_5	C_2H_5	C_2H_5
JH_I	C_2H_5	C_2H_5	CH_3
JH_{II}	C_2H_5	CH_3	CH_3
JH_{III}	CH_3	CH_3	CH_3

至今已人工合成了数以千计的保幼激素类似物（juvenile hormone analog，JHA），早期有较高活性的品种如下：

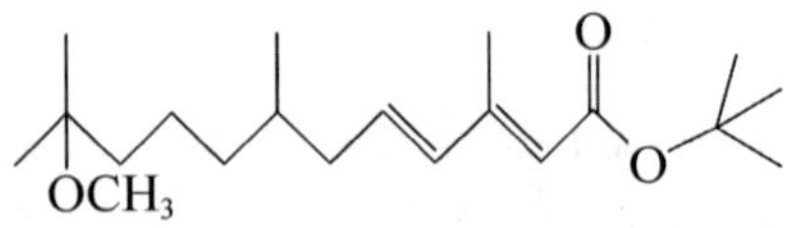

methoprene（ZR-515）

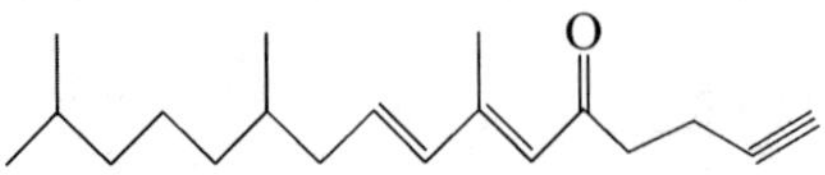

kinoprene（ZR-777）

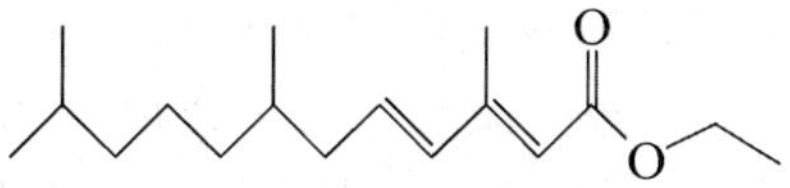

altozar(ZR-512)

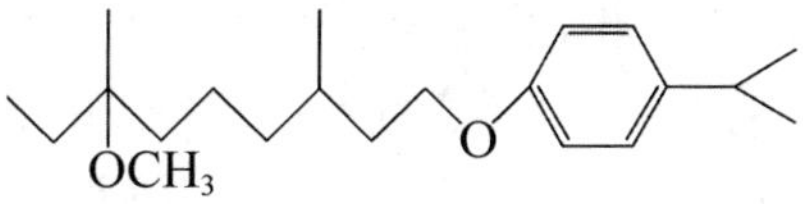

A13-36206

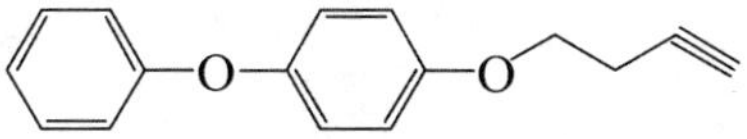

dofenapy

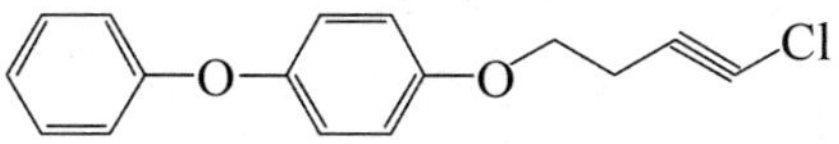

JH-286

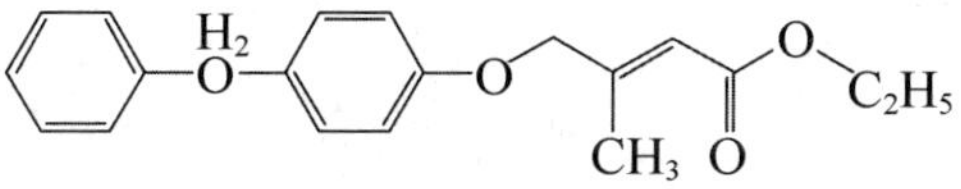

GA-34301

哒嗪酮是另一类具保幼激素活性的化合物：

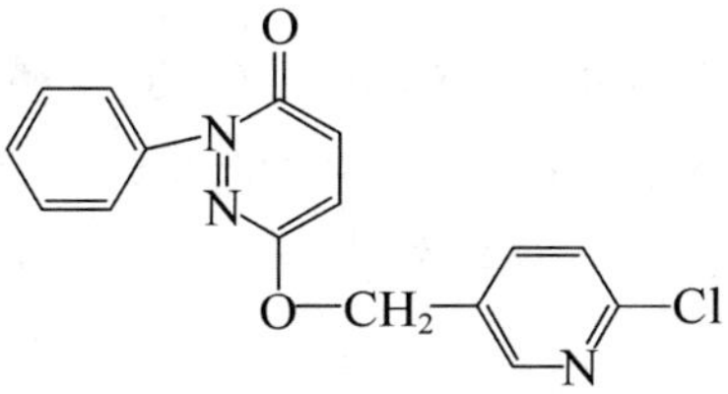

哒嗪酮

(二)保幼激素类杀虫剂的作用特点和毒理

保幼激素类杀虫剂具有活性高、选择性强、对非靶标生物及环境安全等突出优点，但其缺点也很明显：①JHA 只在昆虫发育的特定敏感阶段起作用，即在末龄幼虫期及蛹期起作用，实际上田间种群个体不可能发育非常一致；②保幼激素和保幼激素类杀虫剂对昆虫的主要作用是阻止昆虫发育、抑制变态发生，故作用比较缓慢。

保幼激素类杀虫剂的昆虫毒理学意义主要表现在对昆虫形态发生、生殖作用的调节，对卵黄发育、多型现象和社会昆虫的分级发育等方面的干扰；保幼激素类杀虫剂的化合物分子直接作用于被作用对象的目标基因，不需要通过细胞内第二信使的传递。

(三)保幼激素类杀虫剂的主要品种、作用方式及其应用

由于天然昆虫保幼激素性质很不稳定，极易受日光和温度的破坏而失去生物活性，而且合成困难，因此利用其防治害虫几乎是不可能的。在人工仿生合成保幼激素类似物领域已经取得了许多成果，现在合成的品种已经数以千计。人工合成的保幼激素类杀虫剂尽管在化学结

构上已经不可能同天然保幼激素同日而语，但它们都保留了天然保幼激素的作用特点。

20 世纪 70 年代筛选出了一批烷基烯羧酸酯类化合物，这些化合物比天然昆虫保幼激素具有更高的活性和明显的选择性，对害虫天敌也比较安全，对高等动物毒性极低。1973 年合成了第一个商品化的保幼激素类似物烯虫酯（methoprene，可保特），该化合物具有触杀和胃毒作用，对蚊、蝇的幼虫有较强的杀灭作用；烯虫乙酯对鳞翅目、半翅目和某些鞘翅目、同翅目害虫有效；烯虫炔酯对蚜虫和小粉蚧有效。20 世纪 80 年代开发的二苯醚类化合物，比烷基烯羧酸酯类化合物更具稳定性和持久性，应用更为广泛。其后合成的保幼激素类似物更是引人注目，商品化的有吡丙醚（pyriproxyfen，蚊蝇醚）、双氧威和苯虫醚等。吡丙醚为低毒品种；作用方式为胃毒、触杀、内吸、具有强烈的杀卵作用；影响昆虫蜕变和繁殖。

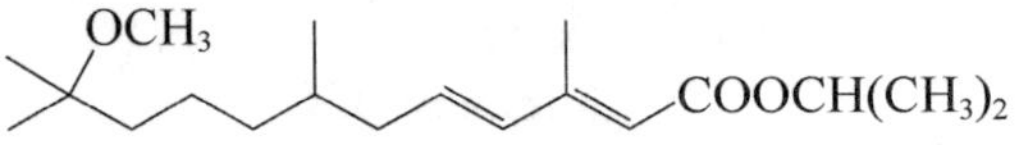

烯虫酯

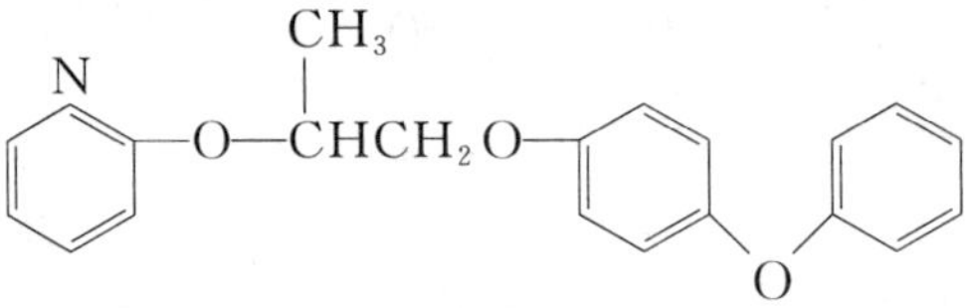

吡丙醚

二、蜕皮激素类杀虫剂

（一）概述

1954 年，Butenande 等首次报道从家蚕蛹中分离得到了蜕皮激素，后经 Karlson（1965）鉴定为 α-蜕皮激素。此后，β-蜕皮激素也由蚕蛹和烟草天蛾中分离得到。至今已经从昆虫体内分离得到 15 种蜕皮激素类似物，另外，尚有来自植物的各种各样的蜕皮激素类似物，共计 100 余种。

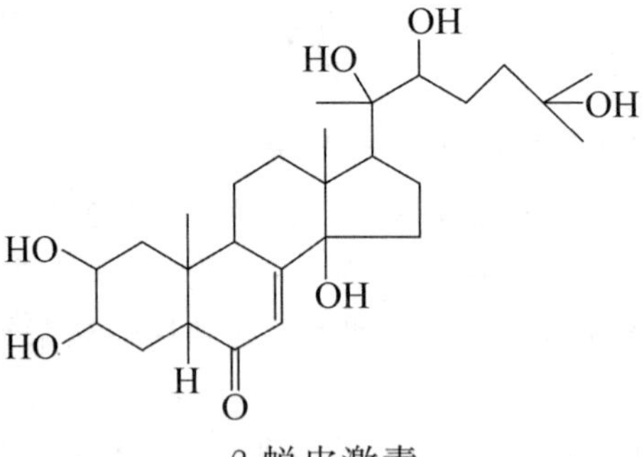

β-蜕皮激素

蜕皮激素或称变态激素（ecdysone 或 moulting honmone，MH），是由昆虫前胸腺分泌的一类昆虫内激素，它和昆虫的另一类内激素即保幼激素协同作用，共同控制昆虫的生长与变态。天然昆虫蜕皮激素是一类甾族化合物，结构复杂，难以人工合成。其提取物由于极性基团多，难以从昆虫表皮进入体内，而且昆虫体内存在有大量的钝化酶，因此，蜕皮激素本身难以作为害虫控制剂使用。

1967 年，Williams 等提出了用昆虫激素类似物作为杀虫剂的设想。此途径如果成功，当有以下优点：①具有干扰昆虫内分泌系统使昆虫难以完全蜕皮而死亡的独特作用机制；②对害虫天敌和非靶标生物无毒或低毒；③对那些对神经系统及呼吸系统类药剂产生抗性的害虫有效。

1985年，美国罗门哈斯公司合成了第一个非甾醇结构的酰肼类蜕皮激素类似物抑食肼(RH5849)，其后，又相继推出了虫酰肼(tebufenozide)、氯虫酰肼(halofenozide)和甲氧虫酰肼(methoxyfenozide)；日本的Nippon Kayaku公司和Sankyo公司合作推出了环虫酰肼(chromafenozide)；我国南方农药创制中心江苏基地自主研发推出了JS118等蜕皮激素类高活性品种。

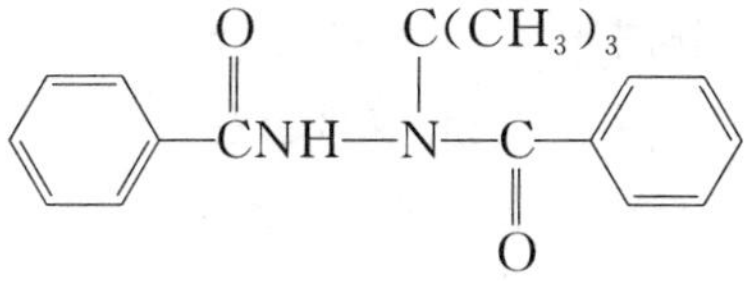

抑食肼

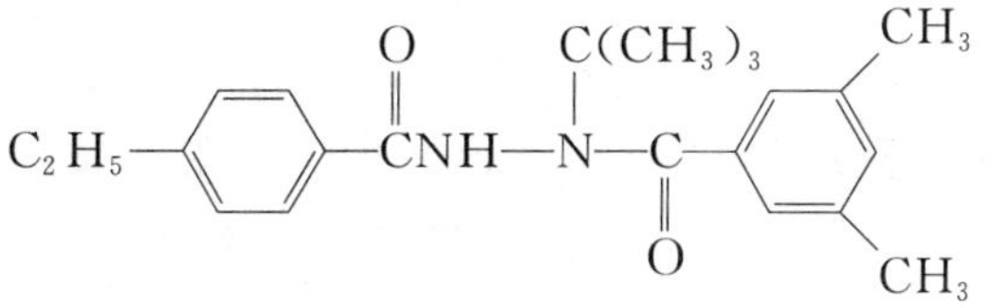

虫酰肼

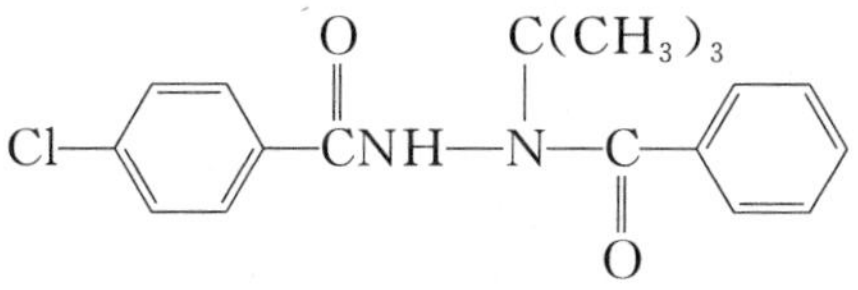

氯虫酰肼

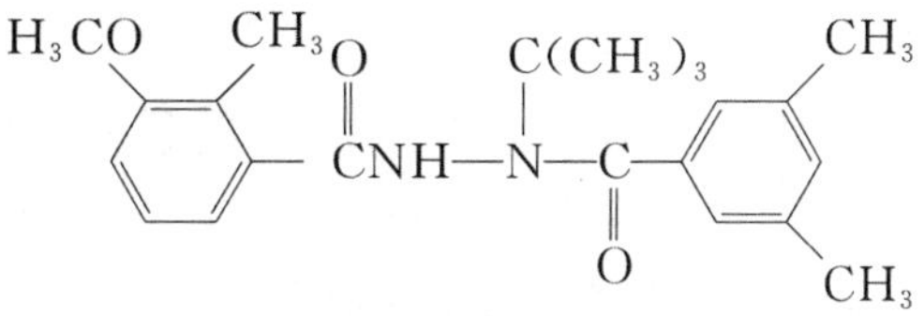

甲氧虫酰肼

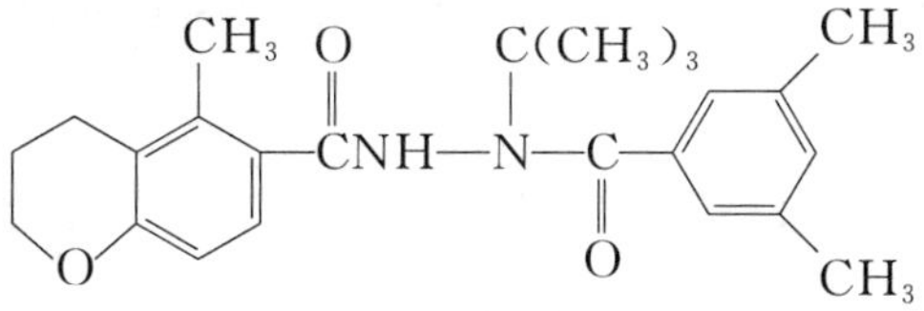

环虫酰肼

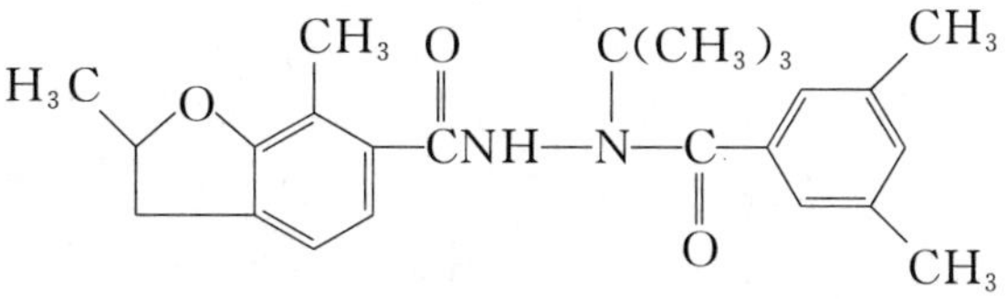

JS118

虽然上述化合物在结构上已经与天然蜕皮激素具有较大差异，但却具有天然蜕皮激素的活性特点。此类化合物的成功合成，对从蜕皮激素化合物中筛选新型害虫控制剂产生了巨大的推动作用，也从此形成了一类作用新颖的“蜕皮激素类杀虫剂”。

(二)蜕皮激素类杀虫剂的作用特点和毒理

1988年，Wing等首先报道了抑食肼能诱导烟草天蛾(*Manduca sexta*)幼虫提前蜕皮。他的作法是将幼虫用细绳扎住，分为前后两部分，在头部施以抑食肼处理，结果发现头部发生表皮蜕离(蜕皮)且取食活动停止，而整体却依然是一个完整的幼虫。不久，这个结果在其受试的其他鳞翅目昆虫上也得到了证实，其中包括印度谷螟(*Plodia interpunctella*)、欧洲玉米螟

(*Ostrinia nubilalis*)、亚热带黏虫(*Spodoptera eridania*)、斜纹夜蛾(*Spodoptara litura*)、大菜粉蝶(*Pieris brassicae*)、甘蓝夜蛾(*Mamestra brassicae*)、草地黏虫(*Spodoptera frugiperda*)、苹果蠹蛾(*Cydia pomonella*)、云杉卷叶蛾(*Choristoneura fumiferana*)、莎草黏虫(*Spodoptera exempta*)、甜菜夜蛾(*Spodoptera exigua*)、二化螟(*Chilo suppressalis*)和大蜡螟(*Galleria mellonella*)。试验结果表明,抑食肼可以在昆虫生长发育中,作为变态过程的生理诱导剂。在作用过程中,并非由于该化合物的存在使内源蜕皮激素含量提高,而是直接作用于靶标组织,从而诱导其产生更多的蜕皮激素,这种"早熟的"变态,可以由非甾族化合物抑食肼或虫酰肼刺激而产生,这种变态通常是不彻底的,因而也是致命的。用上述化合物处理昆虫后6 h,即形成皮层剥离,且新上表皮的分泌过程也随之开始。这个过程与正常蜕皮过程没有什么区别。然而,在正常情况下,因为大量内表皮层的存在,分泌上表皮层的过程是中断的。实际上由于昆虫体内另一类内激素即保幼激素的大量存在,变态过程是不可能发生的。只有在体内蜕皮激素突增的情况下,昆虫才可能分泌上表皮并开始进入变态蜕皮状态。

电镜照片表明,昆虫体内由于虫酰肼作用而产生的过量蜕皮激素促成了以上的不正常的蜕皮过程,这个过程是通过化合物对表皮细胞非正常的激活而产生的,这是由于特定化合物引起一个非正常的生理过程,有关其作用机制仍需做大量工作去阐明。

(三)蜕皮激素类杀虫剂的主要品种、作用方式及其应用

目前,蜕皮激素类杀虫剂的主要代表品种有抑食肼(RH-5849,虫死净)、虫酰肼(tebufenozide,米满)和虫酰肼系列产品如氯虫酰肼和甲氧虫酰肼等(结构式如前)。这些品种对哺乳动物低毒;具有胃毒、触杀作用方式,其中抑食肼还具有内吸作用;抑食肼杀虫谱较广,速效性差;虫酰肼类化合物对鳞翅目幼虫有极高的选择性和药效,但速效性较差。

项目十一 天然源化合物杀虫剂

一、概述

天然产物杀虫剂主要是指以植物、动物、微生物等产生的次生代谢产物开发的杀虫剂,一般具有下述特点:①对昆虫具有选择性,一种或一类次生代谢产物只能防御某些种类的昆虫;②次生代谢产物是生物内源物,它们本身是生物体的一部分,因此易于在自然界的大循环中降解;③生物在进化过程中所经受逆境压力的多样性和复杂性,导致所产生的次生代谢产物的多样性和复杂性。

因此和传统的化学合成杀虫剂相比,天然产物杀虫剂具有下述特点:①大多数天然产物杀虫剂对哺乳动物的毒性较低,使用中对人、畜比较安全;②防治谱较窄,甚至有明显的选择性;③对环境的压力较小,对非靶标生物比较安全;④大多数生物源天然产物杀虫剂作用缓慢,在遇到有害生物大量发生迅速蔓延时往往不能及时控制危害。

化学合成杀虫剂和天然产物杀虫剂的本质区别不在于前者是人工通过化学反应合成的,后者是生物自身通过一系列生化反应合成的,而在于前者的分子结构是人为设计的,后者的分子结构是生物在长期的进化过程中形成的。比如舞毒蛾性信息素,在实验室中人工合成的和从舞毒蛾雌虫腹部提取分离的性信息素是完全相同的物质,具有相同的分子结构(包括立体结

构），因而具有同样的生物活性，都具有引诱雄虫的能力。这种生物活性和该性诱剂的来源没有关系。

二、天然源化合物杀虫剂的分类

（一）植物源杀虫剂

在 20 世纪 40 年代以前的 100 余年间，烟草、除虫菊和鱼藤等三大植物源杀虫剂是工业化国家重要的农药品种，而且从历史上来看，也是农药商品化的重要标志。在有机氯、有机磷和氨基甲酸酯等杀虫剂问世后，植物源杀虫剂在农药市场所占的比重才迅速下降。1947 年，美国从东南亚进口鱼藤根超过 6 700 t，但 1963 年减少到 1 500 t。随着化学农药的大量使用，其弊端也逐渐显现出来（如环境污染、对非靶标生物的杀伤、害虫抗药性、农药残留以及害虫的再猖獗等），加之开发新农药的难度加大，使植物源农药的发展有了新的契机。由于植物源农药来源于自然，具有对人、畜安全，不污染环境，对环境压力较小等优点，因此，植物源农药的研究与开发日益受到重视。目前，植物源杀虫剂占全球农药市场的 1%左右。

1. 烟碱（nicotine）

烟碱是烟草中的一种重要生物碱，主要存在于茄科烟草属（*Nicotiana*）约 50 种植物中，主要品种有烟草（*Nicotiana tabacum*）和黄花烟草（*Nicotiana rustica*）。提取时可将烟草以稀酸浸渍，以碱中和，然后水蒸气蒸馏，并以草酸处理，再进行碱化而制得。早在 1690 年欧洲即用烟草萃取液及烟草粉作为杀虫剂。1828 年，Posseit 和 Reimann 确定烟草的杀虫有效成分为烟碱。1893 年 Pinner 确定了烟碱的化学结构。

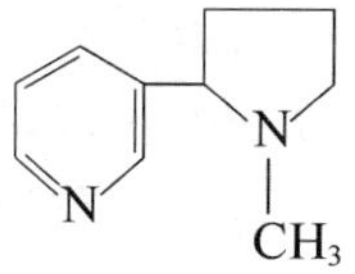

烟碱（nicotine）

烟碱纯品为无色液体，具有高度的挥发性，见光和在空气中很快颜色变深，并伴有特殊的臭味；可与水混溶，形成水合物；易溶于大多有机溶剂，与酸形成盐。将烟草粉末、烟茎以及烟筋等生产烟草下脚料中的有效成分用适当工艺提取以后，可加工成游离的烟碱乳油、水剂或硫酸烟碱、油酸烟碱制剂。

烟碱是广谱杀虫剂 ，可用于防治蚜虫、蓟马、蝽、卷叶虫、菜青虫、三化螟、飞虱和叶蝉等害虫。烟碱对昆虫主要表现为熏蒸作用，也有触杀及胃毒作用，并有一定的杀卵活性。

烟碱是一种神经毒剂，与六甲鎓、阿托品的作用位点相同（乙酰胆碱受体）。烟碱引起昆虫的中毒症状为颤抖、痉挛、麻痹，通常在 1 h 内死亡。烟碱分子能直接穿透昆虫表皮或通过气门进入虫体，进入血淋巴后发生解离，解离的烟碱离子慢慢被代谢和排出，未解离的烟碱分子则穿过神经细胞进入突触部位，在突触间隙解离，产生的烟碱离子与烟碱型乙酰胆碱受体的阴离子部位紧密结合，占领神经递质的受体，从而影响神经冲动的传导。烟碱是受体激动剂，在低浓度时刺激受体，使突触后膜产生去极化，虫体表现兴奋；高浓度时对受体产生脱敏性抑制，神经冲动传导受阻，但神经膜仍保持去极化，虫体表现麻痹。烟碱对人、畜高毒，对大鼠急性经口 LD_{50} 为 50～60mg/kg。

2. 除虫菊素（ pyrethrins）

除虫菊可以说是历史悠久而近于理想的杀虫药剂，也是目前世界上大规模集约化种植的杀虫植物，是一种不污染环境、对人、畜安全、能迅速杀灭害虫的高效天然杀虫剂。最早在波斯栽培有红色除虫菊，主要作为观赏植物，也用于配制杀虫药剂。1800 年，美国人 Jimtikoff 发现高加索部族用除虫菊花粉灭跳蚤，并于 1828 年将其加工成杀虫粉剂出售。1840 年，在欧洲南部的 Dalmatia 发现有白色除虫菊品种，其杀虫效果比波斯产的红色品种好。自此以后，白色除虫菊为唯一大规模栽培用作杀虫药剂的品种。

除虫菊为多年生草本菊科植物。除虫菊素是白色除虫菊（*Chrysanthemum cinerariaefolium*）和红色除虫菊（*C. coseum*）等花中的杀虫有效成分。天然除虫菊花的提取物为浅黄色油状黏稠物，内含除虫菊素Ⅰ、Ⅱ，瓜叶除虫菊素Ⅰ、Ⅱ和茉莉除虫菊素Ⅰ、Ⅱ。天然除虫菊素不溶于水，而易溶于有机溶剂。对光、热、酸、碱均不稳定，易分解，在空气中也不稳定，加入抗氧化剂可缓解其氧化作用。

除虫菊花可以直接加工成粉剂，也可提取以后再加工成乳油、气雾剂或蚊香等剂型，可用于防治十字花科蔬菜蚜虫等农业害虫和卫生害虫。但由于有效成分的光稳定性差，大田施用后持效期极短，因此更适宜于室内防治卫生害虫以及贮粮害虫。以除虫菊素为模板已经仿生合成了大量拟除虫菊酯类杀虫剂。

3. 鱼藤酮（rotenone）

鱼藤属植物计有 80 多个品种，原产亚洲热带及亚热带地区。产地居民常将此类植物的有毒部分与水混合捣碎，倾入河湾或水塘，在短时间内鱼类昏迷漂浮水面而被捕获，因此常常把它叫作毒鱼藤。据记载，1848 年 Oxley 开始商品化制造鱼藤根粉剂。鱼藤根的主要杀虫有效成分为鱼藤酮（rotenone），存在于豆科的 15 个属植物的根部，其中以鱼藤属和梭果豆属最重要，主要品种有毛鱼藤（*Derris elliptica*）、马来鱼藤（*Derris malaccensis*）、中国鱼藤（*Derris chinensis*）、秘鲁梭果豆（*Lonchocarpus utilis*）和巴西梭果豆（*Lonchocarpus urucu*）。

鱼藤酮易光解，易氧化，在光、空气、水、碱性条件下氧化会加快，并失去杀虫活性。

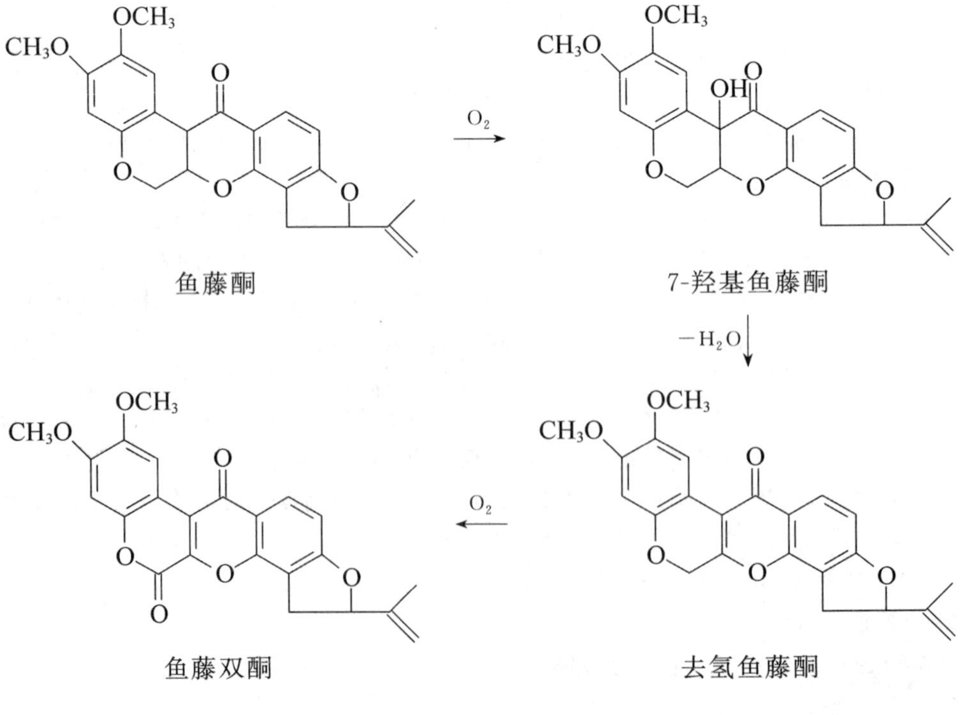

鱼藤酮杀虫谱广，对鳞翅目、半翅目、鞘翅目、双翅目、膜翅目、缨翅目、蜱螨亚目等多种害虫有效。由于鱼藤酮对人、畜毒性较低，在作物上的持效期较短，因此特别适合于蔬菜害虫及烟、茶等经济作物害虫的防治。鱼藤酮对害虫有触杀和胃毒作用，可直接通过表皮、气门和消化道侵入虫体，中毒症状表现得很快，但死亡过程极为缓慢，往往要数天后才毫无挣扎地死亡。鱼藤酮主要是影响昆虫的呼吸作用，是典型的细胞呼吸代谢抑制剂，主要作用于呼吸链中电子转移复合体Ⅰ，中断了从辅酶Ⅰ到辅酶Q之间的电子传递，从而使呼吸受阻。鱼藤酮在神经和肌肉组织中抑制呼吸，还有一部分作用是由于抑制 *L*-谷氨酸的氧化作用，*L*-谷氨酸是神经组织呼吸时被氧化的氨基酸，鱼藤酮对 *L*-谷氨酸氧化的抑制使神经机能受阻，造成昆虫麻痹和瘫痪。

此外，鱼藤酮还可能以一种可逆的方式连接在微管蛋白上，从而抑制微管的形成。微管蛋白最重要的作用是在细胞分裂时经过微管组装中心组装成微管，而微管构成了减数分裂和有丝分裂中纺锤体的纤维。因此，鱼藤酮影响微管的组装，就抑制了纺锤体的形成，直接影响昆虫细胞的正常分裂。

4. 印楝素(azadirachtin)

印楝(*Azadirachta indica*)是世界上公认的理想杀虫植物。杀虫活性成分主要分布在种核，从其种子中已分离、鉴定出数十种柠檬素类化合物，其中最主要的活性成分是一种四环三萜类化合物印楝素(azadirachtin)。自美国 Vikwood 公司最早开发出以印楝种核为原料的杀虫剂 Margosan-O 后，至今世界上已有近 20 个国家建立了印楝素制剂生产厂，并已有十几个产品投放市场。

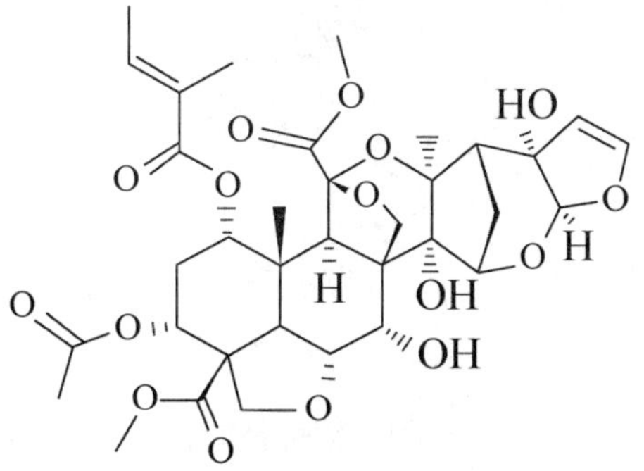

印楝素

印楝素及其类似物是一类高度氧化的柠檬素类化合物，纯品为白色非结晶物质，对光热不稳定，易溶于甲醇、乙醇、丙酮、二甲亚砜等极性有机溶剂。

印楝素的作用方式有多种，主要表现为干扰昆虫的正常行为，如拒食、驱避及产卵忌避等，并显著抑制昆虫的生长发育。印楝素是目前世界上公认的对昆虫活性最强的拒食剂，如印楝素在 0.1 μg/mL 浓度下就使沙漠蝗 100%拒食。但不同的昆虫对其拒食作用的敏感度不同。鳞翅目昆虫对印楝素最敏感，低于 1 μg/mL 就有很高的拒食效果；鞘翅目、半翅目、同翅目昆虫相对不敏感；直翅目昆虫的敏感度差异较大，最敏感的是沙漠蝗，EC_{50} 为 0.05 μg/mL，中度敏感的是飞蝗，EC_{50} 为 100 μg/mL，最不敏感的是血黑蝗，EC_{50} 大于 1 000 μg/mL。印楝油、印楝叶和种核提取物对一些同翅目害虫如褐飞虱、白背飞虱、二点黑尾叶蝉、柑橘木虱、甘薯粉虱、豌豆蚜、稻瘿蚊、橘蚜等及白蚁、蝗虫有很高的驱避活性；对棉铃虫、菜心野螟、草地贪夜蛾、丝光绿蝇和豆象的雌虫具有产卵驱避作用。用0.02%的印楝种核制剂处理后的植株或基质上，丝光绿蝇雌虫不产卵，产卵驱避效果达100%。

抑制昆虫的生长发育是印楝素对昆虫的另一种主要作用。印楝素能干扰昆虫从卵期到成虫各个阶段的正常生长发育。它在卵期能降低产卵量和孵化率；在幼虫期能抑制蜕皮，使幼虫不能正常蜕皮或出现永久性幼虫；在蛹期则降低化蛹率或出现畸形蛹；在成虫期则出现畸形成虫。昆虫经印楝素处理后，其症状表现为：幼(若)虫蜕皮延长，蜕皮不完全(畸形)或蜕皮时就死亡。其作用机制主要是扰乱昆虫内分泌系统，影响促前胸腺激素(PTTH)的合成与释放，减低前胸腺对PTTH的感应而造成20-羟基蜕皮酮合成、分泌的不足，致使昆虫变态、发育受阻。

5. 鱼尼丁(ryanodine)

尼亚那(*Ryania speciosa*)是一种大枫子科灌木，主要产于南美的特立达特(Trinidad)和亚马孙河流域。尼亚那的杀虫有效成分主要分布在木质部中，易溶于水，因此，当地居民常割其枝条以水提取加工成杀虫制剂。这种制剂1945年引入美国，试验证明对鳞翅目幼虫，包括对欧洲玉米螟、甘蔗螟、苹果小卷蛾、苹果食心虫、舞毒蛾等十分有效。已经从尼亚那中分离、鉴定了10多个化合物，杀虫活性成分主要是鱼尼丁(ryanodine)，又称里安那碱。

鱼尼丁(ryanodine)是一种肌肉毒剂，主要作用于钙离子通道，影响肌肉收缩，造成昆虫肌肉松弛性麻痹。但鱼尼丁对哺乳动物的毒性大，能引起温血动物僵直性麻痹，而使应用受到限制。在鱼尼丁结构和作用方式的启发下，已成功开发了邻苯二甲酰胺类和邻甲酰氨基苯甲酰胺类杀虫剂。

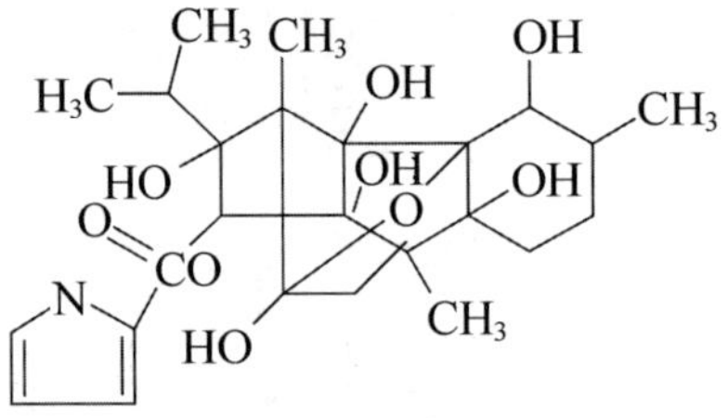

鱼尼丁

6. 苦皮藤素

苦皮藤(*Celastrus angulatus*)是卫矛科南蛇藤属的一种多年生灌木，广泛分布在我国长江和黄河流域的丘陵浅山区。产区农民很早就知其根皮具有杀虫活性，可以防治某些蔬菜害虫，故又称苦皮藤为“菜虫药”。苦皮藤中的杀虫活性成分苦皮藤素(celangulins)为一系列具有二氢沉香呋喃多元酯结构的化合物，现已从中分离鉴定出几十个二氢沉香呋喃类杀虫化合物，其中以毒杀成分苦皮藤素Ⅴ和麻醉成分苦皮藤素Ⅳ为代表。

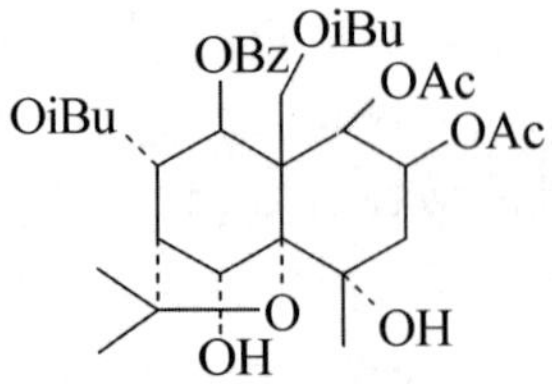

苦皮藤素Ⅴ

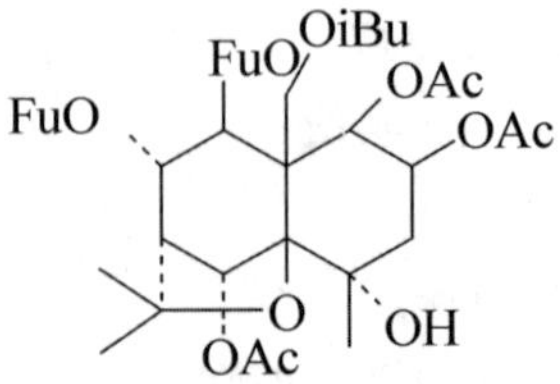

苦皮藤素Ⅳ

苦皮藤素对昆虫具有拒食、麻醉和毒杀活性，主要作用方式是胃毒作用，无触杀、熏蒸、保幼激素、蜕皮激素及不育活性，也没有真正的忌避活性。苦皮藤根皮制剂对蝗虫成虫、若虫及芜菁叶蜂幼虫、小菜蛾幼虫、马铃薯瓢虫等主要表现为强烈的拒食作用；对菜青虫、黏虫、稻苞虫、槐尺蠖等鳞翅目幼虫则主要表现麻醉和毒杀作用；对米象、玉米象主要表现为抑制种群繁殖作用。苦皮藤根皮制剂还对樱桃叶蜂、黄守瓜、猿叶虫、苹果顶梢卷叶蛾等也有较好的防治效果。

苦皮藤素Ⅴ主要作用于昆虫的消化系统。中毒黏虫症状表现为兴奋、快速爬行、痉挛、虫体扭曲，继而大量失去体液，上吐下泻，虫体缩短，慢慢死亡。其引起昆虫的中毒症状类似于Bt的δ-内毒素。苦皮藤素Ⅴ是以昆虫中肠细胞膜上受体为靶标的小分子化合物。苦皮藤素Ⅴ与受体结合后细胞膜的三维构象发生改变，细胞膜对离子的通透性亦随之改变，渗透压平衡被打破，细胞膨胀、瓦解，造成肠壁穿孔，体液流失。

苦皮藤素Ⅳ引起昆虫的中毒症状为虫体瘫软、麻痹，对外界刺激失去反应。其麻醉作用机理为抑制神经-肌肉兴奋性接点，阻断神经-肌肉的兴奋性传导，造成昆虫麻痹。

7. 藜芦碱(cevadine)

植物杀虫剂 Sabadilla(百合科种子藜芦的种子粉碎物)主要杀虫成分是藜芦碱(cevadine)和藜芦定(veratridine)。这些生物碱存在于百合科藜芦属和喷嚏草属植物中，作为杀虫剂的植物原料主要是喷嚏草(*Schoenocaulon officinale*)的种子和白藜芦(*Veratrum album*)的根茎。早在 1946 年，美国藜芦杀虫剂的使用量就超过 51 480 kg，商品为 20%藜芦碱粉剂。

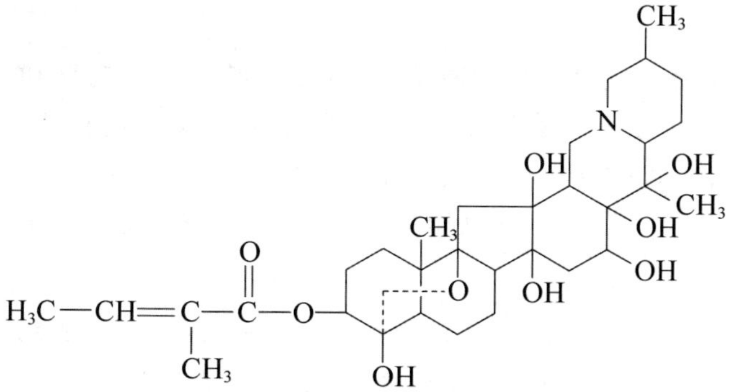

藜芦碱

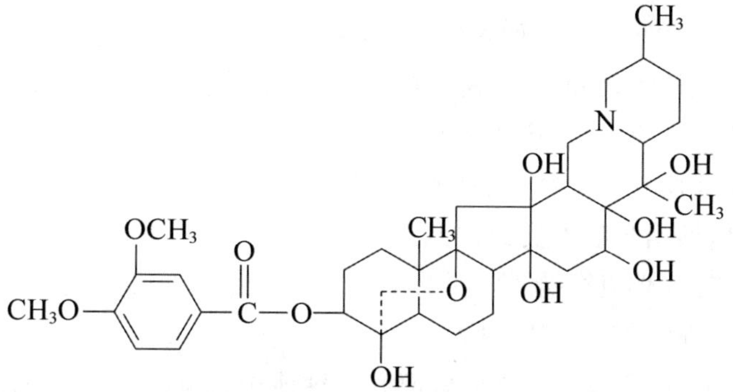

藜芦定

藜芦碱和藜芦定对昆虫具有触杀和胃毒作用，作用于昆虫的钠离子通道，能使昆虫肌肉瘫痪。其制剂对人畜安全,大鼠急性经口 LD_{50} 大于 4 000 mg/kg,但对哺乳动物的黏膜有很强的刺激性,还可引起肌肉僵硬。

藜芦碱制剂在阳光下和空气中杀虫活性迅速降低,田间持效期较短。其可用于防治家蝇、蜚蠊、虱等卫生害虫,也可用于防治菜青虫、蚜虫、叶蝉、蓟马、蝽象等农业害虫。

8. 苦参碱 (matrine)

苦参碱 (matrine)存在于豆科植物苦参(*Sophora flavescens*)的根中,在苦豆子(*Sophora alopecuroides*)、山豆根(*Sophora subprostrata*)等植物中也有分布。

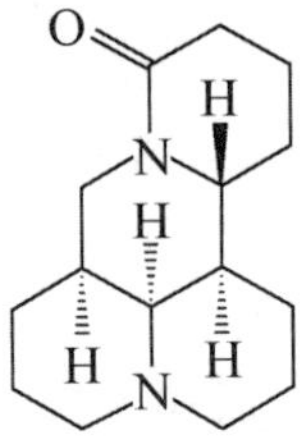

苦参碱

苦参碱以触杀作用为主,兼具胃毒作用。苦参碱主要作用于昆虫的神经系统,对昆虫神经细胞的钠离子通道有浓度依赖性阻断作用,可引起中枢神经麻痹,进而抑制昆虫的呼吸作用,使害虫窒息死亡。对人畜低毒,其制剂对大鼠急性经口 LD_{50} 大于 10 000 mg/kg。杀虫广谱,对多种作物上的菜青虫、蚜虫、红蜘蛛等害虫均有较好的防效。

(二) 动物源杀虫剂

动物源杀虫剂主要指动物体的代谢物或其体内所含有的具有特殊功能的生物活性物质,主要包括动物毒素如蜘蛛毒素、黄蜂毒素、沙蚕毒素等,以及调节昆虫的各种生理过程的昆虫激素、昆虫信息素如棉铃虫性诱剂、甘蔗条螟性诱剂等。目前,鉴于动物毒素以及天然动物源的昆虫激素直接商品化的甚少,因此本节主要介绍昆虫信息素。

1. 简史

昆虫信息素(insect pheromone)是由昆虫体内释放到体外,可引起同种其他个体某种行为或生理反应的微量挥发性化学物质。这个定义由 Karlson 和 Luscher 在 1959 年提出,“pheromone”由希腊语“pherein”(转译)和“horman”(兴奋,刺激)组合而成,表示昆虫个体间进行联系的化学信息物质。信息素又分为种内的(外激素)和种间的(他感作用物质):前者包括性外激素、标迹外激素、报警外激素和群集外激素,后者包括利它素、利己素、协同素等。昆虫对这些物质的感受又可以分为嗅觉(空中传播)和味觉(接触感受)等形式。昆虫信息素由一种昆虫个体的特殊腺体分泌到体外,能影响同种或异种其他个体的行为、发育和生殖的化学通信。在农业生产上的应用,以性信息素在害虫的测报及防治上应用最为广泛。

昆虫信息素的研究大体可分为两个阶段,即 20 世纪 50 年代以前是发现和实验室研究阶段,60 年代开始进入田间应用研究阶段。

1837 年,Von Siebold 发现一些雌虫腹部有一种能引诱雄虫前来交配的腺体,推测雌虫可散发能引诱雄虫的挥发性物质。1896 年,Forbush 等发现将未交配雌舞毒蛾放在诱捕器中可诱捕雄蛾。1939 年,Gotz 在德国两个葡萄园中试验用活的葡萄果蛾和葡萄藤蛾雌蛾大量诱捕雄蛾，阻止雌蛾受精，认为只要引诱剂能够被鉴定和合成，就可用于害虫防治。1957 年，Schneider 提出了测定昆虫信息素生物活性的触角电位技术。1959 年，德国的 Butenandt 等从未交配家蚕雌蛾腹部提取并鉴定出第一个昆虫信息素十六碳二烯醇，定名为家蚕醇（bombykol），这是第一个昆虫性信息激素，又称性外激素。

1960 年，Beroza 提出用昆虫性外激素迷惑或干扰交配来治虫的设想，后称"迷向法"，或交配干扰法。1960 年，Gaston 等用粉纹夜蛾性外激素成功地干扰了这种昆虫的交配。1969 年 Brady 报道，雄性地中海粉螟在接触 10 μg 顺-9-十四碳烯-1-乙酸酯 15 min 后，就不再对未交配雌虫腹部提取物产生反应，证明了迷向法治虫的可能性。但要在田间实际应用，还需加工成一定剂型，克服易挥发、消失快的缺点。1968 年，Glass 等将 10 μL 引诱剂 Riblure 注入一个聚乙烯空心管大量诱捕雄虫成功，后来又出现了微胶囊剂、空心纤维缓释剂和多层吸附片剂等信息素缓释剂，使田间大面积迷向法治虫获得成功。目前已经有几十种昆虫性信息素广泛用于害虫测报和实际防治害虫。聚集素、报警素、追踪素等昆虫信息素的发现较晚。

我国 20 世纪 50 年代初期开始研究昆虫信息素，1973 年以后发展较快，分离、鉴定、合成了农林主要害虫的性信息素，已用于 10 余种主要农林害虫的诱捕测报，大面积用其防治杨树透翅蛾、梨小食心虫，并取得成功。

2. 昆虫信息素的特点

昆虫信息素有以下特点：

（1）绝大多数容易挥发。

（2）因含有双键、醛、酮、羟基、环氧基、酯基等，容易被氧化和生物降解。

（3）无直接杀虫作用，可通过诱捕、迷向等方法间接防治害虫。

（4）毒性很低，不污染环境，堪称"环境友好型农药"。

（5）生物活性高。一头雌红带卷蛾可产生 126.0 ng 性信息素，引诱雄蛾的有效距离约 5 000 m。微胶囊化的舞毒蛾性信息素 15 g/hm^2 剂量就能阻止舞毒蛾交配，药效与费用均可和化学杀虫剂媲美。在棉田整个生长季节施 5 次棉红铃虫性信息素空心纤维缓释剂，总剂量为 3.8～19 g/hm^2，收获时棉铃受害率为 7.5%，无处理对照田受害率则达 98.0%。

（6）专化性强。通常一种信息素只对一种昆虫起作用，甚至在同一个种内也存在着信息素的不同变种。欧洲玉米螟就有反式和顺式性信息素变种，二者的性信息素都由反式和顺式-11-十四碳烯基乙酸酯组成，但反式体和顺式体比例不同，前者为 96∶4，后者为 3∶97，相互间无引诱作用。信息素的高度专化性还表现在化学结构的微小改变，如双键位置、顺反异构体、旋光异构体、碳原子数的增减等，都会明显降低活性，甚至失去活性。粉纹夜蛾性信息素主成分（顺）-7-十二碳烯基乙酸酯最低活性浓度为 10^{-7} g/mL，双键改为第 9 或第 5 碳原子上，最低活性浓度降到 10^{-2} g/mL。舞毒蛾性信息素右旋对映体有活性，而左旋对映体则无活性。

（7）昆虫信息素多数为几种类似化合物的混合物，各组分间有严格的比例。粉纹夜蛾性信息素由 6 种成分组成：十二烷基乙酸酯、（顺）-5-十二碳烯基乙酸酯、（顺）-7-十二碳烯基乙酸酯、11-十二碳烯基乙酸酯、（顺）-7-十四碳烯基乙酸酯、（顺）-9-十四碳烯基乙酸酯，比例为 82∶

91∶1 000∶28∶15∶9。人为改变各组分之间的比例，会使其失去活性。斜纹夜蛾性信息素由(顺)-9，(反)-11-十四碳二烯基乙酸酯和(顺)-9，(反)-12-十四碳二烯基乙酸酯组成，两者比例为10∶1，单用后者4 mg处理12 m^2 试验区，36头雌蛾交配率下降90.2％，单用相同剂量的另一成分，交配率下降86.8％。

3.昆虫信息素在害虫综合治理(IPM)体系中的作用

昆虫信息素作为测报手段和防治技术获得了相当的成功，诱捕技术及诱捕和杀灭相结合的技术受到越来越广泛的重视。随着昆虫信息素的不断深入研究，它将在害虫的综合治理中占据重要位置。早在20多年前，人们就知道信息素具有生物活性高、专一性强和生态无害等特点。害虫综合治理的目的不是消灭有害生物，而是控制其危害在经济受害水平以下，同时使天敌数量增大。在这种情况下，信息素不仅能成为监测有害虫种、确定其发生量和迁移动态的手段，也能成为大规模诱捕或迷向法防治害虫的措施。

美国、日本、德国、法国和巴西在植物保护的综合治理中采用了信息素。苏联在确定舞毒蛾、苹小卷蛾、葡萄小卷蛾的最佳防治期时也使用了信息素，使杀虫剂用量降低了20％～30％。

信息素在一些国家用于卷蛾、梨小食心虫和苹小卷蛾的监测和预报防治适期，在德国用于防治卷蛾、小卷蛾、夜蛾和森林害虫，在意大利用于防治卷蛾。信息素大量诱捕的方法在一些国家被用来防治仓储害虫，在加拿大用于防治云杉小卷蛾。在地中海沿岸国家由于使用了埃及棉铃虫信息素诱捕器(1～2个/hm^2)，棉花用杀虫剂防治的次数下降了30％～40％，用微胶囊信息素迷向(100 g/hm^2)能使棉铃虫的交配率下降97％。在美国用信息素配以两倍的石油重馏分喷洒的迷向法防治苹小卷蛾的效果是常规喷洒标准杀虫剂的6倍。

4.昆虫信息素的类型

从生物活性特点看，发现的信息素主要有性信息素、聚集信息素、报警信息素、追踪信息素等。

(1)性信息素(insect sex pheromone)。由成虫个体释放到体外，引诱同种异性个体进行交配行为的昆虫信息素，也称昆虫性外激素。一般而言，雌虫产生的性外激素大多能远距离引诱雄虫前来交配，利用价值大。雄虫产生的性外激素多是近距离内引诱雌虫交配，尚未实用。不同目昆虫产生的性外激素差别较大。鳞翅目雌成虫产生的多为碳原子数为10～16的有双键的醛、醇及其乙酸酯。双翅目的蝇类性外激素多为长链烯烃，蜚蠊则为长链烯酮。

昆虫性外激素目前主要应用于两个方面：①诱捕害虫，用于虫情测报。用性外激素诱捕到的虫种单一，灵敏度高，很适合虫情预报。②用于迷向、干扰交配，减少子代危害。性外激素无杀虫作用，但与黏胶或杀虫剂配合应用，则能大量消灭雄虫，减少雌虫交配繁殖的机会，从而减少子代幼虫发生量，保护作物免受虫害。在害虫种群密度较低，或对于雄虫只交配一次的虫种，防治效果好。舞毒蛾、杨树透翅蛾、棉铃虫、松斑螟等许多害虫用此法防治可收到一定的效果。无论诱捕法或迷向法，如果同时大面积处理效果会更好，否则由于迁飞活动，效果会受影响。

(2)聚集信息素(insect aggregation pheromone)。昆虫聚集信息素是指昆虫在特定场合释放出的、聚集大量同种两性个体栖息、交配、产卵、取食的信息素。鞘翅目棘胫小蠹科的许多种都能释放萜烯醇类物质作聚集信息素，它存在于蠹虫的后肠和粪便中，引诱同种个体向食物源聚集取食。

(3)报警信息素(insect alarm pheromone)。昆虫对抗外来侵犯时，释放出的一种诱导同类个体产生聚集、防御或分散逃避行为的信息素。一种黄蚁的报警信息素组成为香茅醛、牻牛儿醛、橙花醛和正十一烷。澳洲白蚁兵蚁头部特殊腺体中分泌一种α-蒎烯，诱导其他兵蚁聚集。豌豆蚜和桃蚜报警信息素为β-法尼烯。商品化的产品有棉叶螨报警信息素（farnesol with nerolidol)，主要用于防治棉叶螨(*Tetranychus urticae*)。

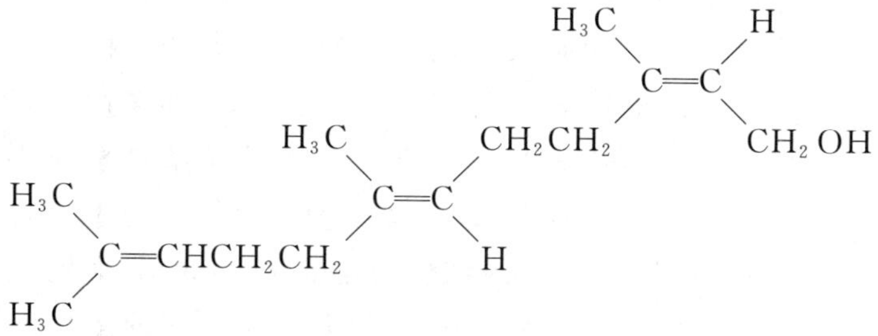

(*Z*,*E*)-3,7,11-三甲基-2,6,10-十二烷烯-1-醇

(4)追踪信息素(insect trail pheromone)。昆虫外出时，沿途释放一种用作返巢路标的信息素。已鉴定出化学结构的有 10 多种，特点是挥发性较低、结构复杂，种间特异性强。厨蚁追踪信息素有 4 种成分。美洲白蚁中分离出的第一个高活性追踪信息素是(顺，顺，反)-3,6,8-十二碳三烯醇。4-甲基吡咯-2-羧酸甲酯是从美国得克萨斯州切叶蚁和南美切叶蚁中鉴定出的一种结构独特的追踪信息素。

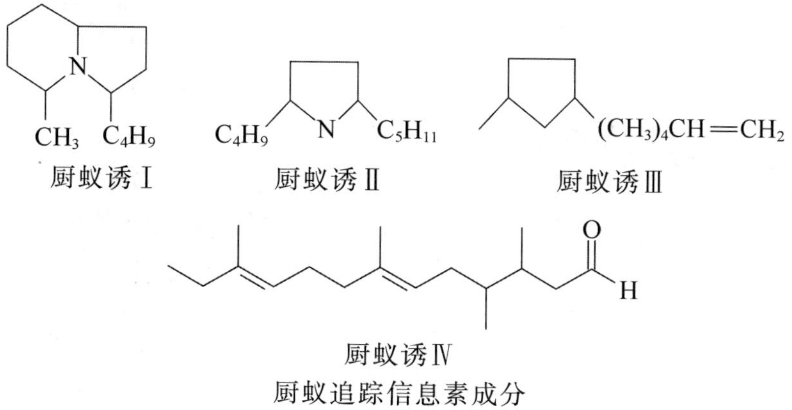

厨蚁追踪信息素成分

（三）微生物源杀虫剂

微生物源杀虫剂是指由微生物代谢产生的杀虫活性物质，不包括活体微生物本身，常将其称为“杀虫抗生素”。

有关抗生素杀虫的研究，早在 1950 年，Kido 等就报道了抗霉素 A(antimycin A)的杀虫杀螨作用。抗霉素 A 原来是由多种链霉菌产生的一种抗真菌毒素，有 6 种组分($A_1 \sim A_6$)，均为白色结晶，在酸性条件下稳定，对光和热不太稳定。除对真菌有抑制作用外，抗霉素 A 对家蝇、红蜘蛛等有良好的杀虫效果，可用 50～100 mg/L 的抗霉素 A 防治蚜虫，但其对哺乳动物和鱼类的毒性很高。抗霉素 A 的作用机理是干扰电子传递系统，阻碍还原型辅酶 Q-细胞色素 C 还原酶作用部位。

20 世纪 60 年代报道的杀虫抗生素有卟啉霉素（porfiromycin，又称紫莱霉素）、螺旋霉素（pactamycin）、稀疏霉素（sparsomycin）和莫能菌素（monensin）等，其中 Michaeal E. 等于 1967 年从链霉菌中分离到的莫能菌素主要用于鸡的球虫病控制，莫能菌素的研发成功被喻为是农用抗生素的一个新的里程碑。

此外，1962 年 Saburo Tamura 从 *Streptomyces mobaraensis* 的菌丝体中提取得到的杀蝶素（piericidin）受到了人们的重视。初始认为杀蝶素的活性物质有两种，分别称为杀蝶素 A 和 B，后来发现杀蝶素是在自然界中分布很广泛的一类杀虫抗生素，多种链霉菌可以产生这种结构相似的化合物，已报道的其同系物有 16 种之多。杀蝶素对家蚕、家蝇、粉蝶、叶螨和蚜虫都有很高的毒杀作用，而对二化螟、蜚蠊的杀虫活性不高。杀蝶素的作用机理也是干扰电子传递，作用点在辅酶 Q 上，因为它的结构与辅酶 Q 很相似，阻碍辅酶 Q 还原酶的还原。杀蝶素对脊椎动物的毒性非常大，杀蝶素 A 和 B 对小白鼠的急性口服毒性 LD_{50} 分别是 3.3 mg/kg 和 5.5 mg/kg，对金鱼的 LC_{50} 为 0.056 mg/kg。由于杀蝶素毒性高未能产业化。

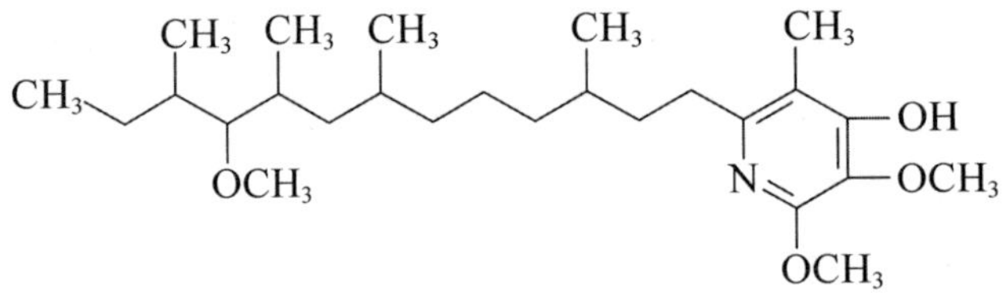

A

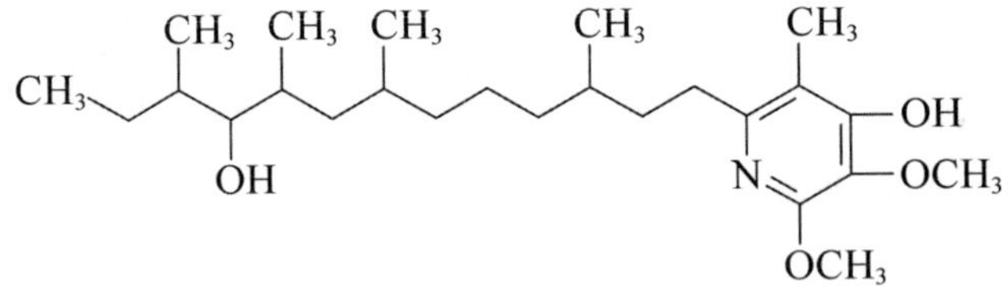

B

杀蝶素

1972 年，浙江农科院微生物所从浙江天目山竹林土壤中分离的浅灰色链霉菌杭州变种（*Streptomyces griseius* var. *hangzhouensin* n. ）产生的杀蚜素化学结构与杀蝶素 A 基本相同，是杀蝶素的同系物之一，这是我国首次报道的一种杀虫抗生素。1979 年，上海农科院植保所从广东韶关地区土壤的浅黄链霉菌韶关变种（*Streptomyces flaveolus* var. *shaoguanensis* n. ）菌丝体中得到韶关霉素，经分离纯化得到具有高杀虫活性的 A 和 B 组分，韶关霉素 A 和 B 分别与杀蝶素 A_3 和 A_1 相同，而且韶关霉素 A 与杀蝶素 A_3 具有相同的平面结构。

20 世纪 70 年代初，日本从一株金黄色链霉素菌代谢产物中筛选分离出螨类十分敏感的杀螨素(tetranactin,又称四活霉素、四抗霉素),并于70年代末正式投产。杀螨素存在于菌体中,纯品为微黄色梭形结晶,结构是大环四内酯类化合物。杀螨素对光、热、酸、碱都很稳定,易溶于有机溶剂,不溶于水。杀螨素的杀螨活性很高,棉红叶螨的 LC_{50} 为4.8 mg/L,但对鳞翅目、同翅目等农业害虫的活性很低。杀螨素主要作用于动物细胞的细胞膜,使细胞膜受到损伤造成细胞内物质的泄漏,导致螨类死亡。杀螨素对脊椎动物和植物的毒性都很低,田间使用安全。

1979年,上海农药研究所也从湖南浏阳地区土壤中分离的一株灰色链霉菌浏阳变种(*Streptomyces griseius* var. *liuyangensis*)的代谢产物中分离到与杀螨素(多活霉素)相似的浏阳霉素(polynactins)。浏阳霉素是大环四内酯类抗生素,易溶于有机溶剂,不溶于水,对热稳定,对紫外光敏感,阳光下不稳定。浏阳霉素是一种低毒、低残留、可防治多种螨类的广谱杀螨剂,防治效果好,对天敌安全。实用化的浏阳霉素是由5个组分组成的混合体,主要为组分3、4、5,各组分的杀螨活性基本相同。

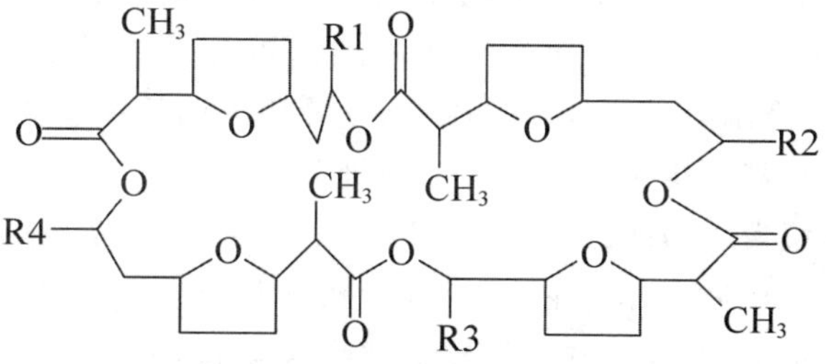

R1,R2,R3,R4分别为甲基或乙基

浏阳霉素

1974年,日本北里研究所(Kitasato Institute)从日本静冈县伊东市川奈(Kwana)地区的土壤样品中分离得到阿维链霉菌(*Streptomyces avermitilis*)的原始菌株。随后该菌株被送到美国默克(Merk)公司做进一步研究,20世纪80年代初成功开发阿维菌素(avermectin)。这被认为是微生物源天然产物研究的划时代进展,也是抗生素在农业生产中应用的又一个里程碑。阿维菌素是一组结构相似的十六元大环内酯类化合物,与后面提到的橘霉素(milbemycin)的区别是在C13位上有一个*α-L-*齐敦果糖基,而橘霉素在C13位上没有取代基。阿维菌素有8个组分,其中杀虫效果最好的是B1组分(也称abamectin)。阿维菌素对害虫和螨类以胃毒作用为主,兼有触杀作用,并有微弱的熏蒸作用,具有有限的植物内吸作用,但它对叶片有很强的渗透作用,可以跨层运动,从而杀死表皮下的害虫,且残效期长。其作用机制与一般杀虫剂不同的是,阿维菌素的靶标是外周神经系统内的*r-*氨基丁酸受体,促进*r-*氨基丁酸从神经末梢释放,增强*r-*氨基丁酸与线虫抑制性运动神经元突触后膜上受体以及昆虫和其他节肢动物突触后接点肌细胞膜上受体的结合力。*r-*氨基丁酸与受体结合力增加的结果是使进入细胞的氯离子增加,细胞膜超极化,消除信号传导,导致神经信号传递的抑制,引起螨类和昆虫神经麻痹,不活动不取食,2～4天后死亡。因不引起昆虫迅速脱水,所以它的致死作用较慢。对捕食性和寄生性天敌虽有直接杀伤作用,但由于植物表面残留少,因此对害虫天敌仍较安全。

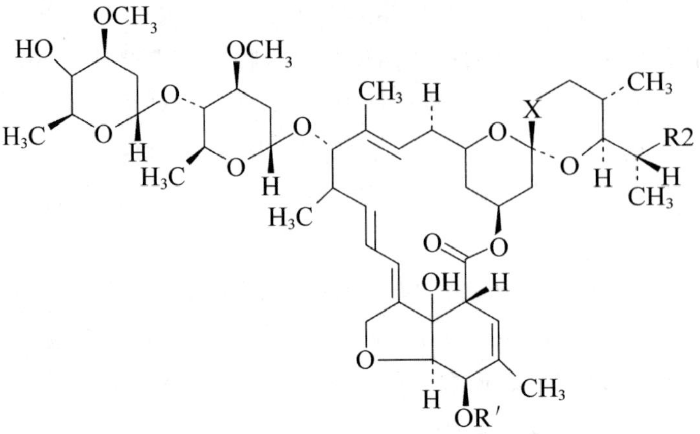

阿维菌素

自阿维菌素问世以来，不少化学家对其结构进行了改造，合成了成千上万个化合物，其中的重大成就之一就是依维菌素(ivermectin)的成功开发。阿维菌素口服毒性很高，LD_{50} 仅 10 mg/kg，不适合防治家畜体内的寄生虫。将阿维菌素分子中 C-22、23 位双键选择性地还原，开发出依维菌素。依维菌素的毒性明显降低，主要用于防治家畜体内寄生虫。阿维菌素结构改造的另一成就是甲胺基阿维菌素的开发。阿维菌素对线虫、螨类非常高效，但对鳞翅目害虫的效果较差。将阿维菌素 4-OH 改变成 4-$NHCH_3$，开发出甲胺基阿维菌素，不但对哺乳动物的毒性明显降低(LD_{50} 为 92.6 mg/kg)，而且对鳞翅目昆虫的毒力提高 1～2 个数量级，成为名副其实的超高效杀虫剂，其防治谱比阿维菌素大为拓宽。

日本三共株式会社 1974 年从土壤中分离的放线菌吸水链霉菌金色亚种 *Streptomyces hygroscopicus* var. *aureolacrimosus* 的代谢产物中得到一个杀虫素橘霉素(milbemycin)，又名密尔比霉素、粉蝶霉素、弥拜菌素。与阿维菌素一样，属于十六元大环内酯类杀虫杀螨抗生素，其结构仅比阿维菌素少一个双糖基，由 6 个组分组成，其中 A3 和 A4 为有效结构。作用方式与阿维菌素一样，但橘霉素杀虫谱较窄。对棉叶螨和橘全爪螨高效，但对螨卵的活性较差。

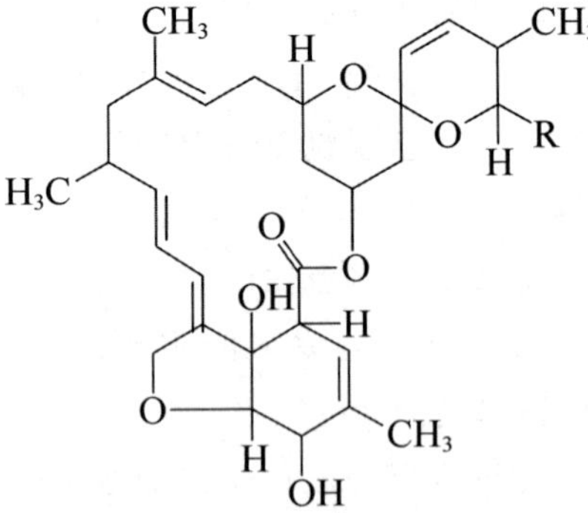

R= OH—，$(OH)_2P$—

橘霉素

华光霉素(nikkomycin)又名尼可霉素、日光霉素，是拜耳公司开发的一种抗生素，产生菌为唐德轮枝链霉菌 *Streptomyces ticillium tendae* S-9，我国从苏州采集的土样中也分离到该菌。华光霉素是一种两性水溶性核苷类具咪唑啉酮结构的农用抗生素，有几种不同的组分，有的组分具有杀虫活性，有的组分具有抗菌活性。其中，华光霉素 C 只对螨类和昆虫有效。华光霉素的作用机理是其分子结构与几丁质合成的前体 *N*-乙酰葡萄糖胺相似，它可以通过对细胞内几丁质合成酶竞争性抑制作用，阻止葡萄糖胺的转化，干扰细胞几丁质的合成，抑制螨类和真菌的生长。

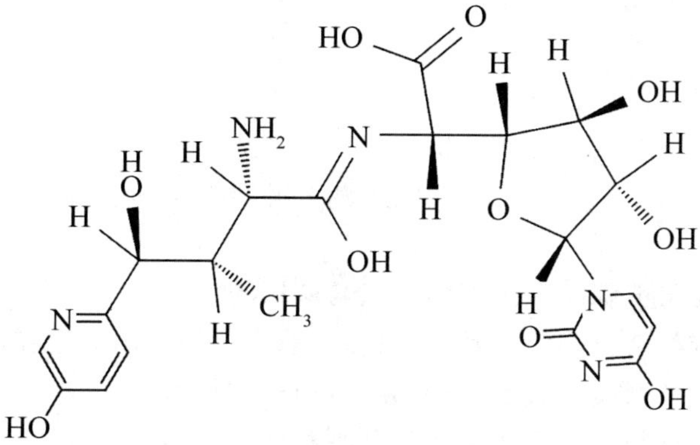

华光霉素

多杀霉素（spinosad）产生菌为土壤放线菌多刺糖多孢菌（*Saccharopolyspora spinosa*），最初分离自加勒比的一个废弃的酿酒厂，1985 年美国陶氏益农公司的研究人员发现该菌可以产生杀虫活性非常高的化合物。商品为 2.5％悬浮剂（商品名为菜喜）是 spinosyn A 和 spinosyn D 的混合物，故称 spinosad。主要用于防治果树、茶树、蔬菜等上面多种害虫，如鳞翅目幼虫、蓟马和食叶甲虫。多杀霉素对昆虫有胃毒和触杀作用，作用方式新颖，spinosyn A 作用于昆虫的中枢神经系统，可以持续激活靶标昆虫乙酰胆碱烟碱型受体，但是其结合位点不同于烟碱和吡虫啉。另外，它还可以影响 γ-氨基丁酸（GABA）受体。

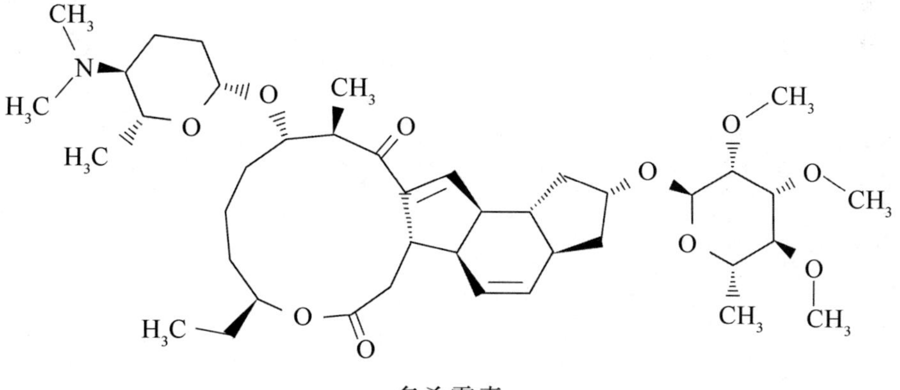

多杀霉素

近年来研究的杀虫活性农用抗生素还有戒台霉素（jietacin）、okarami B、埃尔森菌素（altemicidin）、赛泰霉素（setamycin）、Z-Laureatin，以及与阿维菌素相类似的 LLF-28249、VW44857、震颤基团真菌毒素（verrucalon）等。这些具有杀虫活性的抗生素由于它们的活性、成本、发酵单位、稳定性等原因，难以与阿维菌素等抗生素相比，至今尚未商品化。

【模块小结】

常用杀虫剂,包括有机氯类杀虫剂、有机磷类杀虫剂、氨基甲酸酯类杀虫剂、除虫菊酯类杀虫剂、沙蚕毒素类与甲脒类杀虫剂、新烟碱类杀虫剂、吡咯类杀虫剂、吡唑类杀虫剂、吡啶类杀虫剂、苯甲酰苯脲类和嗪类杀虫剂、邻苯二甲酰胺类和邻甲酰氨基苯甲酰胺类杀虫剂、保幼激素与蜕皮激素类杀虫剂、天然源化合物杀虫剂等。

【模块巩固】

1. 简述氨基甲酸酯类杀虫剂的品种特点。

2. 拟除虫菊酯杀虫剂是在改造了天然除虫菊素哪些结构的基础上发展起来的?叙述这类杀虫剂的主要特点。

3. 简述沙蚕毒素类与甲脒类杀虫剂的特点与应用的关系。

4. 举例叙述新烟碱类杀虫剂的品种特点;该类杀虫剂的强内吸性在应用中有什么好处?

5. 简述昆虫生长调节剂类杀虫剂品种的特点与应用技术。

6. 天然源化合物杀虫剂包括哪些类型?分别举例说明各类型的代表性品种、作用特点与作用方式。

模块三
杀螨剂

【知识目标】

通过本模块学习，学生了解杀螨剂的作用机理、不同种类杀螨剂的理化性质、主要特性和应用技术等。

【能力目标】

具备各类杀螨剂的分类能力，各类杀螨剂优势和注意事项的辨别能力，能够根据常见螨类的发生特点选择正确合理的杀螨剂种类，独立制订科学的实施方案，并掌握实践操作要领。

项目一　杀螨剂发展概况

螨类属于节肢动物门蛛形纲(arachnida)蜱螨亚纲(acari)。螨类种类繁多，全球有30万～50万种，仅次于昆虫纲。危害植物及其产品的螨类被称为植食性螨类。大多数栽培植物在生长过程中都会遭受螨类的危害，这些螨类大多密集群居于植物的叶片背面刺吸危害，使果树、棉花、蔬菜和观赏植物等大量减产，损失严重。螨类在形态、习性及栖息场所等方面具有多样性和复杂性。主要表现在其个体小、分布广、适应性强；其繁殖迅速，生活史短，越冬场所变化大；其种群结构复杂，在一个群体中可以存在所有生长阶段的螨，包括卵、若螨、幼螨和成螨等；其对不良环境适应性强，容易对药剂产生抗药性等。所有这些都决定了螨类的控制比较困难。

关于杀螨剂的开发和应用过程大致可分为以下几个时期：

一是无机杀螨剂时期。在1918年以前，防治螨类主要使用硫黄。硫黄粉或石硫合剂对瘿螨科和细须螨科的螨类很有效，对叶螨科的小爪螨属、东方叶螨属和真叶螨属以及跗线螨科的侧多食跗线螨属等螨类通常也有较好的效果。至今硫黄仍在葡萄园作杀螨剂使用。另外，在有机农药出现以前，也曾经使用广谱性的无机农药——砷酸钙来防治螨类。

二是以杀螨卵为主的有机杀螨剂时期(1918—1944年)。自1918年以后，开始使用石油乳剂，以杀灭蚜虫、榆全爪螨以及苔螨的卵。到1930年左右，同时使用二硝基化合物和石油类等，以杀灭螨卵。偶氮苯于1945年前后被推荐作为专用杀螨剂，常以熏蒸剂或烟雾剂的形式在温室或花房中用于防治螨卵和若螨。偶氮苯对多种观赏植物,特别对玫瑰和文竹有药害,且对哺乳动物有慢性毒性,故逐渐被淘汰。

三是以神经毒剂为主的有机合成杀螨剂时期(1944—1970 年)。1944 年,美国 Stuffer 化学公司开发了一氯杀螨砜,使化学杀螨剂的发展进入了一个新的历史阶段。自 20 世纪 40 年代中叶有机磷杀虫剂在全世界范围推广应用以来,由于此类药剂同时有杀虫、杀螨作用,螨类大多可采用有机磷杀虫剂来进行兼治。后来由于大规模使用 DDT 及其他氯化烃类杀虫剂防治农业害虫,同时,大量地杀死了植食叶螨的天敌,使叶螨更加猖獗,因此,促使了对一般昆虫无害,而对叶螨及其卵有特效的杀螨药剂的发展。20 世纪 60 年代发展了喹噁啉类的克杀螨、敌螨死等杀螨剂;20 世纪 70 年代,杀螨剂市场则以甲脒类和苯螨特类为主,而以呼吸代谢抑制作用为主的有机锡类杀螨剂也得到了广泛应用。

四是以螨类生长调节剂为主的有机合成杀螨剂时期(1970—1990 年)。20 世纪 80 年代初期有噻唑烷酮类的尼索朗等得到大面积应用,四嗪类已开发为商品化杀螨剂品种有四螨嗪和氟螨嗪。此外,噁唑啉类的乙螨酯、季酮酸类的螺螨酯等,在杀螨剂的开发上也得到很大的发展。

五是以螨类呼吸代谢抑制剂为主的杂环类杀螨剂时期(1990 年至今)。20 世纪 90 年代中期以来,随着农作物上害螨为害猖獗,并由于用药频繁,一些商业化的杀螨剂相继出现抗性,亟须开发新的杀螨剂,加之农药开发研究也进入了一个快速发展时期,在这期间,杀螨剂的开发非常兴盛。20 世纪 80 年代中期至 90 年代中期开发的主要农用杀螨剂以线粒体电子传递抑制剂(METI)类居多,其中包括哒螨酮、唑螨酯、嘧螨醚、喹螨醚、吡螨胺等。

总之,20 世纪后期,杀螨剂的开发取得了显著成就,一些对环境有不良影响,毒性大的杀螨剂逐渐被淘汰,新的作用方式和作用机制的杀螨剂不断出现。目前,农业上防治害螨的农药品种已自成体系,只要品种选择合理,使用技术得当,就可以有效地控制害螨并能延缓害螨的抗药性。

根据杀螨剂的研究情况和杀螨剂使用技术的发展,人们提出了理想的农用杀螨剂应该具有的特点:①高效。理想的杀螨剂应该具有活性高、用量低的特点。②广谱。对各种类型的害螨以及螨全生育期都有效。③专一性。只对有害螨具有专一的杀灭作用,而对非靶标生物和捕食性螨类安全。④速效与持效兼备。对活动态螨有较快的杀死作用,并且具有较长的持效期,一次施药可以控制较长时间。⑤不易产生抗药性。具有独特的作用机理,与现有杀螨剂无交互抗性,害螨也不容易对其产生抗药性。这也代表了新型杀螨剂研发的方向。

项目二　以杀螨卵为主的杀螨剂

早期开发的硝基酚类杀螨剂主要表现杀卵作用,主要品种有消螨酚(dinex)、乐杀螨(binapacryl)和消螨通 (dinobuton)以及我国开发出的新的杀螨剂 F1050 等。本节主要介绍这类杀螨剂的开发、特性和应用等。

一、概述

1892 年,人们发现了硝基酚类化合物 2-甲基-4,6-二硝基酸钾具有杀螨卵的活性,使人们认识到了合成化合物的杀螨作用，该化合物成为已知最早的合成杀螨剂。

到 1930 年左右，在果园采取二硝基苯酚和石油类等矿物油混用，以杀灭果园中螨类越冬的卵，由于这类化合物具有植物毒性而使其应用受到限制。

20 世纪中叶，有机合成途径开发新农药得到快速发展。人们采用 4,6-二硝基苯基作为先导模型，用环已基、仲丁基取代苯环 2 位上的甲基，开发出了杀螨剂消螨酚，杀螨活性有所提高。

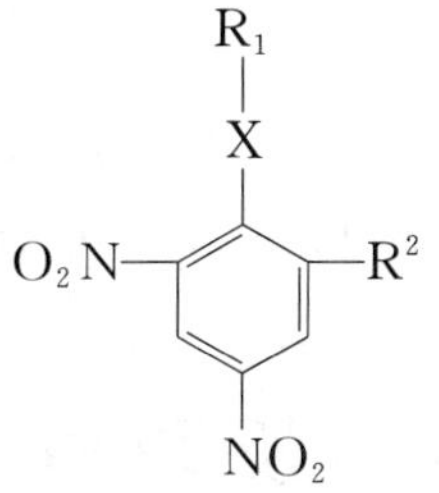

（X＝O、NH）

4,6-二硝基苯基

后来发现酚羟基是一个活泼基团，能够发生一系列的化学反应，且毒性较高，用短碳链的酯基、酯氧基取代酚羟基后化学性质较为稳定，毒性有所降低，由此成功开发出了杀螨剂乐杀螨（binapacryl）、消螨酚（dinex）。

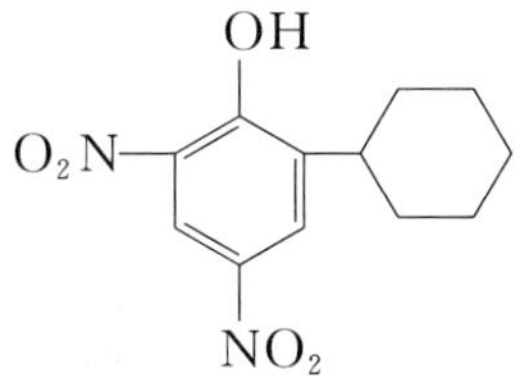

消螨酚

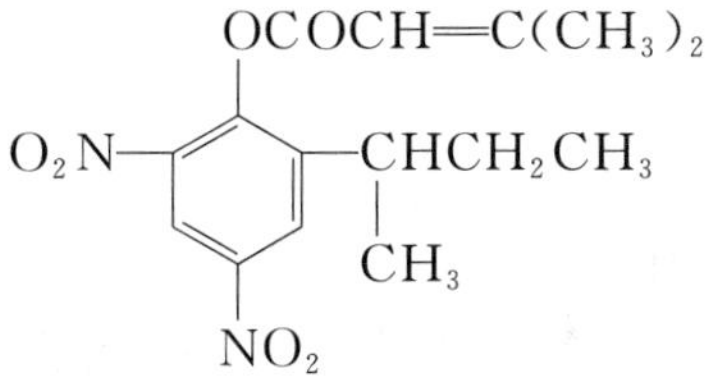

乐杀螨

20 世纪 90 年代中后期，浙江省化工研究院与中国科学院上海有机化学研究所合作以二苯胺为起始化合物，同时考虑到 4,6-二硝基苯基是硝基酚类杀螨剂的药效团，经过一系列的结构改造，以 2-甲基-5-氯苯胺和 2-氯-3,5-二硝基三氟甲苯为原料制得具有很好杀螨活性的化合物 F1050。

二、主要理化性质

消螨酚纯品为浅黄色结晶，几乎不溶于水，易溶于大多数有机溶剂和醋酸，可与胺类或碱金属离子生成水溶性盐。

乐杀螨纯品为白色结晶，几乎不溶于水，有轻微芳香气味，易溶于有机溶剂，在稀酸或稀碱中不稳定。

消螨通纯品为淡黄色结晶，易溶于低碳链脂肪酮类和芳香烃，对酸稳定。

三、主要特性

硝基苯类杀螨剂的主要作用方式为触杀和胃毒作用，大多数品种没有内吸作用，如乐杀螨、消螨通。用于防治各种螨类，因触杀作用显著，所以主要表现为杀螨卵作用，可用于果树和温室害螨的控制。

大多数品种为中等毒性杀螨剂，对蜜蜂无毒。其中消螨酚小鼠口服急性毒性 LD_{50} 为 50～125 mg/kg；乐杀螨大鼠口服急性毒性 LD_{50} 为 130～165 mg/kg；消螨通大鼠口服急性毒性 LD_{50} 为 140 mg/kg。F1050 纯品大鼠口服急性毒性 LD_{50} 为 272～342 mg/kg。

四、应用

对于乐杀螨、消螨通来说，由于没有内吸活性，而且主要是对螨卵和幼螨的控制，因此使用时要注意均匀喷雾。乐杀螨主要防治果树叶螨；消螨通主要用于防治温室中的叶螨，一般不用于室外喷雾使用；消螨酚可防治果树的叶螨，对卵和幼螨效果较好，对成螨效果差，需要在产卵盛期和幼螨时进行处理。硝基苯类杀螨剂与有机磷农药混用有药害。

项目三　具有生长调节活性的杀螨剂

对于具有生长调节活性的杀螨剂，主要表现为对幼螨或者若螨防治效果较好，而对于成螨效果较差，甚至无效。这类杀螨剂的结构一般都具有杂环结构。杂环类化合物种类繁多，结构新颖，大多数化合物有较好的生物活性，且作用机制独特。从杀螨活性的作用机制上一般可以分为呼吸链的复合体及其抑制剂、生长调节剂和神经毒剂 3 个大的类群。本节主要介绍杂环类杀螨剂中具有生长调节活性的杀螨剂。

一、概述

1. 噻唑烷酮类

噻唑烷酮类唯一商品化的品种是噻螨酮(hexythiazox)，是早期比较成功的一个杀螨剂品种。噻螨酮由日本曹达株式会社于 1981 年研制成功。我国在 20 世纪 90 年代对该品种进行开发，后发现该品种抗性发展很快，并且生产成本较高而未产业化。

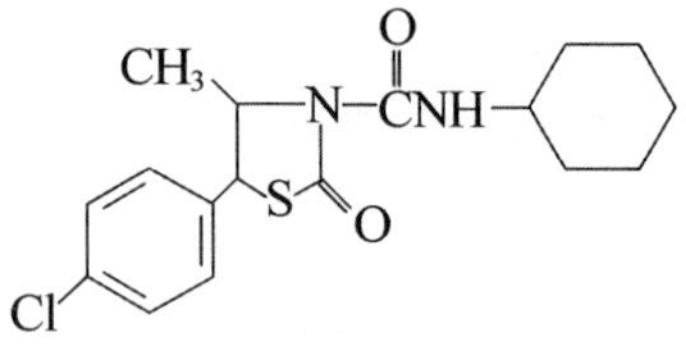

噻螨酮

2. 四嗪类

四嗪类已开发为商品化杀螨剂品种的有四螨嗪(clofentezine)和氟螨嗪(flufenzine)。氟螨嗪在 20 世纪 80 年代后期，由匈牙利 Chinoin 公司开发和生产，并于 1997 年商品化，与四螨嗪有类似结构。

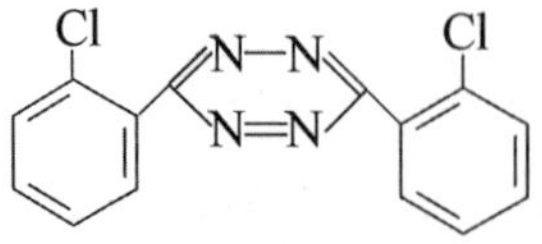

四螨嗪

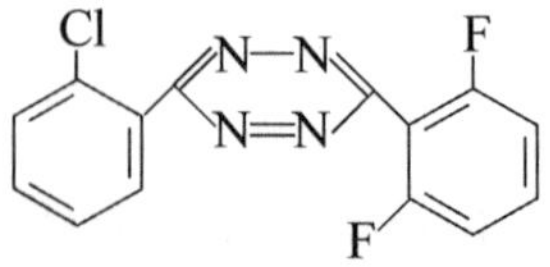

氟螨嗪

3. 嗯唑啉类

乙螨唑(etoxazole)是日本八州化学公司开发的具有2,4-二氟苯基噁唑啉结构的新颖杀螨剂,现由日本八州化学公司和日本住友化学公司生产。

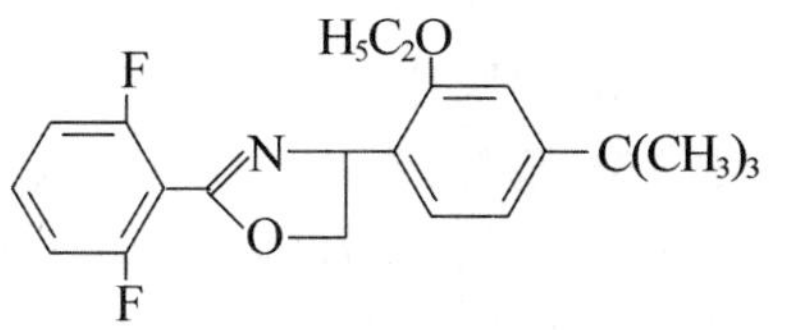

乙螨唑

4. 季酮酸类

季酮酸类(tetronic acids)是一类以天然产物为先导化合物开发的新的杀螨剂品种。由拜耳公司的科研人员以除草抗生素thiolactomycin(脂肪酸合成抑制剂)为先导化合物,发现Xn为2,4,6-三甲基时有微弱的杀螨活性,经过进一步研究发现了18个具有很好的杀螨活性的化合物,但有药害,并发现药害主要与R基团有关。

季酮酸类杀螨活性化合物的基本骨架如下所示。

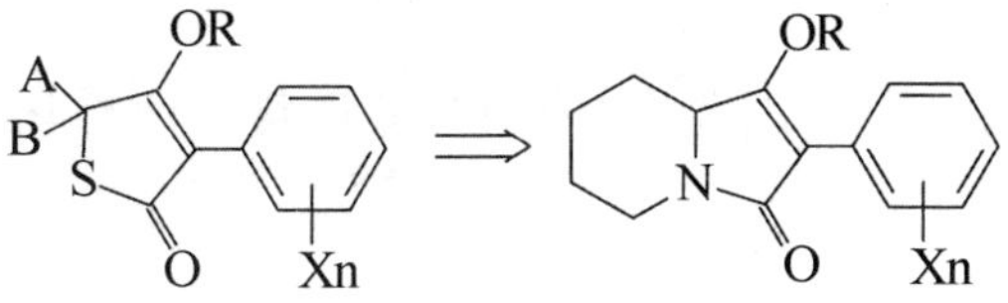

后经优化得到两个产品是螺螨酯(spirodiclofen,又叫季酮螨酯)和螺甲螨酯(spiromesifen又叫季酮甲螨酯)并已商品化。

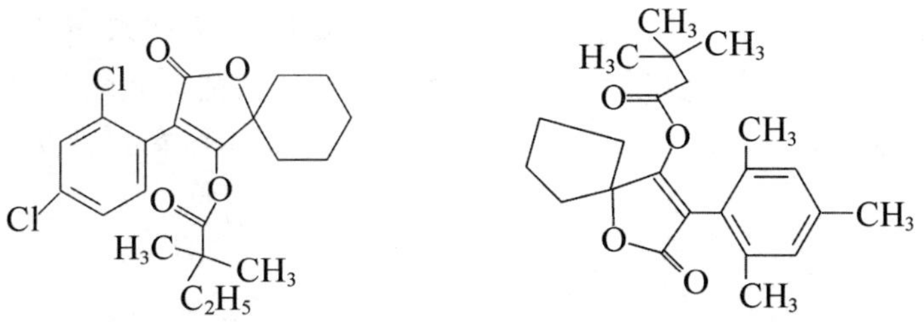

螺螨酯　　　　螺甲螨酯

二、理化性质

噻螨酮原药为浅黄色或白色结晶,微溶于水,比较稳定,50 ℃保存3个月不分解。

四螨嗪工业品为品红色无定形粉末,在一般极性和非极性溶剂中溶解度都很小。

乙螨唑为外观白色无味晶体粉末,易溶于丙酮、乙酸乙酯、二甲苯、甲醇等有机溶剂。

螺螨酯原药为外观白色粉末,易溶于二氯甲烷、二甲苯等有机溶剂。

螺甲螨酯纯品为无色粉末,微溶于水,土壤中降解期为5天,无土壤流动性问题。

三、作用特点

(1)生长调节剂类杀螨剂主要抑制螨的生长发育,影响几丁质合成,抑制其蜕皮。这类化合物脂溶性较强，脂类物质是螨卵的能量源，杀螨剂与脂类物质结合后，螨卵在发育过程中对这类物质的利用，会导致螨卵中毒，抑制螨卵孵化，其杀螨卵作用较强；可以抑制幼螨蜕皮生长发育过程，一般都有强烈的杀若螨的特性；大多数产品对成螨效果较差，或者对成螨无效。

(2)该类药剂一般表现为触杀作用，内吸作用不明显。

(3)该类药剂对人、畜低毒，对鸟类、鱼虾、蜜蜂及捕食性天敌较为安全。

(4)与目前使用的其他神经毒剂和呼吸作用抑制剂类的杀螨剂无交互抗性，药效比那些快速击倒的杀螨剂慢，但螺螨酯和螺甲螨酯的击倒速度比较快。

(5)螺螨酯在高温时活性更高，显示正温度系数。氟螨嗪对叶面表面间的渗透性高，有很好的防治效果和持效性。

四、应用

(1)对于具有生长调节剂作用的杀螨剂，要特别注意对卵和幼螨或者若螨的控制。这类药剂对成螨无效。因此，在螨类控制上，要注意和杀成螨的药剂结合使用。具有该类作用机制的不同种类的药剂，在具体作用对象的控制效果上有一定的差异，需要在具体使用过程中给予注意。

(2)由于该类药剂对成螨无效，因此，在使用时要注意在卵孵化盛期和幼(若)螨期施药。喷雾时要注意均匀周到。

项目四　具有神经毒剂作用的杀螨剂

本节讲述的是具有神经毒剂作用的杀螨剂。其主要包括以 DDT 为先导化合物开发的一类杀螨剂、以含硫的有机氯化合物开发的一类杀螨剂、亚硫酸酯类杀螨剂以及一部分杂环类杀螨剂。一些具有神经毒剂作用的有机磷杀虫剂和拟除虫菊酯类杀虫剂也具有杀螨活性，这里不进行讨论。

一、概述

1. 源于 DDT 结构的有机氯杀螨剂

在 DDT 结构骨架中，其桥碳原子连接氢原子时表现出很强的杀虫活性，当用羟基取代氢原子后，其杀虫活性几乎消失，而表现为很好的杀螨活性。1950 年，Sherwin Williams 公司由此开发出杀螨醇(chlorfenethol)。该化合物具有很好的杀螨卵的活性，还可作为 DDT 的增效剂。

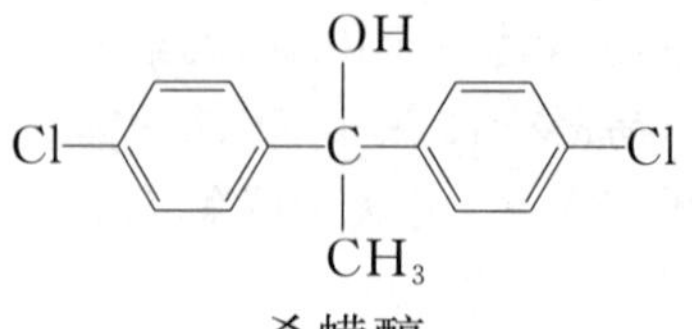

杀螨醇

1955 年，Rohm&Hass 公司开发成功的三氯杀螨醇(dicofol)，比杀螨醇有更好的活性，成为杀螨剂一个非常重要的品种。

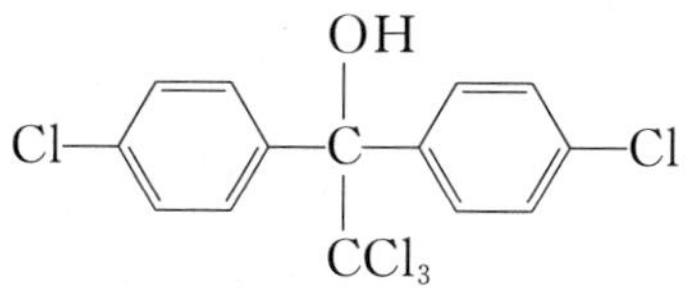
三氯杀螨醇

1952 年,Geigy 公司推出以二苯甲醇为基本骨架,与桥碳原子连接的碳原子连接 2 个碳数的短碳链酯基——乙酯杀螨醇(chlorobenzilate)也表现出较高的杀螨活性。1964 年,Geigy 公司又推出丙酯杀螨醇(chloropropylate)。

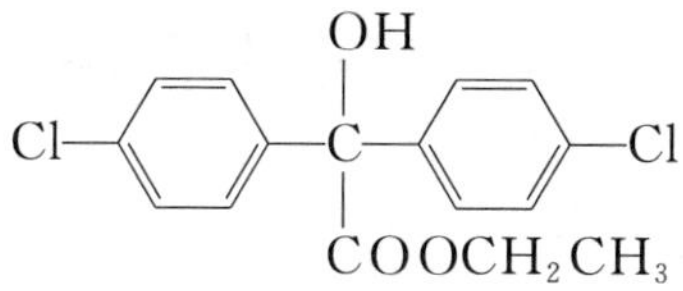
乙酯杀螨醇

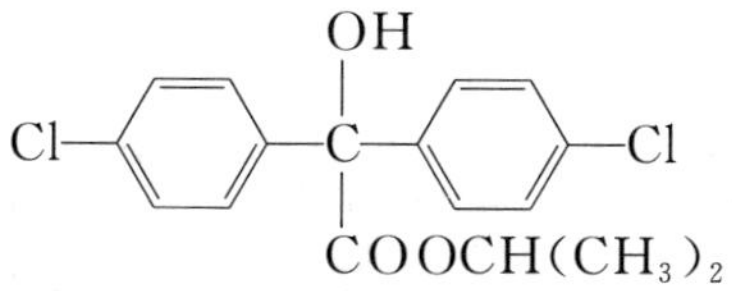
丙酯杀螨醇

2. 含硫的有机氯杀螨剂

该类杀螨剂包括磺酸酯、硫醚和砜类。20 世纪 40 年代,Dow 公司开发出的磺酸酯类杀螨剂杀螨酯(chlorfenson),具有优良的杀螨卵和幼螨的效力,但对成螨无效。

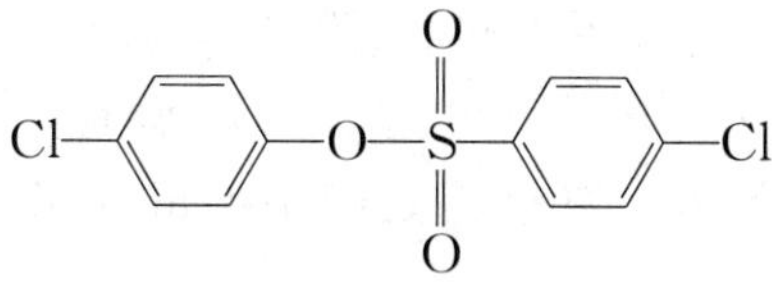
杀螨酯

20 世纪 50 年代,Boots 公司开发出了氯杀螨(chlorbenside),其合成路线与杀螨酯基本相同。

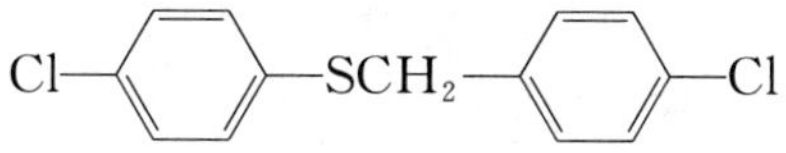
氯杀螨

氯杀螨对卵和若螨有一定效果。这种化合物很稳定,既不起还原作用,又不至于被酸或碱水解。但施用到作物上以后就逐渐地被氧化成亚砜化合物,毒力程度会逐渐降低。与此性质相似的还有杀螨硫醚(tetrasul),长期暴露在阳光下,也可以氧化成相应的砜类化合物。

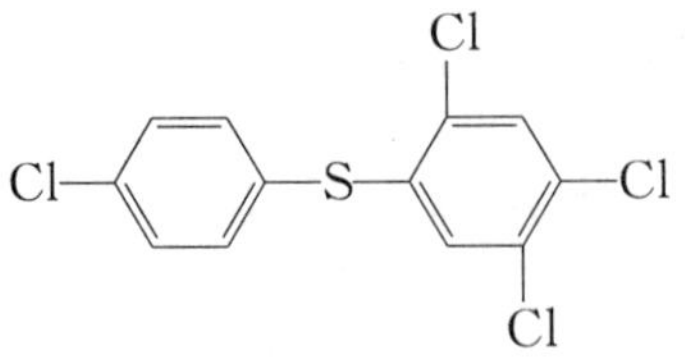

杀螨硫醚

以上两类杀螨剂的效果都不是很理想，随后合成的对-氯苯基苯基砜，商品名为杀螨砜，对许多叶螨的卵、幼螨及成螨都有毒效，是早期主要的有机硫杀螨剂品种。一氯杀螨砜由美国施多福公司于 1944 年开发成为杀螨剂。以一氯杀螨砜为模板，采用类同合成法，对一氯杀螨砜的砜桥键链的另一未取代的苯基进行构效关系研究，当这一苯基的 2、4、5 位为氯取代时，杀螨毒力最大，由此，Philips-Duphar 公司于 1954 年开发了三氯杀螨砜(tetradifon)。

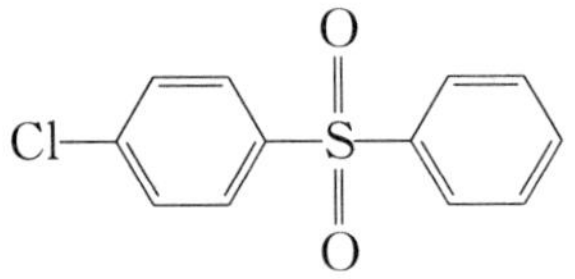

一氯杀螨砜

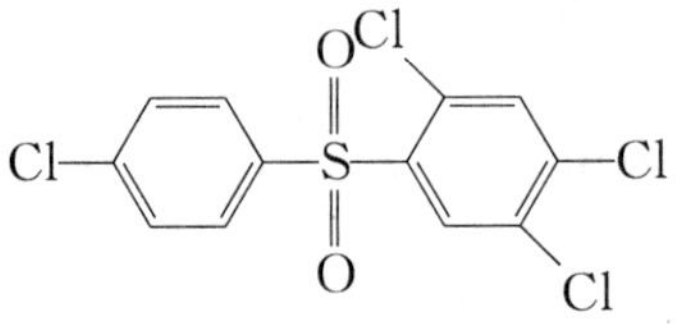

三氯杀螨砜

3. 亚硫酸酯类杀螨剂

该类杀螨剂主要是杀螨特(aramite)和克螨特(comite)，在杀螨剂中占有比较重要的地位。杀螨特是 1948 年由 Rubber 公司从 130 多种氯烃基苯氧烃基亚硫酸化合物中筛选出来的，对卵、幼螨及成螨都有毒杀效力。克螨特是美国 Uniroyal 公司于 1964 年研制成功，1968 年进入市场。

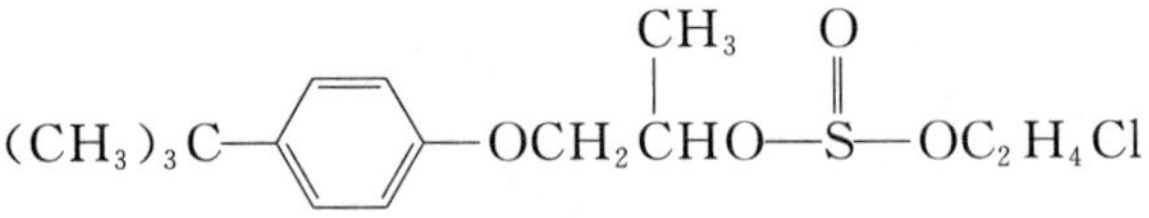

杀螨特

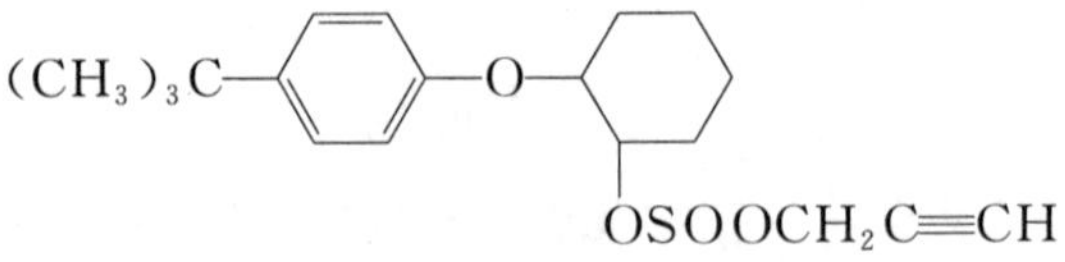

克螨特

4. 杂环类神经毒剂杀螨剂

目前，该类杀螨剂成功的品种主要是联苯肼酯(bifenazate)。其为内吸性新颖杀螨剂，1990 年由澳大利亚开发，美国 Uniroyal 公司生产，并于 1999 年商品化。

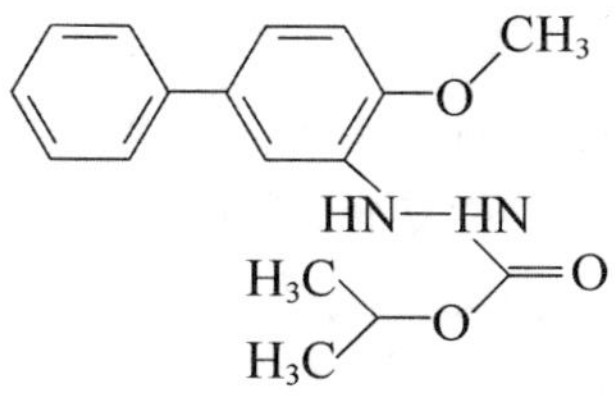

联苯肼酯

二、主要理化性质

(1)以 DDT 为先导化合物开发的一类杀螨剂化学性质稳定,不易分解。杀螨醇对热和浓酸不稳定。

(2)杀螨酯为白色晶体,是一种极为稳定的化合物,在碱溶液中有一定的溶解性,遇强碱水解,不溶于水,微溶于醇,溶于二氯乙烷、丙酮和芳烃等。氯杀螨为白色晶体,不溶于水,微溶于矿物油和醇,溶于酮和芳香烃,对酸碱稳定,但易氧化成砜和亚砜。杀螨硫醚纯品为白色无味结晶,微溶于水,中度溶于丙酮、乙醚,溶于苯和氯仿。

(3)杀螨特原药为无色液体,可溶于大多数有机溶剂,对酸碱不稳定。分子中存在氯乙基酯,有可能会发生烷基化反应。克螨特工业品为琥珀色黏性液体,微溶于水,溶于己烷、甲醇,对光稳定。

(4)联苯肼酯纯品外观为白色结晶固体,微溶于水(2.06 mg/L),易溶于二氯甲烷(331.8 g/L)和丙酮(210.7 g/L)。

三、主要特性

1.以 DDT 为先导化合物开发的一类杀螨剂

该类杀螨剂均为触杀性杀螨剂,对人、畜安全,持效期较长,药效发挥慢,对植物在一般使用浓度下不会产生药害。对螨的不同发育期,视药剂种类不同而有一定选择性。但是,螨类容易对这类品种产生抗性。

杀螨醇的大鼠口服急性 LD_{50} 为 936～1 391 mg/kg。以含 0.1%杀螨醇的饲料饲喂大鼠 10 周,未见明显性影响。

乙酯杀螨醇的大鼠口服急性毒性 LD_{50} 为 700～3 100 mg/kg,小鼠为 725～4 850 mg/kg,兔急性经皮 LD_{50} 大于 5 000 mg/kg。慢性毒性实验无作用剂量,大鼠为 40 mg/kg,犬为 500 mg/kg。

丙酯杀螨醇的大鼠口服急性毒性 LD_{50} 大于 5 000 mg/kg。

2.含硫的有机氯杀螨剂

有机硫杀螨剂都是触杀性杀螨剂,一般不具有内吸性。对螨类有速效性,而且持效期比较长,对高等动物和被保护植物都较安全,都能有效地防治螨卵和幼螨。对高等动物毒性低且不易产生药害。

杀螨硫醚的大鼠口服 LD_{50} 为 6 810 mg/kg。

氯杀螨的大鼠口服 LD_{50} 为 1 000 mg/kg。家鼠每日吞食 200 mg/kg，连续 3 周，在生长上及血液中并未起不良影响，肝脏有肿大却没有病理上的变化。

杀螨酯的大鼠急性口服 LD_{50} 为 2 000 mg/kg 左右。用含有 0.03%浓度的食物给家鼠取食 130 天后，无论在家鼠的外观上或内部组织中都未出现病变征象，但是用含药 0.1%的食物饲喂家鼠便引起鼠肝脏轻度的病变。

3. 亚硫酸酯类杀螨剂

亚硫酸酯类杀螨剂是一类非内吸性的触杀杀螨剂，对多种叶螨的发育阶段都有效，对高等动物低毒，且不易产生抗药性。

73%克螨特乳油大鼠急性经口 LD_{50} 为 1 760 mg/kg，家兔急性经皮 LD_{50} 为 4～8 mg/kg，大鼠急性吸入 LC_{50} 为 2.0 mg/L。对家兔眼睛刺激严重，对皮肤有中度刺激。该化合物对光稳定，在土壤中半衰期为 40 天，由于无烷基化基团存在，因此无致癌隐患。

杀螨特原药的大鼠急性经口的 LD_{50} 为 2 200 mg/kg，对皮肤有中度刺激。由于分子中存在氯乙基酯，有可能会发生烷基化作用，人们怀疑它有致癌作用。

克螨特对成、若螨有效，杀卵效果差，可控制各种螨类，特别是对二斑叶螨、山楂叶螨等有很好的效果。杀螨效果与温度有关，20 ℃以上药效随温度升高而有所提高，20 ℃以下药效随温度下降而降低。

4. 杂环类神经毒剂杀螨剂

杂环类神经毒剂杀螨剂涉及多种作用机制。对于联苯肼酯来说，其作用方式可能涉及 γ-氨基丁酸受体，但目前还没有详细的研究结果。联苯肼酯属于低毒杀螨剂，大鼠急性经口和经皮 LD_{50} 均大于 5 000 mg/kg；大鼠急性吸入 LC_{50} 小于 4.4 mg/L。

四、应用技术

(1)有机氯杀螨剂大都采用喷雾的方法施用，但乙酯杀螨醇也可作为烟雾剂用于防治果树、观赏植物和棉花等作物上的多种螨类的所有发育阶段的螨。丙酯杀螨醇为非内吸性触杀杀螨剂，用于防治果树、茶叶、棉花、甜菜、蔬菜和观赏植物的多种害螨，使用时应尽量均匀喷雾。

(2)杀螨硫醚、氯杀螨、杀螨酯均可用于防治各种螨态的螨，特别是具有杀卵活性，但无内吸作用。使用时，一定要考虑均匀喷雾，而且争取早期施药。

(3)杀螨特适用于果树、棉花、黄瓜、茄子等害螨的控制，一般不可与其他药剂混合使用；克螨特可用于防治果树、蔬菜、棉花、花卉等多种植物的害螨。在高温、高湿条件下喷洒高浓度的克螨特对某些作物的幼苗和新梢嫩叶有药害，对蔬菜及棉苗，使用倍数应不能低于 3 000 倍；在柑橘接近成熟期时，尽量减少使用；不可与碱性农药混合使用。

(4)联苯肼酯与其他药剂无交互抗性，故被用于果蔬、棉花、玉米和观赏作物防治各种螨类，特别是二斑叶螨和全爪螨，主要在螨的活动期有效。用药后 3 天内对靶标害螨有击倒作用，并能持续有效 30 天。

项目五　具有呼吸代谢抑制作用的杀螨剂

在杀螨剂中，具有呼吸代谢抑制作用的杀螨剂，大致可分为三大类群：一类是早期开发的具有杀卵作用的二硝基苯类杀螨剂，一类是20世纪70年代开发成功的有机锡类杀螨剂，还有一类是在20世纪90年代，相继开发的一批具有良好杀螨活性的杂环类杀螨剂。二硝基苯类杀螨剂在本模块项目二已经讨论，这里不再赘述。本节主要介绍有机锡类杀螨剂和具有呼吸代谢抑制作用的杂环类杀螨剂的开发、特点和应用技术等。

一、概述

1. 有机锡类杀螨剂

薯瘟锡即三苯基醋酸锡(brestan)，是第一个商品化的有机锡类农用化学品，后来人们发现了毒菌锡(三苯基氢氧化锡)，在薯瘟锡和毒菌锡之后，1968年人们发现了对一些螨类有更高活性的三环己基氢氧化锡，1974年壳牌化学公司开发了活性更好的杀螨剂苯丁锡(fenbutatin oxide)，1976年德国拜耳公司又成功开发了三唑锡(azocyclotin)。

由于锡的残留作用，目前国外仅有少量生产和应用，我国曾对以上品种进行过研究和开发，国内目前仅苯丁锡还有少量生产。

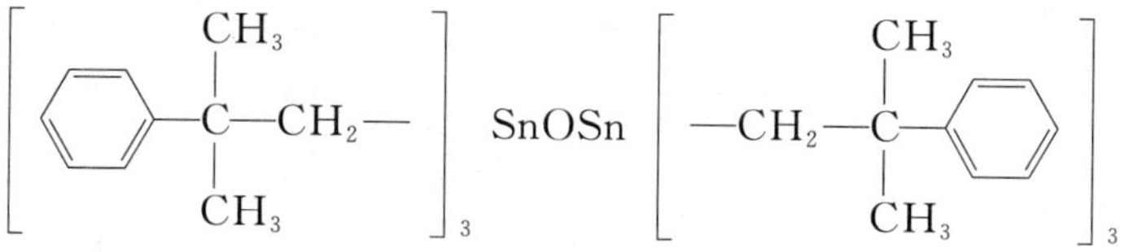

苯丁锡

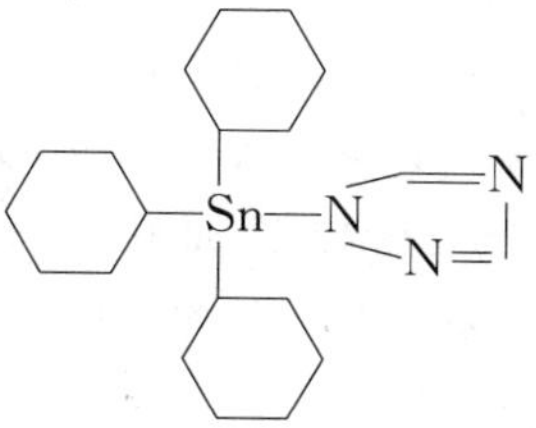

三唑锡

2. 具有呼吸代谢抑制作用的杂环类杀螨剂

(1)嘧啶类。具有杀螨活性的嘧啶类化合物主要是嘧螨醚(pyrimidifen)、嘧虫胺(flufenerim)和嘧螨酯(fluacrypyrim)3个品种。

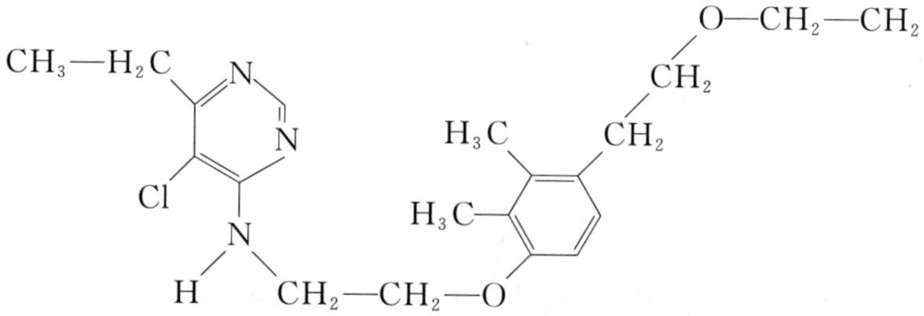

嘧螨醚

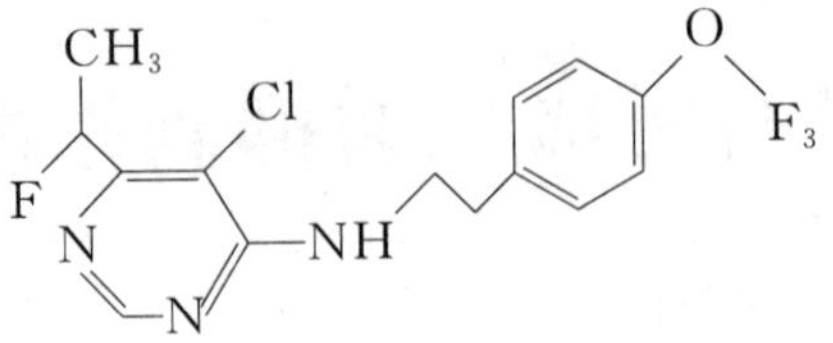

嘧虫胺

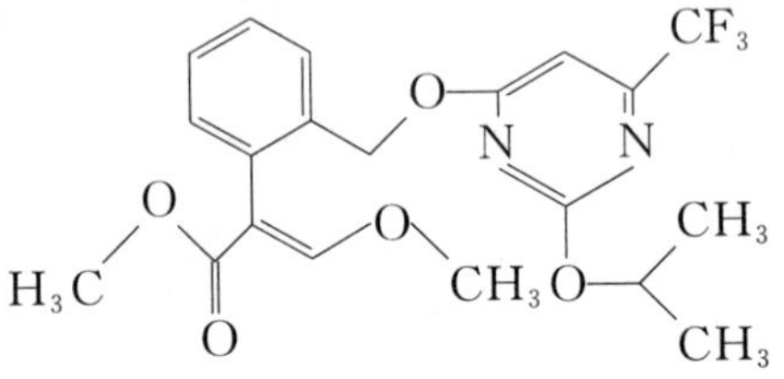

嘧螨酯

其中，嘧螨醚、嘧虫胺都是日本宇部兴产开发的杀虫杀螨剂，德国拜耳公司以已商品化的嘧虫胺结构为模板采用类同合成法继续开发杀虫杀螨剂，并先后报道了化合物1～3，同样也具有很好的杀螨活性。

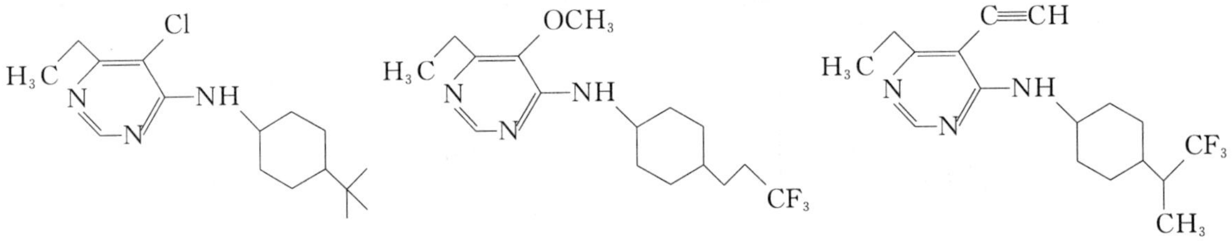

1 2 3

(2)吡唑类。吡唑类杂环杀螨剂主要有唑螨酯(fenpyroximate)和吡螨胺(tebufenpyrad)。唑螨酯是日本农药株式会社于1985年开发的一种吡唑类化合物，并于1991年商品化。吡螨胺也是具有吡唑结构的杀螨剂，但不是一类肟-吡唑化合物，而是具有一个胺甲酰杀菌基团，由日本三菱化学公司于1987年发现，并与美国氰胺公司(现BASF公司)合作开发。

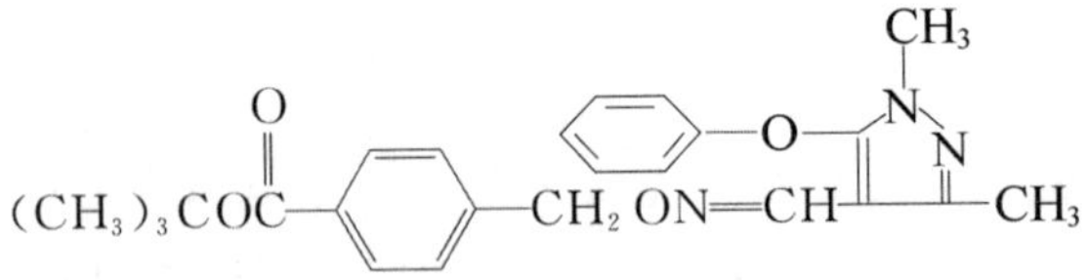

唑螨酯

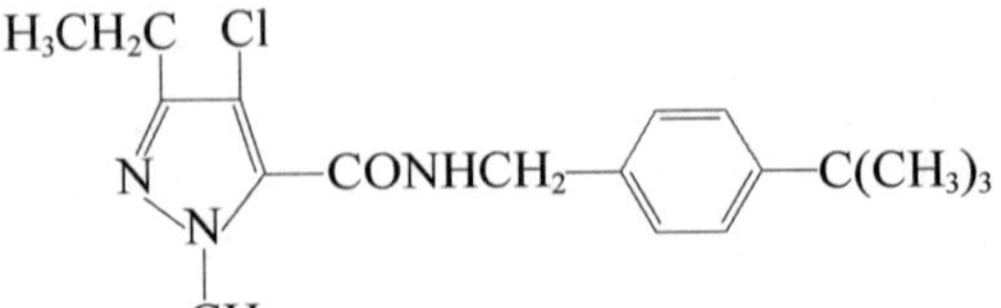

吡螨胺

(3)哒嗪酮类。哒嗪酮类化合物唯一商品化的品种是哒螨酮(pyridaben)，由日产化学工业株式会社于1984年开发成功，并于1991年商品化。在我国有较多企业生产，并已广泛使用，是我国杀螨剂的主要品种之一。

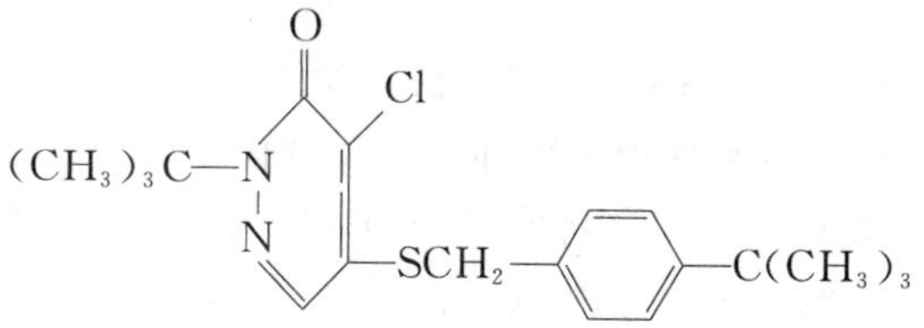

哒螨酮

(4)萘醌类。萘醌类最典型的杀螨药剂是灭螨醌(acequinocyl)。在 20 世纪 70 年代由美国杜邦公司开发。该类化合物同于 BTG504 和 BTG505,后两个化合物和萘醌类杀虫剂均由 BTG 衍生而来,由 Agro-Kanesho 公司登记,并于 1999 年商品化。该品种由 2-羟基-3-十二烷基-1,4-萘醌和乙酰氯反应制得。

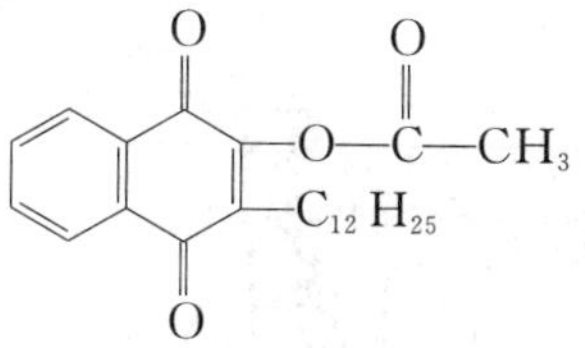

灭螨醌

(5)喹唑啉类。喹螨醚(fenazaquin,喹螨特)属于喹唑啉类杀螨剂。1988 年由陶氏益农公司开发而成,并于 1993 年商品化。

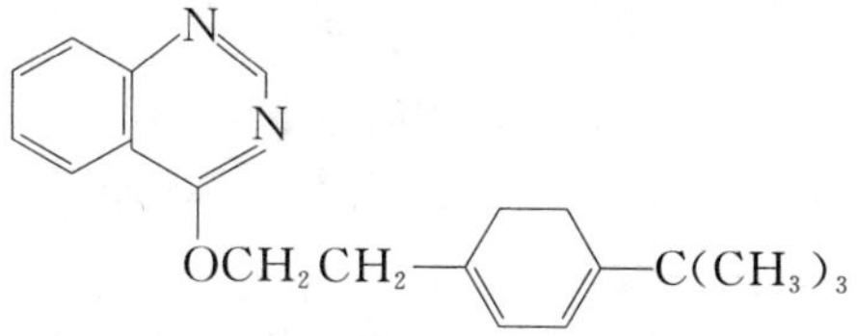

喹螨醚

二、主要理化性质

苯丁锡原药为白色晶体,在水和大多数溶剂中都很难溶解,对光、氧气和酸都很稳定。水可使苯丁锡转化为三(2-甲基-2-苯基丙基)锡氢氧化物,该产物在室温下慢慢地再转化为母体化合物,但在 98 ℃可以迅速转化。

三唑锡纯品是无色结晶,遇水则失去三唑基而水解,在二氯甲烷中可溶解 20～50 g/L。

嘧螨醚纯品为结晶固体或粉末,难溶于水,易溶于甲醇(276 g/L)、二甲苯(364 g/L)、二甲基亚砜(307 g/L)。

灭螨醌纯品为淡黄色粉状固体,难溶于水,易溶于甲苯、二氯甲烷等有机溶剂。

唑螨酯纯品为白色蜡状粉末,水中溶解度为 1.16×10^{-2} g/L,易溶于二氯甲烷(1 307 g/L)、氯仿(1 197 g/L)、四氢呋喃(737 mg/L)等有机溶剂,在酸碱条件下均稳定。

哒螨酮纯品为无色晶体,微溶于水,易溶于丙酮、环己烷、二甲苯等。在 50 ℃下稳定 90 天,在有机溶剂中稳定,对光不稳定。

喹螨醚原药为白色结晶,在水中有一定的溶解度,制剂外观为透明琥珀色液体,储藏稳定性为 2 年以上。

三、主要特性

(1)具有呼吸代谢抑制作用的杀螨剂，其作用机理主要分为解耦联剂、特异性抑制剂、电子传递链复合体抑制剂等3种情况。线粒体电子传递链由复合体Ⅰ～Ⅴ组成(图3-1)，作用于电子传递链复合体的杀螨剂分别有哒嗪酮、唑螨酯、吡螨胺、抗螨唑、灭螨醌、嘧螨酯等化合物。哒嗪酮抑制复合体Ⅰ的辅酶Q_0处电子传递；吡唑类的唑螨酯作用于复合物Ⅰ的线粒体NADH-辅酶Q还原酶位点抑制线粒体电子传递链，吡螨胺阻止氧化磷酸化作用，影响二磷酸腺苷(ADP)转变成相应的三磷酸腺苷(ATP)；喹唑啉类的喹螨醚在辅酶Q_0位点与复合物Ⅰ结合从而抑制线粒体电子传递链；萘醌类的灭螨醌在电子传递链复合物Ⅲ上抑制线粒体呼吸作用，结合位点是复合物Ⅲ的ubiquinol氧化位点；嘧啶类的嘧螨酯通过抑制细胞色素b和c_1间电子转移抑制线粒体的呼吸。苯丁锡和三唑锡为触杀作用较强的有机锡杀螨剂，通过抑制线粒体ATP酶而抑制其氧化磷酸化。

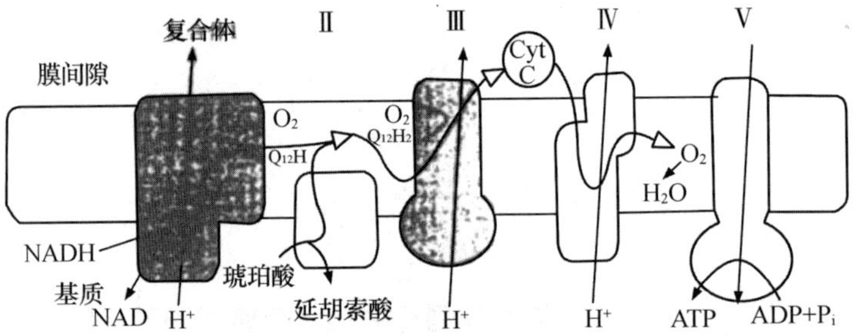

图3-1 线粒体电子传递与各个复合体的典型抑制剂

(2)具有呼吸代谢抑制作用的杀螨剂大多作用时间长，一般是具有触杀活性，内吸性比较弱或者无。对有机磷和有机氯有抗性的害螨不产生交互抗性。对害螨以触杀为主，对若螨、幼螨和成螨的杀伤力均比较强，但对卵的杀伤力不大。

(3)有机锡类的两种杀螨剂都属于低毒性杀螨剂。苯丁锡大鼠急性经口LD_{50}为2 631 mg/kg；三唑锡大鼠急性经口LD_{50}为99 mg/kg。有机锡类化合物虽然对目标生物有极佳的防治效果，但对非目标生物也同时有降低成长、抑制胚胎发育、使贝类雄化等作用。

(4)灭螨醌具有快速击倒作用，其作用以及对所有抗性螨类的活性与萘醌相似。它不容易与其他杀螨剂产生交互抗性。对哺乳动物低毒(对大鼠LD_{50}为5 000 mg/kg)，残留期短(DT为3天)。该化合物是一种杀螨剂前体，分解为活性的代谢物，一种完全乙酰化产物。

(5)嘧螨酯和唑螨酯对水生生物尤其鱼类毒性较大，因此应用时要特别注意，不要污染江河湖泊以及鱼塘。

(6)吡螨胺可以杀卵，也能够抑制产卵，对螨的不同发育阶段的虫态都有效，持效期长。该品种虽无内吸性，但有渗透性，具有触杀和拒食作用，对目标作物有极佳的选择性，与苯丁锡、噻螨酮等无交互抗性，是防治苹果、葡萄、柑橘、蔬菜、棉花和观赏作物害螨的一个优良的杀螨剂。

四、使用技术

(1)对于具有呼吸代谢抑制作用的杀螨剂，主要是对成螨和若螨的活性比较好，大多数品种对卵的杀伤作用比较差。该类药剂的内吸性不强，因此，喷雾时要注意均匀、周到。

(2)该类药剂在施药后初期药效作用慢，故应在害螨盛发期前，虫口密度较低时施用；主要用于防治柑橘、苹果、葡萄、茶及观赏植物上的瘿螨科和叶螨科类害螨，尤其对全爪螨属和叶螨属的害螨高效。

(3)一般不可与波尔多液、石硫合剂等碱性农药混用。施药时要搞好安全防护工作。

【模块小结】

杀螨剂(acaricide)是指用于防治蛛形纲中有害螨类的农药。防治植食性螨的农用杀螨剂通常是指只杀螨不杀昆虫或以杀螨为主的药剂。化学防治是害螨综合治理的一个重要环节。人们在控制害螨的过程中，根据害螨的特性和防治经验，不断开发出新的杀螨剂品种。一个优良的杀螨剂品种，使用一段时间后，就会产生抗性。抗性的发展使有效药剂的货架寿命缩短。因此，加快开发新型杀螨剂是农药研究的一个重要方面。

【模块巩固】

1. 叙述一个理想杀螨剂应具备的条件。
2. 叙述有机氯杀螨剂的主要品种及其特点。
3. 简述有机锡杀螨剂的特点与使用。
4. 简述硝基酚类杀螨剂的作用方式及特点。
5. 简述季酮酸类杀螨剂作用机理、作用方式和特点。
6. 具有呼吸代谢抑制作用的杂环类杀螨剂主要包括哪几类?
7. 简述具有生长调节活性的杂环类杀螨剂的作用机理和主要类型。

模块四

杀菌剂

【知识目标】

通过本模块学习，学生了解杀菌剂的作用方式、作用原理，以及常用杀菌剂的特点、性质、防治对象和使用方法，达到合理使用杀菌剂，减少环境污染的目的。

【能力目标】

掌握各类杀菌剂中常用品种的主要理化性能、毒性大小、防治对象及使用方法；通过实践操作，掌握几种杀菌剂的生物活性和应用，以便能够在生产上正确、合理的使用。

项目一　杀菌剂及其发展历史和现状

一、概述

1. 定义

杀菌剂，英文名为 Fungicide，是一类用来防治植物病害的药剂。初期杀菌剂的含义即为杀死真菌或抑制其生长的化学物质。随着杀菌剂的发展，科学的定义包括能够直接杀死或抑制植物病原物生长发育的农药，或一些对病菌无直接生物活性，而是通过改变病菌的致病过程或通过诱导植物产生抗病性能，从而达到病害防治目的的药剂。

实际防治植物病害的杀菌剂在大部分情况下并没有直接将病原菌杀灭未表现出杀菌作用，而是通过抑制病原菌的生长或发育(表现出抑菌活性)。其中，杀菌作用主要是由于药剂影响了病原物的能量合成，使孢子不能萌发，从而阻止了病原菌侵入寄主体内；抑菌作用大多则是由于药剂影响了病原物的生物合成，抑制了生命活动的某个过程，表现为菌丝生长受阻，或抑制吸器产生、有丝分裂、细胞壁的形成等，使病原菌不能正常发育，在受抑制的一定时间内失去致病能力，而药剂解除后即可恢复生长。

杀菌和抑菌两种作用往往不能截然分开。一个杀菌剂是表现为杀菌作用还是抑菌作用，除与药剂本身的性质有关，还与使用浓度和作用时间有关。一般来说，杀菌剂在低浓度时表现为抑菌作用，而高浓度时则表现为杀菌作用；药剂作用时间短，常表现为抑菌作用，延长作用时间，则表现为杀菌作用。

2. 杀菌剂的作用方式

(1)保护作用(protective action)。在植物未罹病之前使用药剂，消灭病菌或在病原菌与植物之间建立起一道化学屏障，防治病菌侵入，以使植物得到保护。该类杀菌剂对病原物的杀死或抑制作用仅局限于寄主体表，对已经侵入的病原物无效。

(2)治疗作用(curative action)。在植物感病或发病以后，对植物体施用杀菌剂解除病菌与寄主的寄生关系或阻止病害发展，使植物恢复健康。治疗作用包括系统治疗作用和局部治疗作用。

①系统治疗作用(systemic curative action)，也称内吸作用，即在植物的不同部位施药后，药剂能够通过植物根部吸收、茎叶渗透进入植物体内，并通过质外体系或共质体系输导重新分布，使药剂在植物体内系统分布，可防止病害在植株上远离施药点部位的发展。该类杀菌剂一般选择性强、持效期较长，既可以在病原物侵入以前使用，起到化学保护作用，也可在病原物侵入以后甚至发病以后使用，发挥其化学治疗作用。

②局部治疗作用(local curative action)，也称铲除作用。施药于寄主表面，通过药剂的渗透性和杀菌作用，杀死侵入点附近的病原菌，铲除在施药处已形成的侵染的病原菌。这类杀菌剂大多数内吸性差，不能在植物体内输导，但渗透性能好、杀菌作用强。这类杀菌剂可通过渗透作用将寄生在寄主表面或已侵入寄主表层的病原物杀死，具有局部治疗作用。

(3)诱导抗病性作用(systematic acquired resistance，SAR)。诱导抗病性作用也称免疫作用，即通过化学物质的施用而使植物系统获得抗性，增强对病原物入侵的抵抗能力。这类杀菌剂大多对靶标生物没有直接毒力作用，防治谱较广，但须在植物未罹病之前使用，对已经侵入的病原物无效。

3. 分类

根据对杀菌剂研究和使用目的的不同，按照使用方法、作用方式、作用机制化学组成，通常将其分为以下几类(表 4-1)。

表 4-1　杀菌剂的不同分类

分类依据	杀菌剂类型
作用方式	保护性杀菌剂、内吸性杀菌剂、铲除性杀菌剂、植物诱导抗病激活剂
使用方法	土壤消毒剂、根部浇灌剂、种子处理剂、叶面喷洒剂、烟雾熏蒸剂、果实保护剂
作用机制	能量生成抑制剂(巯基抑制剂、电子传递抑制剂、氧化磷酸化抑制剂、糖酵解抑制剂、脂肪酸 β-氧化抑制剂等) 生物合成抑制剂(细胞壁功能及其合成抑制剂、细胞膜功能及其合成抑制剂、蛋白质合成抑制剂、核酸合成抑制剂、甾醇生物合成抑制剂)
化学组成	无机杀菌剂(硫制剂、铜制剂) 有机杀菌剂[有机铜；有机磷；二硫代氨基甲酸类；取代苯类；苯并咪唑类，苯基酰胺类；二甲亚酰胺类；氨基甲酸酯类；取代脲类；硫氰酸类；取代甲醇类；杂环类等(吡咯苯类、三唑类、咪唑类、羧酰替苯胺类、吗啉类、苯胺嘧啶类、甲氧基丙烯酸酯类)]

根据杀菌剂对防治对象的作用方式分类，通常将其划分为以下4类：

(1)保护性杀菌剂：只能通过化学保护方式防治病害，是在病原菌侵入之前发挥作用的杀菌剂。保护性杀菌剂大部分是非内吸性杀菌剂。

(2)内吸性杀菌剂：能够被植物吸收，并在植物体内系统分布的杀菌剂。内吸性杀菌剂可以通过化学保护和化学治疗方式防治植物病害。该类杀菌剂大多随蒸腾流向顶输导，并会在叶缘积累。少数药剂具有双向输导的能力，如乙膦铝、甲呋酰胺等。

(3)铲除性杀菌剂：杀死侵入点附近的病原菌以终止寄生关系的杀菌剂。铲除性杀菌剂多为非内吸性，但具有一定渗透作用的保护性杀菌剂，如二甲酰亚胺类杀菌剂异菌脲、吡咯苯类的咯菌腈等。

(4)植物诱导抗病激活剂：施用后可使植物系统获得抗病性，提高植物对病原物入侵的抵抗能力的一类杀菌剂，如苯并噻二唑、氨基寡糖等。

二、杀菌剂发展简史

杀菌剂是人类历史上最古老的药剂，其发展史大致可分为4个重要时期。

第一时期为上古时期至19世纪80年代以前，主要以元素硫、汞为主的天然矿物性杀菌剂和植物性杀菌剂。公元前1000年，古希腊诗人荷马(Homer)在其著作中就描述了硫黄的防病作用。公元前470年，德莫克里图介绍用橄榄浸出液洒在植物上防治疫病。约公元60年，蒲林尼介绍用酒和捣碎的柏叶混合物浸种防治小麦霉病。公元900年左右，中国民间开始使用砷制剂防治蔬菜病虫害。1705年，升汞($HgCl_2$)开始用于防治木材防腐和种子消毒。随着植物病害病原学理论的形成，1761年Schulthess首次将硫酸铜用于防治小麦黑穗病，1802年William Forsyth首次制备出石灰-硫黄合剂，并应用于防治果树白粉病，此后各种元素硫和石硫合剂在欧洲和美国进一步得到应用。

第二时期为19世纪80年代至20世纪30年代中期，主要以波尔多液为代表的无机合成杀菌剂时代。1882年，法国波尔多大学Millardet教授发现波尔多液(石灰硫酸铜混合液)可以防治葡萄霜霉病，从此开创了人类积极主动合成无机杀菌剂防治植物病害的历史，这是杀菌剂历史上的第一个重要的里程碑。自1885年以后，波尔多液被大规模地用于植物病害化学保护。这一时期固体碱性铜、砷酸钙、砷酸铅和无机汞制剂在农业生产上也开始大规模使用。1930年，我国浙江省植物病虫防治所建立了中国最早的农药研究机构药剂研究室，开发了铜制剂、硫制剂、砷制剂、汞制剂用于植物病害防治。

第三时期为20世纪30年代中期至60年代，主要是以福美类和代森类为代表的有机合成保护性杀菌剂时代。在经过开发和利用一系列无机金属和无机非金属化合物防治植物病害达半个世纪以后，1934年Tisdale和Williams与Martin同时发现并各自报道了对植物相对比较安全、而对植物病害具有显著控制作用的一类有机硫保护性杀菌剂，即二硫代氨基甲酸衍生物(福美类)，标志着人类进入人工合成有机杀菌剂防治植物病害的新纪元。从此人们开始大量筛选和合成有机杀菌剂，1942年出现了有效的种子处理剂四氯苯醌和三氯萘醌等醌类化合物，1943年另一类二硫代氨基甲酸类化合物，即乙撑双二硫代氨基甲酸衍生物(代森类)和福美类一起作为广谱、防效稳定、价格低廉的保护性杀菌剂，长期居于有机杀菌剂的主导地位，至今仍为世界上生产吨位很大的有机杀菌剂。1952年含有三氯甲硫基(—$SCCl_3$)杀菌剂克菌丹、灭菌丹问世，六氯代苯、五氯硝基苯、氯硝胺、地茂散和百菌清等取代苯类、8-羟基喹啉铜等有机金属盐类、取代苯二甲酰亚胺类和硫赶磷酸酯类杀菌剂也相继应用于生产。20 世纪 50 年代后期还开发出一些植物源杀菌剂和抗菌素。上述杀菌剂生物活性较高，对植物比较安全，但内吸性差，在植物罹病之后使用效果差。

第四时期为 20 世纪 60 年代以后，主要以萎锈灵、苯菌灵、甲霜灵、三唑酮和嘧菌酯为代表的内吸性有机杀菌剂的涌现和广泛应用时代。远在 50 年代初，就进行了以威菌磷为代表的有机内吸性杀菌剂研究，进行了诸多探索，直至 60 年代中期，以萎锈灵为代表的丁烯酰胺类和以苯菌灵为代表的苯并咪唑类杀菌剂的研究成功，才标志着人类采用化学药剂控制植物病害的重大突破。这一时期涌现出许多有价值的内吸性杀菌剂新品种，如甲菌啶、乙菌啶等氨基嘧啶类，甲霜灵、噁霜灵等苯酰胺类，异稻瘟净、乙膦铝、甲基立枯磷等有机磷类，邻酰胺等苯胺类，叶青双、拌种灵等噻唑类，噁霉灵等噁唑类，以三唑酮、氯苯嘧啶醇、十三吗啉等为代表的麦角甾醇生物合成抑制剂类等 200 多种内吸性杀菌剂和 10 多种抗菌素。上述品种在防治谱的扩大、防治效果的提高方面都有了较大进展。其中以三唑类为代表的超高效生物活性杀菌剂的广泛应用，为实现扩大杀菌剂防治谱，降低使用剂量的目标奠定了基础。20 世纪 90 年代 strobilurin 类杀菌剂成为继三唑类之后杀菌剂发展史上的又一里程碑，这类杀菌剂是以具有杀菌活性的天然 β-甲氧基丙烯酸酯为先导化合物，能同时有效地防治真菌和卵菌引起的病害，对环境和非靶标生物友善，对作物的产量和品质均有一定的提高和改善。自 1992 年先正达公司宣布第一个新产品嘧菌酯开发成功，世界各国的农化公司也先后陆续研发出十多种甲氧基丙烯酸酯类杀菌剂。同时一些新型的杀菌剂，如三环唑、噻瘟唑也被广泛用于稻瘟病防治。与此同时，一些优秀的保护性杀菌剂如二甲酰亚胺类和吡咯类也研制成功。尤其是继苯酰胺类杀菌剂后，另一类以氟吗啉为代表的对卵菌病害高效的羧酸氨基化合物类杀菌剂（CAA 类）于 20 世纪 90 年代开始走向市场，其系列化合物的研究得到了国际社会的关注和巨资投入。至此，人类几乎对所有重要的植物真菌病害、卵菌病害、部分细菌病害均可采用化学手段进行防治。

使用化学制剂防治植物病害，迄今已逾百年，从硫黄、石硫合剂、波尔多液、福美双至今天的甲氧基苯甲酸类、羧酸氨基酸类、嘧啶胺类杀菌剂，杀菌剂在植物病害的化学防治中发挥了重要的作用。植物病害化学防治伴随着植物病害的发生而发展，植物病原菌对杀菌剂的抗药性产生以及杀菌剂自身对环境的影响等问题推动着新型杀菌剂的研究和开发。可以这么认为，植物病害防治发展史就是杀菌剂的研发和应用史。

项目二　保护性杀菌剂

保护性杀菌剂是杀菌剂中最早出现、使用时间最长的一类化学物质。其中，无机保护性杀菌剂是指以无机物为原料加工制成的具有杀菌作用的元素或无机化合物，目前生产中仍在使用的包括含硫和含铜的两类无机物。除此之外，目前使用的有机保护性杀菌剂主要有二硫代氨基甲酸酯类、二酰亚胺类和取代苯类。

一、无机铜杀菌剂

人类使用铜制剂已有两百多年的历史，铜制剂堪称是杀菌剂中的“百年老字号”。1761

年，人们用硫酸铜处理小麦种子防治腥黑穗病。1882 年，Millardat 发现波尔多液对葡萄霜霉病的防治效果，开始了铜制剂在防治植物病害中应用的历史。在化学合成的有机杀菌剂进入市场之前，无机铜在防治植物病害中占有优势地位达 50 年之久，至今仍在许多国家和地区的多种作物上广泛使用。目前生产中具有代表性的无机铜制剂包括波尔多液（Bordeaux mixture）、硫酸铜、氯氧化铜、氢氧化铜、氧化亚铜、碳酸胺铜或其他各种含铜制剂。

波尔多液因法国波尔多地区用来防治葡萄霜霉病而得名，为硫酸铜和氢氧化钙（熟石灰）反应的产物。至今仍然是在全球范围内应用最广的含铜杀菌剂。

$$CuSO_4 \cdot xCu(OH)_2 \cdot yCa(OH)_2 \cdot zH_2O$$

（1）配制方法。根据不同作物对铜或石灰忍耐力的强弱，选择合适的配比。通常硫酸铜、氢氧化钙和水的配比为 1∶1∶100，即称为 1% 等量式。植物幼嫩生长期喷施的波尔多液，硫酸铜和氢氧化钙的含量需要减少，其配比可以为 1∶0.5∶100（1% 半量式）、0.5∶1∶100（0.5% 倍量式）、0.5∶0.5∶100（0.5% 等量式）、0.5∶0.25∶100（0.5% 半量式）等。对已知波尔多液敏感的植物，氢氧化钙的浓度需要大幅度提高，通常还有氢氧化钙三倍量式。

（2）毒理。波尔多液对病原菌的杀菌和抑菌效果主要归因于铜离子。主要表现为：①与菌体细胞膜上的含—SH 酶作用，使酶失去活性；②与细胞膜表面的 Ca^{2+}、Mg^{2+}、K^+ 和 H^+ 等阳离子交换，影响了菌体细胞膜蛋白质的活性；③局部渗入菌体内与某些酶结合，影响其活性。

（3）生物活性与应用。波尔多液是一种保护性杀菌剂，有效成分为碱式硫酸铜，喷洒药液后在植物体和病菌表面形成一层很薄的药膜，该膜不溶于水，但在二氧化碳、氨及病菌分泌物的作用下，使可溶性铜离子逐渐增加而起到杀菌作用，从而有效阻止孢子萌发，防止病菌侵染，并能促使叶色浓绿、生长健壮，提高植物抗病能力。该制剂具有杀菌谱广、持效期长、病菌不易产生抗药性、对人和畜低毒等特点。该制剂可以防治多种真菌、卵菌和细菌引起的叶斑病、疫病、炭疽病、霜霉病、黑点病和溃疡病，适宜作物为马铃薯、蔬菜（白菜除外）、小麦、葡萄、苹果、梨、棉花、辣椒、油菜、豌豆、水稻等。

在应用过程中，波尔多液对植物易产生药害，造成叶片灼伤，在冷湿条件下还易导致苹果产生褐色伤斑。波尔多液的植物毒性，随着提高熟石灰对硫酸铜的比例而降低。铜元素是波尔多液中的活性成分，但使用浓度不慎也会对植物有毒性，石灰基本上是一种“安全剂”。在“不易挥发的”或“不溶的”铜制剂中，溶解的铜离子比在波尔多液中的少，因此这些药剂比波尔多液的植物毒性小。

二、无机硫杀菌剂

硫黄是已知最早的杀菌剂，早在公元前约 1 000 年古希腊人 Homer 在史诗中就曾谈及硫黄的防病及其性质。到 19 世纪已逐渐有意识地利用硫黄，1802 年就有了石硫合剂的记载，后来在 1833 年和 1888 年，进一步明确了石硫合剂对白粉病的防治效果，1850 年由于硫黄的大量使用，促使了喷粉法的创立。以硫黄为主体的无机硫杀菌剂，由于原料易得、加工工艺简单、价格便宜、防病效果稳定，至今仍在大量使用。目前生产中具有代表性的无机硫杀菌剂包括石硫合剂、硫黄和胶体硫。

石硫合剂的化学名称又叫多硫化钙，它是由石灰和硫黄一起煮沸而成。合适的比例为生石灰∶硫黄∶水＝1∶(1.4～1.5)∶13。其主要成分为五硫化钙，并含有多种多硫化物和少量硫酸钙与亚硫酸钙。

S_x	$CaS \cdot S_x$
硫黄	石硫合剂

(1)作用方式与毒理。无机硫杀菌剂具有保护和局部治疗作用，但没有内吸性。毒理主要归因于硫离子和少量硫化氢气体对病原菌的杀菌和抑菌效果。它是菌体细胞的呼吸抑制剂，作用方式：①作用于病原菌细胞色素 b 和 c 之间的氧化还原体系之间的电子传递过程；②阻碍菌体内三羧酸循环中的琥珀酸的氧化。石硫合剂呈碱性，遇酸分解。在空气中易被氧化，特别在高温及日光照射下，更易引起变化，生成游离的硫黄及硫酸钙，故贮存时要严加密封。

(2)生物活性和应用。石硫合剂具有杀菌杀虫双重功效，主要用来防治各种作物的白粉病、锈病、黑穗病、赤霉病等，持效期可达 15 天左右。药剂喷洒在植物表面上，接触空气，经水、氧和二氧化碳的作用发生一系列变化，形成极微细的元素硫沉积并放出少量的硫化氢气体，因而得以发挥杀菌杀虫作用，且杀菌作用比其他硫黄制剂强。同时石硫合剂呈碱性，有侵蚀昆虫表皮蜡质层的作用，故对蚧壳虫及其卵有较强的杀伤力。石硫合剂对人、畜毒性低，但对皮肤有腐蚀作用，对眼睛和鼻子有刺激性。适宜作物为小麦、蔬菜(如黄瓜、茄子)等，果树有苹果、梨、李、葡萄和柑橘等树。不同植物对石硫合剂的敏感性差异很大，叶组织幼嫩的植物易受伤害。气温越高，药效越高，药害也越重，尤其是对硫敏感的植物，如番茄、瓜类和葡萄，与矿物油或其他杀虫剂一起使用时更容易造成药害，可与代森锰锌、多菌灵等农药混用。

三、有机硫杀菌剂

有机硫杀菌剂于 20 世纪 30～40 年代问世，是杀菌剂发展史上最早且广泛应用于植物病害防治的一类有机化合物。它的出现标志着杀菌剂从无机物发展到有机物阶段，在替代铜、砷、汞制剂方面起了重要作用。先后开发成功的有福美类和代森类系列。

有机硫杀菌剂的主要品种包括福美双、福美铁、代森钠、代森锰、代森锌和代森锰锌，它们都是二硫代氨基甲酸的衍生物。该类杀菌剂因其作用广谱、防效稳定、价格低廉，长期居于有机杀菌剂的主导地位，至今仍为世界上生产吨位很大的有机杀菌剂。目前主要与高效的内吸性杀菌剂复配，以延缓抗药性产生，降低药剂使用成本。生产中具有代表性的有机硫杀菌剂包括二甲基二硫代氨基甲酸盐类的福美双和乙撑二硫代氨基甲酸盐类的代森锰锌等品种。

1. 福美双(thiram)

福美类化合物氮原子上的两个氢原子都被取代，是一类有强螯合力的化合物，至今二甲基二硫代氨基甲酸盐类仍大量使用的品种是福美双。

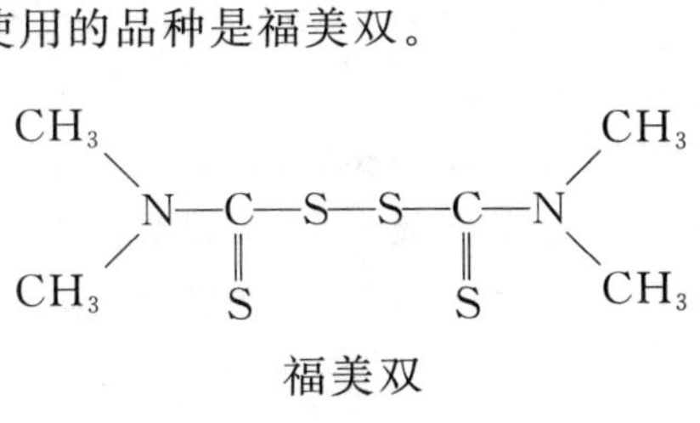

福美双

(1)毒理。硫代氨基甲酸盐(或酯)杀菌剂作用机制是抑制一些酶的活性,从而干扰三羧酸循环。它在菌体内能够代谢为含硫氰基(—N═C═S)的化合物。硫氰基可以使病原菌细胞体内氨基酸和酶的巯基(—SH)失活,最终抑制这些物质的合成和功能。

(2)生物活性和应用。福美双属于广谱保护性有机硫杀菌剂,对种传、土传的病害有较好的防治作用,主要用于种子、球茎和土壤的处理,以防治水稻、大麦、小麦、玉米、豌豆、甘蓝和瓜类等多种作物上的疫病、黑穗病、黄枯病和立枯病等,也可用于喷洒,防治一些果树、蔬菜上的霜霉病、白粉病和炭疽病。该药剂对人、畜为中等毒性,对甲虫及鼠、兔等动物有一定的忌避作用。

2. 代森锰锌(mancozeb)

代森类化合物的特点是连接氮原子上的两个氢原子仍保留一个不被取代。氮原子上游离氢能使 H_2S 或 HS^- 分裂出来,形成异硫氰酸酯类化合物,是另一类具有不同分子构造的二硫代氨基甲酸的衍生物。乙撑二硫代氨基甲酸盐类化合物包含代森锰和代森锌。代森锰常与锌或锌离子混合制成代森锰锌,或制成锌离子代森锰,称为代森锰锌。锌的加入降低了代森锰对植物的毒性,增加了其杀菌活性。代森锰锌的另一作用是提供锰和锌元素以满足缺素植物的需求。

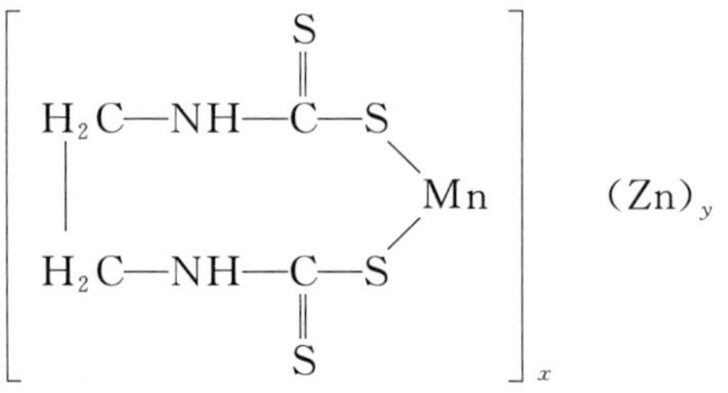

代森锰锌

(1)毒理:代森锰锌的作用机制是多方面的,其主要为:①破坏了辅酶A,直接影响了需有辅酶A参与的脂肪酸的β氧化,丙酮酸脱氢酶系、α-酮戊二酸脱氢酶系的活性;抑制以铜、铁为辅基的酶的活性,因为该类化合物可与金属离子形成螯合物而使酶失去活性。代森锰锌不可与碱性农药或铜制剂混用,如需与此类药剂混用,中间需间隔7~10天。在试验剂量下未发现致突变、致畸作用,在极高剂量下,会引起动物生育障碍。

(2)生物活性和应用:代森锰锌是一种以叶面喷洒使用为主的保护剂,主要用来防治卵菌及半知菌中的尾孢属、壳二孢属等真菌引起的多种病害,对果树、蔬菜上的炭疽病、早疫病、晚疫病等多种病害有效。该药剂对人、畜为低等毒性,对眼睛有严重的刺激性,对皮肤中等刺激。

四、取代苯类杀菌剂

该类杀菌剂的分子结构特征是以苯环作为母体,多数为非内吸性杀菌剂,个别品种具有一定的内吸性,如杀菌磺胺、地茂散。这类杀菌剂中的一些品种,如六氯苯、五氯硝基苯等是利用杀虫剂六六六无毒体作原料生产的,随着杀虫剂六六六禁用及新的高效杀菌剂的不断涌现,这类药剂的发展受到了限制。代表性品种包括五氯硝基苯和百菌清,目前五氯硝基苯在某些国家已经限用或禁用,百菌清生产吨位依旧很大,为销售额超过1亿美元的杀菌剂品种之一。

1. 五氯硝基苯(quintozene)和百菌清(chlorothalonil)

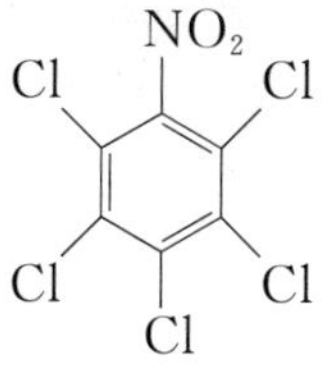

五氯硝基苯

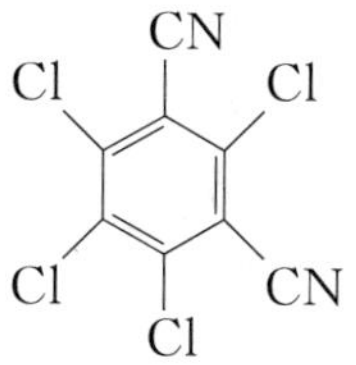

百菌清

(1)主要特性与毒理:取代苯类杀菌剂化学性质稳定,不易挥发,不易水解和氧化,在土壤中相当稳定,残效期长。五氯硝基苯的杀菌作用机制为影响细胞的有丝分裂。百菌清则能与真菌细胞中的3-磷酸甘油醛脱氢酶发生作用,与该酶体中含有半胱氨酸的蛋白质结合,破坏酶的活力,使真菌细胞的呼吸代谢受到破坏而丧失生命力。

(2)生物活性和应用:取代苯类杀菌剂属保护性杀菌剂,无内吸性。五氯硝基苯常用作土壤处理和种子处理,对立枯丝核菌有特效,对甘蓝根肿病菌、白绢病菌、马铃薯疮痂病菌、油菜菌核病菌和放线菌均有防效,对腐霉菌、疫霉菌、镰刀菌、轮枝菌等土传病菌防效差。该药剂对人、畜为低等毒性,对皮肤、眼睛有刺激性。百菌清常作茎叶喷雾处理使用,在植物表面有良好的黏着性,不易被雨水等冲刷,对多种作物真菌病害具有预防作用,或做成烟剂或片剂,在温室中可以在热力下扩散。主要用于防治果树、蔬菜霜霉病、白粉病、叶斑病、叶枯病、霜霉病、锈病、炭疽病、油菜菌核病、小麦雪腐病等。

五、酰亚胺类杀菌剂

20世纪70年代开发的一类化学结构上变化较大的化合物,包括甲菌利、乙菌利(chlozolinate)、异菌脲(iprodione)、腐霉利(procymidone)和乙烯菌核利(vinclozolin)等优秀的杀菌剂。其中以异菌脲和腐霉利为代表的品种目前仍为世界上生产吨位较大的有机杀菌剂,在很多国家和地区得到广泛应用。

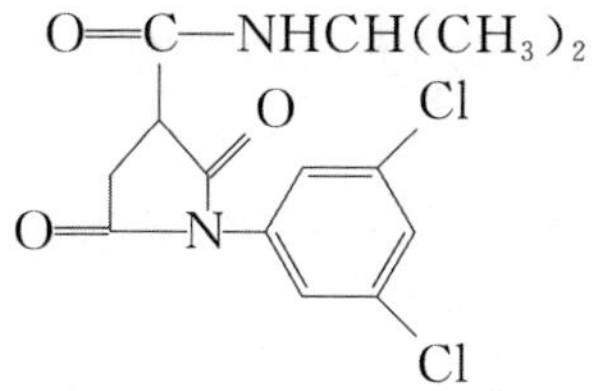

异菌脲

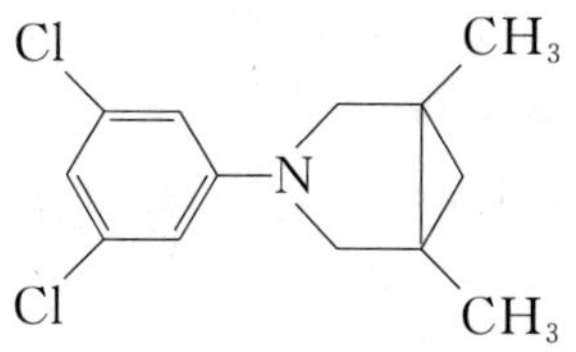

腐霉利

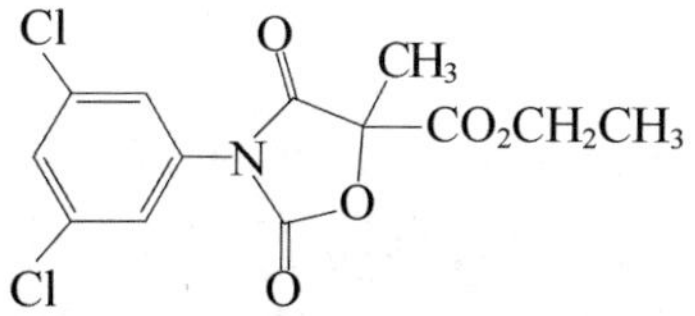

乙菌利

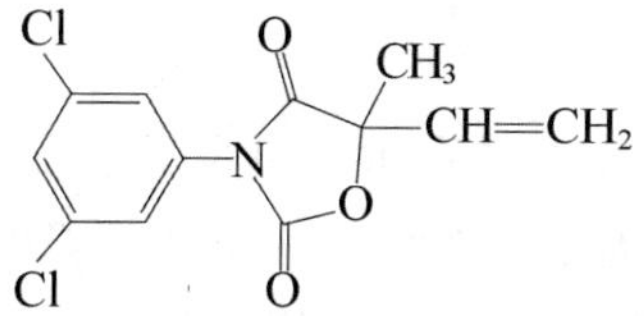

乙烯菌核利

1. 主要特性与毒理

这类药剂也能够抑制含有—NH_2 和—SH 的重要物质,如氨基酸和酶的合成。被认为其作用机制也与菌体磷脂过氧化反应有关，并对细胞膜和细胞壁有影响，改变膜的渗透性和功能。除此之外，异菌脲也能抑制蛋白激酶，控制一些细胞内的信号传递。病原菌也易对其产生抗药性，为预防抗性菌株的产生，作物全生育期，异菌脲的施用次数应控制在 3 次以内，在病害发生初期和高峰期使用，可获得最佳效果。腐霉利使用过程中不能与碱性药剂和有机磷药剂混用。

2. 生物活性和应用

该类杀菌剂大多为保护性杀菌剂，个别品种如腐霉利具有一定的渗透性，表现为保护和铲除作用，能够抑制孢子萌发和菌丝生长，对灰霉孢属和核盘菌属引起的病害有特效。其中，异菌脲的商品名为扑海因，是一种广谱的叶面接触性杀菌剂，它对葡萄孢属、链核盘菌属和核盘菌属真菌有效，同时对链格孢属和丝核菌属真菌也有效，常用作叶面喷雾，有时用作产后浸渍和种子处理，防治小麦黑穗病和马铃薯种薯黑痣病，另外对柑橘储藏期的褐色和黑色蒂腐病、青绿霉腐烂病也有效。腐霉利主要用于防治黄瓜、番茄、草莓等作物的灰霉病和油菜、莴苣菌核病等。

项目三　内吸性杀菌剂

内吸性杀菌剂在整个杀菌剂的发展过程中占有非常重要的地位，大多品种生物活性优异，内吸传导性强，可以被植物的叶片和根吸收，并在植物组织中通过木质部输导而在植株体内达到系统分布。内吸性杀菌剂的出现，改变了人类对于已经发生或流行的病害无能为力的被动状况，在植物罹病之后施用仍能起到有效的防治作用。根据其内吸传导的作用方式，很多内吸性杀菌剂可以采用种子处理、苗木浸根、土壤处理、地上部喷施、直接注射树干等多种使用方式来有效防治植物病害。同时由于大多内吸性杀菌剂均为位点专化性杀菌剂，因此，很多靶标病原菌只要通过简单的突变，可能在几年内就对频繁使用的各种杀菌剂出现抗药性。因此，人类制定了相应的治理策略来延长内吸性杀菌剂的使用寿命，与广谱保护性杀菌剂复配使用即是其中的一种重要方法。

目前生产中广泛使用的内吸性杀菌剂种类很多，根据其化学活性结构和作用机制主要分为以下几种。

一、羧酰替苯胺类

1. 概述

1960 年由尤尼罗尔公司实验室发现了萎锈灵的内吸杀菌活性，1966 年在大田试验中确定了药效并在加拿大的埃尔朱拉建厂投产，自此拉开了内吸性杀菌剂研发和应用的序幕。萎锈灵被认为是第一个具有应用价值的内吸性杀菌剂，控制当时难以防治的大小麦散黑穗和锈病。至今仍在广泛使用，其研究成功，不仅促进了该类杀菌剂的研发，而且也推动了其他类型内吸性杀菌剂的研究和开发，紧随其后的苯并咪唑类杀菌剂即是其中一例。主要代表品种包括萎锈灵、氧化萎锈灵、拌种灵和麦锈灵。

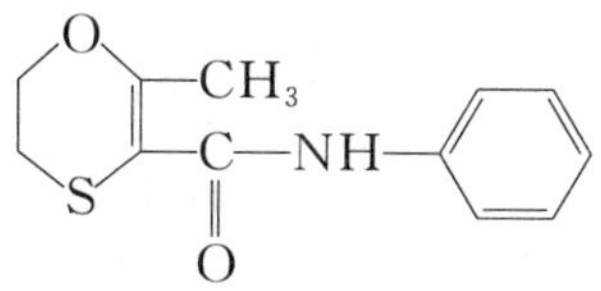

萎锈灵(carboxin)

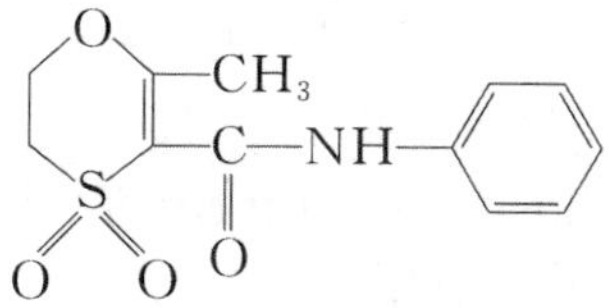

氧化萎锈灵(oxycarboxin)

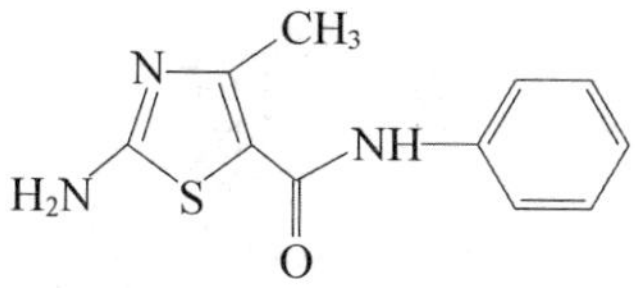

拌种灵(seedvax)

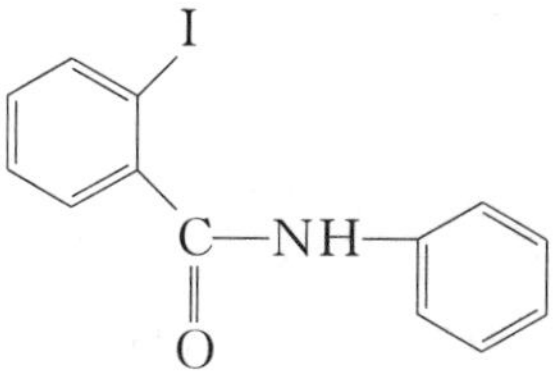

麦锈灵(benodanil)

2. 作用方式与毒理

羧酰替苯胺类杀菌剂为呼吸抑制剂,可以在真菌细胞中有选择性地积累,最终抑制线粒体呼吸中重要的琥珀酸脱氢酶的活性。氧化萎锈灵作用位点与萎锈灵相似,但该药剂对孢子的萌发不产生完全抑制作用,而是延缓了孢子萌发的时间,抑制芽管的伸长。Nicobifen 也是一种新的羧酰替苯胺类杀菌剂,抑制线粒体呼吸和能量合成,可在层间移动和向上移动,可以防治多种作物的子囊菌病害。

3. 生物活性和应用

羧酰替苯胺类杀菌剂用于棉花、花生、蔬菜和甜菜等作物的种子处理,对担子菌引起的真菌病害特效。可防治由丝核菌引起的立枯病和各种谷类作物的黑穗病,或防治叶锈、豆锈病和黄萎病。对作物出苗安全,具有促进种子萌发和生长的作用。萎锈灵在土壤中和植物体内极易被氧化成完全失效的亚砜衍生物,持效期短,很少用于叶面喷洒防治麦类锈病。在生产应用中,萎锈灵通常可以与其他杀菌剂混用,可以扩大防治谱,延缓抗药性的产生,其相互增效作用也较明显。卫福种衣剂,即是萎锈灵和福美双的最具代表性的复配产品,在世界领域被广泛用于多种作物的种子处理。氧化萎锈灵在体外活性差于萎锈灵,但在体内较其稳定,适用于需长期治疗和保护的病害,其对谷物锈病和豆锈病的活性高于萎锈灵。

二、苯并咪唑类

1. 概述

自 1968 年发现苯菌灵具有防治植物真菌病害的优良特性以后,其他苯并咪唑类杀菌剂也被开发应用到植物病害的防治,如 1969 年开发的多菌灵和 1971 年开发的甲基硫菌灵,以及先前开发的噻菌灵和麦穗宁。苯并咪唑类杀菌剂的母体结构是含有苯并咪唑环的活性部分,该类杀菌剂系列产品先后问世,标志着人类采用化学药剂控制植物病害的重大突破。自此内吸性杀菌剂的研发取得了突破性进展。

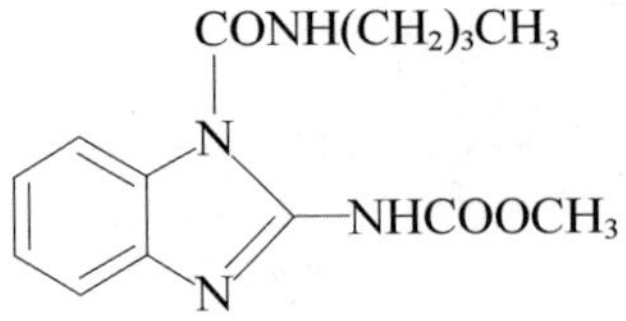

苯菌灵(benomyl)

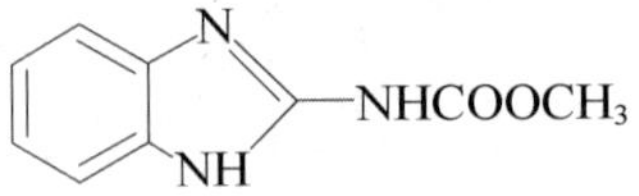

多菌灵(carbendazim)

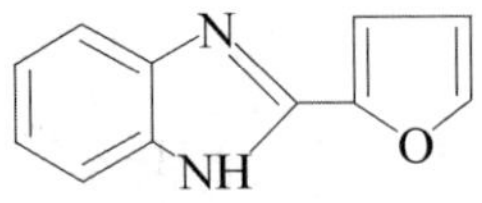

麦穗宁(fuberidazole)

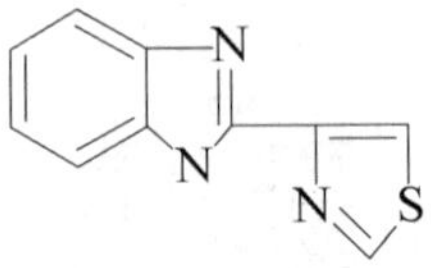

噻菌灵(thiabendazole)

苯并咪唑类杀菌剂中的硫菌灵和甲基硫菌灵从化学结构上不含苯并咪唑类环,但它们在代谢过程中经过环化后转化成多菌灵起作用。该类杀菌剂都有共同的衍生物多菌灵或它的乙基同系物乙基多菌灵,这是与病菌相互作用的最终化合物,因此它们具有相同的作用机理和抑菌谱。

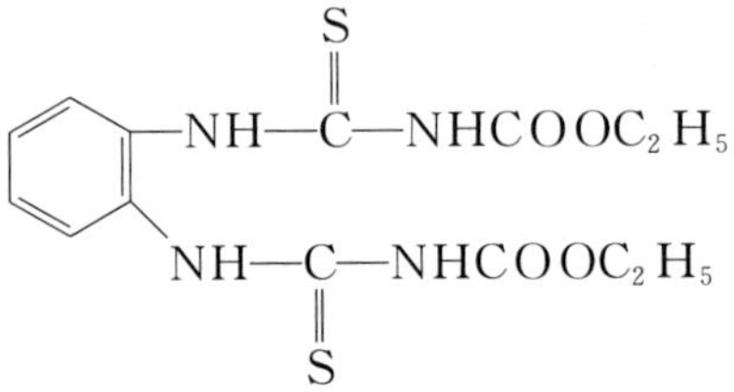

硫菌灵 (thiophanate)

甲基硫菌灵 (thiophanate-methyl)

苯并咪唑类杀菌剂在生产上广泛使用后不久就出现了抗药性问题,至今报道对苯并咪唑类杀菌剂产生耐药性的植物病原真菌至少有56个属的数百种真菌,抗药性产生的速率与药剂的选择以及植物病害类型密切相关,抗性菌株也常常表现出对这类化合物具有交互抗药性。目前抗药性已成为制约这类杀菌剂被继续使用的最主要的因素。这类杀菌剂中的一些品种在欧盟已被限用或禁用,大多国家仍然按照抗性治理措施的要求,对其进行合理而广泛地使用。目前多菌灵仍然排名在我国出口农药前列。

2. 结构与生物活性

苯并咪唑类杀菌剂的分子中都含有1,3-苯并咪唑母核。根据咪唑环中C-2原子上取代基的不同,分为两种类型:第一类为杂环取代基,如呋喃基取代后开发出的麦穗宁,噻唑基取代后开发出的噻菌灵等;第二类为氨基甲酸酯基取代或者经过降解可以形成该种形式的化合物,其中包括多菌灵、苯菌灵、硫菌灵和甲基硫菌灵等。由于大多数成员都能转化成共同的衍生物多菌灵或它的乙基同系物乙基多菌灵,因此具有相似的作用机制和防治谱,而咪唑环中N-1原子上侧链的存在,由此也赋予不同品种在渗透性、生物活性等方面的差别。

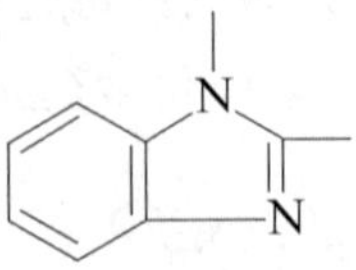

1,3-苯并咪唑母核

苯并咪唑类杀菌剂为安全广谱内吸性杀菌剂，对大多数子囊菌、半知菌、担子菌引起的植物病害有特效。但对细菌、卵菌和半知菌中的交链孢菌、长蠕孢菌和轮枝孢菌等无效。由于其具内吸并向顶输导性能，因此可用于种子处理、土壤处理或地上部茎叶喷雾。病原菌易对该类杀菌剂产生抗药性和交互抗性。噻菌灵通常用于产后病害的防治，如防治贮藏期柑橘、苹果、梨、香蕉、土豆和南瓜上腐烂病、柑橘绿霉病、芒果炭疽病和苹果青霉病等。甲基硫菌灵常用于防治草坪病害，喷雾防治白粉病和灰霉病，另外还可以防治许多叶片和果实斑点病、疮痂病和腐烂病。它也可通过土壤处理，从而防治土传病害。该类杀菌剂通常可与福美双、百菌清、代森锰锌、异菌脲、粉唑醇、戊唑醇、烯唑醇、丁苯吗啉、乙烯菌核利、甲霜灵、咪鲜胺等混剂。它对人、畜低毒。

3. 毒理

苯并咪唑类杀菌剂的作用方式与秋水仙素的十分相似，在病原物细胞分裂过程中，药剂可与纺锤丝的β-微管蛋白相结合，从而干扰细胞核的有丝分裂，导致真菌细胞内染色体加倍。这类药剂作用位点单一，选择性较强，病原菌容易对其产生抗药性。

三、有机磷类

1. 概述

有机磷农药的发展始于20世纪40年代，早期开发的系列产品主要是作为神经毒剂的有机磷杀虫剂。早在50年代初，荷兰的Philips-Duphar B. V.（菲利浦-杜发）公司发现威菌磷的内吸性杀菌活性，进行了探索性研究，1960年申报了专利并进行了商品化生产。这是第一个磷酰胺类的内吸性杀菌剂，它对白粉病有特效，并能兼治蚜虫和螨类。

20世纪60年代末与70年代中期，是有机磷农药研发的重要时期，除了大量有机磷杀虫剂的涌现外，在杀菌剂、除草剂、杀线虫剂和植物生长调节剂等方面也都研制出了相关品种并实现工业化生产。有机磷杀菌剂主要品种有1965年由日本Ihara公司和1968年日本组合化学公司分别开发的稻瘟净和异稻瘟净，1966年由道化学（Dow Chemical）公司开发的灭菌磷，1968年由拜耳（Bayer）公司推广的敌瘟磷（克瘟散）以及70年代由Rhone-Poulenc Agrochimie公司开发的三乙膦酸铝（乙膦铝），80年代由日本住友化学公司和英国FBC公司开发的甲基立枯磷、定菌磷等十几个品种。但有机磷杀菌剂品种不如有机磷杀虫剂那样多而重要，有些化合物也因应用范围小等未商品化或不再作为杀菌剂使用，而稻瘟净、异稻瘟净、敌瘟磷、甲基立枯磷、乙膦铝等品种则在全球的植物病害防治中发挥了重要的作用。有些品种至今仍在世界范围内防范使用。

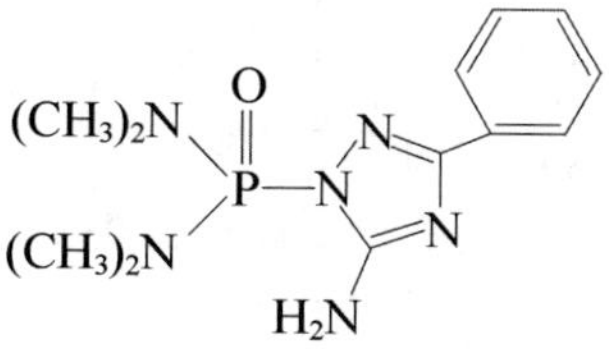

威菌磷（triamiphos）

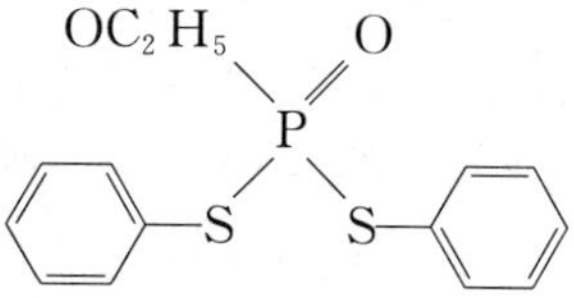

敌瘟磷（edifenphos）

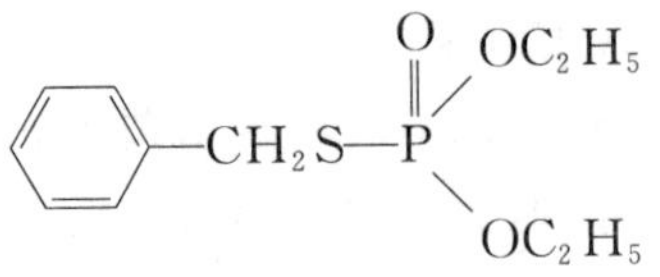

稻瘟净(EBP)

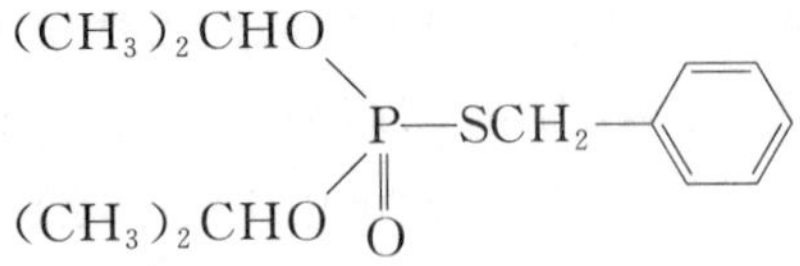

异稻瘟净(IBP,iprobenfos)

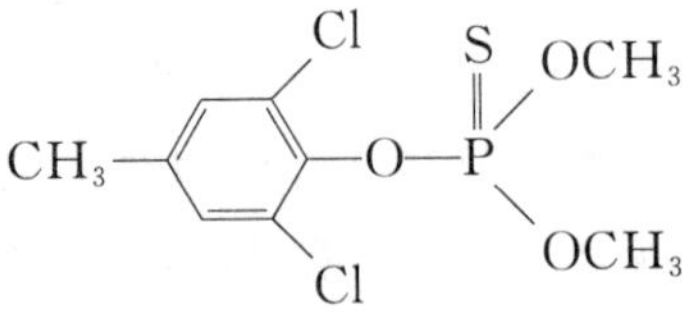

甲基立枯磷(tolclofos—methyl)

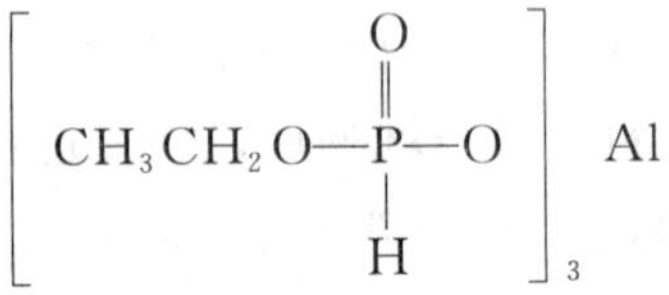

三乙膦酸铝(fosetyl-aluminium)

有机磷杀菌剂毒性一般为低到中等,不同于大多有机磷杀虫剂那样具有高毒的特征,但因为其一般具有难闻的气味,化学稳定性差,在保护性方面不如百菌消、代森锰锌等品种,在内吸性方面又不及三唑类杀菌剂的性能优越,近年来在很多国家逐渐淡出了历史舞台。但结合有机磷类杀菌剂广谱、经济、低残留和对作物不易产生药害等的优势,有些国家也在积极寻求通过结构改造或加工剂型改进,使之能够克服其固有的缺憾,在全球的植物保护中继续发挥作用。

2. 分类和构效关系

根据化学结构,有机磷杀菌剂主要有 3 类,包括硫代磷酸酯类中的硫赶磷酸酯类和硫逐磷酸酯类杀菌剂,磷酰胺类有机磷杀菌剂和金属有机磷化合物。其中稻瘟净、异稻瘟净、敌瘟磷均属于硫赶磷酸酯类杀菌剂。此类杀菌剂在化学结构上为硫赶型酯,且苯环是通过 S 或 S—CH_2 与 P 原子连接成 *S*-苯基酯或 *S*-苄基酯,对水稻稻瘟病菌具有较强的抑菌作用;定菌磷和甲基立枯磷为硫逐磷酸酯类杀菌剂,其在化学结构上为硫逐型酯,对稻瘟病菌抑菌活性较差,而分别对白粉病菌和立枯病菌具有较高生物活性。

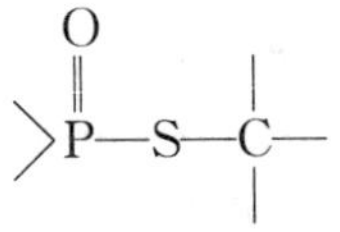

硫赶型酯

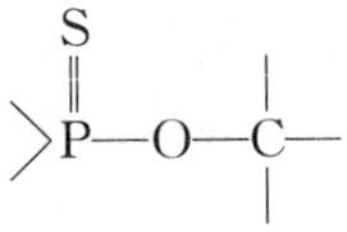

硫逐型酯

威菌磷为磷酰胺类杀菌剂,在化学机构上含有磷酰基,具有杀菌活性,兼有杀虫、杀螨作用;三乙膦酸铝为目前唯一的金属有机磷类杀菌剂,杀菌谱广,是第一个可以防治卵菌病害的内吸性杀菌剂品种,也是第一个具有向基和向顶双向传导的内吸性杀菌剂。

3. 理化性质和毒性

硫赶磷酸酯类杀菌剂原药均为黄色透明液体,带有特殊臭味。稻瘟净和异稻瘟净在光照和热条件下比较稳定,对酸稳定,遇碱易分解,长时间处于高温状态也易造成分解。综合比较,异稻瘟净比稻瘟净更为稳定,对高等动物毒性低,对人、畜急性胃毒毒性属中等。敌瘟磷在自然条件下稳定,在强酸、强碱条件下水解,水溶液不稳定,经 24 h 则分解失效,属中等毒性杀菌剂。

硫逐磷酸酯类杀菌剂甲基立枯磷原药为无色至浅棕色固体,几乎不溶于水,易溶于多种有机溶剂。对光、热和潮湿均较稳定,贮存稳定性良好。对人、畜低毒。而定菌磷则为中等毒性,并可在植物体内转化为毒性更强的物质(6-乙氧基羰基-5-甲基吡唑基并嘧啶)。

磷酰胺类杀菌剂威菌磷为白色无味固体,几乎不溶于水,可溶于大多数有机溶剂中。在中性或弱碱性条件下于室温时稳定,遇强酸则迅速水解。对高等动物毒性高,雄性大鼠急性经口服 LD_{50} 为 20 mg/kg;白兔急性经皮 LD_{50} 为 1.5～3 g/kg,对皮肤无刺激。

金属有机磷类杀菌剂三乙膦酸铝原药为白色至淡黄色粉末,20 ℃条件下水中溶解度为 120 g/L,在强酸、强碱条件下水解,属低毒杀菌剂,无致畸、诱变和致癌作用。

4. 毒理

稻瘟净、异稻瘟净、敌瘟磷均属于硫赶磷酸酯类杀菌剂,该类杀菌剂主要通过影响细胞膜上的卵磷脂合成过程的甲基转移酶的活性,而表现为对细胞壁合成的影响。定菌磷和甲基立枯磷等硫逐磷酸酯类杀菌剂作用机制则是抑制 DNA、RNA 和蛋白质的生物合成,以及氧的吸收。磷酰胺类杀菌剂威菌磷对白粉病菌的抑制作用主要表现在影响吸器的形成过程并作用于寄主的代谢,扰乱寄主和病原间的互作。金属有机磷类杀菌剂三乙膦酸铝对靶标菌除了直接的抑菌作用外,Bempeix 等 1981 年的研究结果表明,其防病作用可能是通过诱导寄主植物体内产生酚类和倍半萜类的物质,而增强了寄主的抗病能力。

5. 生物活性与应用

(1)生物活性。有机磷类杀菌剂均具有内吸性,兼有保护和治疗作用。根据其构效关系的特点,防治谱不尽相同。①有些品种具有防病并可兼治害虫的作用:硫赶磷酸酯类杀菌剂主要用于防治稻瘟病,并可兼治稻飞虱、叶蝉,对水稻小粒菌核病、纹枯病、颖枯病和玉米大小斑病也有效。异稻瘟净药效高于稻瘟净,持效期长,且无残留。敌瘟磷用途与稻瘟净、异稻瘟净相同,对稻瘟病菌孢子萌发的抑制作用高于稻瘟净和异稻瘟净,但治疗作用不及异稻瘟净。威菌磷对大麦、苹果和玫瑰等植物白粉病菌具有活性,并兼有杀虫杀螨活性。定菌磷主要用于防治谷物、瓜菜、苹果和观赏植物的白粉病,持效期长达 21 天,并具有一定的杀虫、杀螨、杀线虫活性,也可用于防治菊科植物上潜叶蝇。②广谱杀菌活性:甲基立枯磷对罗氏白绢菌、丝核菌、玉米黑粉菌、灰霉菌、核盘菌、禾谷全蚀菌和青霉菌均有效,特别对立枯丝核菌有特效,可用于多种作物苗期的立枯病、菌核病和雪腐病的防治,效果优异。但对疫霉菌、腐霉菌、镰刀菌和黄萎轮枝菌无效。③三乙膦酸铝是第一个双向传导的内吸性杀菌剂,进入植物体内移动迅速并且持效期长,根据作物种类的不同,药效可维持 4 周至 4 个月。它防病谱广,是防治真菌和卵菌病害的重要品种,对霜霉病菌、疫霉病菌、白粉病菌、菌核病菌均有较高的防效。

(2)应用。异稻瘟净适用于水田水面施药,由根部及水面下的叶鞘吸收后传导迅速,水面施药 3 天后即可见效果,5～7 天内吸量达到最大,在水中药效可维持 3～4 周。其防效是叶面喷施的 2～3 倍。定菌磷极易被植物叶部所吸收并在植物内传导,但不能充分被植物根部或种子吸收,因此主要用于地上部喷洒使用。甲基立枯磷则可采用土壤处理、拌种、浸种或叶面喷雾等多种方式。三乙膦酸铝除叶面喷施,也可用灌根、浸渍方法。

四、酰苯胺类

1. 概述

酰苯胺类杀菌剂是 1973 年瑞士汽巴-嘉基(Ciba-Geigy)公司筛选除草剂时意外发现的一种优良的内吸性杀菌剂,其对卵菌特效。甲霜灵作为酰苯胺类杀菌剂的第一个产品,1978 年被商品化，随后系列产品得到开发。该类药剂的共同特点是低毒，选择性强，只对卵菌有效，施用后对植物有保护及治疗作用，持效期长，可达 24 周。代表性品种有苯霜灵、甲霜灵、精甲霜灵、噁霜灵和甲呋酰胺等。大多品种在植物体内可向顶传导，甲呋酰胺则具有向顶、向基及侧向传导的活性。

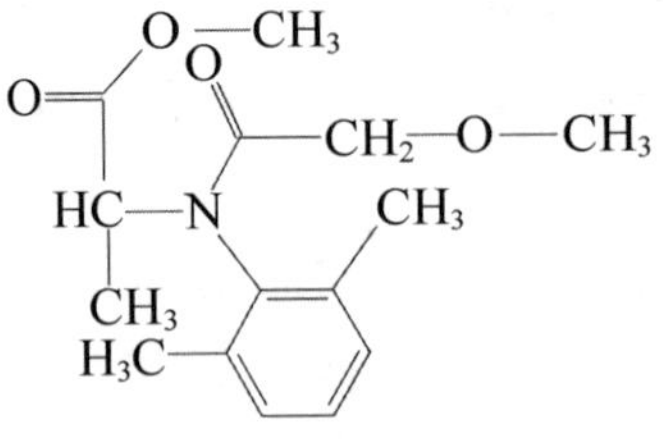
甲霜灵（metalaxyl）

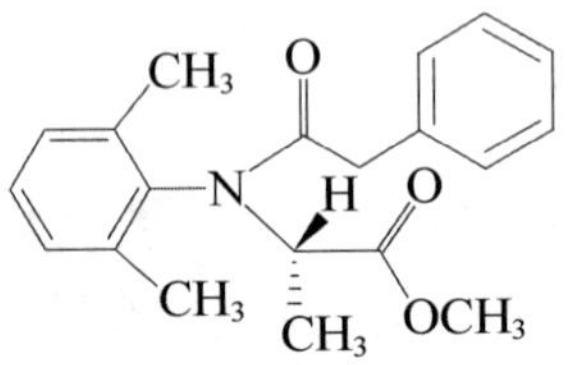
苯霜灵（benalaxyl）

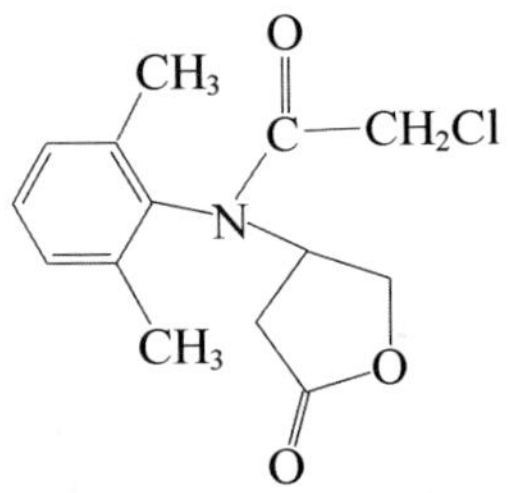
甲呋酰胺（ofurance）

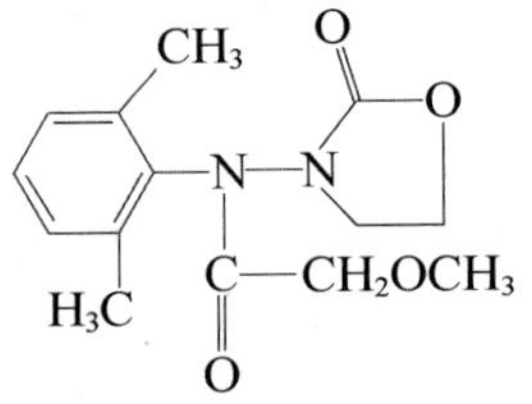
噁霜灵（oxadixyl）

1978 年以色列用甲霜灵防治黄瓜霜霉病，一年后病菌对甲霜灵的抗药性水平高达 500 倍以上；荷兰和爱尔兰用甲霜灵防治马铃薯晚疫病，至 1979 年即发生抗药性引发晚疫病大流行。我国许多地区的卵菌病害都对甲霜灵产生了严重抗性。虽然从 2003 年以来欧洲已开始禁止使用普通甲霜灵单剂，但以精甲霜灵为代表的酰苯胺类杀菌剂在世界杀菌剂市场中仍然占有相当重要的地位。

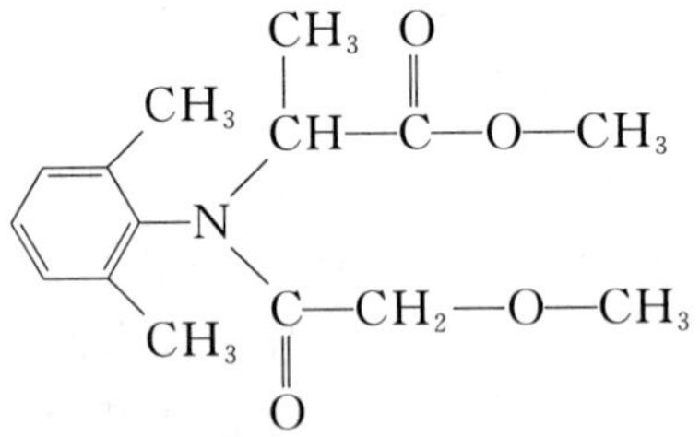
精甲霜灵（metalaxyl-M）

精甲霜灵是原瑞士诺华农化有限公司开发面市的第一个旋光活性杀菌剂，是外消旋体甲霜灵中的 R 体。已有研究表明，R 体较外消旋体具有更高的杀菌活性、更快的土壤降解速度等特点，有利于减少施药次数，延长施药周期，并增加了对使用者的安全性及与环境的相容性。R 体可用于种子、土壤处理和茎叶喷雾，用以防治包括马铃薯晚疫病在内的卵菌，如疫霉属、腐霉属和霜霉菌等引起的病害，在对病害获得同等防效的情况下，其用量远远低于甲霜灵。

2. 结构特点

酰苯胺类杀菌剂的分子结构特征是含有一个酰苯胺基的骨架。根据化学结构的差异将酰苯胺类杀菌剂分为3类，即氨基丙氨酸甲酯类、噁唑烷酮类和丁内酯类。其中苯霜灵、呋霜灵、甲霜灵和精甲霜灵几个品种为氨基丙酸甲酯类，噁霜灵为噁唑烷酮类，甲呋酰胺为丁内酯类。

3. 作用方式与毒理

这几类杀菌剂均具有相近的作用方式和生物活性。酰苯胺类杀菌剂作用机制为抑制rRNA聚合酶的活性，从而抑制了rRNA的生物合成。其表现出菌体细胞壁加厚，影响病原菌侵入后菌丝在体内的发育，而对孢子囊的萌发没有影响。

4. 生物活性和应用

酰苯胺类杀菌剂为安全广谱内吸性杀菌剂，安全，高效，持效期长。其具有优良的保护、治疗、铲除活性，对卵菌中的腐霉属、疫霉属和许多霜霉病菌有特效，而对大多真菌无效。大多品种向顶传导能力强，甲呋酰胺具有双向传导的活性。在病原物侵染以后施用，仍能显示出优良的治疗作用。广泛用于土壤或种子处理，防治由腐霉属和疫霉属病菌引起的种子腐烂和猝倒病。对人、畜低毒。目前部分病原菌已对该类药剂产生了明显的抗药性，因此建议将该类药剂和广谱保护性杀菌剂代森锰锌、百菌清和铜盐等复配或混和使用。

五、三唑类

1. 概述

三唑类杀菌剂是继苯并咪唑类之后，迄今为止发展最快、品种最多的一类杀菌剂，其大多品种的化学活性基团为1,2,4-三唑，也是麦角甾醇合成抑制剂中最重要的一类化合物，具有高效、广谱、持效期长等特点。该类杀菌剂的研发应该追溯到20世纪60年代末，拜耳公司和比利时詹森公司首先报道了1-取代唑类衍生物的杀菌活性，70年代初，唑类化合物的高效杀菌活性逐渐引起国际农药界的高度重视。1974年，拜耳公司成功地开发出三唑酮并进行商品化，标志着三唑类杀菌剂时代的到来。随后，很多公司投入巨资在三唑酮的基础上进行了优化和研究开发，三唑醇、双苯三唑醇、烯唑醇、戊唑醇和环唑醇等一系列产品逐步走向市场，显示出三唑类杀菌剂的巨大潜力。早期的三唑类杀菌剂三唑环上的支链以脂肪链为主，脂肪链上的羟基或羰基部分变成环氧基团，主要防治对象以白粉病、锈病和黑星病为主。

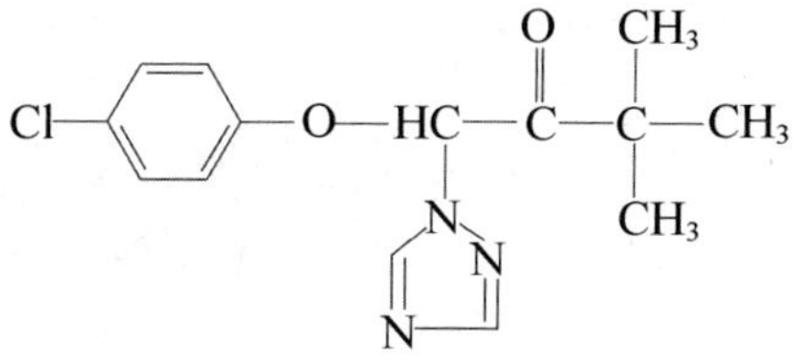

三唑酮（triadimefon）

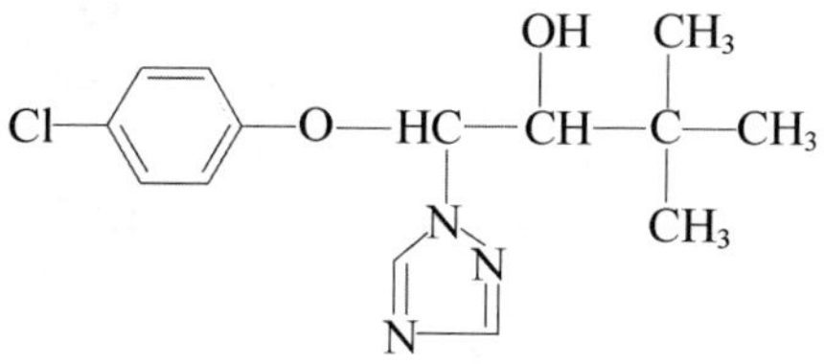

三唑醇（triadimenol）

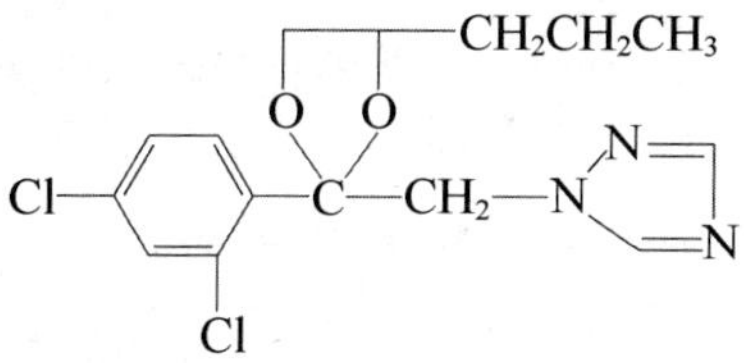

丙环唑（propiconazole）

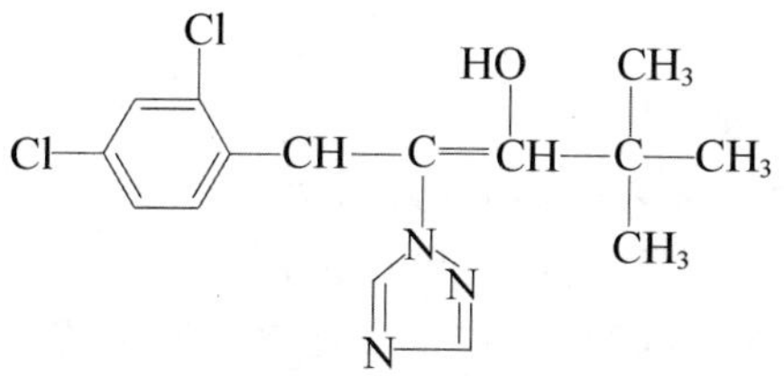

烯唑醇（diniconazole）

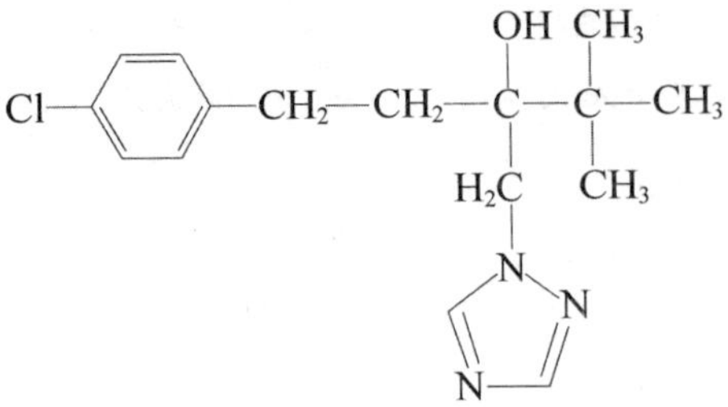
戊唑醇（tebuconazole）

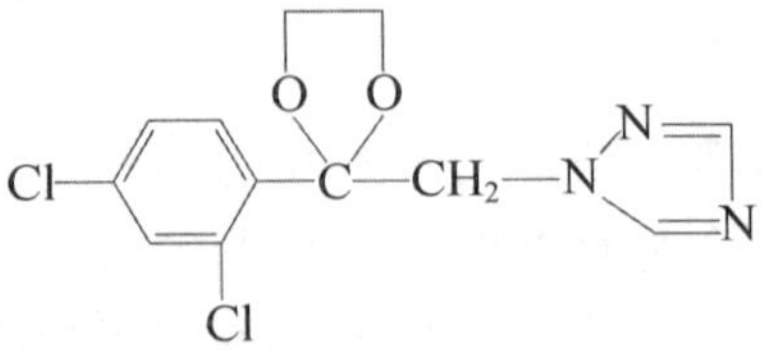
戊环唑（azaconazole）

为了扩大防治谱，减少药剂施用量，减缓药害的发生，在上述杀菌剂研究基础上，保留了活性基团三唑环，同时，在结构中引入氟原子、硅原子和硫原子，也成为三唑类杀菌剂开发的另一个特点。近年来一些品种还增加了杂环结构。由于结构的变化，使新开发的杀菌剂不但对白粉病和锈病等具有活性，而且对灰霉病、眼纹病等也有效，由此形成了第二代三唑类杀菌剂。进入 20 世纪 90 年代后，随着甲氧基丙烯酸酯类药剂的开发，三唑类杀菌剂受到了一定冲击，但由于甲氧基丙烯酸酯类药剂的抗药性迅速发生发展，使三唑类杀菌剂再次受到关注。三唑类化合物一般具有几何异构和光学异构等立体结构。因而不同异构体之间表现在抑菌活性和植物生长调节活性方面的差别很大。

截至 2006 年，已开发的三唑类杀菌剂已有 30 多种，成为杀菌剂家族中成员最多的一个品种。其中包括一些优秀的内吸性杀菌剂，如三唑酮、三唑醇、双苯三唑醇、苯醚甲环唑（敌菱丹、世高）、氟硅唑、丙环唑（敌力脱）、乙环唑、腈菌唑、环唑醇和戊唑醇等。均为菌体内麦角甾醇合成过程中 C-14 脱甲基化的抑制剂。

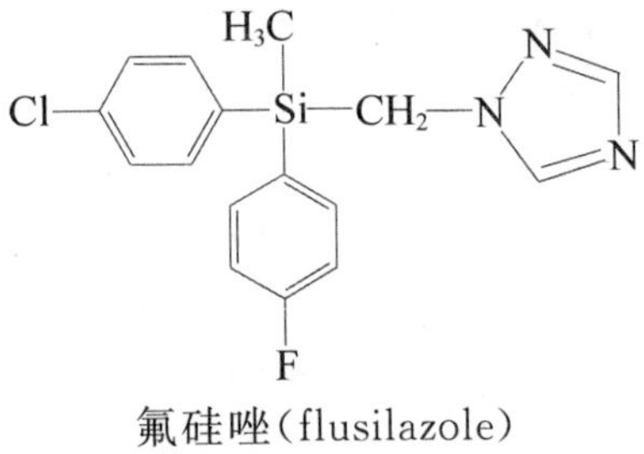
氟硅唑（flusilazole）

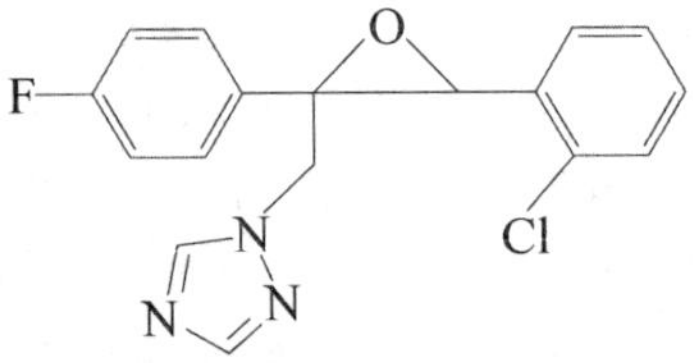
氟环唑（epoxiconazole）

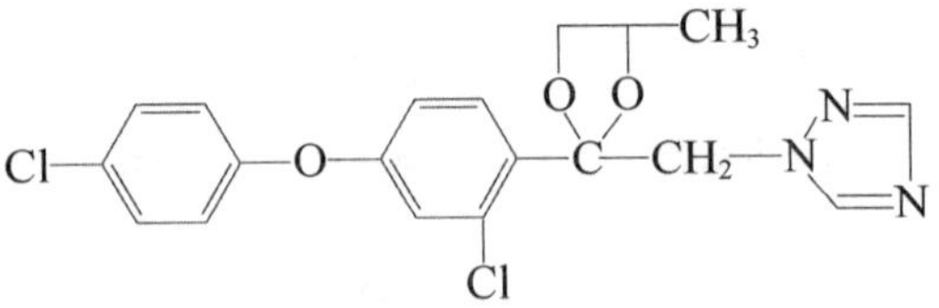
苯醚甲环唑（difenoconazole）

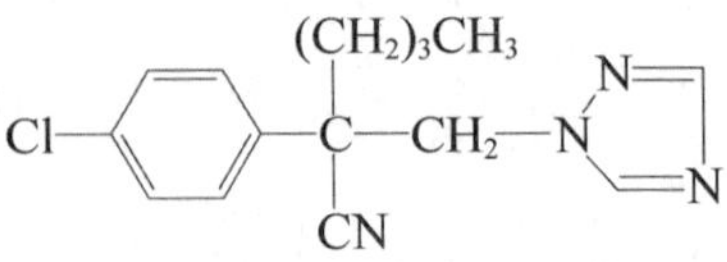
腈菌唑（myclobutanil）

除三唑类杀菌剂之外，杀菌剂中还有几类麦角甾醇合成抑制剂。根据作用的主要靶标位点，可以分为脱甲基抑制剂、吗啉类和哌啶类化合物。其中脱甲基抑制剂包括三唑类、咪唑类、吡啶类、嘧啶类，这些化合物在结构上有一个共同的特点，就是至少具有一个含有一对自由电子的氮原子杂环，它们的作用机制也被证实是抑制真菌麦角甾醇生物合成中细胞色素 P450 加单氧酶催化的脱甲基反应，故这几类杀菌剂被称为脱甲基化抑制剂。Eli Lilly 公司于 20 世纪 70 年代开发了 3 个嘧啶类杀菌剂品种：嘧菌醇、氯苯嘧啶醇和氟苯嘧啶醇。吡啶类杀菌剂的代表品种有1975年开发的丁赛特和1986开发的啶斑肟。咪唑类杀菌剂的代表品种有抑霉唑、咪鲜胺、菌灭腈和氟菌唑。其中抑霉唑和咪鲜胺被广泛用于生产中由长蠕孢属、镰孢霉属和壳针孢属等引起的真菌病害，以及采后果品上的病害防治。

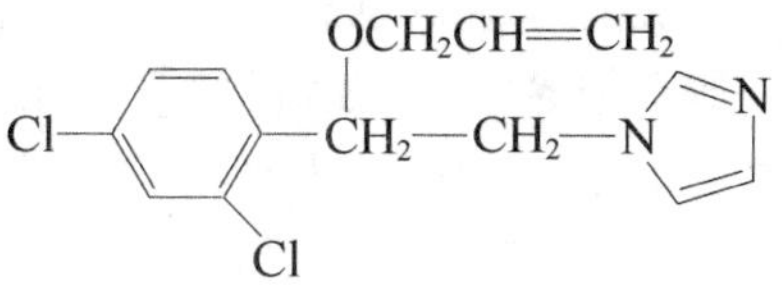

咪鲜胺(prochloraz)

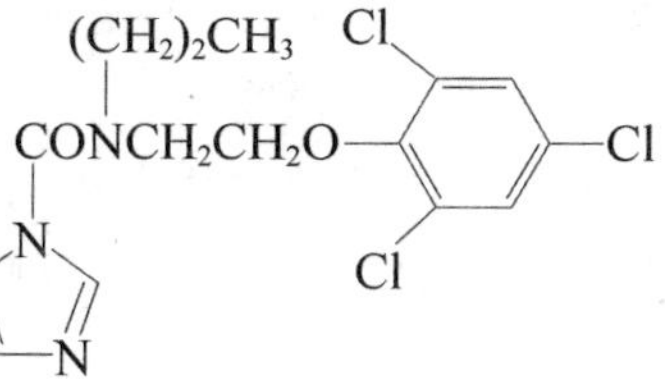

抑霉唑(imazalil)

吗啉类的十三吗啉和十二吗啉分别于1965年和1969年开发用来防治植物白粉病。20世纪80年代初又开发了丁苯吗啉。Baloch等1984年分别用十三吗啉、丁苯吗啉和苯锈啶处理玉米黑粉菌和啤酒酵母，经过对菌体中不同组分甾醇的变化的细致分析认为，这3种杀菌剂在菌体麦角甾醇生物合成中的作用靶标为△8-△7异构化酶和△14还原酶。上述吗啉类杀菌剂均具有立体异构体，已知十三吗啉的顺式和反式活性相当，而丁苯吗啉主要是顺式起杀菌作用。由于三唑类杀菌剂的影响，使吗啉类杀菌剂未能形成相当的市场，开发的品种也很少，至20世纪80年代之后，国外再未有新的吗啉类杀菌剂出现。

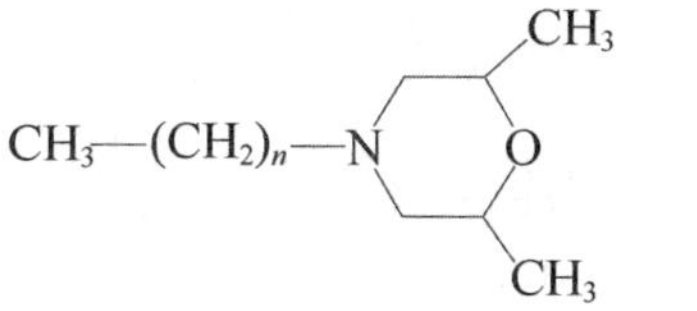

n＝10，11，12(60％～70％)或13

十三吗啉(tridemorph)

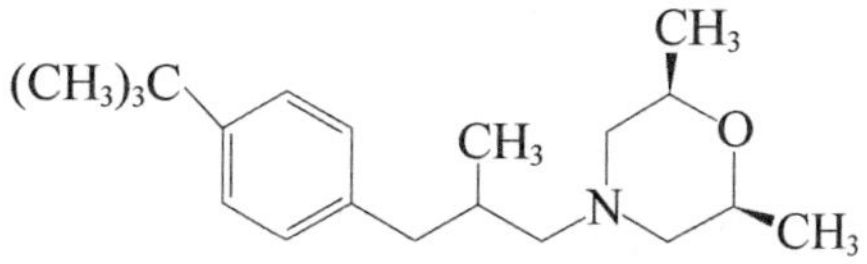

丁苯吗啉(fenpropimorph)

2. 结构与活性

三唑类杀菌剂化学结构共同特点是主链上含有羟基(酮基)、取代苯基和1，2，4-三唑基团化合物。早期的三唑类杀菌剂三唑环上的支链以脂肪链为主，脂肪链上的羟基或羰基部分变成环氧基团，如三唑酮、三唑醇、烯唑醇、戊唑醇和环唑醇等，主要防治对象以白粉病和锈病为主。随后为了扩大防治对象和提高其生物活性，通过在支链上进一步改进，将脂肪链上的羟基或羰基部分变成环氧基或引入氟原子、氰基等，也可在脂肪链中掺入S、N、P等杂原子或由S、N构成噻唑环，由此形成含有硫醚或烯胺等新三唑类化合物，使三唑类杀菌剂的防治谱、药效均有不同程度的扩大提高。基于三唑类化合物对受体的专一性与空间作用的稳定性，三唑类化合物在构效关系上往往表现出结构相似的化合物，不同取代基导致化合物活性显著不同；结构相同的化合物，不同的Z-E异构体，光学异构活性也明显不同，因此对构效关系进行研究，无疑是设计、合成高活性三唑类化合物的最有效途径之一。

三唑类杀菌剂持效期长，一般可达3～6周，三唑酮等进行土壤处理，持效期可达16周；高效广谱，施药量非常低，大田用药量仅为传统保护性杀菌剂用量的10％左右。除对卵菌无活性外，对子囊菌门、担子菌门和半知菌门的病原菌均有一定效果。主要用于防治各种锈病及白粉病，对麦类根腐病、黑穗病、叶枯病、全蚀病亦有较好的防效。可用于叶面喷洒及种子和土壤处理，多数品种具有立体选择性活性特点，并具有一定的植物生长调节活性，早期开发的一些品种，如三唑酮、三唑醇、烯唑醇和丙环唑等对双子叶植物具有明显的抑制作用，当用于种子或土壤处理时，如使用不慎，易产生药害。

3. 作用方式与毒理

三唑类杀菌剂内吸性强，大多品种具有较强的向顶性传导活性，以及显著的保护和治疗作用。作用机制是三唑类化合物的含氮杂环部分的氮原子与细胞色素 P450 的铁离子结合，抑制从羊毛甾醇到麦角甾醇的生物合成，破坏菌体细胞膜功能，从而达到抑菌作用，因此称为麦角甾醇生物合成抑制剂。与此同时，三唑类化合物降低了植物中的赤霉素的活性，发挥植物生长调节剂的作用。

六、嗜球果伞素类或 QoI 杀菌剂

1. 概述

早在 20 世纪 60 年代，捷克科学家 Musilek V. 等在一种蘑菇(*Oudemansiella mucida*)中首次发现了 strobilurin A，并将这种物质用于治疗人类的皮肤病。直至 1981 年，Becker 等报道了 strobilurin A、strobilurin B、oudemansin A、myxothiazole A 等衍生物的抗菌活性和新颖的作用机制后，才引起农药研究者的普遍关注。

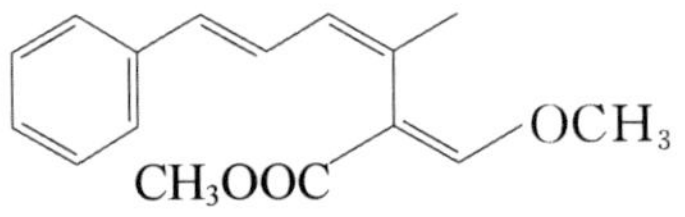

strobilurin A

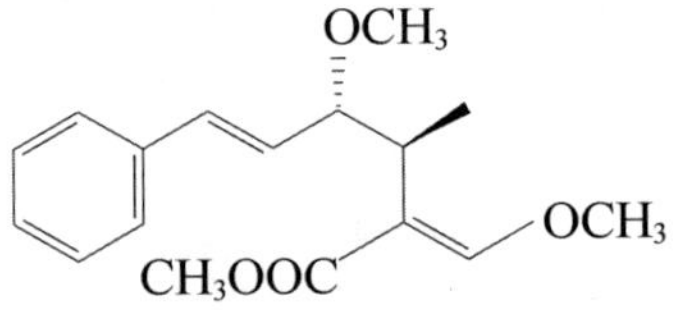

oudemansin A

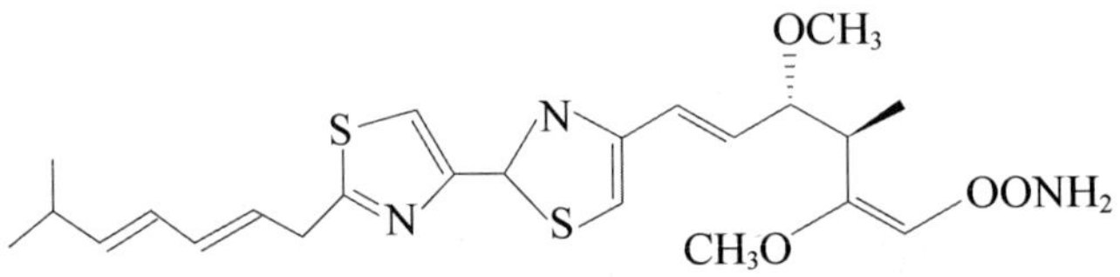

myxothiazol A

至目前为止，已经报道有 30 多个此类抗生素，其中 strobilurin 类 14 个。由于天然抗生素 strobilurin A 的光稳定性差，见光分解、易挥发等不良物理特性，不能直接应用于田间，于是捷利康和巴斯夫公司对 strobilurin A 的结构进行了大量的研究，于 1992 年分别开发出甲氧丙烯酸酯类杀菌剂嘧菌酯和醚菌酯。由于该类杀菌剂具有广谱的杀菌活性，独特的作用机制和高效安全等优点，引起了全世界各大农药公司的开发热情。到目前为止已有 10 余种已经商品化或即将商品化的甲氧基丙烯酸酯类杀菌剂品种。

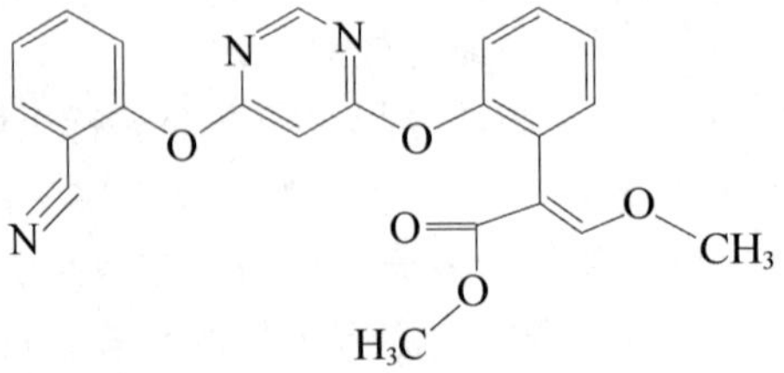

嘧菌酯(azoxystrobin)

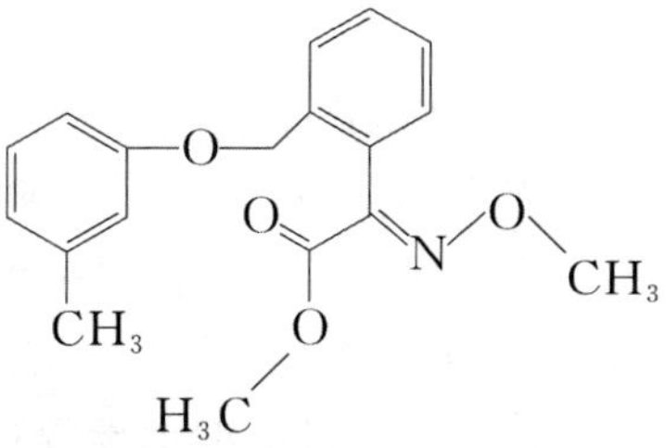

醚菌酯(kresoxim-methyl)

1998年发现了肟菌酯,1999年拜耳公司将该产品推向市场;2000年发现、2001年率先在德国登记的啶氧菌酯是又一个重要品种,该产品主要用于谷物,对小麦叶枯病、网斑病和云纹病有较其他strobilurins类杀菌剂更强的传导和治疗效果。巴斯夫公司继1996年向市场推出醚菌酯以来,又分别于2002年、2003年和2006年在市场开发了唑菌胺酯、醚菌胺和肟醚菌胺,其中唑菌胺酯以其优异的广谱性迅速得到推广。日本盐野义公司1993年研究发现的苯氧菌胺于1998年上市,成为防治水稻稻瘟病的优良品种。嗣后,沈阳化工研究院成功研发的烯肟菌酯和烯肟菌胺等,浙江化工研究院研发的苯醚菌酯等都是该类很有市场前途的杀菌剂品种。

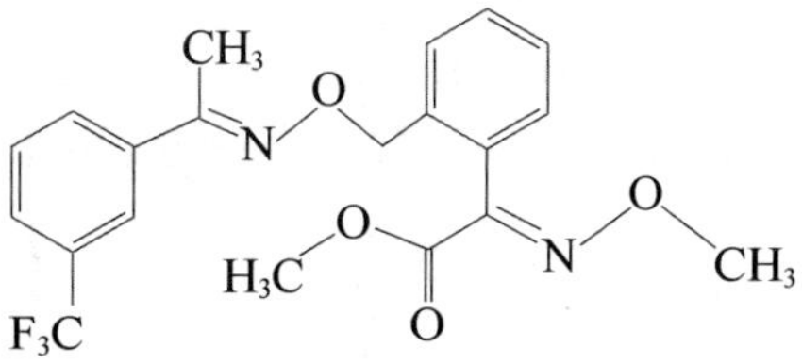

肟菌酯(trifloxystrobin)

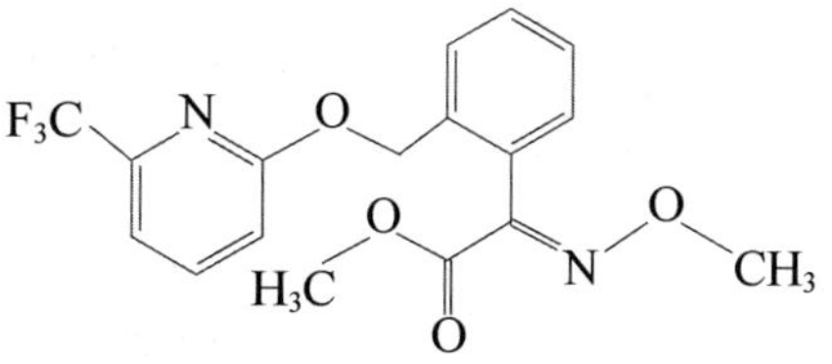

啶氧菌酯(picoxystrobin)

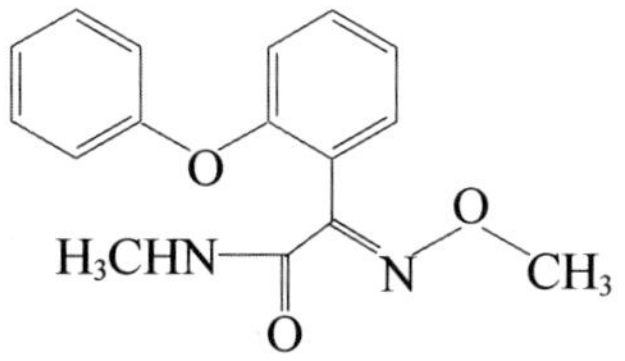

苯氧菌胺(metominostrobin)

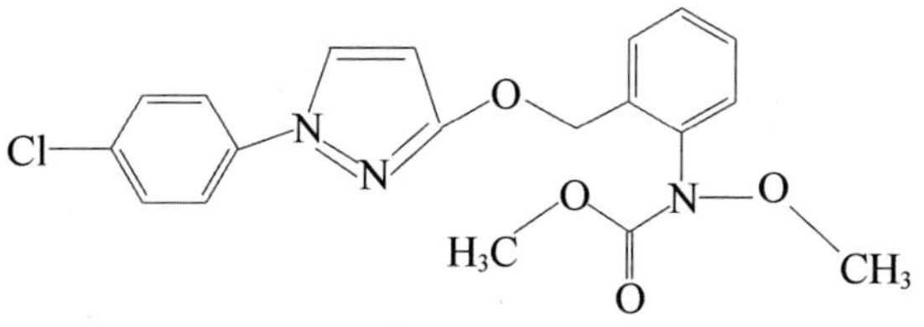

唑菌胺酯(pyraclostrobin)

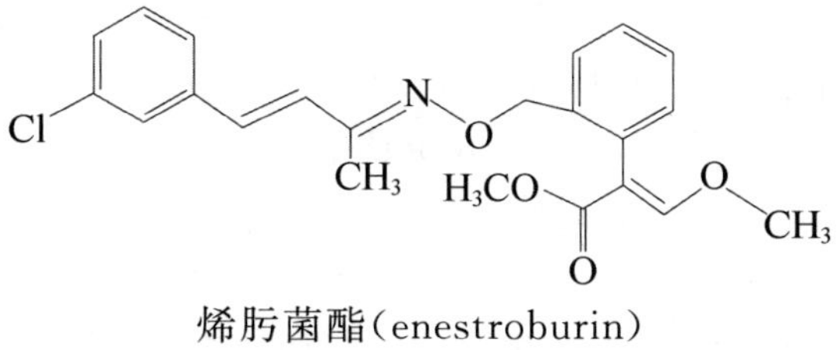

烯肟菌酯(enestroburin)

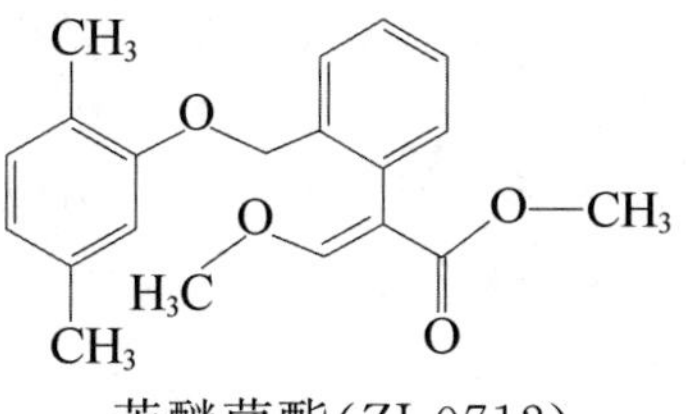

苯醚菌酯(ZJ 0712)

由于这类药剂作用位点专单一,1996年在欧洲开始用于小麦白粉病的防治,1998年就在德国北部3个地区检测到抗性个体,抗性倍数大于500。1999年,在德国的其他地区及法国、比利时、英国和丹麦也检测到了抗性菌株。1999年,Ishii等报道在日本监测到黄瓜和甜瓜上的白粉病菌和霜霉菌对阿米西达(嘧菌酯)的抗药菌株,所以FRAC目前认为这类杀菌剂具有高抗药性风险。

2. 结构与活性

Strobilurins类杀菌剂是以天然化合物 strobilurins A 及 *Oudemansiella mucida* 为模型设计合成的化合物(日本盐野义公司的苯氧菌胺例外),它们克服了 strobilurin A 见光易分解、难以商品化的缺点,保留了先导化合物中的活性基团β-甲氧基丙烯酸酯,通过交换与双键结合的苯基、嘧啶基等,以使其亲水亲油性平衡,从而提高化合物的渗透性。一些品种的活性基团有所改变,但它们可被视为β-甲氧基丙烯酸酯的电子等排物。Strobilurins类杀菌剂的活性基团大致可分为:①甲氧基丙烯酸酯类,这类品种有嘧菌酯、啶氧菌酯、烯肟菌酯、苯醚菌酯、UBF-307和嘧螨酯(杀螨剂)。②甲氧基氨基甲酸酯类,这类品种有唑菌胺酯。③肟基乙酸酯类,这类品种有醚菌酯和肟菌酯。④肟基乙酰胺类,这类品种有苯氧菌胺、醚菌胺、肟醚菌胺和烯肟菌胺。⑤唑烷二酮类,这类品种有噁唑菌酮。⑥咪唑啉酮类,这类品种有咪唑菌酮。⑦肟基二噁嗪类,这类品种有氟嘧菌酯。这些活性基团基本处于同一活性水平,并优于其他活性基,当其几何异构体由反式E变为顺式Z时,活性降低;当羰基C═O变为硫代羰基C═S时,活性亦骤减。到目前为止,甲氧基丙烯酸酯类、肟基乙酸酯类及肟基乙酰胺类化合物占主导地位。

以上各化合物的活性基团中都含有一个羰基氧原子,该氧原子被认为是用来与酶结合的,且大多数化合物中的活性基团都是与苯环相连接的。苯环则被视为 strobilurins 类杀菌剂的桥(图4-1)。由图4-1可见,活性基团和侧链的变化构成了 strobilurins 类杀菌剂结构上的变化,它们在 bc_1 复合物中的具体结合位点会有一些差异,从而造成了各化合物生物活性和抗性风险的不同。

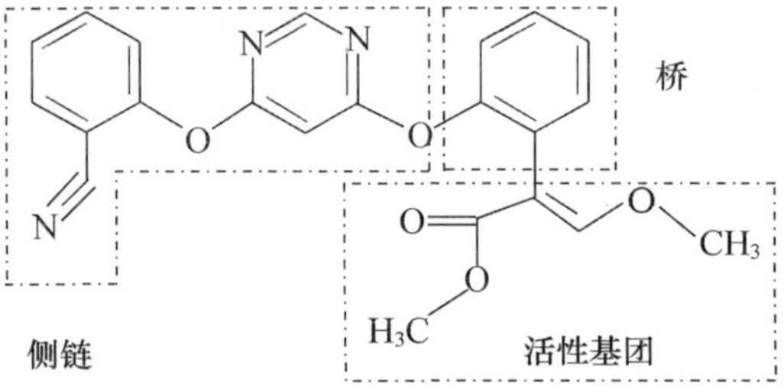

图4-1 strobilurins杀菌剂的活性结构(以嘧菌酯为例)

在 strobilurins 类化合物中,变化较多的是侧链,且侧链大多在活性基团的邻位。在侧链结构中,有芳氧基、杂芳氧基、芳氧烷基、杂芳氧烷基等,有的还在侧链中引入氟原子、氯原子和三氟甲基等吸电子基团,以优化 strobilurins 类杀菌剂的活性。

这类杀菌剂具有广谱、高效、安全、环境友好等特点,能同时有效地防治子囊菌门、担子菌门、半知菌门真菌和卵菌引起的病害,对环境和非靶标生物友善,对作物的产量和品质均有一定的提高和改善。与目前使用的杀菌剂不存在交互抗性。嗜球果伞素类杀菌剂可以防治绝大多数作物的绝大多数真菌病害。但是对少数病害也有加重危害的现象,可能是因为阻止或抑制了对病原物有拮抗作用的天然微生物群落的形成。

3. 毒理

Strobilurins杀菌剂属于线粒体呼吸抑制剂,药剂与线粒体电子传递链中复合物Ⅲ(Cyt-

bc_1 复合物)结合,阻断电子从 $Cytbc_1$ 复合物流向 Cytc,阻止 ATP 合成,干扰真菌细胞的呼吸作用,破坏能量形成,从而抑制靶标菌生长或杀死病原菌。因为该类杀菌剂是与线粒体内膜外壁 Qo 位点(CoQ 的氧化位点)的 Cytb 低势能血红素结合的抑制剂,为此这类杀菌剂也称为 Qo 位点抑制剂。

七、羧酸氨基化合物类杀菌剂

1. 概述

杀菌剂烯酰吗啉是由巴斯夫公司在 20 世纪 80 年代末开发并投入市场的杀菌剂,其对植物卵菌病害具有优异的保护和治疗作用,且与甲霜灵等苯基酰胺类杀菌剂无交互抗药性。因此,该杀菌剂一经投入市场便受到世界各国使用者的青睐,逐步成为继甲霜灵之后用于卵菌植物病害防治的主要杀菌剂。另外,该类杀菌剂对人类、环境安全,目前也是世界农药公司研究的热点之一。1994 年,我国沈阳化工研究院以烯酰吗啉为先导,以氟原子替代了烯酰吗啉苯环上的氯原子开发出氟吗啉。

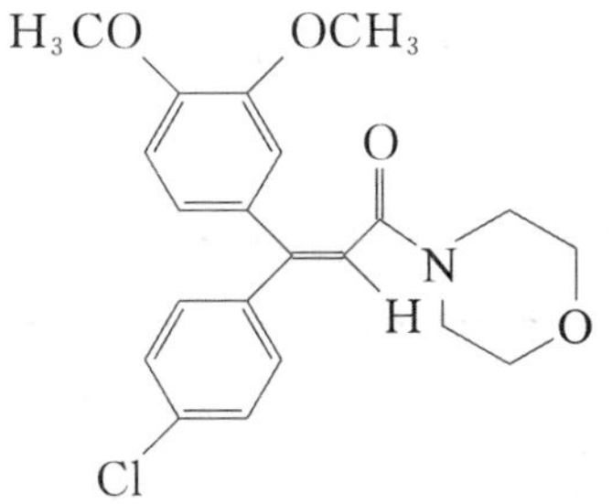

烯酰吗啉(dimethomorph)

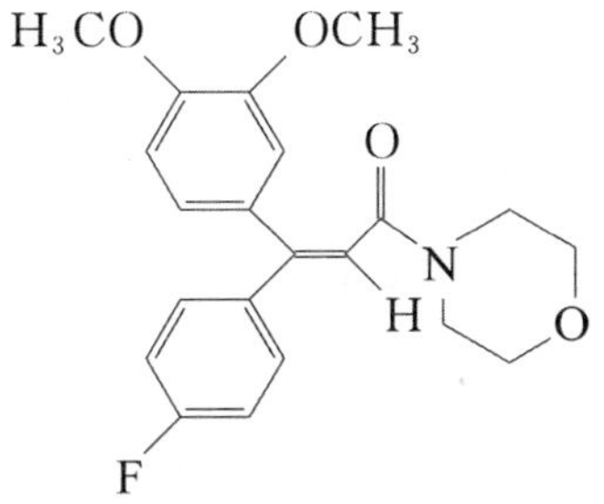

氟吗啉(flumorph)

1998 年,拜耳公司推出第一个缬氨酸氨基甲酸盐类杀菌剂异丙菌胺,该杀菌剂对多数卵菌植物病原菌如霜霉属和疫霉属病菌具有优异的保护、治疗和铲除效果。2003 年,日本组合化学公司推出杀菌剂苯噻菌胺(benthiavalicarb),该杀菌剂同样对卵菌具有优异的防治效果。在苯噻菌胺的基础上,日本组合化学公司于 2005 年推出了具有更高活性的苯噻菌胺。

另外,陶氏益农、巴斯夫等农化公司也开发出同类杀菌剂,并有望近年投入市场。近年来先正达公司在 CAA 类杀菌剂的研发上也取得了突破性进展,开发出第一个商品化的扁桃酰胺类杀菌剂双炔酰菌胺,该杀菌剂能有效地防治植物卵菌病害,尤其对霜霉菌和疫霉菌有特效,公司预计于 2007 年将该杀菌剂投入市场。意大利农药企业 Isagro 公司计划用作防治霜霉病的杀菌剂 valiphenal 于 2008 年年底首次推出。

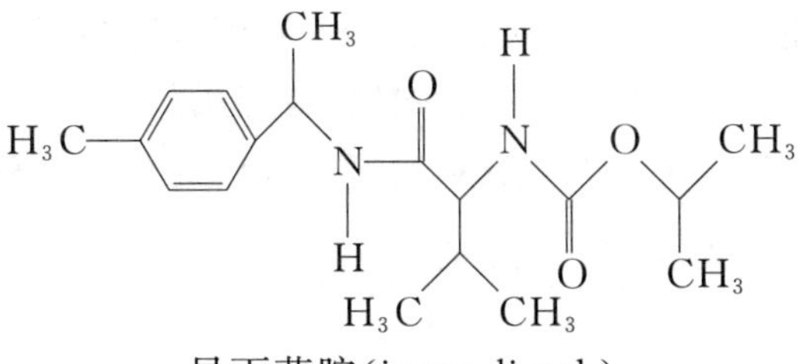

异丙菌胺(iprovalicarb)

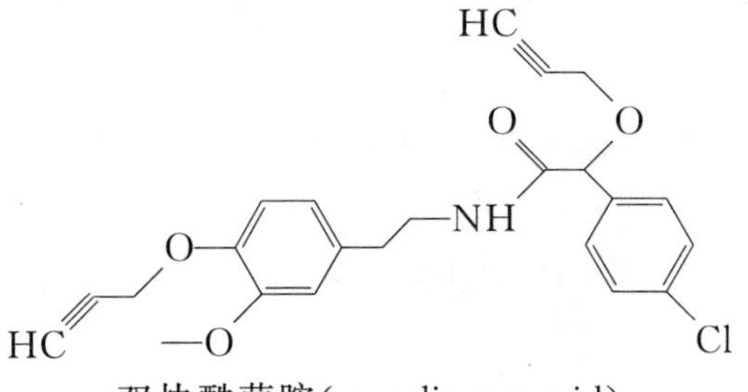

双炔酰菌胺(mandipropamid)

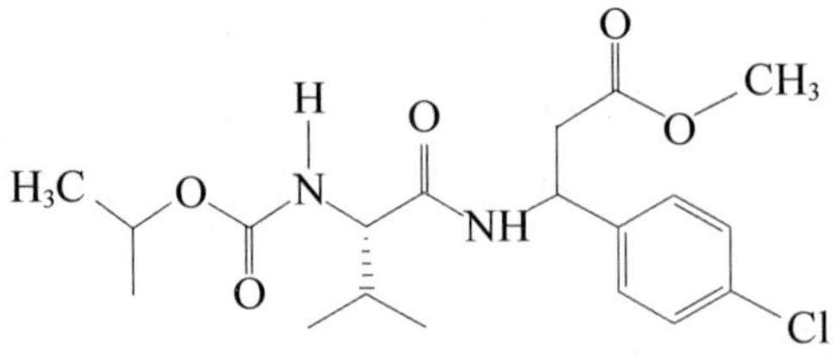

valiphenal

2. 结构特点

根据化学结构的差异将 CAA 类杀菌剂分为 3 类(表 4-2),即苯乙烯酸类、缬氨酸氨基甲酸盐类和扁桃酸氨基化合物类。这几类杀菌剂均具有相似的生物活性和防治谱。

表 4-2 CAA 类杀菌剂分类

苯乙烯酸氨基化合物 (cinnamic acid amides)	烯酰吗啉 dimethomorph (1989) 氟吗啉 flumorph (1998)
缬氨酸氨基甲酸盐 化合物 (valinamide carbamates)	异丙菌胺 iprovalicarb (1999) 苯噻菌胺 benthiavalicarb (2003) 异苯噻菌胺 benthiavalicarbisopropyl (2005)
扁桃酸氨基化合物 (mandelic acid amides)	双炔酰菌胺 mandipropamid (2007)

3. 生物活性

CAA 类杀菌剂对植物卵菌病害具有优异的保护和治疗作用,且与甲霜灵等苯基酰胺类杀菌剂无交互抗药性。对多数卵菌植物病原菌如霜霉属(葡萄霜霉、黄瓜霜霉、莴苣霜霉、白菜霜霉等)和疫霉属病菌(马铃薯和番茄晚疫病菌、辣椒疫霉菌、黄瓜疫病菌等)均有优异的保护、治疗和铲除效果,但对腐霉属和其他类真菌均没有明显的抑制效果。该杀菌剂对人类、环境安全。

4. 作用方式和应用

从第一个 CAA 类杀菌剂烯酰吗啉投入市场至今已经有 20 多年的历史,但有关该类杀菌剂的作用机制研究还不是很清楚。从所有 CAA 类杀菌剂都具有相似的杀菌谱和对靶标菌不同生长发育阶段都具有一致的抑制作用的特征可以推测,这些杀菌剂可能具有相似的作用机制。研究表明,CAA 类杀菌剂对游动孢子的释放和游动没有抑制作用。从 CAA 类杀菌剂对具有细胞壁的所有阶段均具有明显的抑制作用,而对不具有细胞壁的游动孢子阶段没有影响的特性可以推测,CAA 类杀菌剂可能影响细胞壁物质的合成。对烯酰吗啉、异丙菌胺和氟吗啉的研究均表明,推测药剂可能干扰病菌细胞壁的形成,但药剂的具体靶标位点仍然不清楚。不同的 CAA 类杀菌剂具有不同的物理化学特性,因此,它们在植株体内吸收和传导行为存在差异,田间科学用药方式也会不同。

项目四 植物诱导抗病激活剂

一、概述

作为植物诱导抗病激活剂的杀菌剂自身并无杀菌或抑菌活性，但可以作为植物免疫系统的激活剂(elicitor)，能在DNA转录水平上调控特殊代谢相关基因的表达及病程相关蛋白(PR蛋白)的产生，激发植物启动自身的防御系统，以抵抗病原菌的侵染。这种现象通常称为植物诱导抗病性(induced resistance)，包括局部诱导抗病性(local induced resistance)和系统获得抗病性(systematic acquired resistance，SAR)。其中系统获得抗病性一直是植物病害防治研究领域的一项重要内容，它是指植物体经局部诱导后，在侵染点产生的抗病信号可传播至其他非诱导部位而使植物产生抗病性的现象。

一般可利用生物、物理的方法和化学物质作为诱导因子来处理植株，使其获得抗病性。例如，可使用非致病性或弱致病性菌株的活菌体、菌体培养滤液、菌体匀浆液或菌体细胞提取物等；也可用低剂量的紫外光(254 nm)照射，高低温处理水果或种子，会迅速激活某些防御反应基因的表达。用化学物质来诱导植物产生抗病性，是继生物诱导抗性研究之后而逐渐发展的新领域。无机化合物SiO和NaCl等可应用于植物根部土壤中诱导与防卫反应有关的生化变化；天然有机化合物水杨酸(salicylic acid，SA)和乙酰水杨酸(acetyl salicylic acid，ASA)均可对多种病原物具有诱导抗性；人工合成化合物2,6-二氯异烟酸(isonicotinic acid，INA)、β-氨基丁酸(BABA)在温室和大田使用能够保护植物免受多种真菌危害。

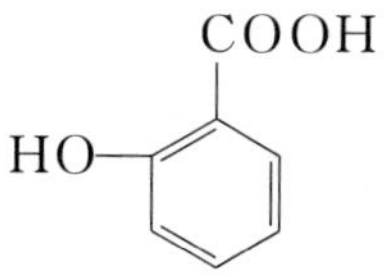

水杨酸(SA)

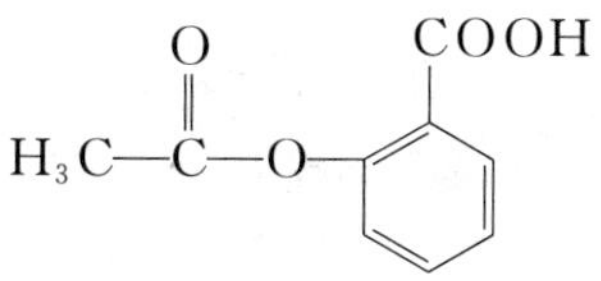

乙酰水杨酸(ASA)

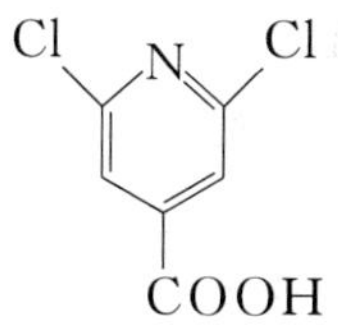

2,6-二氯异烟酸(INA)

1973年，M. Uchiyama等报道了烯丙异噻唑(probenazole，PBZ)的激活剂活性，随后日本明治制果公司进行了商品化生产，其成功开发对植物诱导抗病激活剂的发展起到了积极的推动作用。1984年，美国Albersheim发现寡糖能作为植物免疫系统的激活剂，随后在世界范围内报道并商品化的具有激活剂活性的寡糖包括葡聚寡糖、壳寡糖(几丁寡糖)、氨基寡糖、寡聚半乳糖醛酸等。寡糖也是目前中国已商品化的主要植物诱导激活剂种类。苯并噻二唑及其衍生物是一类可显著诱导植物系统获得抗性的代表性化合物，其中活化酯(acibenzolar)是1997年W. Kunz等报道在合成磺酰脲类除草剂时分离得到的一类化合物，经生物活性筛选得到了意料之外的诱导植物产生系统获得抗性的结果，原瑞士诺华农化有限公司对其进行开发生产，该产品也成为近年来成功商业化的环保型农药代表品种。

由于植物诱导抗病激活剂具备防治谱较广，对多种病原生物有效；其作用机制为诱导植物自身免疫系统对病原菌产生抗性，不会对病原菌构成选择压力，较难产生抗药性；内吸传导活性强，对人、畜和环境安全等特点，并有一些化合物显示出了对难于防治病害如维管束病害的防治潜力，因而得到了国内外广泛的关注。但因其特殊的防病机制，该类杀菌剂必须在发病前使用才能起到防治病害、保护植物的效果；通常其诱导效果与植物种类、生长时期、栽培措施等因素密切相关，因此田间实际使用中，大多产品表现为防效不稳定。目前还有诸多探索性的工作需要深入开展。但植物诱导抗病激活剂的发现和应用，对杀菌剂的应用技术和植保学科的发展均产生了重要的推动作用。

另外，还有一些杀菌剂除了对靶标菌具有一定的抑菌或杀菌活性，同时也表现出植物诱导抗病激活剂的作用，如有机磷类杀菌剂三乙膦酸铝可能通过诱导寄主植物体内产生酚类和倍半萜类的物质，而增强寄主的抗病能力。异噁唑类的内吸杀菌剂噁霉灵则能被植物根部吸收并在根系内移动，在植株体内代谢产生两种糖苷，对作物有提高生理活性的效果。严格地划分，这类杀菌剂不属于植物诱导抗病激活剂的范畴，分别在内吸性杀菌剂中介绍，在此不再赘述。

二、烯丙异噻唑

烯丙异噻唑(probenazole，PBZ)具有内吸传导作用，可以根施或叶部喷洒。在离体条件下，具有很弱的抑菌活性，在育秧或移栽前施于水稻植株上后，对于水稻稻瘟病具有显著的防治效果，对水稻白叶枯病也有较好的防效。其主要代谢产物1，2-苯异噻唑-1，1-二氧化物(BIT)也具有化学诱导作用。烯丙异噻唑属于低毒，对人、畜安全。

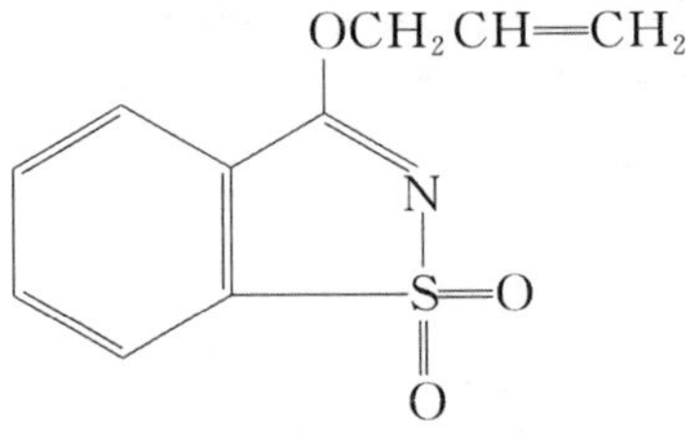

烯丙异噻唑

三、苯并噻二唑

苯并噻二唑(benzothiadiazole，BTH)及其衍生物是迄今为止防治效果表现最稳定的一类典型的植物诱导抗病激活剂。其对许多作物的多种病害有很好的防治效果，目前已研发出了系列产品，并逐步进行商品化生产。其毒性低、无公害，杀菌谱广，一经诱导能够抵抗多种病原生物的侵害，且不易产生抗药性。最具代表性的产品为苯并[1，2，3]噻二唑-7-硫代羧酸甲酯，其中文通用名为活化酯(acibenzolar)。

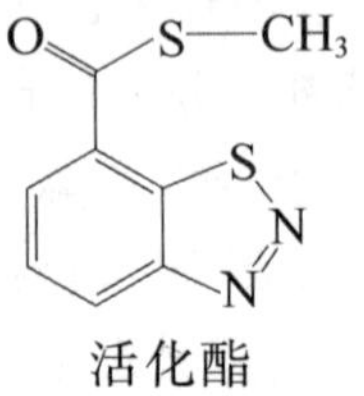

活化酯

1. 生物活性

活化酯是一种典型的植物诱导激活剂，离体条件下对病原菌无生物活性，预防性施用或者在发病早期施用后可使植物对多种真菌和细菌病害等产生防御作用，尤其对白粉病、锈病、霜霉病等效果显著。其活性高，施用量低，在禾谷类作物上用 30 g a. i. /hm^2 叶面喷施一次，可有效预防白粉病，且能兼防叶枯病和锈病。活化酯可与其他常规杀菌剂如甲霜灵、代森锰锌、烯酰吗啉等混用，提高其防治效果，且能扩大其的防病范围。活化酯具有较强的内吸传导作用，通过根部施药可迅速被植物吸收和传导到植株各个部位，施药时间和病原菌接种间隔 1 h，即可观测到对植株明显的保护效果；叶面施药则需要施药时间和病原菌接种间隔 24 h 以上，才可表现出明显的防治效果，但生产中习惯于叶部喷施。在推荐剂量下对作物安全，对人、畜低毒。

2. 作用机制

活化酯可激活植物的免疫系统，使其表现为系统获得抗性。可诱导植物体内病程相关蛋白 PR 蛋白的产生；苯丙氨酸解氨酶、几丁质酶、β-1,3-葡聚糖酶、过氧化物酶等一系列防御酶系活性的提高，以及本质素和酚类物质含量的提高。包括使植物细胞产生乳状突起、形成胼胝质等。

四、寡糖

真菌病原 Pmg（*Phytophthora megasperma* f. sp. *glycinea*）的菌丝体壁上分离到带分枝的 β-1,3 和 β-1,6 连接组成的葡聚七糖是首次被发现的寡糖激活剂，它能明显诱导大豆子叶中植保素积累。还原端少一个葡萄糖单元的六糖类也有类似于七糖的功能。由于葡萄寡糖（六糖）无毒、无公害而效率高，并可适用于小麦、番茄、瓜菜等多种高等植物，是理想的新一代杀菌剂。

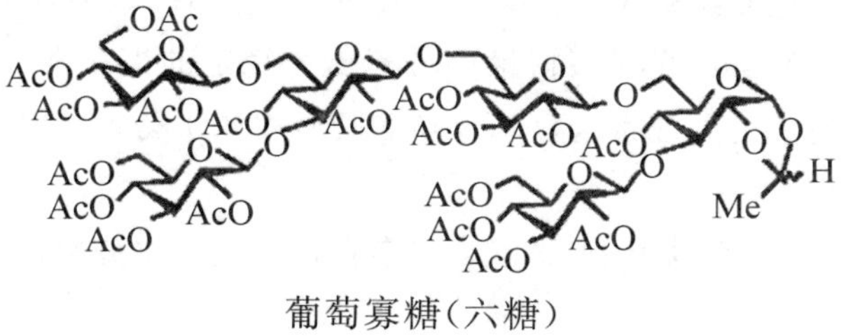

葡萄寡糖（六糖）

1. 生物活性

葡萄寡糖（六糖）广谱、高效，10 ng 寡糖激活剂应用于 1 g 植物组织即能产生足够的植保素。在活体条件下能抑制多种病原微生物的侵染，对于番茄叶霉病、小麦白粉病和西瓜枯萎病均具有良好的防治效果，并表现为提高作物抗病能力，延缓和减轻病害发生，提高农作物产量和品质等综合效能。寡糖通过喷施叶部或根部施药后能够被西瓜等植株快速吸收，在叶片中的传导表现为从叶缘向叶片中心分布的趋势。将叶部处理 8 h 和根部处理 24 h 后，寡糖即可以传导和分布到西瓜幼苗的整个植株体内，表明寡糖在西瓜幼苗植株体内具有较强的扩散和向基或向顶传导特征。

2. 作用机制

寡糖可诱导植保素、蛋白酶抑制剂的合成以及与病程相关 PR 蛋白的积累，并可使苯丙氨酸解氨酶、过氧化物酶多种防御酶系活性增强。

项目五　杀菌农用抗生素

杀菌农用抗生素(fungicidal argro-antibiotic),是指由细菌、真菌或放线菌等微生物产生的可以在较低浓度下杀死或抑制农作物病原菌的次生代谢产物。目前,我国已登记杀菌农用抗生素13种,其中包括井冈霉素、农抗120、多抗霉素、中生菌素、宁南霉素、申嗪霉素等,成为我国杀菌剂市场的重要组成部分。

一、概述

抗生素的研发始于1877年巴斯德关于微生物拮抗作用的发现。1929年Fleming发现青霉素、1944年Wakesman发现链霉素开创了抗生素的黄金时代。所用重要的抗生素类型(四环素类、头孢类、氨基糖苷类及大环内酯类)均是在20世纪40～50年代开发的。农用抗生素的研究与开发则相对滞后。早期用于防治农业病害的抗生素乃是医用的链霉素和土霉素,对苹果、梨、柑橘、烟草、蔬菜等作物的细菌性病害有独特的防治效果。但这些医用抗生素通常只对细菌性病害有效,而在植物病害中90%以上是真菌性病害。此外,医用抗生素在水果、蔬菜上普遍使用后,其抗生素残留即进入人体,可能有促进人体病原菌产生耐药性的风险。因此,必须研究与开发出为农业使用的农用抗生素。

日本科学家Fukunaga早在1955年从一株链霉菌2A-32J发酵液中发现灭瘟素A、B、C(blasticidin A、B、C),其中灭瘟素A对稻瘟病有良好的防治效果,但在光照下不稳定,未能大面积推广应用。1959年Misato等从发酵液中分离出光稳定的灭瘟素-S,但因其药害严重,防治不增产,直到将其改造成为灭瘟素苄氨基苯磺酸基后才减了药害,开发出第一个商品化的杀菌农用抗生素灭瘟素-S。

中国科学院微生物研究所也于1959年从广东省花县土壤中分离得到灭瘟素产生菌,开始了灭瘟素-S的商品化生产。

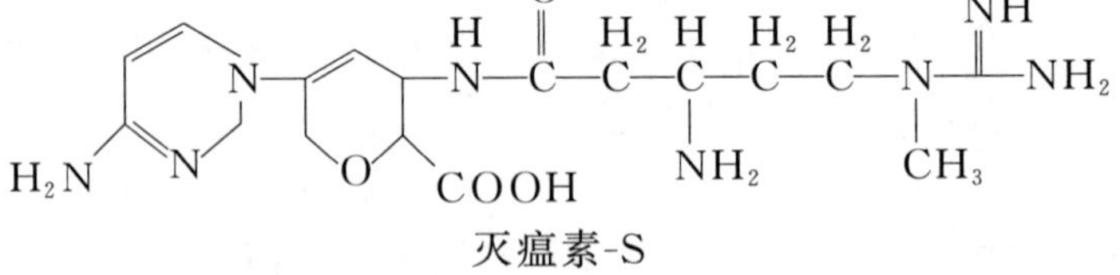

灭瘟素-S

灭瘟素-S主要用于防治水稻稻瘟病,具有保护兼治疗作用,可抑制病菌孢子萌发、菌丝生长及孢子形成。灭瘟素-S和稻瘟病菌原核细胞的50S核糖结合,阻断了肽基的转运和蛋白链的延长,从而抑制了蛋白质的合成。由于灭瘟素-S对人、畜毒性较大(大鼠急性经口LD_{50}为55.9～56.8 mg/kg),而且对人体的眼睛有强烈的刺激性,因此,现在基本上不再生产和使用灭瘟素-S。

1963年,Umegawa等从春日链霉菌 *Streptomyces kasugaensis* 分离出一种抗生素,即春

日霉素(kasugamycin)。1964 年,中国科学院微生物研究所从江西泰和县土壤中分离的小金色放线菌(*Actinomyces microanueus*)也产生和春日霉素相同的抗生素,命名为春雷霉素(kasugamycin)。春雷霉素为水溶性内吸性抗生素,具有保护作用和治疗作用,对稻瘟病、甜菜叶斑病、番茄叶霉病等真菌病害及黄瓜细菌性角斑病等细菌性病害都有良好的防治效果。春雷霉素是微生物蛋白质合成抑制剂,通过氨酰-RNA 与核糖体 30S 小亚基及 70S 大亚基结合而抑制蛋白质合成抑制菌丝生长。1965 年,Suzuki 及其同事从 *Streptomyces cacaoi* var. *asoensis* 发酵产物中发现多抗霉素(polyoxin)。1967 年,中国科学院微生物研究所也分离得到此菌。

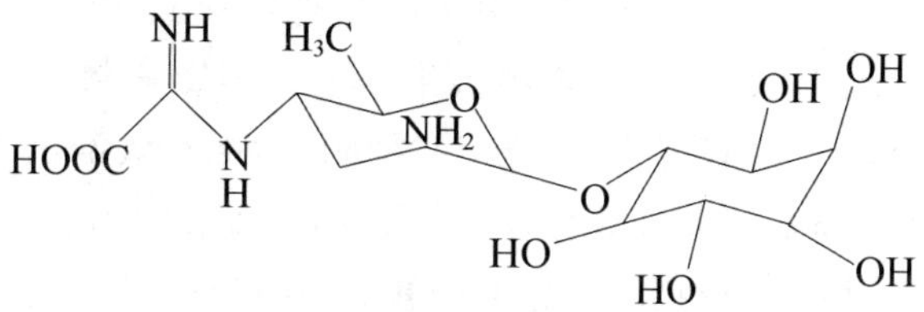

春雷霉素

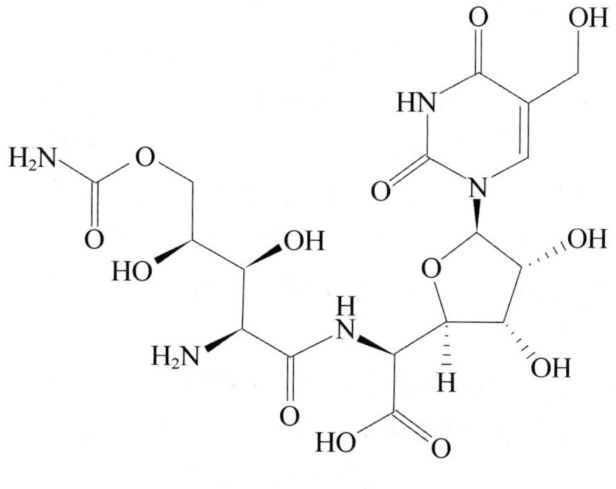

R=—CH₂OH 或—COOH

多抗霉素

多抗霉素是水溶性抗生素,是具有相同肽嘧啶核苷酸骨架的 14 种同系物的混合物,主要为多抗霉素 B 和多抗霉素 D。多抗霉素是一种水溶性内吸性杀菌抗生素,具有广谱抗菌性,对多种真菌病害,特别是对由交链孢菌引起的梨黑斑病和苹果斑点落叶病及由灰葡萄孢引起的灰霉病有良好的防治效果。此外,多抗霉素通过干扰病原菌细胞壁(几丁质)的合成,阻止病菌产生孢子和病斑扩大。

20 世纪 70 年代杀菌农用抗生素开发取得新的重大进展:日本科学家为水稻三大病害之一的水稻纹枯病找到一种特效抗生素,以及 1972 年 Horii 等报道的有效霉素(validamycin),其产生菌是 *Streptomyces hygroscopicus* var. *limoneus*。1973 年上海农药研究所独立发现的 *Streptomyces hygroscopicus* var. *jinggangensis* 菌也可以产生这种抗生素,命名为井冈霉素(jinggangmycin)。

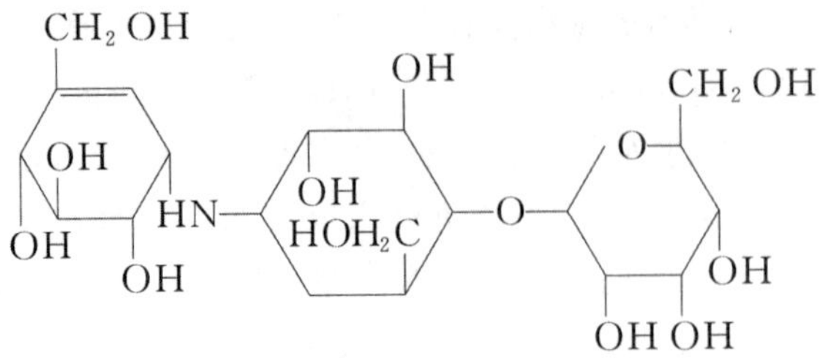

井冈霉素

井冈霉素是水溶性抗生素，由 7 种结构相似的组分有效霉素 A～G 组成，其中有效霉素 A 是主要活性成分。井冈霉素对由立枯丝核菌引起的多种农业病害防治显著，尤其对水稻纹枯病有特效，是我国迄今产量和用量最大的杀菌抗生素。井冈霉素对立枯丝核菌并无直接杀菌作用，但井冈霉素是立枯丝核菌 AG-1 海藻糖酸的抑制剂，能有效地阻止纹枯病菌从菌丝的基部向顶端输送营养（如葡萄糖），从而抑制菌丝的生长和发育。

麦类、果树、蔬菜等作物上的白粉病发生严重，长期依赖化学杀菌剂防治。Harada 和 Kishi 于 1978 年从 *Streptoverticillium rimofaciens* B-98891 菌株中开发出米多霉素（mildiomycin）。米多霉素不仅具有良好的保护作用，而且具有很好的治疗效果，并具有渗透性，对多种真菌病害有效，尤对白粉病高效，田间喷洒仅为 5～10 g/hm^2。

植物病毒病是一类以预防为主的病害，绝大多数杀菌抗生素都没有抗植物病毒作用。1997 年中国科学院成都生物研究所从西昌地区分离的链霉菌（*Streptomyces noursei* var. *xichangensis*）发酵液中分离鉴定出抗生素宁南霉素（ningnanmycin）。

宁南霉素为水溶性胞嘧啶核苷肽型抗生素，就分子结构而言，是 kangaki 等 1962 年报道的抗肿瘤药物谷氏菌素（gougerotin）的异构体，其差别在于谷氏菌素的丝氨酸为 D 型，而宁南霉素的丝氨酸为 L 型。

宁南霉素保护与治疗兼备，除对香蕉束顶病、麦类白粉病、大豆根腐病及某些病害有较好的防治效果外，还对烟草、番茄、辣椒及瓜类病毒病有一定防治效果。

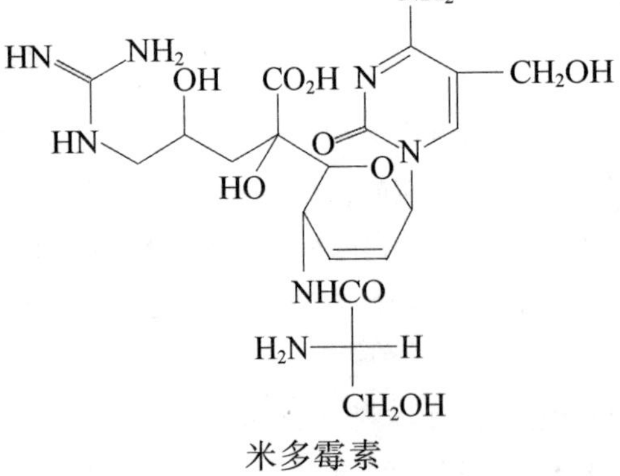

米多霉素

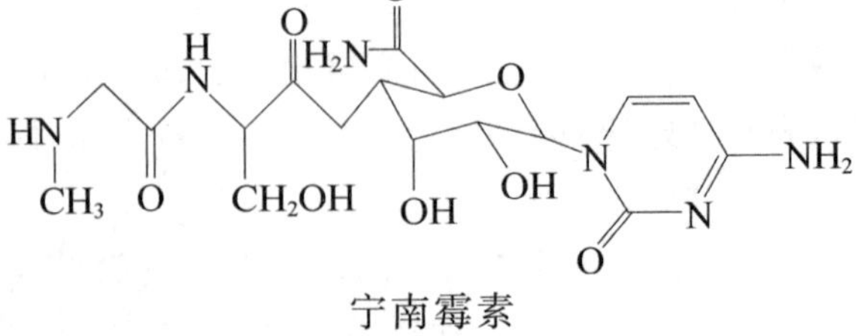

宁南霉素

除上述几种外，较重要的杀菌农用抗生素品种尚有多马霉素（natamycin，pimaricin）、公主岭霉素（gongzhulingmycin）、中生菌素（zhongshengmycin）、武夷菌素（wuyiencin）、梧宁霉素（tetramycin）、农抗 120 等。

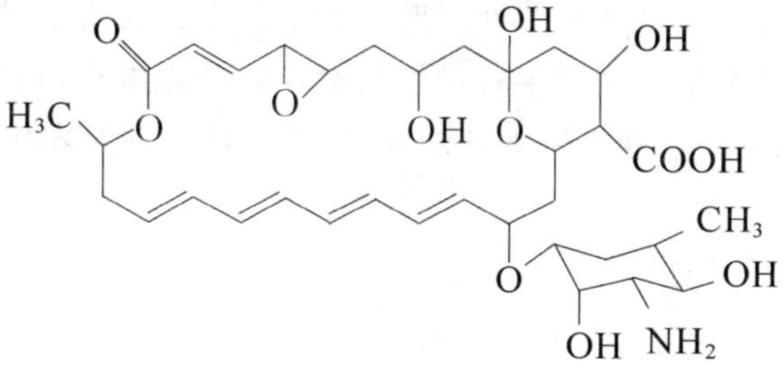

多马霉素

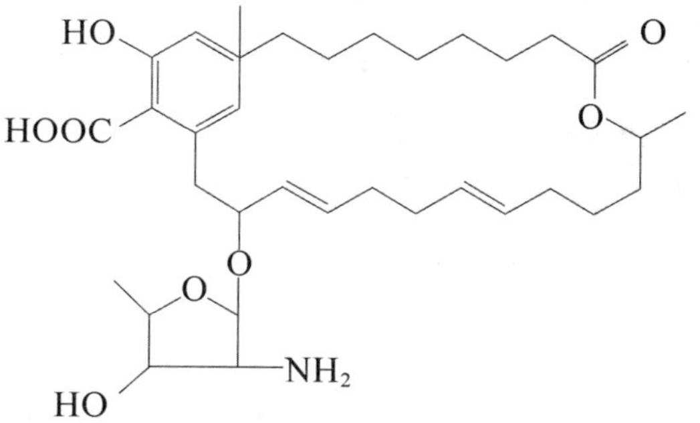

梧宁霉素 A(结构同四环素)

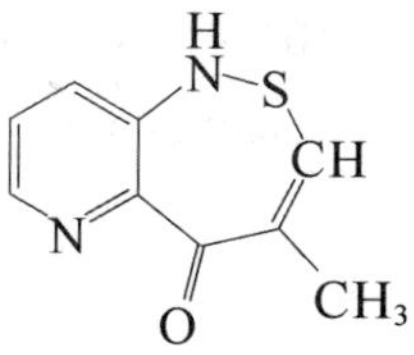

公主岭霉素

二、杀菌农用抗生素的特性

杀菌农用抗生素均为微生物,特别是放线菌的次生代谢产物,属于生物源天然产物的范畴。和传统的合成化学杀菌剂相比,杀菌农用抗生素具有下述特点。

1. 毒性

杀菌农用抗生素对哺乳动物的毒性多数为低毒,使用中对人、畜比较安全。如春雷霉素大鼠急性经口 LD_{50} 大于 5 000 mg/kg,兔急性经皮 LD_{50} 大于 2 000 mg/kg;米多霉素大鼠急性经口 LD_{50} 为 4 120～4 300 mg/kg,大鼠急性经皮 LD_{50} 大于 5 000 mg/kg;井冈霉素大鼠急性经口 LD_{50} 大于 2 000 mg/kg,大鼠急性经皮 LD_{50} 大于 5 000 mg/kg。只有个别品种如灭瘟素-S急性毒较大,大鼠急性经口 LD_{50} 为 55.9～56.8mg/kg,大鼠急性经皮 LD_{50} 大于 500 mg/kg,严重眼刺激性;属于中等毒性的品种有公主岭霉素、农抗 120 及中生霉素,后者大鼠急性经口 LD_{50} 为 237～316 mg/kg,大鼠急性经皮 LD_{50} 大于 2 000 mg/kg。

2. 对环境和生态影响

农用抗生素对环境的压力较小,对非靶标生物安全。由于杀菌农用抗生素均为微生物次生代谢物,一般只含有碳、氢、氧、氮 4 种元素,在环境中易于降解,本身又多是低毒化合物,因而不存在严重的环境污染或农产品残留性问题。大多抗生素属水溶性化合物，一般都加工成水剂、可溶性粉剂，避免了乳油等剂型中有机溶剂对环境的影响。对许多农田非靶标生物，特别对鸟类、兽类、蚯蚓、鱼类及害虫天敌等比较安全，大多数品种对农作物及有益微生物的影响亦较小。

3. 生物活性和应用

大多产品具有内吸传导活性，可被植物组织吸收并在植物体内运转，因而兼有内吸性，保护和治疗作用。可采用根部土壤处理或叶部喷施药剂等多种方式进行药剂处理，这对于防治一些维管束病害、根部病害十分有利。但杀菌农用抗生素的作用位点单一，而且大多数是蛋白质合成抑制剂，因此靶标病原菌容易对其产生抗药性。例如，春雷霉素 1965 年在日本产业化后，仅使用了 3 年就检测到水稻稻瘟病菌对它的抗药性，至 1972 年这种抗药性在日本稻田已成为一个严重问题。因此杀菌农用抗生素不宜单一长期使用，而应注意和其他杀菌剂的轮换使用和混合使用。

【模块小结】

植物病害是严重危害农作物的自然灾害之一。根据联合国粮农组织估计，全世界的谷物和棉花生产因病害常年损失 10%以上。植物病害不仅可引起农作物产量的减少，同时在一定程度上还严重威胁到农产品的质量安全和国际贸易。历史上有很多因植物病害的大面积爆发和流行给人类带来重大的灾难的事件，著名的“爱尔兰大饥荒”，即是 1845 年由于马铃薯晚疫病的严重流行而造成的重大案例。

植物病害化学防治的历史伴随着植物病害的发生而发展，迄今已有一个多世纪的历史实践和应用。人类在与自然灾害长期抗争中逐渐总结和研发出系列的杀菌剂用于植物病害的防治，并随着时代的发展，不断地推陈出新，目前已有 300 多种杀菌剂有效成分可以用来防治多种植物病害。伴随着人类文明和科学技术的进步，将会有更多的高效、低毒、低残留、环境友好型的杀菌剂被研发和应用，在农业生产中发挥重要的作用。

【模块巩固】

1. 简述杀菌剂防治植物病害的主要原理。
2. 简述三唑类杀菌剂的作用机理及其特点，并列举 2 个有代表性的品种。
3. 简述苯并咪唑类杀菌剂的作用机制及其使用现状。
4. 列举 3 类可防治卵菌病害的杀菌剂，并简述其作用机制。
5. 简述甲氧基丙烯酸酯类杀菌剂嘧菌酯的特点及其作用机制。
6. 简述波尔多液和石硫合剂的防病特点，两者是否可以混合使用？阐述原因。
7. 简述农用抗生素的种类与发展应用概况。

模块五
杀线虫剂

【知识目标】

通过本模块学习，学生了解杀线虫剂的作用方式，作用原理，常用杀线虫剂的特点、性质、防治对象和使用方法，达到合理使用杀线虫剂，减少环境污染。

【能力目标】

掌握各类杀线虫剂中常用品种的主要理化性能、毒性大小、防治对象及使用方法；重点掌握几种杀线虫剂的生物活性和应用，以便能够在生产上正确、合理的使用。

项目一　熏蒸性杀线虫剂

一、概述

熏蒸性杀线虫剂是通过在土壤中扩散起到熏蒸消毒作用的挥发性液体或气体杀线虫剂。该类是开发与应用最早的杀线虫剂类型，多数品种因药效差或环境安全性问题已被禁用，仅有棉隆(dazomet)等几个品种在生产上仍有应用，且其中一些品种并非专用杀线虫剂，而是对病、虫、草甚至鼠都有效的杀生物剂。

1871 年，Kuhn 在德国首先用二硫化碳防治甜菜孢囊线虫(Heterodera schachtii)，但防治效果不够理想。1900—1920 年，Bessey 在美国对二硫化碳防治根结线虫(Root-knot nematodes)进行了大量试验，但没有有关二硫化碳作为杀线虫剂商品化的报道。甲醛、氰化物、石灰等也曾被用于防治线虫，但由于毒性高等原因而未能大面积推广。1920 年，Mathews 报道氯化苦(chloropicrin)具有杀线虫作用。1927—1928 年，Johnson 和 Godfrey 在美国夏威夷用氯化苦防治菠萝根结线虫取得理想效果。1935 年，Godfrey 进一步证实了氯化苦对菠萝根结线虫的防效，并能显著提高菠萝产量。此后氯化苦作为第一个商品化的杀线虫剂得到了广泛应用。1940 年，Christie 和 Cobb 采用溴甲烷(methyl bromide)防治菊花叶部线虫，但由于药害严重而未被推广。同年，Taylor 和 McBeth 首次将溴甲烷用作土壤熏蒸杀线虫剂，取得了良好的防治效果。1943 年，美国夏威夷菠萝研究所的昆虫专家 Walter Carter 偶尔发现 D-D

混剂(1,3-二氯丙烯 1,3-dichloropropane 和 1,2-二氯丙烯 1,2-dichloropropane)具有很好的杀线虫效果。1944 年,DOW 化学公司在美国加利福尼亚,1945 年,Christie 在马里兰应用 1,2-二溴乙烷(ethylene dibromide,EDB)熏蒸土壤防治根结线虫取得理想效果。D-D 混剂和 EDB 的出现是植物病原线虫化学防治时代的开始。1955 年,McBeth 和 Bergson 报道了二溴氯丙烷(1,2-dibromo-3-chloropropane,DBCP)的杀线虫活性。

由于存在对人及环境的不良影响,卤化烃类杀线虫剂的发展受到了限制,一些品种相继被禁用。毒理试验证明,DBCP 对试验动物有致突变和致癌作用,并可引起男性不育。1977 年美国首先禁用 DBCP。EDB 不仅能使人、畜致癌,而且还能使精(卵)子的遗传基因失常,使胎儿致畸、致残、致突变和肝、肾受损等。许多国家均已禁止 EDB 的生产使用。我国于 1984 年 12 月 6 日决定禁止生产、进口、销售和使用 EDB。D-D 混剂用量大、易燃、施用与储运皆不方便,其中约占总量 1/2 的 1,2-二氯丙烷药效甚低,为了保护生态环境,1984 年后已不再销售。

溴甲烷在常温下为气体,能够在土壤颗粒间扩散和渗透,可有效地杀灭土壤中的真菌、细菌、线虫、病毒、昆虫、螨类、啮齿动物、寄生性种子植物及杂草等各种土栖有害生物。20 世纪 90 年代以来大量研究证实,平流层中的溴甲烷能够在短时间内耗减臭氧,使臭氧浓度迅速降低,是现已查明的 89 种臭氧层消耗物质(ODS)之一。1992 年内罗毕会议和同年在哥本哈根召开的"关于消耗大气臭氧层物质"蒙特利尔议定书第四次缔约国大会将溴甲烷列为受控物质,要求发达国家于 2005 年全面淘汰溴甲烷,发展中国家于 2015 年全面淘汰溴甲烷。

1,3-二氯丙烯(1,3-dichloropropane)、碘甲烷(methyl iodide)、异硫氰酸烯丙酯(allylisothiocyanate,AITC)、异硫氰酸甲酯(MITC)、二甲基二硫化物(DMDS)、氰胺化钙(calcium cyanamide)、环氧丙烷(propylene oxide)、叠氮化钠(sodium azide)、丙烯醛(acrolein)、硫酰氟(sulphuryl fluoride)等是潜在的溴甲烷替代品。

$H_2C{=}CH{-}CH_2{-}N{=}C{=}S$

异硫氰酸烯丙酯

$H_3C{-}N{=}C{=}S$

异硫氰酸甲酯

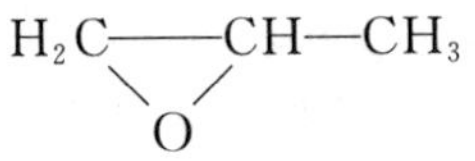

环氧丙烷

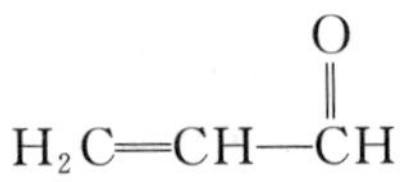

丙烯醛

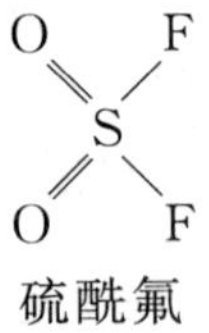

硫酰氟

二、主要类型

熏蒸性杀线虫剂主要包括卤化烃和硫代异硫氰酸甲酯两类化合物。

1. 卤化烃类

卤化烃类杀线虫剂具有较高的蒸气压,多是土壤熏蒸剂,通过药剂在土壤中扩散而直接毒杀线虫。主要品种有氯化苦、碘甲烷、D-D 混剂、EDB、DBCP、二氯异丙醚(DCIP)、1,3-二氯丙烯等。

$$Cl—CH_2—CH═CH—Cl$$

1,3-二氯丙烯

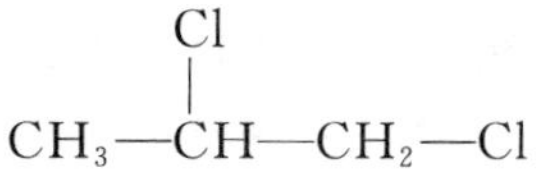

1,2-二氯丙烯

2. 硫代异硫氰酸甲酯类

硫代异硫氰酸甲酯类杀线虫剂能释放出异硫氰酸甲酯(methyl isothiocyanate),使线虫中毒死亡。主要品种有威百亩(metam)和棉隆(dazomet)。

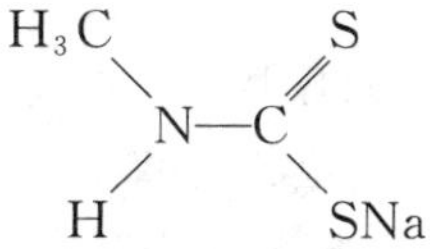

威百亩

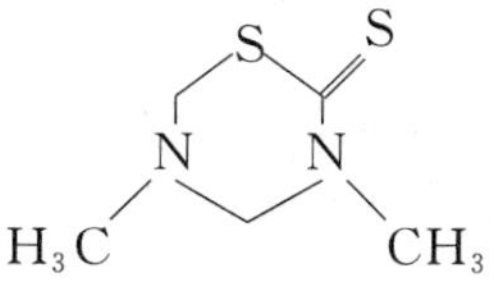

棉隆

三、生物活性与应用

氯化苦具有广谱的杀虫、杀菌、杀线虫和杀鼠作用,进行土壤熏蒸可有效防治土壤中多种植物病原线虫。1,3-二氯丙烯用于果树、蔬菜、花卉等多种作物种植前土壤处理,对于线虫具有很好的防效。然而,1,3-二氯丙烯具有慢性毒性,在土壤和水中的残留会对环境和人类健康造成较大压力。其残留引起的水污染问题在美国许多州已有报道,美国新的环保法规对 1,3-二氯丙烯的应用地区和使用剂量都做了更严格的规定。

威百亩和棉隆均是广谱的熏蒸性杀线虫剂,并能兼治土壤真菌、地下害虫及杂草,易在土壤及其他基质中扩散,杀线虫谱广,对绿色植物有杀伤作用,使用不当易产生药害,影响作物生长。棉隆不会在植物体内残留,但对鱼毒性较高,且易污染地下水。

卤代烃类杀线虫剂是通过烷基化作用或氧化作用使线虫中毒死亡。中毒线虫最初表现为过度活动,继而麻醉,最终死亡。卤代烃是烷基化试剂,生物体内的蛋白质,特别是酶分子中均拥有巯基、羟基或氨基,卤代烃可与它们发生烷基化反应,而使酶失去原有的活性或使活性受到抑制,因而导致线虫死亡。这种烷基化反应属于双分子亲核取代反应(Sn2)。

$$\text{酶}\cdot AH+RX \xrightarrow{\text{烷基化作用}} \text{酶}\cdot AR+HX$$

卤代烃也可以与土壤水发生单分子亲核取代反应(Sn1),而使药剂失去活性。所以,Sn2 反应活性强而 Sn1 反应活性弱的卤代烃,应具有较强的杀线虫活性。另一作用机制是发生在细胞色素链 Fe^{2+} 离子部位的氧化作用,氧化作用的结果是使线虫呼吸作用受阻,最终导致线虫死亡。EDB 对线虫蛋白质烷基化反应作用的速度比氧化作用慢得多,因此在实际应用的剂量下,氧化作用似乎是更重要的。

异硫氰酸甲酯是氨基甲酰化试剂。一般认为它的杀线虫作用是通过与酶分子中的亲核部位(如氨基、羟基、巯基)发生氨基甲酰化反应来实现的。

$$酶 \cdot XH + S{=}C{=}N{-}CH_3 \longrightarrow 酶 \cdot X{-}C{-}NHCH_3 \quad 其中\ X=O,S,NH_2$$

熏蒸性杀线虫剂主要用于土壤处理防治植物病原线虫。一般在播种或移栽前 10～20 天撒施或沟施，施后覆土或用地膜覆盖，1～2 周后松土通气，然后播种或移栽。作物生育期施用容易造成药害。土壤质地、温度、湿度等因素对该类杀线虫剂药效影响很大，为确保良好药效和避免药害，土壤温度宜保持在 12～20 ℃，土壤含水量保持在 40%以上。

项目二　非熏蒸性杀线虫剂

一、概述

非熏蒸性杀线虫剂并非直接杀死线虫，而是起麻醉的作用，影响线虫的取食、发育和繁殖行为，延迟线虫对作物的侵入及危害峰期。非熏蒸性杀线虫剂处理后，虽然线虫密度没有明显下降，但是增产显著。目前，使用的非熏蒸性杀线虫剂都具有一定的内吸性，只针对危害植物的线虫而不影响不危害植物的肉食性线虫，所以也称为选择性杀线虫剂(selective nematicide)。这类杀线虫剂在有效剂量下对作物较安全，在作物播种期和生长期均可使用。

1950 年，Raski 等报道了采用对硫磷(parathion)喷洒植株可防治草莓叶线虫(*Aphelenchoides fragariae*)。1955 年，Manzelli 报道的有机磷杀线虫剂除线磷(dichlorofenthion)被公认为是第一个非熏蒸的土壤杀线虫剂。20 世纪 70—80 年代相继开发成功了丰索磷(fensulfothion)、胺线磷(diamidfos)、丁环磷(fosthiethan)等 10 余个品种，并被广泛地应用于多种线虫病害的防治。有机磷杀线虫剂的开发，使杀线虫剂的应用进入了一个新的阶段，即由强熏蒸性作用的杀线虫剂发展到内吸、胃毒和触杀等多种作用方式的杀线虫剂，其用药方法多样化，施药时间更为灵活。

1969 年美国 Union Carbide Corporation 公司开发出了涕灭威(aldicarb)，1969 年美国 DuPont 公司开发出杀线威(oxamyl)，同期美国 FMC 公司开发出克百威(carbofuran)等氨基甲酸酯类杀线虫剂。

20 世纪 70 年代以来，结构中引入$R{-}CH_2CF{=}CF_2$基团的三氟丁烯类化合物成为研究热点。三氟丁烯类化合物具有杀线活性高、环境兼容性好，并具有一定的杀虫杀螨作用的特点，开发前景广阔。

1986 年，美国 FMC 公司公布了三氟丁烯硫代碳酸酯类化合物Ⅰ，对植物病原线虫高效。

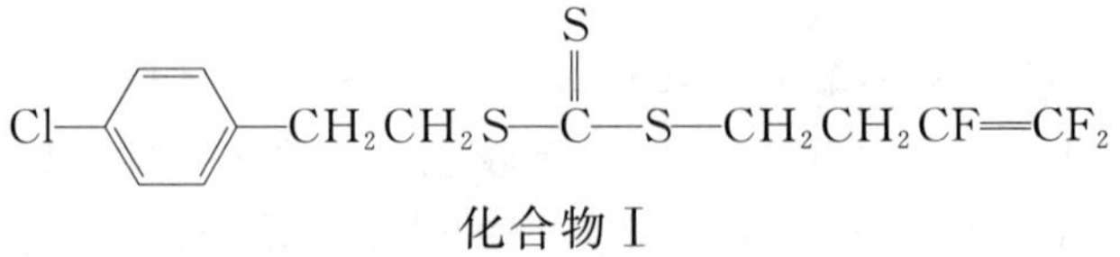

化合物Ⅰ

1986 年，美国 Staufer 化学公司开发了含三氟丁烯基的三硫代磷酸酯类化合物(见通式Ⅰ)，可作为土壤杀虫、杀螨剂使用，并具有杀线虫作用。

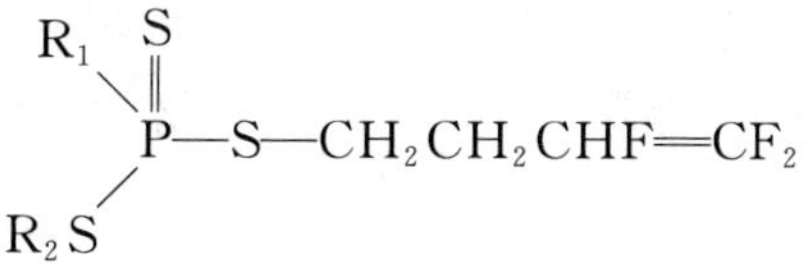

R_1=CH_3—，C_2H_5—；R_2=t—C_4H_9，S—C_4H_9

通式Ⅰ

1990年，德国 Dieter 等开发了含1,3,4-噻二唑环的三氟丁烯类化合物Ⅱ，具有杀虫、杀螨、杀线虫活性。

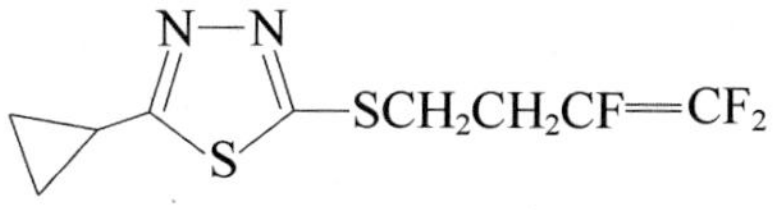

化合物Ⅱ

1993年，英国 Turnbull 等公布了一系列具有杀线虫活性的含嘧啶环的三氟丁烯类化合物Ⅲ、Ⅳ、Ⅴ、Ⅵ、Ⅶ和含苯并噁唑环的三氟丁烯类化合物Ⅷ，可用于控制多种植物寄生线虫和土壤穴居线虫。

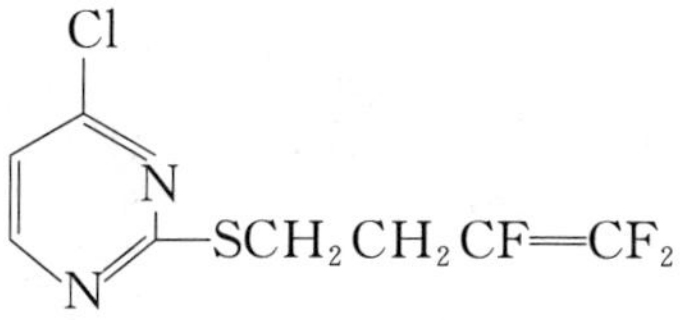

化合物Ⅲ

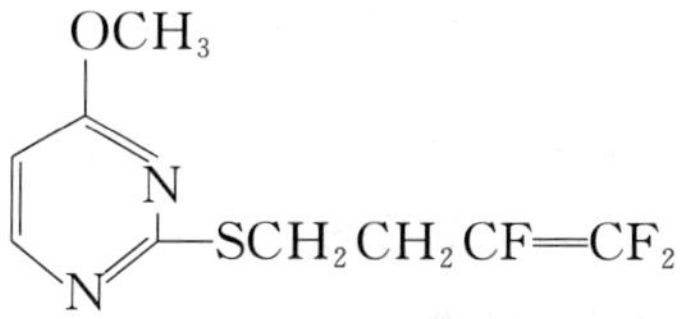

化合物Ⅳ

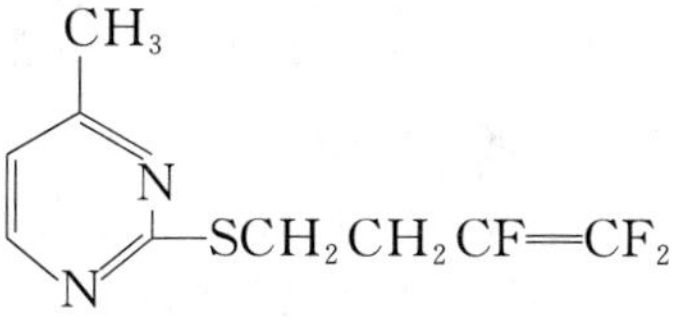

化合物Ⅴ

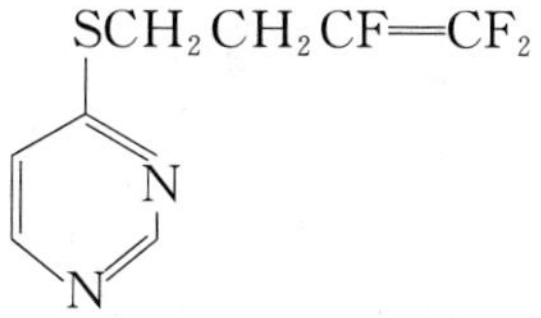

化合物Ⅵ

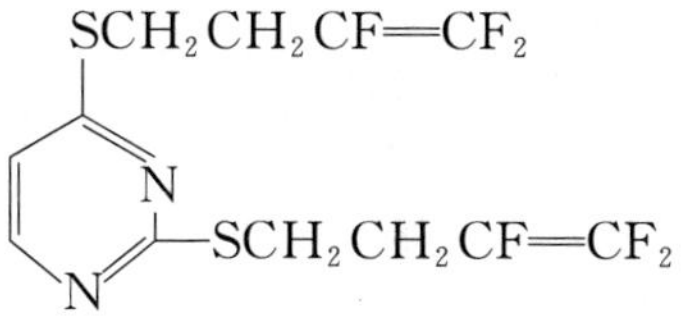

化合物Ⅶ

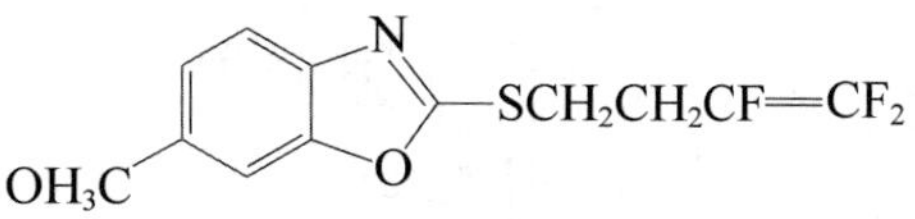

化合物Ⅷ

1997年，德国 Bayer AG 公司开发了具有杀线虫活性的苯甲酸三氟丁烯酯类化合物Ⅸ和化合物Ⅹ。

化合物Ⅸ

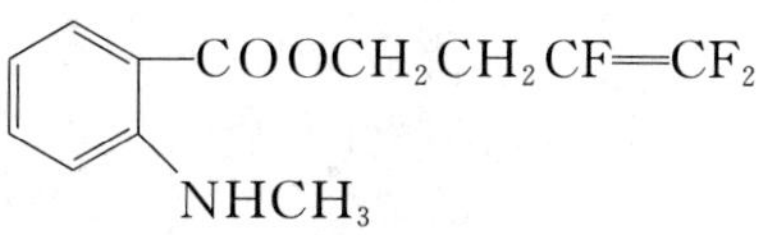

化合物Ⅹ

1998 年，英国 Charles 等开发了化合物XI作为杀线虫剂使用。随后日本拜耳农药株式会社对其进行改造，在丁烯双键上添加一个氟原子，合成了化合物XII，发现其杀线虫活性更强，杀线虫谱极广，并对作物安全。

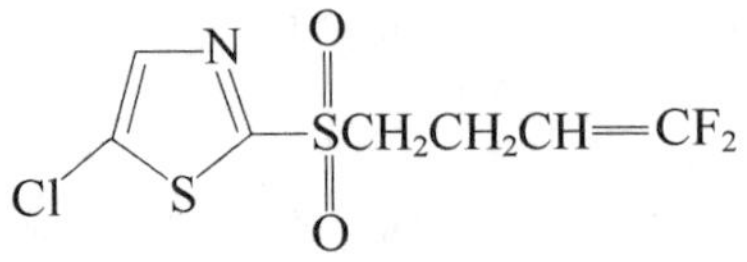

化合物XI

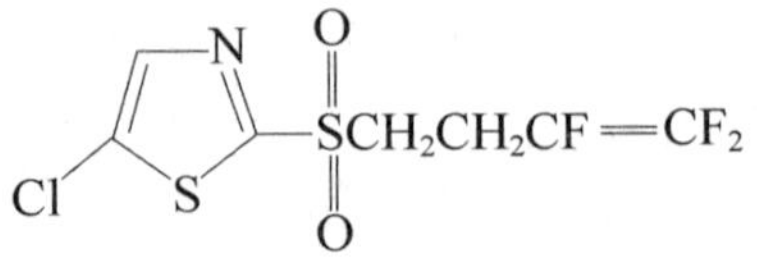

化合物XII

2003 年，Bayer 公司 Watanabe 等公布了一类含噁唑环的三氟丁烯类化合物，其中综合控制线虫活性突出的为化合物XIII。

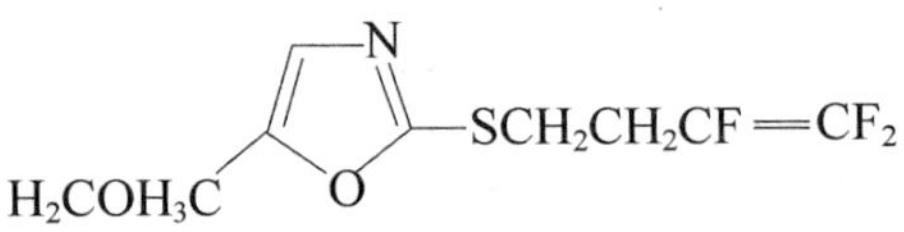

化合物XIII

二、主要类型与理化性质

非熏蒸性杀线虫剂主要包括有机磷类、氨基甲酸酯类和三氟丁烯类化合物。以有机磷类和氨基甲酸酯类杀线虫剂为主。

1. 有机磷类杀线虫剂

由于田间使用剂量过大等原因，多数国家已不再使用除线磷、丰索磷。胺线磷和丁环磷的原开发公司已停止生产。目前常用的专用有机磷杀线虫剂有苯线磷(fenamiphos)、灭线磷(ethoprophos)、氯唑磷(isazofos)、噻唑磷(fosthiazate)、丁硫环磷(fosthietan)、虫线磷(thionazin)和甲基异柳磷(isofenphos methyl)。此外，一些有机磷杀虫剂兼有杀线虫作用，如毒死蜱(chiorpyrifos)、乐果(dimethoate)、辛硫磷(phoxim)、甲拌磷(phorate)、三唑磷(triazophos)等。

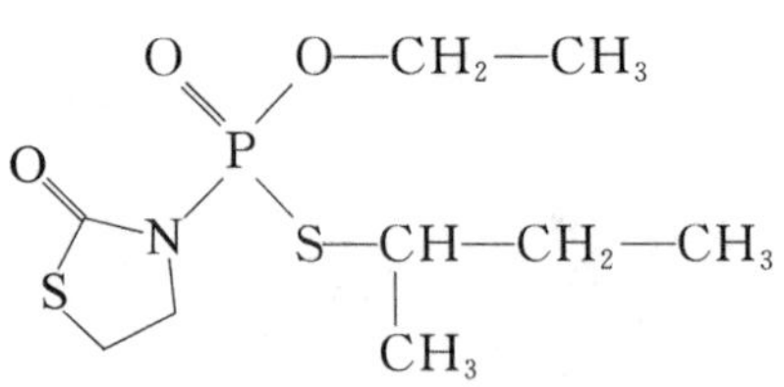

噻唑磷

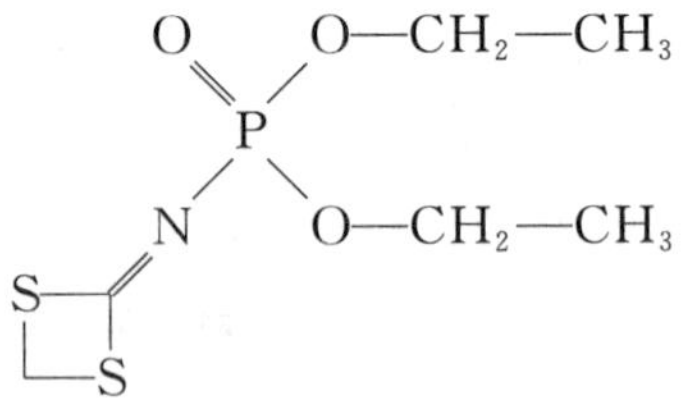

丁硫环磷

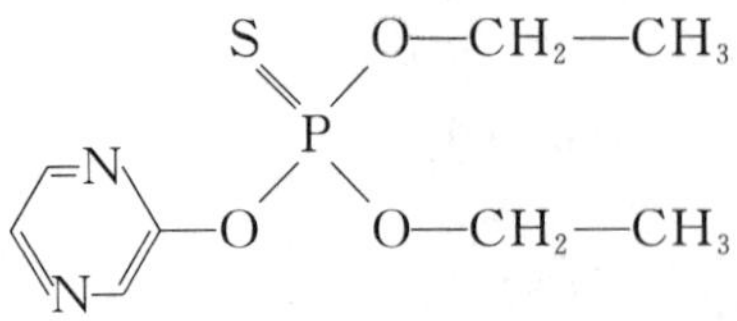

虫线磷

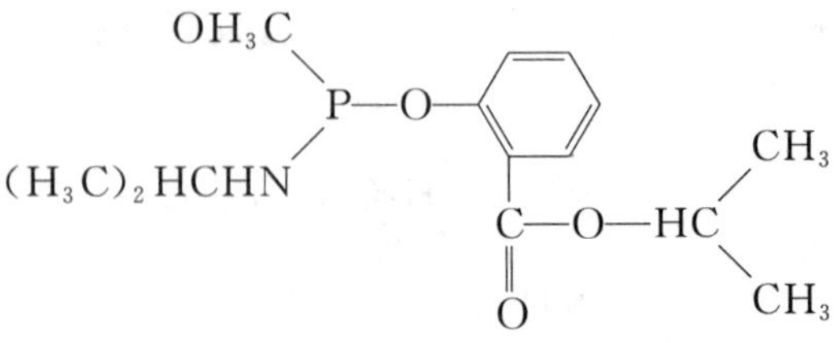

甲基异柳磷

有机磷类杀线虫剂多数品种在水中溶解度较高，与甲苯、乙腈、二氯甲烷、甲醇、异丙醇等有机溶剂混溶。在中性和弱酸性条件下稳定，在碱性条件下迅速分解。蒸气压低，无熏蒸活性。

2. 氨基甲酸酯类杀线虫剂

氨基甲酸酯类杀线虫剂杀线威是专用的杀线虫剂。此外氨基甲酸酯类杀虫剂中一些品种兼有杀线虫活性，如克百威、涕灭威(aldicarb)、涕灭砜威(aldoxycarb)、丁硫克百威(carbosulfan)等。

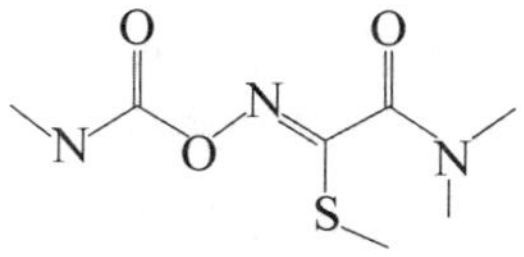

杀线威

氨基甲酸酯类杀线虫剂多数品种可溶于水，易溶于甲苯、二氯甲烷、异丙醇等有机溶剂。在中性和弱酸性介质中稳定，在碱性介质中易分解。蒸气压低，熏蒸活性差。

3. 三氟丁烯类杀线虫剂

氟原子具有模拟效应、电子效应、阻碍效应和渗透效应等特殊性质。在农药分子中引入氟原子，可显著提高其生物活性。三氟丁烯类杀线虫剂是含氟的一类化合物。其水溶性较低，溶于多种有机溶剂。挥发性差，无熏蒸作用。

三、生物活性与应用

有机磷类和氨基甲酸酯类线虫剂杀线虫谱较广。药剂从根部进入植物内，经叶片向顶部和基部输导，多数品种在植物体内可以上下传导，同时也能良好分布于土壤中。由于水溶性较高，可借助雨水或灌溉水进入作物的根层，对线虫的防治提供了双重的保护作用。该类药剂对作物安全，在土壤中很少有残留，是理想的杀线虫剂。可用于柑橘、棉花、观赏植物、马铃薯、大豆、烟草、果树、花生和蔬菜上防治多种线虫，并兼治多种有害昆虫。

有机磷类和氨基甲酸酯类杀线虫剂杀线虫作用的机制与它们的杀虫机制是类似的。线虫生理学研究表明，多种线虫神经传导的轴突部位存在乙酰胆碱酯酶(AchE)。有机磷类和氨基甲酸酯类化合物的杀线虫机制是抑制 AchE 的活性，进而阻碍线虫正常的神经传导。但这两类化合物对线虫 AchE 的抑制作用是可逆的，只是麻痹而非杀死线虫。当把中毒麻痹的线虫从药液中移出置于净水中后，线虫可复苏。例如，燕麦真滑刃线虫(*Aphelenchus avenae*)和 *Panagrellus redivivus*(一种自由生活线虫)用甲拌磷处理之后，线虫体紧紧卷着几乎不再动。此时其胆碱酯酶分别受抑 96%和 93%，而将这两种麻痹的线虫从药液中取出放入水中 48～72 h之后，线虫可以完全恢复正常。所以这两类药剂对植物的保护作用并不在于杀死线虫，主要在于损伤线虫的神经纤维作用的活性，从而减少线虫的活动，抑制线虫侵入植物摄取食物的能力，并破坏雌虫引诱雄虫的能力，因而导致线虫的发育、繁殖滞后。

三氟丁烯类化合物，主要作为杀线虫剂使用，杀线虫谱广，兼有杀虫、杀螨作用，其代谢机理与其他杀线虫剂不同，效果显著，具有良好的开发前景。

Wright 1981 年报道，在田间尚未发现植物病原线虫抗药性，原因可能与杀线虫剂在土壤中施用有关。杀线虫剂在土壤中的持效期短，施用次数少，沟施或穴施时只影响作物根部周围的线虫，未施药土壤中的线虫不断迁入，这些因素的综合作用结果，延缓了抗药性产生的速度。实际上一些研究报告中已有线虫产生抗性种的记载，例如在温室连续10次施用涕灭威，钩针线虫（*Paraty lenchus hamatus*）和起绒草茎线虫（*Ditylenchus dipsaci*）均出现抗性种群或居群。因此在实际应用杀线虫剂防治植物病原线虫的过程中，应避免连续多次施用同一类型或同一种杀线虫剂，在那些经常用兼具杀线虫作用的杀虫剂地区，还要警惕产生交互抗药性的产生。

非熏蒸性杀线虫剂可以在播种前、播种同时、移栽时及作物生长期使用。施药方式有沟施、穴施、撒施、蘸根或施入灌溉水流入作物田中。该类杀线虫剂多为高毒品种，使用时应注意防护。丙线磷是触杀型杀线虫剂，一些作物对其较敏感，药剂不能与种子直接接触，施药后应覆盖一层薄土或有机肥，再播种、覆土，避免种子接触药剂产生药害。

【模块小结】

杀线虫剂（nematicide）是用于防治植物病原线虫的药剂。线虫属于无脊椎动物线形门线形纲。植物和土壤中的植物寄生性线虫是植物侵染性病害的主要病原之一。由于线虫具有能主动趋向和用口针刺入寄主，并自行转移为害的特点，其给农作物造成的损失比其他病害更难于估测。全球每年因线虫为害导致的作物产量损失约780亿美元。历史上曾用二硫化碳、甲醛等化合物防治植物病原线虫，但防效甚微。目前世界上只有30种左右的杀线虫剂，常用品种仅10余种。新型、高效、环境友好的杀线虫剂亟待开发。

按照用途不同，杀线虫剂分为两类：一类是专性杀线虫剂，即在使用浓度下只对线虫有活性的农药；另一类是兼性杀线虫剂，即在使用浓度下对土壤中大多数生物都有活性的农药。按照作用方式不同，杀线虫剂可分为熏蒸性杀线虫剂（fumigant nematicide）和非熏蒸性杀线虫剂（nonfumigant nematicide）。

【模块巩固】

1. 杀线虫剂可分为哪些类型？
2. 简述熏蒸性杀线虫剂开发沿革。
3. 简述非熏蒸性杀线虫剂的作用机制。
4. 试论杀线虫剂的发展趋势。

模块六

除草剂

【知识目标】

通过本模块学习，学生了解除草剂的选择性、吸收和输导，掌握各类除草剂的性能、作用方式、防除对象和使用方法，适当减少除草剂的使用量，减少污染，保护环境。

【能力目标】

具备各类除草剂的分类能力，了解各类除草剂的生物活性和作用特性，掌握各类除草剂的使用技术，能进行简单的农田杂草防除工作。

项目一　除草剂的分类、特性及发展史

一、除草剂的分类、选择性和杀草特性

(一)除草剂的分类

除草剂(herbicide)是能够防除杂草而不伤害有益栽培植物的药剂。由于除草剂的化学结构、选择性、传导、作用方式和处理方法的不同而分为不同的类型。

(1)根据除草剂的化学结构特点，除草剂可分为苯氧羧酸类、苯甲酸类、芳氧苯氧基丙酸类、环己烯酮类、酰胺类、取代脲类、三氮苯类、二苯醚类、联吡啶类、二硝基苯胺类、硫代氨基甲酸酯类、有机磷类、磺酰脲类、咪唑啉酮类、磺酰胺类、吡啶羧酸类、酞酰亚胺类、腈类、嘧啶水杨酸类、吡唑类、三酮类等。

(2)根据除草剂对作物与杂草的选择性，除草剂可分为选择性除草剂和灭生性除草剂。

选择性除草剂：在一定环境条件与用量范围内，能够有效地防除杂草而不伤害栽培作物的除草剂。

灭生性除草剂：在常用剂量下可以杀死所有接触到药剂的绿色植物的除草剂。主要应用于铁路、公路、工厂、仓库、森林防火道及非耕地，也可用于作物田定向和保护性施药。

(3)根据除草剂在植物体内的传导性,除草剂可分为触杀性除草剂和传导性除草剂。

触杀性除草剂:除草剂被植物吸收后,在体内不传导,只起到局部杀伤作用,使植物接触药剂的部位受害。

传导性除草剂:植物吸收除草剂后可在体内进行共质体或非共质体传导的药剂。

(4)根据除草剂的使用方法,除草剂可分为茎叶处理剂、土壤处理剂和土壤兼茎叶处理剂。

茎叶处理剂:在杂草出苗后喷洒到茎叶上使其死亡的除草剂。

土壤处理剂:喷洒在土壤表面,以杀死未出土杂草的除草剂。

土壤兼茎叶处理剂:既能用于土壤处理,也能用于茎叶处理的除草剂。

(二)除草剂的选择性

除草剂的选择性包括形态选择性、生理选择性、生物化学选择性和人工选择性。

(1)形态选择性。由作物与杂草形态差异造成的,主要表现在叶片形态、生长点位置、胚芽鞘、根系特点等。

(2)生理选择性。由于作物和杂草对除草剂生理反应的差异而导致的选择性,这种差异主要存在于植物对除草剂的吸收与传导。

(3)生物化学选择性。生物化学选择性是除草剂的真正选择性,具有这样选择性的除草剂品种用于作物田的安全幅度最大,这种选择性是通过除草剂在植物体内进行一系列生物化学变化而实现的,这些生物化学变化基本上都是酶促反应。

(4)人工选择性。有些灭生性除草剂如草甘膦等活性很强,杀草谱广,但缺乏选择性。在这种情况下,可以根据除草剂的特性,结合作物与杂草生物学特性的差异以及耕作栽培方法,在使用技术上人为赋予其选择性。

①位差选择性:利用作物与杂草的根系、种子或幼苗在土壤中所处位置的差异而造成的选择性。

②时差选择性:利用作物与杂草发芽及出苗期早晚的差异应用除草剂而导致的选择性。

③局部选择性:在作物生育期采用保护性措施或定向处理来喷洒灭生性除草剂的选择性。

(三)除草剂的作用特性

除草剂被植物根、芽和叶片吸收后,干扰植物的生理、生化反应,其中包括光合作用,细胞分裂,氨基酸、蛋白质及脂肪酸合成等,这些代谢过程中都是由不同的酶系统诱导,导致植物生长受到抑制或死亡。除草剂品种的作用靶标都是各种酶系统,通过对靶酶的抑制,最终干扰植物的代谢作用而发生除草效应。同一代谢过程中包括一系列生物化学反应,其中每个反应阶段都有不同酶诱导。因此,不同类型除草剂可能抑制同一反应,但其作用位点或靶标却存在明显差异,也有不同类型除草剂具有同一作用靶标。

除草剂类型及品种不同,其杀草特性与原理差异较大。各类除草剂的杀草原理见表6-1。

表 6-1　不同除草剂的杀草原理

抑制过程	作用方式	作用靶标	除草剂类型
抑制植物的生理过程	细胞分裂	微管系统(microtubule assembly)	二硝基苯胺类
	组织的发育	合成激素类(syntheti cauxins)	苯氧羧酸类
	物质的合成	类胡萝卜素生物合成(carotenoid biosynthesis)	烟酰替苯胺类 三酮类
		纤维素生物合成(cellulase biosynthesis)	腈类
		酯类合成(lipid synthesis)	硫代氨基甲酸酯类 酰胺类
抑制植物的代谢过程	光合作用	光合系统Ⅱ(PSⅡ)	三氮苯类 苯腈类 脲类
		光合系统Ⅰ(PSⅠ)	联吡啶类
	酶活性	乙酰乳酸合成酶(ALS,AHAS)	磺酰脲类 咪唑啉酮类 磺酰胺类 嘧啶水杨酸类
		乙酰辅酶 A 羧化酶(ACCase)	环己烯酮类 芳氧苯氧丙酸类
		5-烯醇丙酮酰莽草酸-3-磷酸合成酶(EPSPS)	有机磷类,草甘膦
		原卟啉原氧化酶(protox)	二苯醚类 酞酰亚胺类
		羟苯基丙酮酸双氧化酶(HPPD)	异噁唑烷二酮类 吡唑类
		谷氨酰胺合成酶(GS)	有机磷类 草铵膦

二、除草剂发展史

1895 年,法国葡萄种植者 M. L. Bonnet 发现硫酸铜喷洒液对野胡萝卜有杀灭作用,后来法国、英国均用硫酸铜大面积选择性防除野胡萝卜,这一偶然发现是农田化学除草的开端。在同一时期,美、英、法、德等国除了使用硫酸铜外,还使用硫酸亚铁、氯酸钠、硫酸及砷化物等无机化合物除草。直到 20 世纪 30 年代初,使用的除草剂都是无机金属盐和酸,它们的除草作用主要是依靠其腐蚀性,因此,用量大、选择性差、杀草谱窄、成本高、使用不方便。

第一个有机除草剂是 1932 年在法国发现的二硝酚(2-甲基-4,6-二硝基酚,DNOC),其滴到双子叶植物上后,使植物很快枯死,二硝酚的发现使除草剂进入了有机化合物的领域。虽然这些化合物的选择性不强,仅能局部杀死杂草植株,不能斩草除根,但却使除草剂向前迈进了一步。

1942 年内吸传导性除草剂 2,4-滴(2,4-二氯苯氧乙酸)的发现在除草剂发展中开创了新纪元。它不仅除草效果好、杀草谱广,而且对单双子叶植物具有显著的选择性,因而迅速在农业生产中大面积使用,开创了除草剂工业这一新领域。世界上许多化学公司竞相开发新的除草剂,促进了多种新型除草剂的合成及筛选。1951 年发现灭草隆(monuron)后,促使迅速合成与试验了许多个脲类化合物,因为脲分子易被多种取代基取代。1952 年发现了均三氮苯的活性,1958 年开发的莠去津(atrazine)在除草剂的杀草谱上得到突破,其杀草谱明显扩大,使均三氮苯类得到了很大的发展,所有均三氮苯类出现都是在三氮苯环 2,4 位有取代基,使其迅速开发出一系列新品种,而 20 世纪 70 年代发现的除草剂已突破原来的取代的性质,如灭草松,形成一些新的化合物。1960 发现敌稗(propanil)是除草剂选择性的重要突破,从植物不同科间选择性发展到属间选择性,促进了一系列防除单一杂草的除草剂如燕麦灵(barban)、新燕灵(carbyne)等品种的开发。1965 年 ICI 公司(先正达前身)发现了联吡啶类除草剂百草枯(paraquat)和敌草快(diquat)的除草活性,促进了吡啶酮类除草剂发展。

20 世纪 70 年代中期发现禾草灵(disclofopmethyl)的除草活性后,通过结构改造及衍生物合成,很快开发出芳氧苯氧丙酸及环己烯二酮类除草剂。1974 年发现草甘膦(glyphosate,roundup),促进了有机磷除草剂的发展,为除草剂新品种的筛选和合成开创了新的途径。通过对微生物制剂的研究,开发出了有机磷生物除草剂双丙氨膦(bialaphos)。

1979 年磺酰脲类除草剂氯磺隆(chlorsulfuron)被发现后,使除草剂进入超高效阶段,因其具有高效、低毒、选择性强和应用量低等特点,在农业生产上得到广泛应用;同时此类除草剂作用靶标为乙酰乳酸合成酶(ALS),因此同一靶标的乙酰乳酸合酶抑制剂如咪唑啉酮类、三唑并嘧啶、嘧啶醚类等也相继得到开发并在农业生产上广泛应用。据统计,在玉米、大豆、小麦、油菜、水稻五大作物中应用此类抑制剂品种就有二十几种,占五大作物应用除草剂品种的 30%~40%,占除草剂应用面积的 50%~60%。与此同时,一些其他系列新品种的开发也十分活跃,如环己烯二酮类、酰胺类、四取代苯类、吡啶类等。

20 世纪 90 年代后,除草剂品种开发逐步进入低谷,目前商品化品种年增长约 0.1%,新的活性化合物的发现难度大大增加。当前,估计需要筛选 40 000~50 000 个化合物才能取得 1 个新的有用化合物;对于新品种注册时有关毒性,特别是生态毒性的要求更加严格;同时转基因抗除草剂作物的出现和迅速推广改变了世界除草剂的格局,世界上许多化学公司竞相投入大量资金研究转基因抗除草剂作物,对新除草剂开发有一定的影响。

通过对除草剂作用靶标的研究,明确了除草剂作用靶标分类,指导新化合物的合成与筛选,对靶标合成来看,乙酰乳(羟)酸合成酶(ALS)、乙酰辅酶 A 羧化酶(ACCase)与原卟啉原氧化酶(protoporphrinogen oxidase,PPO)抑制剂仍是新品种开发的重要领域,而以微生物代谢产物与植物源化合物作为先导化合物则是另一领域,随着化合物结构日益趋向于天然化合物,其结构日益复杂,手性化合物更加增多,而对映异构体分离已成为必然趋势。

除草剂的发展趋势是向高效、低毒、选择性强、杀草谱广的方向发展。当前全世界生产的除草剂多达 300 种以上,特别是近年来有多种超低用量、新作用点、高选择性的除草剂相继出现,这些超高效除草剂对提高农业生产率、保护生态环境,具有极为重要的意义。随着除草剂新品种的不断出现,也创造了多种多样的新剂型,一些农药公司致力于剂型的研究和改进,使之既能充分发挥杀草活性又能达到安全、方便、经济和省力的目的。创造的新剂型有颗粒剂、微粒剂、大粒剂、超低容量喷雾剂、悬浮剂、悬乳剂、水乳剂、水分散粒剂等。

项目二 苯氧羧酸类

一、概述

1942 年在研究植物激素过程中，发现苯氧羧酸类化合物 2,4-滴(2,4-D)对田旋花有除草活性，即在高浓度条件下抑制双子叶植物的生长发育，而对禾本科作物安全，从而开创了有机选择性除草剂的新领域。2,4-滴是世界上第一个具有选择性的除草剂，由 Amchem 公司(今先正达公司)于 1942 年发现并合成，1945 年后多家公司开发生产，于 1946 年开始使用在小麦田防除阔叶杂草。

在此结构的基础上，1944 年 Amchem 公司开发出应用于交通线、建筑物、非耕地防除灌木和木本植物的 2,4,5-涕。

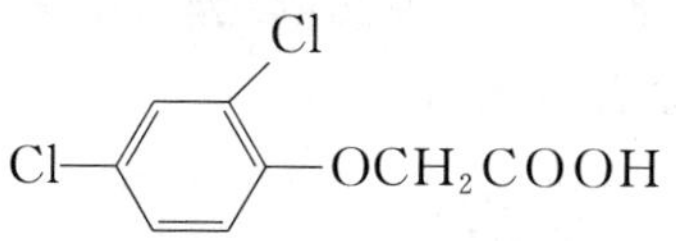

2,4-滴 (2,4-D)

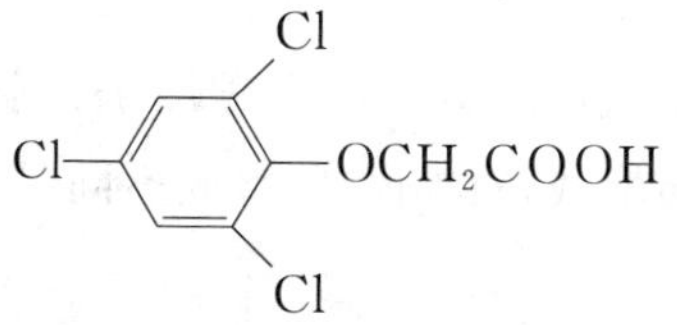

2,4,5-涕 (2,4,5-T)

1945 年 AgrEvo 公司开发应用于运动场、草坪及防除对 2,4-D 有抗性杂草的 2,4-D 丙酸。Zeneca 公司用甲基取代 2 位氯，开发出应用于水稻田防除阔叶杂草及莎草科杂草的 2 甲 4 氯及 2 甲 4 氯丁酸。

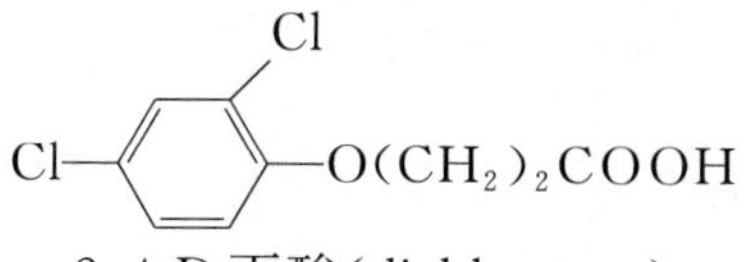

2,4-D 丙酸(dichlorprop)

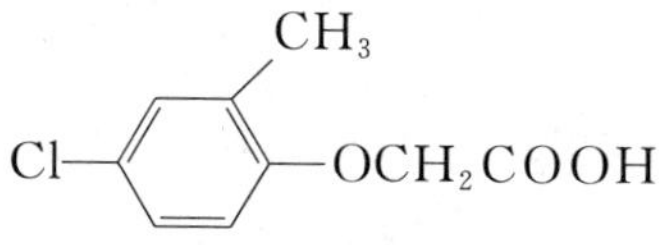

2 甲 4 氯 (MCPA)

1947 年 Amchem 公司开发出应用于大豆、花生、苜蓿田的 2,4-D 丁酸(2,4-DB)。

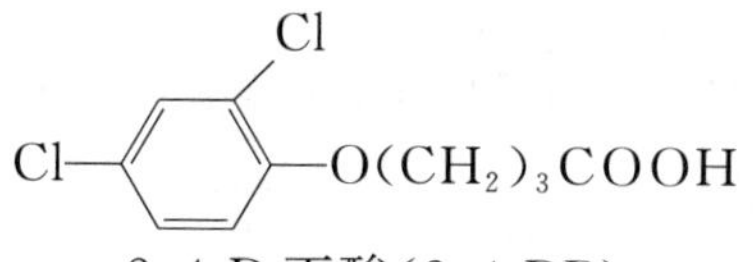

2,4-D 丁酸(2,4-DB)

苯氧羧酸类除草剂在环境中易被降解，使用多年均未发现它对环境及公共卫生场所有任何危害。然而，1969 年发现 2,4,5-T 有致畸作用后，该药目前在某些国家包括我国在内已禁止使用。其致畸物质并不是 2,4,5-T 本身，而是在制备中间体氯代苯酚时生成的副产物氯代二噁英。

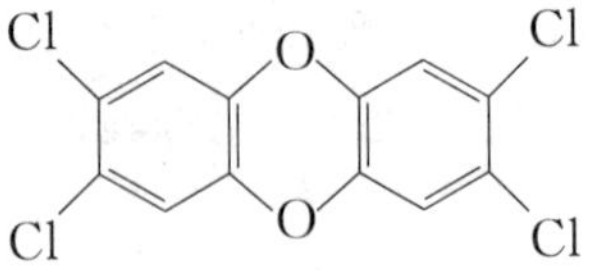

氯代二噁英

实验证明，2，4，5-T 在正常使用剂量条件下，其所含二噁英的浓度不足以对人类和环境造成危害，因此欧洲、东南亚等地仍在广泛使用。

2，4-D 自发现至今，已经有 80 多年的发展历史，使用很广泛。近年来，随着世界种植结构的调整，部分新型高效除草剂因为药害问题而淡出市场，2，4-D 的市场份额正在加大，销售回升迅速，在除草剂排行榜中位居第 4 位，是世界上第二大选择性除草剂。此类除草剂显示的选择性、传导性及杀草活性成为其后除草剂发展的基础，促进了化学除草的发展。迄今为止，苯氧羧酸类除草剂仍然是重要的除草剂品种。

二、主要物理和化学性质

1. 结构与活性

苯氧羧酸类除草剂的分子结构包括：①一个苯环，环上一个氧原子取代；②与氧原子相连一个羧基及与氧原子分离的含碳原子的脂族侧链；③苯环上有不同取代基，由于侧链的变化及苯环取代基与取代位的不同，形成不同品种，其中主要品种有：

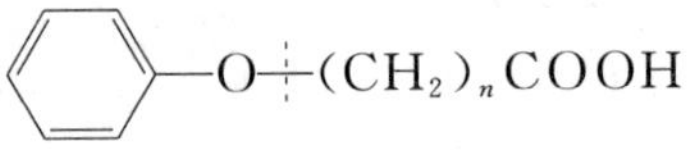

苯氧基　　　　羧酸

(1)2，4-D 类。在苯环 2，4 位被 Cl 取代，R 被不同羧基及与氧原子分离的含碳原子的脂族侧链取代形成不同的品种，如上述 2，4-滴(2，4-D)、2，4-D 丙酸(dichlorprop)和 2，4-D 丁酸(2，4-DB)。

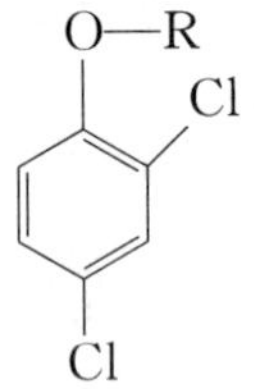

(2)2，4，5-涕类。在 2，4-D 的基础上，苯环 5 位被 Cl 取代形成不同的品种。

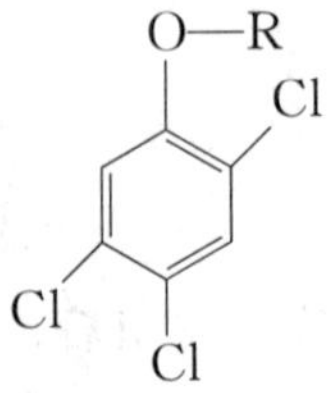

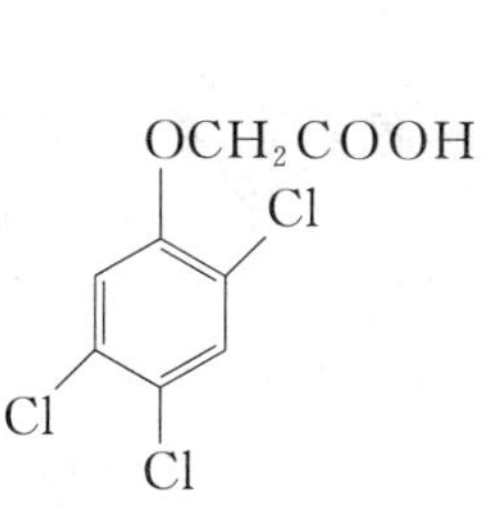
2,4,5-涕(2,4,5-T)

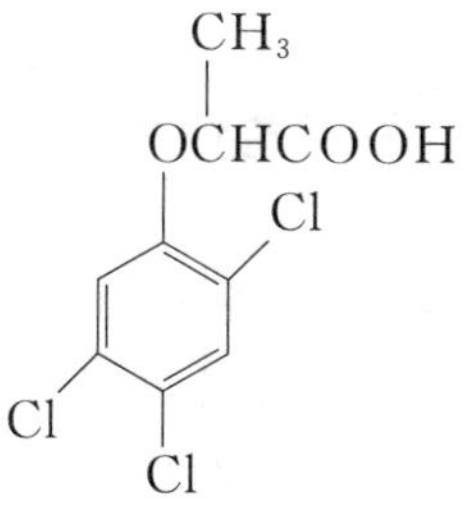
2,4,5-涕丙酸(silvex)

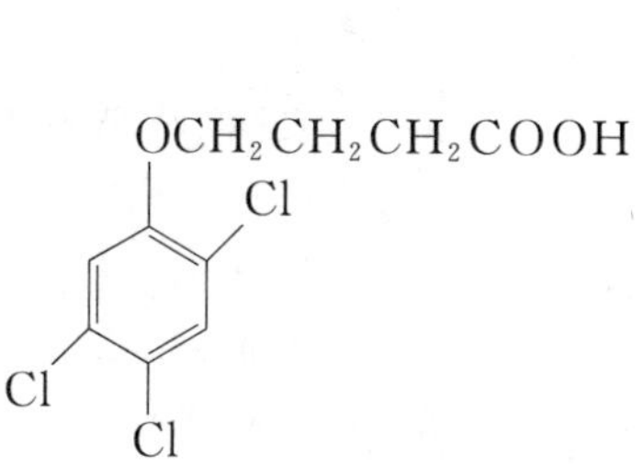
2,4,5-涕丁酸(2,4,5-TB)

(3)2甲4氯类。在2,4-滴的基础上，苯环2位的R_1被甲基取代，R_2被羧基取代，形成2甲4氯类的不同品种。

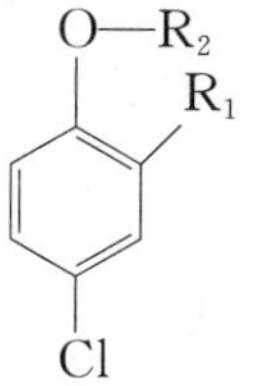

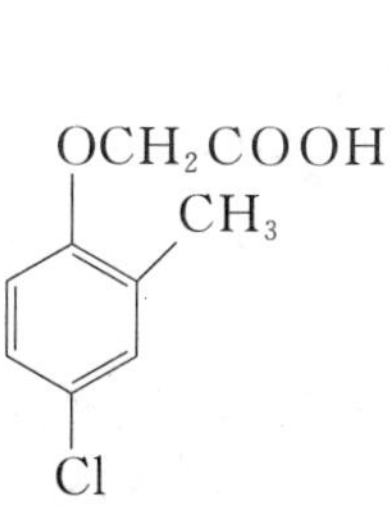
2甲4氯(MCPA)

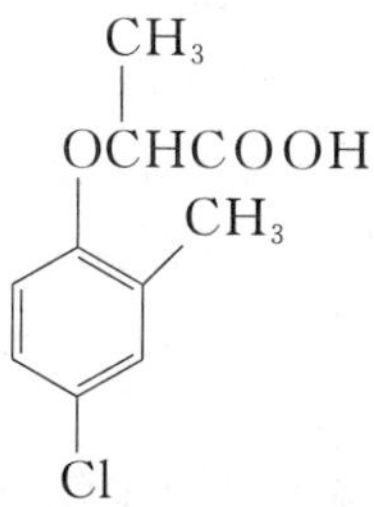
2甲4氯丙酸(mecoprop)

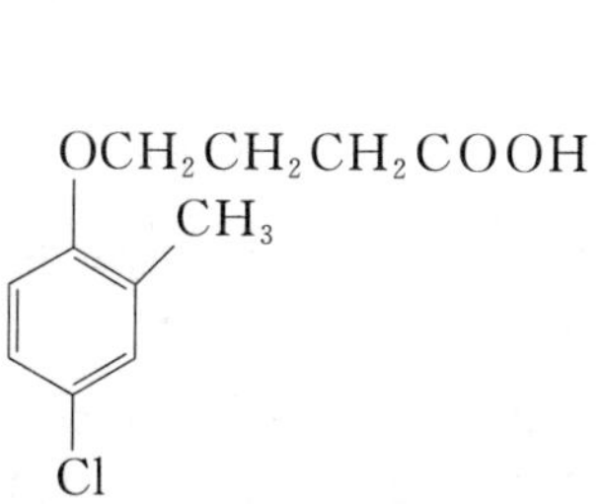
2甲4氯丁酸(MCPB)

上述除草剂均为弱酸性，在水中溶解性较差，生产上往往应用其盐与酯类。主要盐类品种有：钠盐（$—CH_2COONa$）、钾盐（$—CH_2COOK$）、铵盐（$—CH_2COONH_4$）、三乙铵盐[$—CH_2COONH(C_2H_5)_3$]、三乙醇胺盐[$—CH_2COONH(C_2H_4OH)_3$]、二甲铵盐[$—CH_2COONH(CH_3)_2$]。

主要酯类品种有：甲酯（$—CH_2COOCH_3$）、乙酯（$—CH_2COOC_2H_5$）、异丙酯[$—CH_2COOCH(CH_3)$]、丁酯（$—CH_2COOC_4H_9$）。

上述酯类品种均为短侧链高挥发性酯类，为了解决此类除草剂中短侧链、低相对分子质量酯类的挥发与飘移问题，相继合成了2,4-滴乙二醇双酯与2,4-滴乙酰乙醇酸丁酯，前者的挥发性很小，渗透性强，深入植物角质层后通过水解作用产生的生物活性酸数量多；后者的挥发性比2,4-滴丁酯低18倍，而且不含杂酚，植物对其吸收与传导迅速，防除多年生阔叶杂草的效果优于2,4-滴丁酯。

长侧链低挥发性酯类主要有：丁氧基乙醇酯（$—CH_2COOC_2H_4—O—C_4H_9$）、异辛酯（$R—CH_2COOC_8H_{17}$）、丙二醇丁基醚酯[$R—CH_2COOCH_2CH(OH)CH_2O—C_4H_9$]、四氢化糠酯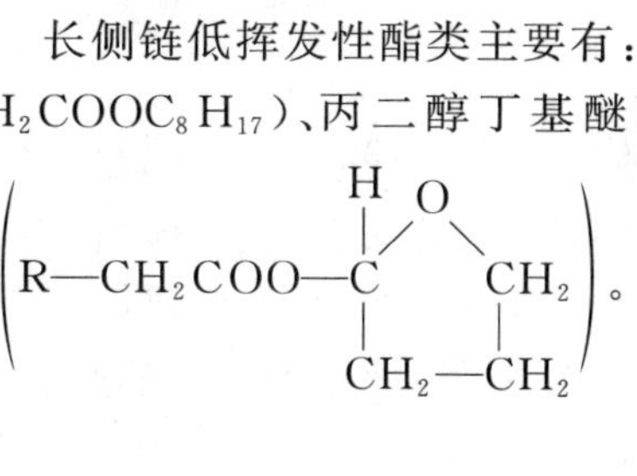。

2. 理化性质

苯氧羧酸类除草剂纯品一般为白色结晶、无色油状液体和黄色或棕色固体，略有酚的气味，对金属有腐蚀作用。2,4-D易溶于有机溶剂，难溶于水，因此现在已很少直接使用，常加工成钠盐、胺盐和丁酯使用，其中以2,4-D丁酯的活性最高。2,4-D丁酯难溶于水，具有较强的展着性、渗透性和内吸性，易进入植物体内，在植物表面黏附性强，不易被雨水冲刷，药效持效期短。在盐类中，胺盐应用较多，它能迅速溶于水，适于低容量喷雾，受硬水的影响比钠盐与铵盐小。

2,4-D钠盐难溶于冷水，易溶于热水，可直接配成水溶液喷雾。2,4-D胺盐易溶于水，可配成水溶液使用。

酯类的分子系非离子型，在水中不解离，故不与硬水中高价金属离子反应。2,4-D乙二醇双酯挥发性很小，渗透性强，渗入角质层后水解形成的生物活性的酸数量高。

三、生物活性和特点

从分子结构与生物活性的相关性来说，随着醇取代基相对分子质量加大，2,4-D酯类的活性下降，侧链异构体的活性比直链低。直链酯类的除草效果高，说明向植物叶片渗入是决定酯类药效的重要因素。低相对分子质量酯类比高相对分子质量酯类作用迅速的原因是：①2,4-D酯类进入叶片时进行水解；②在植物角质层中酯酶促进水解；③低相对分子质量酯类比高相对分子质量酯类更易水解。低相对分子质量酯类通过角质层内的酯酶作用比高相对分子质量酯类水解迅速，促使水解后产生的2,4-D酸更易吸收，并迅速产生效应。

以水为主要溶剂的新剂型2,4-D与MCPA是降低2,4-D与MCPA的高挥发性酯类挥发与雾滴飘移的重要措施之一，这种剂型大大减少二甲苯等有机溶剂的用量，有利于环境保护。

在大量苯氧羧酸类除草剂品种中，普遍应用的是2,4-D、2甲4氯与2,4,5-涕，其活性是2,4-D≥2甲4氯>2,4,5-涕，同一品种的酯>酸>盐，在盐类中，胺盐>铵盐>钠盐(钾盐)。

此类除草剂的突出特性是选择性强，杀草谱广，用量低，使用安全。①主要进行茎叶喷雾，防除阔叶杂草。土壤处理时，也能防除禾本科杂草幼芽。②植物根、茎、叶均可吸收，并在韧皮部与木质部传导，积累于分生组织，其盐与酯类被植物吸收后，在体内转变为酸而发生毒性效应。③脂溶性低的钾盐与钠盐不易被吸收，游离酸极性低，进入角质层迅速，低分子酯类虽然易进入角质层，但由于其触杀作用迅速造成局部细胞或组织坏死，故传导作用受阻；高分子酯类的脂溶性高，故吸收迅速，除草活性高。④盐类在土壤中比酸与酯易于淋溶。在土壤中通过微生物进行降解，在温暖而湿润的条件下持效期2～4周，在冷凉干燥条件下，可达1～2个月。2,4,5-涕的持效期比2,4-D与2甲4氯长。

毒性：按我国农药毒性分级标准属于低毒除草剂。对大鼠的LD_{50}为400～1500 mg/kg。无“三致”作用，对人、畜、鱼类安全，对蜜蜂敏感。

四、作用特性

(1)杀草特性。苯氧羧酸类除草剂易被植物的根、叶吸收，通过木质部或韧皮部在植物体内上下传导，在分生组织积累。具有植物生长素的作用，植物吸收这类除草剂后，体内生长素的浓度高于正常值，从而打破了植物体内的激素平衡，影响到植物的正常代谢，导致敏感杂草发生一系列生理生化变化，组织异常和损伤，生长停止，产生次生膨胀，导致根与茎的肿胀，进而韧皮部被堵塞。最终导致木质部破坏，植株死亡。

(2)选择性。吸收与传导的差异是苯氧羧酸类除草剂对禾本科与双子叶植物之间产生选择性的重要因素之一。2,4-D在双子叶菜豆体内的传导非常迅速，并在嫩芽中积累，而在禾本科作物内的传导性很差，因为单子叶植物茎与叶的居间分生组织是除草剂传导的重要障碍。同时植物幼苗吸收和传导2,4-D最迅速，2,4-D在敏感植物内的吸收与传导速度及数量远远大于禾本科作物。

轭合作用是苯氧羧酸类除草剂选择性的重要因素。玉米吸收2,4-D迅速并与植物代谢产物进行轭合；而在双子叶的菜豆植株内，此过程非常缓慢，甚至收获时仍含有游离的2,4-D。而且，在敏感植物内所形成的轭合物往往也具有生物活性，但在单子叶植物体内形成的糖苷轭合物则完全丧失活性。

某些作物虽然也吸收药剂，但由于其生物体内部不存在β-氧化作用或β-氧化作用很差，因此也不受害。2甲4氯丁酸在敏感作物荨麻体内通过β-氧化作用将其转变为2甲4氯，从而受害致死，而芹菜与三叶草等植物由于体内不存在β-氧化作用，不能把2甲4氯丁酸转变为2甲4氯，因而不受害。

五、应用

(1)防除对象。主要防除一年生与多年生阔叶杂草，2,4,5-涕的除草效果较差，但防治灌木植物高效，作为林业除草剂得到应用。

(2)适用作物、用量与使用时期。主要用于禾谷类作物，特别是小麦、水稻、玉米。小麦的抗性最强。2,4-D与2甲4氯除在禾谷类作物田进行茎叶处理外，还可在玉米、大豆、花生、蚕豆等大粒作物出苗前进行土表处理防除阔叶杂草，其药效、药害与土壤特性及降雨量有密切关系。2,4-D盐类在土壤中移动范围2～4 cm，一般应用酯类为宜。

(3)在使用这类除草剂时，要注意禾谷类作物的不同生长期和品种对其抗性有差异。如小麦、水稻在四叶期前和拔节后对2,4-D敏感，在分蘖期则抗性较强。另外，使用中防止雾滴飘移或药剂挥发而导致对周围敏感作物产生药害。2甲4氯对植物的作用比较缓和，特别是在异常气候条件下对作物的安全性高于2,4-D，飘移药害也比2,4-D轻。

项目三　苯甲酸类

一、概述

1942年Zimmermann等研究表明，卤代苯甲酸、苯甲酰胺、苯二甲酸及其衍生物均具有植物生长调节活性，并且可能具有除草活性。1952年(Am Chem)DuPomt公司开发2,4,6-三氯苯甲酸(草芽平，TBA)作为非选择性除草剂以防除深根性的阔叶植物，其中包括木本、藤木及灌木，后又推荐用于谷物地中防除某些阔叶杂草。1956年研究者对一系列二硝基取代的氯代苯甲酸进行了除草活性的测定，发现地草平(dinoben，3-硝基-2,5-二氯苯甲酸)是选择性苗前除草剂，可用于大豆田中防除一年生阔叶及禾本科杂草。1958年发现其还原产物豆科威(chloramben，3-氨基-2,5-二氯苯甲酸)则更具选择性，特别是对大豆的耐药性有显著提高。麦草甩(dicamba,2-甲氧基-3,6-二氯苯甲酸)是 20 世纪 60 年代开发的除草剂,可在苗前或苗后防除一年生阔叶杂草,也可用于防除对苯氧羧酸类有抗性的阔叶杂草及灌木。

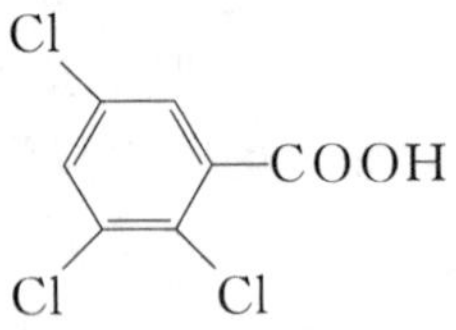

草芽平

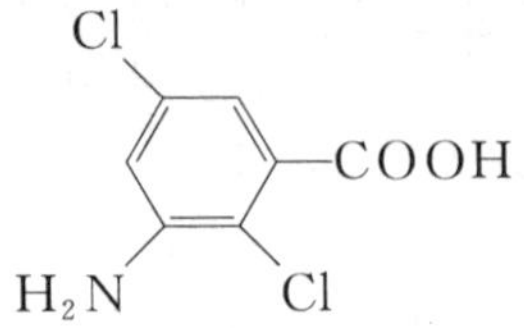

豆科威

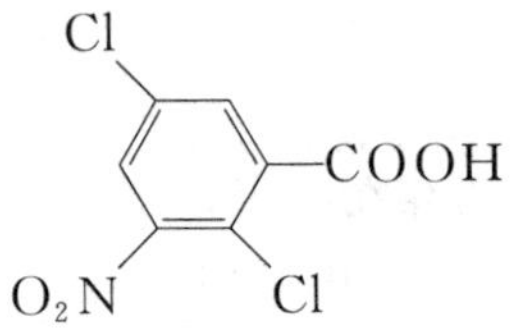

地草平

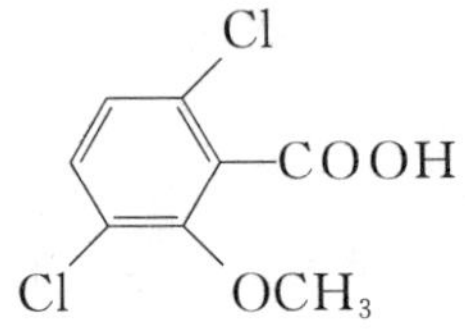

麦草畏

二、生物活性和作用特性

苯甲酸类除草剂是选择性内吸传导激素型药剂,可被植物根、幼芽、叶迅速吸收和传导,根吸收后通过木质部向茎叶传导,叶吸收后通过韧皮部向上和向下运输。除豆科威等个别品种外,大多数品种既具有茎叶处理活性,也有土壤处理活性;植物迅速吸收并传导和积累于分生组织。多数品种都是防除阔叶杂草的除草剂。

苯甲酸类除草剂杀草原理与苯氧羧酸类除草剂近似,干预植物的核酸代谢,促进敏感植物核糖核酸和蛋白质的合成,使细胞分裂异常,破坏韧皮部与薄壁细胞,导致形成多核凝结的原生质体,影响植物根与芽的正常发育,造成叶片畸形、叶柄与茎弯曲、根肿大、茎尖顶端膨大、生长点萎缩、分枝增多等。

苯甲酸类除草剂的选择因素很多,不同植物与组织对药剂的吸收、传导、分布、代谢及解毒能力的差异是其选择性的重要原因。单子叶与双子叶植物对三氯苯甲酸的吸收、传导以及在植物体内的分布存在差异,用三氯苯甲酸处理敏感作物菜豆后,从菜豆初生叶向外传导,并迅速积累于正在发育的复叶叶芽内,药剂通过韧皮部的活细胞而传导。耐药性作物玉米则从处理的叶片向其他部位缓慢传导,药剂不仅积累于芽顶,而且也在未处理叶片的成熟部位积累,并从处理部位向叶尖传导。

环羟基化以及与葡萄糖、氨基酸等进行轭合是苯甲酸类除草剂在植物体内的主要降解反应,也是某些植物具有抗性的重要原因之一。麦草畏在小麦与草地早熟禾(*Poapratensis* L.)植株内的主要降解产物是 5-羟基麦草畏,其次是 3,6-二氯邻羟基苯甲酸,最终形成葡萄糖轭合物。

在土壤中的持效期因品种而异,每公顷用量 2.24～3.4 kg 时,豆科威 6～8 周;用量 0.56 kg 时,麦草畏的持效期超过 3 个月。

多数品种为低毒除草剂。原药大鼠急性口服 LD_{50} 大于 1 879 mg/kg,兔急性经皮 LD_{50} 大于 2 000 mg/kg。对家兔的眼睛有刺激性作用,多数对皮肤无刺激作用。在试验剂量内对动物无“三致”作用,对鱼类及水生生物低毒。

三、应用

(1)草芽平。防除阔叶杂草,特别是多年生深根阔叶草如田旋花、田蓟等,在土壤中的持效期较长,用量 0.5 kg 时达 2～3 个月,高剂量可达 2 年以上。

(2)豆科威。土壤处理防除一年生杂草幼芽,对阔叶草防效优于禾本科草,用于大豆、花生、玉米、向日葵、胡萝卜等作物进行苗前土壤处理,用于番茄、辣椒、甘薯等栽后处理,每公顷用量 2～4 kg,持效期 6～8 周。

(3)麦草畏。防除阔叶草及灌木,与 2,4-D 混用可扩大杀草谱,用于小麦、大麦、玉米等苗前土壤处理,在土壤中易于移动,持效期较长。

(4)地草平。用于大豆、棉、草莓、洋葱、番茄、观赏植物等进行苗前土壤处理,防除一年生禾本科杂草、寄生性杂草菟丝子及一些阔叶草,每公顷用量 4～10 kg,在土壤中半衰期约 100 天。

项目四　联吡啶类

一、概述

联吡啶类化合物发现很早,ICI 公司(先正达前身)在 20 世纪 50 年代发现联吡啶化合物的除草活性。20 世纪 60 年代以来,此类除草剂开发了许多品种,但只有敌草快获得了广泛的应用。在联吡啶化合物中,只有平面结构的化合物或分子中两吡啶环处于同一水平面时才有活性,而结构的微小变化导致分子的任何"扭转"都会使活性丧失。1958 年(ICI)Zeneca 开发了百草枯(paraquat)和敌草快(diquat)。

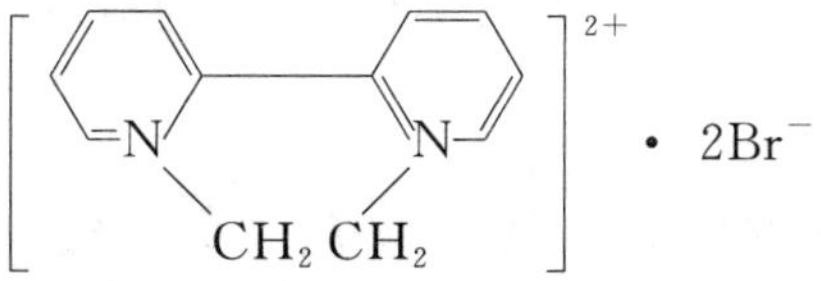

敌草快

二、主要物理和化学性质

敌草快为白色或黄色晶体,300 ℃以上水解,易溶于水,微溶于低分子量的醇类,不溶于非极性有机溶剂中。在酸性和中性溶液中稳定,在碱性溶液中水解。原药对铁、铝等金属有腐蚀作用。

敌草快为水溶性盐类,一般加工剂型为含量 20%～25%的水溶液。联吡啶类除草剂在光下进行光化学分解,敌草快的光解迅速,主要光解产物是 1,2,3,4-四氯-1-氧吡啶[1,2-a]吡嗪-5-氯化物,其次是吡啶酮,它们进而降解并挥发。

黏土矿物的吸附是联吡啶类除草剂在土壤中丧失活性的主要原因,阳离子显著影响黏土矿物对敌草快的吸附,其影响程度是:$Na^+ > Li^+ = Sr^{2+} = Ca^{2+} \geqslant Ba^{2+} \geqslant Mg^{2+} > K^+ = NH_4^+$。土壤有机质通过离子代换作用也吸附此类除草剂,吸附作用强弱与土壤溶液中除草剂含量、温度以及有机质中所含阳离子种类有关。

三、生物活性、毒理与毒性

联吡啶类除草剂可以被植物茎叶吸收，并具一定的传导作用。在光照条件下，被处理植物数小时便死亡。在黑暗条件下，植物在数日内几乎不受影响而正常生长。当在黑暗中处理使植物吸收药剂后，再置于光照条件下，植物非常迅速地死亡，这说明在光照前叶片内的药剂已经传导。

敌草快主要通过木质部进行传导，而且处理后经过一定时间的黑暗能促进其传导数量。由于该类除草剂都是高度水溶性化合物，能在木质部内传导，因而影响植物需水的因素都影响其传导。

该类除草剂属于灭生性、快速触杀性品种，一般在作物播种前、出苗前应用或出苗后定向处理，伤害植物绿色部分。植物吸收迅速并在木质部传导，是典型的光合系统Ⅰ抑制剂。它们在光下通过光合作用，在黑暗中通过呼吸作用还原为阳离子基，此阳离子基被空气中的过氧化物迅速氧化，造成脂膜迅速氧化及膜的解体而导致植物死亡。此类药剂在植物表面进行光化学分解，在植物体内不进行代谢与降解；接触土壤后，迅速被吸收而丧失活性。除作为灭生性除草剂使用外，还是有效的脱叶剂、干燥剂与杀藻剂。

联吡啶类除草剂属于中等毒性除草剂。原药大鼠急性口服 LD_{50} 在 15～400 mg/kg，在实验室条件下，对动物未见“三致”作用。虽然百草枯为中等毒性药剂，但误服后会导致严重的机体伤害和死亡，因此 2017 年 6 月以后在我国已被禁止生产和使用百草枯。

四、应用

由于敌草快系灭生性除草剂，只能杀伤植物绿色体，故广泛用于果园、胶园、非耕地除草，每公顷用量 0.5～1.0 kg。用于作物田时，应在播种或出苗前消灭已出苗的杂草，或采用定向和保护性措施防除作物行间杂草，这已成为少耕与免耕中的一项重要措施。在棉花、大豆、向日葵等作物收获前作为脱叶剂与干燥剂是此类除草剂，特别是敌草快的另一重要用途。

项目五　酰胺类

一、概述

自 1956 年成功开发旱田除草剂二丙烯草胺后，酰胺类除草剂有较大发展，其中氯代乙酰胺类占主导地位，涉及的品种较多，而氧乙酰胺及其他结构的品种也不断增多，1956 年开发的毒草死（CDAA），主要应用于玉米和大豆田苗前防除禾本科杂草。1965 年孟山都公司开发的毒草胺（propachlor），不但杀草谱比 CDAA 广，而且克服了 CDAA 在沙壤土中易淋溶的缺点，环境条件适应性好。孟山都公司在毒草胺的基础上，1966 年开发出比毒草胺活性高的甲草胺（alachlor），1969 年开发出水稻田除草剂丁草胺（butachlor），同年，罗姆-汉斯（Rohm&Hass）公司研发出著名的水稻田选择性除草剂敌稗（propanil），促进了酰胺类除草剂的发展，同时也突破了除草剂在植物种间的选择性研究。1974 年瑞士汽巴-嘉基（Ciba-Geigy）公司开发异丙甲草胺（metolachlor），1980 年开发出乙草胺（acetochlor）。这类除草剂在现在市场处于重要地位，其选择性好、药效高、价格比较低，在全世界广泛应用。

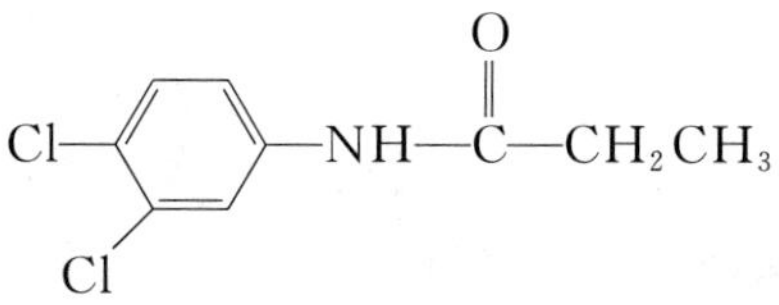

敌稗

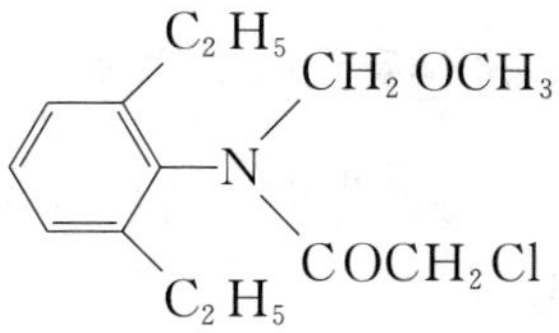

甲草胺

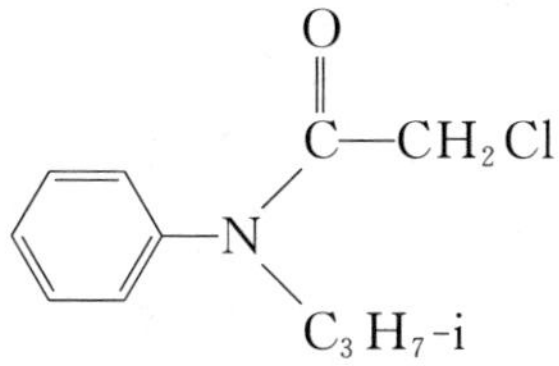

毒草胺

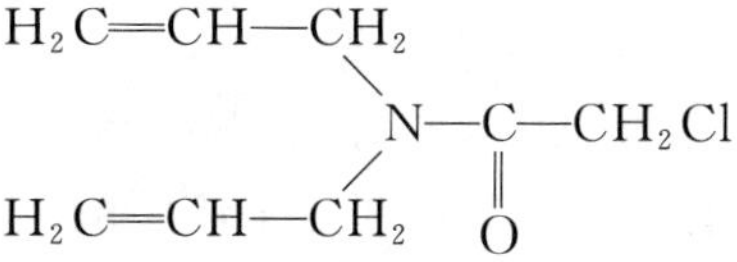

毒草死

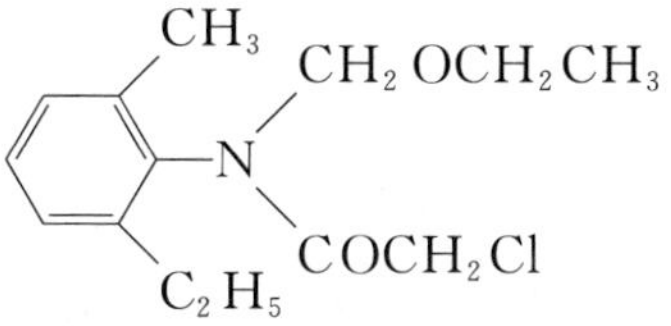

乙草胺

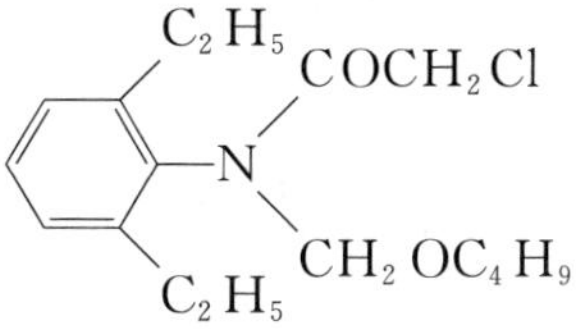

丁草胺

20 世纪 80 年代以来，随着化合物结构日益复杂，含异构体的酰胺类除草剂品种逐步增多，如异丙甲草胺和二甲噻草胺均含有 4 种光学异构体。由于不同异构体的生物活性及对环境的影响差别很大，因此，开发具有光学活性的酰胺类除草剂是近年来的研究重点。1983 年诺华公司开发的 96%高效异丙甲草胺比 72%异丙甲草胺除草效果增加 1.67 倍(理论上)，德国巴斯夫公司开发的高效二甲噻草胺为单一光学异构体，已于 2000 年商品化，用量是二甲噻草胺的一半。此外，在酰胺类化合物中引入杂环和氟原子是这类除草剂开发的一大热点。如苯噻酰草胺(mefenacet)、甲氧噻草胺、异噁草胺、吡草胺、四唑酰草胺、氟丁酰草胺、吡氟草胺(diflufenican)、氟吡草胺、氟噻草胺等。

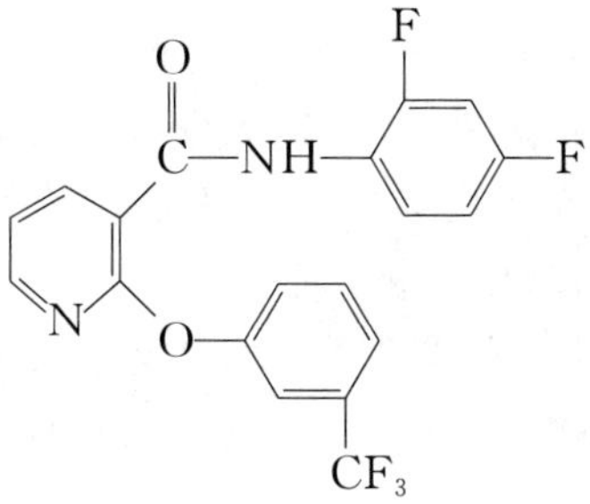

吡氟草胺

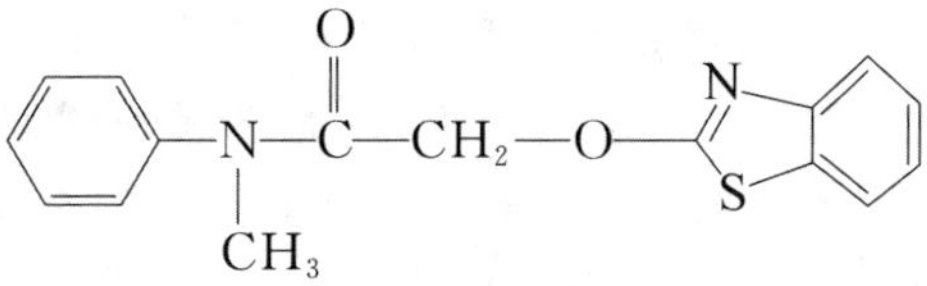

苯噻酰草胺

同时，化合物结构趋于复杂，向着杂环方向发展，开发出一些高活性新品种，如噻吩草胺(thenylchlor)、噻唑草酰胺(fluthiamide)等。虽然这些品种的生物活性显著提高，但其用量仍未超越 kg/hm^2 数量范围，亦即尚未发现 hm^2 用量以 g 计的品种。

酰胺类除草剂在近代农田化学除草中占据重要地位，其应用作物种类与使用面积均居除草剂前列。在氯代乙酰胺类除草剂中，用量最大的品种是乙草胺、甲草胺和异丙甲草胺。

二、主要物理和化学性质

酰胺类除草剂原药为乳白色或无色固体，有些品种为黄色或棕色固体。比重 1.05～1.16 之间。熔点相差较大，常温下难溶于水。易溶于乙醇、乙醚、丙酮、苯、二甲苯和氯仿等有机溶剂。在强酸与碱性条件下水解，挥发性小、不电离、在植物体内易降解。

酰胺类化合物均较稳定，需在强烈的条件下才能被水解。双苯酰草胺在水溶液中被紫外光照射后，通常光解成为二苯基甲醇、二苯酮，也曾经发现有苯甲酸产生。敌稗在水溶液中被光解时，连接在苯环上的氯原子可逐步被氢或羟基置换，水解时生成 3-氯苯胺和 3,4-二氯苯胺，接着被氧化偶联为 3,3,4,4-四氯偶联苯，也曾得到过腐殖酸聚合物。

水解是酰胺类除草剂在土壤中的主要降解反应，此种反应通过土壤微生物含有的酰基酰胺酶而进行，它们使酰胺类除草剂水解形成苯胺和脂族部分，后者作为基质被微生物利用，而苯胺有时能直接形成缩合产物，如敌稗在土壤中水解产生的二氯苯胺缩合形成 3,3,4,4-四氯偶氮苯。

三、作用特性、毒性与毒理

酰胺类除草剂对植物的呼吸作用有明显抑制，已证明毒草死可抑制植物的呼吸作用中某些含硫氢基酶的活性。一些品种作为电子传递抑制剂、解偶联剂等可对植物的光合作用产生抑制。酰胺类除草剂的作用机理一般是脂类合成抑制剂或细胞分裂与生长抑制剂。

酰胺类除草剂的选择性在于位差选择、生理作用选择、降解差异和代谢作用差异选择。

位差选择性　它在氯代乙酰胺类除草剂安全使用中起着较大作用。此种选择性受除草剂本身的物理化学特性、土壤特性、气候条件以及植物吸收药剂的部位的影响，特别是除草剂在土壤中的位置以及作物种子播种的深度，影响更大。其原因是此类除草剂的主要作用部位是植物的根系。

生理作用差异　虽然敌稗都能促进水稻与稗草的叶片失水，但稗草的失水速度远较水稻迅速，这可能是细胞膜系统受破坏的缘故，另外，水稻接触敌稗后细胞不易产生质壁分离，而稗草虽在低浓度下也会引起质壁分离。

降解差异　水稻对敌稗耐药性的原因在于它能迅速降解敌稗，降解敌稗的能力至少比稗草高 20 倍。这种降解作用是通过植物体内的一种酰胺水解酶进行的，这种酶能迅速把敌稗转化为二氯苯胺和丙酸。二氯苯胺在水稻体内能与葡萄糖或木质素等结合形成复合物而被钝化。而稗草含有酰胺水解酶量低，转化敌稗能力差，故能引起中毒。

代谢作用差异　用 2-氯乙胺除草剂处理玉米、大豆、燕麦与黄瓜后，发现玉米与大豆在短期内代谢药剂的量很多，而燕麦与黄瓜实际上未能进行代谢。因而，除草剂在耐药性植物体内通过代谢作用而迅速丧失毒性。

在植物体内通过 N-脱烷基化、水解、氧化以及轭合进行降解。氯代乙酰胺类品种的降解包括 α-氯与酰胺键的水解，形成羟基乙酸，而羟基乙酸是植物体内的天然代谢产物，在植物体内与乙醛酸保持平衡。由于除草剂分子迅速转变为与天然代谢产物相类似的产物，因而不会残留与污染农产品。

按照我国农药分级标准，此类除草剂多数为低等毒性，少数为中等毒性的除草剂。原药大鼠急性口服 LD_{50} 在 1 200～8 000 mg/kg；在试验剂量内对动物未见“三致”作用。

四、生物活性与应用

酰胺类除草剂多数为土壤处理剂，其中单子叶植物的主要吸收部位是幼芽，双子叶植物主要通过根部吸收，其次是胚轴或幼芽。大多数品种都是防除一年生禾本科杂草的除草剂，对多年生及阔叶杂草作用差，其中土壤处理剂占很大比重，通常进行芽前土表处理，土壤含水量明显影响酰胺类除草剂除草活性。土壤黏粒和有机质对酰胺类除草剂有吸附作用，土壤黏粒和有机质含量增加，其用药量应相应增加，但在有机质含量 6%以下，乙草胺药效受其影响不大。pH 对酰胺类除草剂药效影响不大。在现有品种中，活性高低为：乙草胺＞异丙甲草胺＞甲草胺＞毒草胺。

丁草胺、丙草胺、萘氧胺主要用于稻田除草，在水稻插秧后 4～7 天保持水层撒施，萘氧胺是稻田一次性处理剂的主要成分，温度，土壤类型等环境条件对其活性基本上没有影响。敌稗是用于秧田、直播和插秧田的高选择性除草剂，由于它是触杀性除草剂，所以喷药前彻底排水并选择高温、晴天喷药。

酰胺类除草剂可与三氮苯类、脲类、苯氧羧酸类等许多类除草剂混用，如用于大豆进行苗前土壤处理时，乙草胺、异丙甲草胺、甲草胺可与嗪草酮、利谷隆、氯溴隆、豆科威等混用，用于玉米田可与莠去津、氰草津、扑草净混用，用于棉田可与伏草隆混用。在水稻田，丁草胺、乙草胺（东北禁用）与苄嘧磺隆、吡嘧磺隆混用已成为水田重要的一次性除草剂。

项目六　氨基甲酸酯和硫代氨基甲酸酯类

一、概述

1929 年 Frisen 首先观察到苯基氨基甲酸乙酯能抑制某些禾本科杂草根的生长，从而发现它的植物生长调节活性。1945 年（PPG）Zeneca 公司的 Templeman 等发现苯胺灵（propham）的除草活性，导致开发了其他的苯基氨基甲酸酯类除草剂。1951 年（PPG）Elf Atochem 公司开发应用于苜蓿、小麦、玉米、大豆田防除一年生杂草的除草剂氯苯胺灵（chlorpropham），防除野燕麦的燕麦灵（barban）。1967 年（Schering）AgrEvo 公司开发了应用于甜菜田防除一年生杂草的甜菜宁（phenmedipham）。

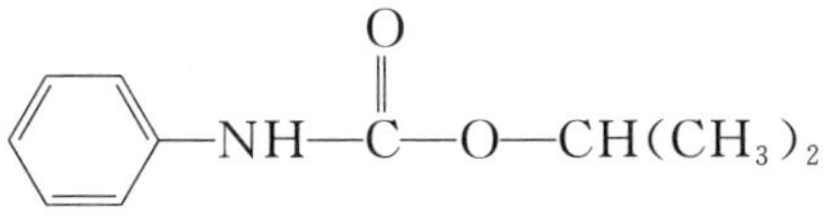

苯胺灵

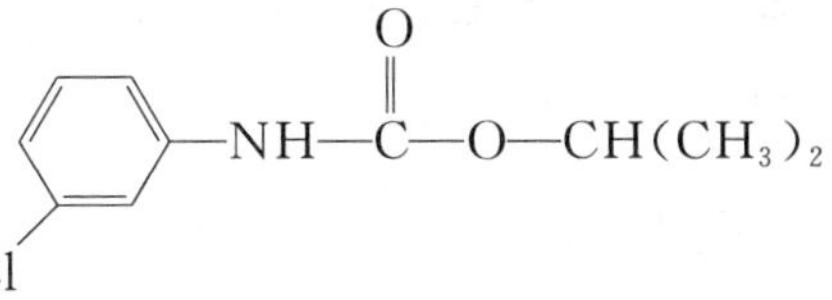

氯苯胺灵

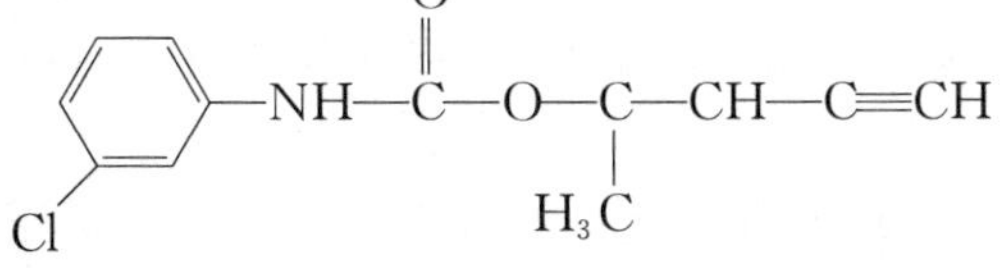

燕麦灵

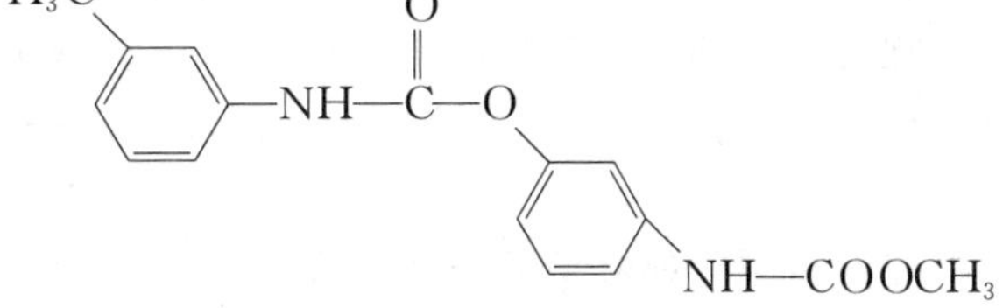

甜菜宁

硫代氨基甲酸酯类化合物是在氨基甲酸酯类的基础上于1954年发展起来的一类除草剂，Stauffer公司开发用于防除一年生禾本科杂草及许多阔叶草的除草剂菌达灭（EPTC）。

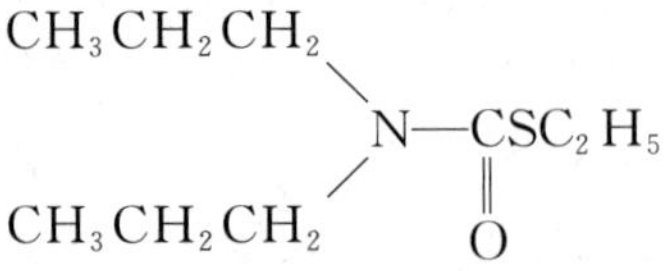

菌达灭

1960年前后孟山都公司开发成功燕麦敌一号（siallate）及燕麦畏（triallate），它们是小麦田防除野燕麦优良除草剂。

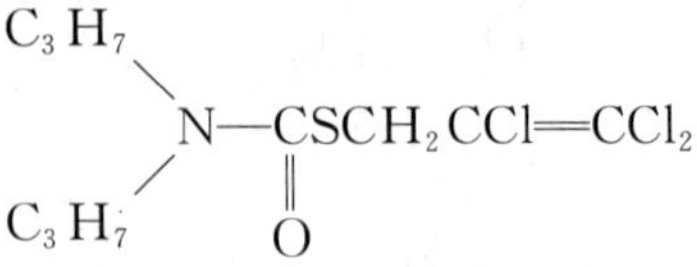

燕麦畏

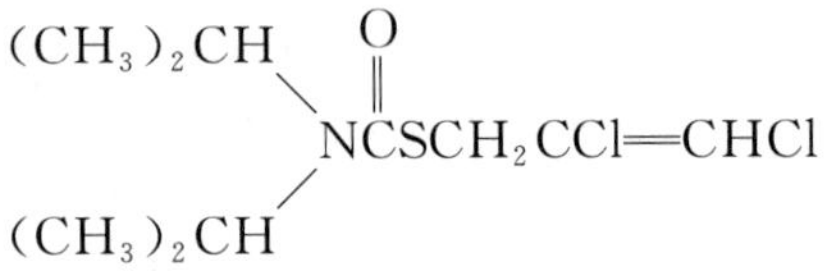

燕麦敌一号

1964年美国Stauffer公司开发出水稻田除草剂禾草敌（molinate，禾大壮），1965年日本研究成功硫代氨基甲酸酯类水稻田除草剂禾草丹（benthiocarb，杀草丹）。

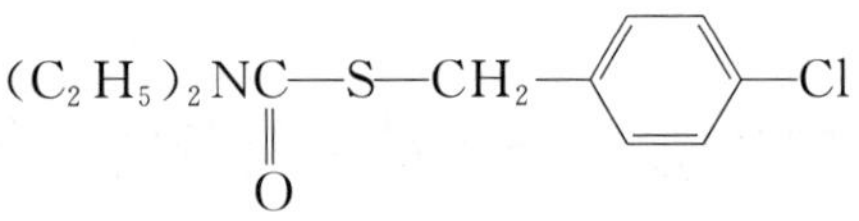

禾草丹

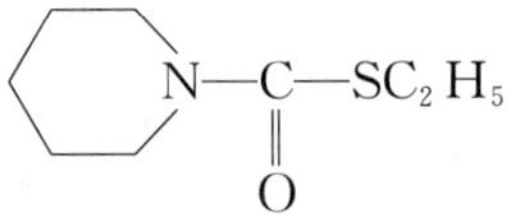

禾草敌

1979年Mitsubishi Chemical公司在禾草敌基础上开发出能够防除稗草的除草剂哌草丹（dimepiperate）。

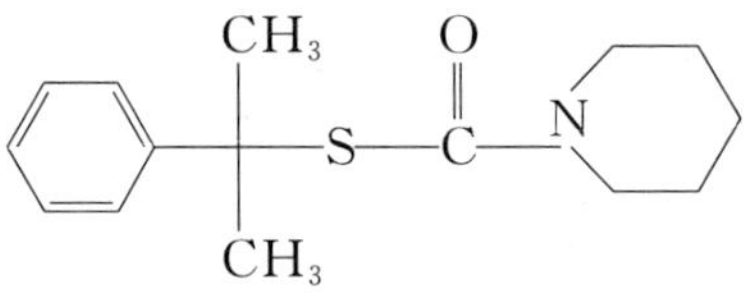

哌草丹

目前，这类除草剂已有22个品种商品化，其中20世纪80年代以后开发的品种不多，仅有双胺灵、稗草畏、禾草畏、苄草丹等。

二、主要物理和化学性质

氨基甲酸酯类和硫代氨基甲酸酯类除草剂在常温下难溶于水。易溶于乙醇、乙醚、丙酮、苯、氯仿和二甲苯等有机溶剂中，无腐蚀性，一般情况下稳定。

此类除草剂饱和蒸气压高，易挥发，特别是从湿土表面挥发迅速，施于干旱土壤容易被吸附，但水分子易于置换矿物胶体吸附的除草剂分子，通过解吸附将其释放于土壤溶液中，再度进行挥发。

挥发是硫代氨基甲酸酯类除草剂从土壤中消失的重要因素之一。挥发性强弱与土壤湿度、温度、有机质及黏粒含量显著相关，高温、高湿、有机质及黏粒含量低均促进挥发。不同品种从土表挥发性强弱是：丙草丹＞灭草丹＞克草丹＞环草丹＞环己丹。氨基甲酸酯除草剂在光下比较稳定，光解作用差。

土壤微生物在氨基甲酸酯和硫代氨基甲酸酯类除草剂降解中起着重要作用。其降解速度因土壤种类而异，但与土壤特性相关性小，与土壤氧化和还原状态关系密切，在旱田土壤中降解最快，在具有氧化状态的灌溉水条件下降解也比较快，在还原状态的灌溉水条件下降解速度最慢。此类除草剂在土壤中的降解速度因土壤类型及含水量而异，特别是杀草丹在旱田土中降解最快，在保持水层的还原状态下降解最慢。环草丹在旱田状态下的主要降解作用是环的氧化，而在保持水层条件下，*S*-乙基部分的氧化是主要反应。

三、生物活性和作用特性

氨基甲酸酯类和硫代氨基甲酸酯类除草剂主要通过植物根、胚芽鞘及叶吸收，向分生组织传导，防除杂草幼芽及幼苗，通过对根与芽的抑制而使根尖肿大、幼芽畸形及矮化。土壤质地、有机质含量对氨基甲酸酯类与硫代氨基甲酸酯类除草剂药效有显著影响，如土壤有机质与黏粒对氨基甲酸酯类除草剂均有不同的吸附作用，所以用药量因土壤有机质含量与土壤质地而异，pH、温度对其药效影响不明显。硫代氨基甲酯化合物是一类广泛使用的除草剂，由于其挥发性强，因此在使用中最关键的问题是喷药后应及时耙地混土，一般混土深度为 5～8 cm。应用于稻田的品种需保持水层施药。

1. 杀草特性

氨基甲酸酯类和硫代氨基甲酸酯类除草剂由于品种不同，杀草机理也存在一定差异。大部分品种抑制氧化磷酸化作用，通过对 mRNA 合成的影响而抑制蛋白质的合成以及光合作用中的希尔反应，同时干扰类脂物形成，从而影响膜的完整性。在大多数情况下，杂草出苗并生出 1～2 片真叶后死亡。

2. 选择性

氨基甲酸酯类除草剂的选择性因品种而异，但植物体内代谢速度的差异则是大多数品种选择性的重要原因。在耐性植物体内，降解产物通过酯或氨基键的断裂以及 *N*-羟基化作用进行分解且速度非常快；而在敏感植物体内此类降解反应速度慢。用燕麦灵处理燕麦草和小麦的胚芽鞘 24 h 后，燕麦草胚芽鞘中游离燕麦灵的含量比小麦多 2 倍，而且燕麦灵及其代谢产物进入燕麦草胚芽鞘包被的茎内的数量也比小麦多，燕麦灵与小麦胚芽鞘及茎内燕麦灵水溶性代谢产物含量也显著不同。

硫代氨基甲酸酯类除草剂的选择性是依靠吸收与传导的差异以及在植物体内的降解差异来实现的。禾草丹对水稻与稗草的选择性原因之一，在于稗草对药剂的吸收及其在体内的传导均比水稻迅速，特别是当稗草幼龄时，禾草丹的吸收与传导更快。此类除草剂在植物体内通过氧化酶系统形成亚砜衍生物，亚砜衍生物再进一步转变为砜，而砜则进而形成谷胱甘肽轭合物。在具有不同氧化酶系统的不同植物体内，两个阶段氧化作用速度的差异以及谷胱甘肽含量的差异在其选择性中起着重要的作用。克草丹对绿豆与小麦的选择性就在于在体内降解速度的差异。

此类除草剂多数为低等毒性，少数为中等毒性；在试验剂量内对动物未见“三致”作用。

四、应用

(1)应用作物。主要应用作物有玉米、大豆、甜菜、小麦、花生、水稻，不同品种应用作物有一定的差异。

(2)防除对象。主要防除一年生禾本科杂草，少部分品种防除一年生阔叶杂草和多年生禾本科与阔叶杂草以及蕨类等。

(3)使用方法。氨基甲酸酯类和硫代氨基甲酸酯类除草剂大多数品种主要防治杂草幼芽与幼苗，故多在作物播种后，杂草萌芽前进行土表处理或出苗后早期茎叶处理。

(4)此类除草剂可与多种除草剂混用。如燕麦灵用于麦田与2甲4氯、百草敌等混用，禾草丹与西草净、2甲4氯丁酸乙酯混用，禾草丹与苄嘧磺隆混用用于水稻田等。氯苯胺灵是防除菟丝子的有效除草剂，菟丝子种子及幼苗能够吸收氯苯胺灵气体而致死，一般将含氯苯胺灵的黏土颗粒施于湿土表面，缓慢挥发，以防除菟丝子幼苗。

项目七　二苯醚类

一、概述

20世纪50年代美国罗门哈斯公司科研人员在做酚类与氯代硝基苯反应时得到二苯醚化合物，进一步研究发现了除草醚(nitrofen)，并于1955年取得美国专利，1961年推荐使用。1966年日本三菱化成公司开发出第二个品种草枯醚(chloronitrofen)，其后Ishihata公司推出二苯醚化合物的另一品种甲氧除草醚。该除草剂于1964年商品化，后发现毒性等问题停产。

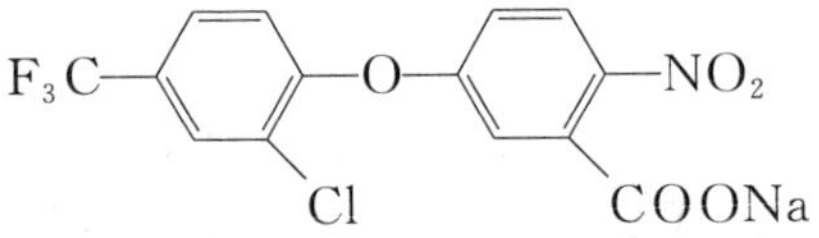

草枯醚

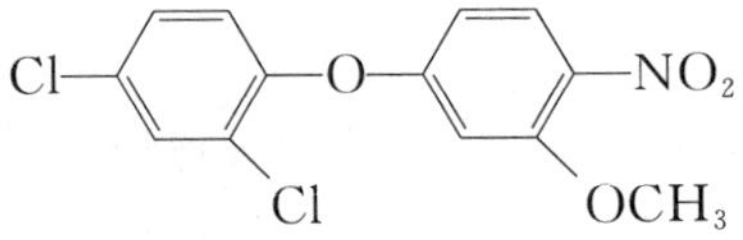

甲氧除草醚

1970年美孚(Mobil)化学公司发现化合物甲羧除草醚(bifenox)，同时罗门哈斯公司于1974年开发乙氧氟草醚(oxyfluorfen)，1975年美孚化学公司和罗门哈斯公司联合推出一种二苯醚类除草剂三氟羧草醚(aciflourfen)，其钠盐主要用于防除一年生阔叶杂草。

1977年英国ICI公司(先正达前身)植物保护部开发一种二苯醚类除草剂氟磺胺草醚(fomesafen)，主要用于防除大豆、果树等作物田的阔叶杂草，对禾本科杂草也有一定的抑制作用。

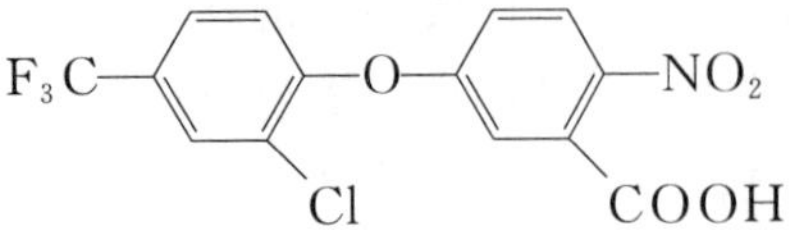

三氟羧草醚

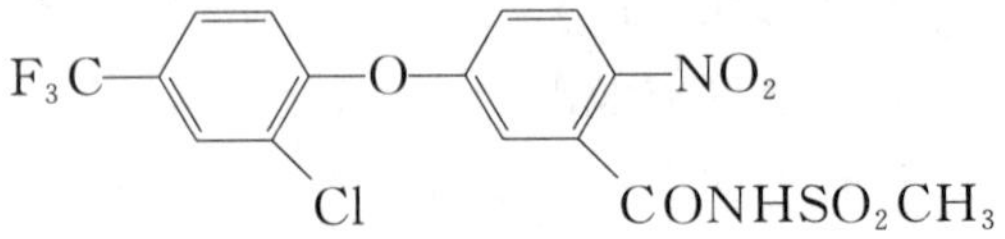

氟磺胺草醚

各国的科学家通过对其羧基进行衍生反应，先后开发了乳氟禾草灵(lactofen，1980年)、乙羧氟草醚(fluoroglycofen-ethyl，1987年)和氯氟醚乙酯(ethoxyfen-ethyl，1989年)等几个新的二苯醚类除草剂品种，该类其他化合物也是在有关已知化合物的基础上优化得到的。二苯醚除草剂应用比较广泛，是大豆田苗后防除阔叶草的主要除草剂。

二、主要的物理和化学性质

1. 结构和活性

二苯醚类除草剂的基本结构为

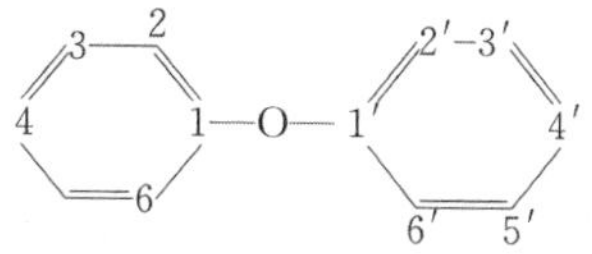

在基本结构中，两个苯环不同取代位用不同取代基取代，可形成不同的品种，其中以苯环对位为硝基的对硝基二苯醚类化合物活性最强。在对硝基二苯醚中，有邻位取代与间位取代两类品种，前者如甲羧醚等，后者如甲草醚、二甲醚、三氟羧草醚等。邻位取代的对硝基二苯醚类除草剂在光照下才能产生活性，而间位取代的品种不论在光照或黑暗中均能产生作用。其中常用二苯醚类除草剂为邻位取代的品种，它们具有光活性。

邻位取代的对硝基二苯醚类的结构与活性的必备条件是：

(1)苯环对位为硝基；

(2)与苯环对位为硝基相对应的苯环邻位需有取代基，如 Cl、F、CH_3、CF_3 等；

(3)对位是硝基，对面的苯的邻位有氟元素活性更高。

进一步的结构改造是取代基的变化与苯环向杂环的改进。在不含硝基的二苯醚化合物中发现，苯并噁嗪衍生物的生物活性最高，将氟原子引入三氟甲苯，同时用噁嗪环取代硝基的化合物除草活性最强。

2. 性质

二苯醚类化合物多为固体，少数为液体。常温下不溶或微溶于水，易溶于乙醇、丙酮、二甲苯等有机溶剂。常温下贮存稳定期有 1～2 年，有效成分不发生分解。

二苯醚类除草剂大部分品种水溶度低，被土壤胶体吸附，在土壤中不易移动，持效期中等，一般为 20～90 天，大部分品种为邻位置换的化合物，在光照条件下才能发挥除草活性。能够通过动物、植物、微生物、日光等作用，发生硝基还原、醚键断裂、环裂解、脱氯、环羟基化等反应而分解。

醚键水解与硝基还原是此类除草剂在土壤中的主要降解反应，硝基还原为氨基的过程与土壤氧化还原状态显著相关，还原状态越严重的土壤，越易生成氨；甲氧醚等二苯醚除草剂在土壤微生物作用下均生成无除草活性的氨衍生物。它们的分解因土壤而异，在旱田土壤中分解极缓慢，但在淹水土壤中则分解迅速，生成大量氨。

三、生物活性

二苯醚类除草剂易被植物吸收，但传导作用较差。通常幼芽接触邻位置换的品种时受害最重，而种子及根吸收药剂时，除草活性较小；间位取代的品种不仅对幼芽而且对幼根均发生显著毒害作用。二苯醚类除草剂对植物主要起触杀作用，它们的除草作用与光密切相关。凡是邻位及对位的品种都具有光活性化作用，即只有在光下才能产生除草作用，在黑暗中则无活性；而间位取代的品种，不论在光下或黑暗中均产生除草活性。需光的作用机制是化合物在植物体内直接通过光转化作用，而转变为毒性化合物或者是只有在光照条件下才能使除草剂对植物发生毒害作用。光活性化作用是一种光生物化学过程，在此过程中，类胡萝卜素及叶黄素，特别是叶黄素作为光活性化作用中光能的受体而起作用。

作物药害多为局部药害，随着植物生长易于恢复。土壤温度、水分适宜的条件下施药效果好。大多数二苯醚类除草剂品种在土壤中的持效期都比较短，基本上不存在残留毒性与污染问题。

四、作用特性与毒理、毒性

1. 杀草特性与毒理

三氟醚等邻位取代二苯醚类除草剂主要作为叶绿体非循环电子传递以及偶联光合磷酸化作用的抑制剂而起作用。由于非循环光合磷酸化反应比偶联光还原反应敏感，因此，偶联非循环光合磷酸化作用的受抑制可能是电子传递受抑制的反映。并且抑制氧化磷酸化与光合磷酸化这两个主要过程。在此过程中，叶绿素机体形成 ATP。由于 ATP 在细胞代谢中起重要作用，因此，抑制 ATP 的形成至少是二苯醚类除草剂杀草作用的生物化学机制之一。

二苯醚类除草剂能够抑制原卟啉原氧化酶，造成原卟啉合成或积累，原卟啉不能迅速被镁或铁螯合，结果积累至临界浓度，在光照条件下促使形成单态氧和脂类过氧化，造成膜丧失完整性，导致细胞死亡。

2. 选择性

二苯醚类除草剂的选择性与植物对药剂的吸收、传导、代谢速度以及在植物体内的轭合程度有关。甲羧除草醚（茅毒）在敏感植物苘麻体内的吸收和传导数量比耐药性植物大豆与玉米高，这是其选择性的原因之一。

在植物体内降解速度的快慢是二苯醚类除草剂选择性的另一重要原因。三氟羧草醚在耐药性植物花生体内降解迅速，而在敏感性植物黄瓜体内降解缓慢。

此类化合物为低毒除草剂；在试验剂量内对动物未见“三致”作用；在三代繁殖试验和迟发性神经毒性试验中未见异常；对鱼类及某些水生生物高毒，对鸟类及蜜蜂低毒。

五、应用

1. 防除对象

主要防除一年生及用种子繁殖的多年生杂草幼芽，而且防除阔叶杂草的效果优于禾本科杂草。但是由于品种不同，其防除对象有较大差异。甲羧除草醚、乙氧氟草醚、三氟羧草醚是防治一年生阔叶杂草的特效药剂，它们防除禾本科杂草的效果较差。氟磺胺草醚是现有二苯醚类除草剂中杀草谱较广的品种，可防除一年生阔叶杂草及低龄禾本科杂草，而且进行土壤处理时，持效期也最长。

2. 适用作物

大多数二苯醚类除草剂都是稻田除草剂，如除草醚。另外，氟磺胺草醚、三氟羧草醚、乙羧氟草醚、乳氟禾草灵等主要应用于大豆田。

3. 使用时期

氟磺胺草醚、三氟羧草醚、乙羧氟草醚、乳氟禾草灵在大豆3片复叶以前，阔叶杂草2～4叶期，株高5～10 cm时使用。施药过晚，易加重大豆药害，但一周后药害可以恢复。可以和烯禾啶、精吡氟禾草灵、精喹禾灵、烯草酮、高效氟吡甲禾灵等混用，以兼治禾本科杂草，在混用中加入植物油或液态氮肥，可降低用药量，提高药效，减轻药害。

项目八 脲 类

一、概述

1946—1949年期间，Thompson等报道一系列不同的脲类衍生物具有生物活性，并对其进行进一步研究，1951年杜邦公司开发了第一个脲类除草剂灭草隆(monuron)。

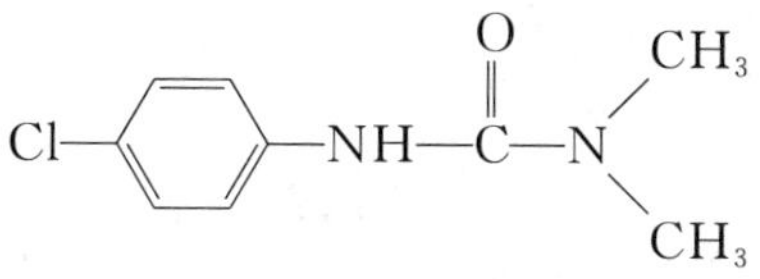

灭草隆

1951年杜邦公司用苯基和二氯代苯基取代氯代苯基，开发出脲类除草剂非草隆(fenuron)、敌草隆(diuron)、1-甲氧基取代甲基开发出绿谷隆(monolinuron)等。

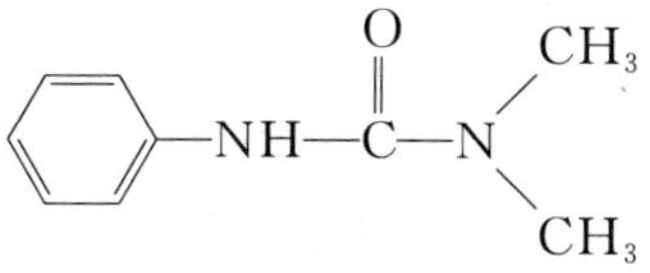

非草隆

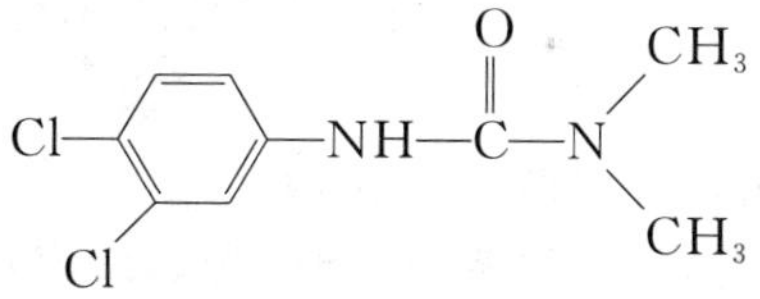

敌草隆

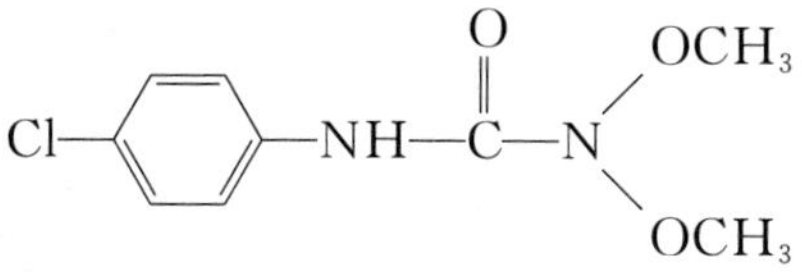

绿谷隆

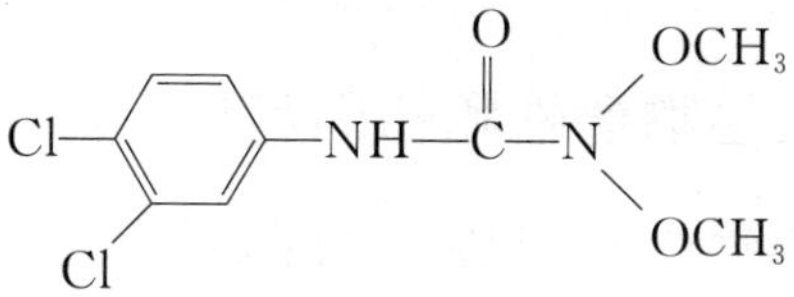

利谷隆

这类化合物由于甲基的引入，与1,1-二甲基脲的活性有了很大的差别。如敌草隆为灭生性除草剂，在土壤中持效期相对较长，而1-甲氧基衍生物利谷隆(linuron)则对某些作物有极好的选择性，在土壤中持效期短。

20世纪50年代末至60年代初，人们曾尝试用饱和的环烃代替脲类分子中的苯环，这类化合物已商品化的是noruron。

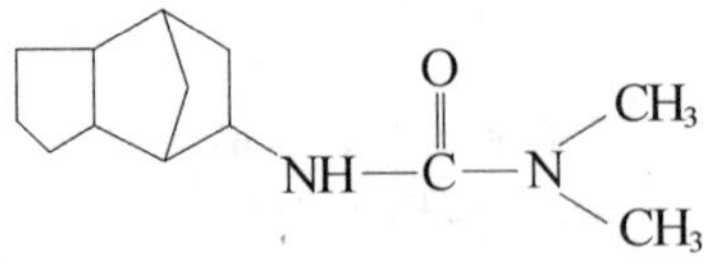

noruron

在结构上的进一步变化是用杂环来代替分子中的苯环，这类化合物往往具有较好的选择性，开发出的除草剂为甲基苯噻隆(methabenzthiazuron)。

1969 年(Ciba)Novartis 公司开发出麦田重要除草剂绿麦隆(chlortoluron)。相继又开发出另一重要麦田除草剂异丙隆。

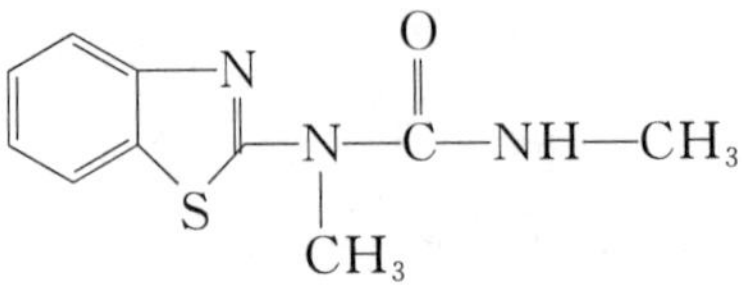

methabenzthiazuron

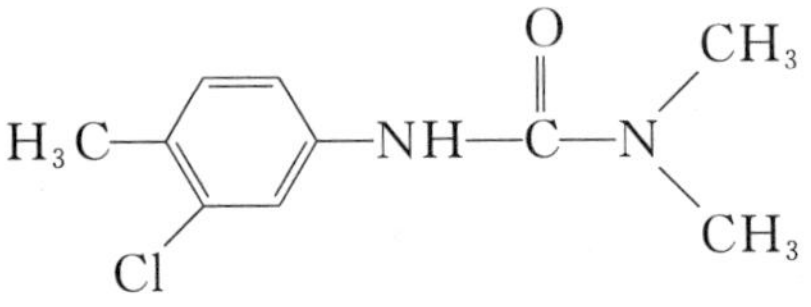

绿麦隆

二、结构与活性

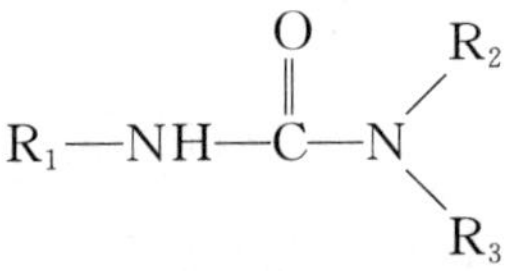

在如上通式中，其中 R_1 为芳基，脂环基或杂环，通常多为环状结构，尤为苯环最多；R_2 与 R_3 为低级烷基及烷氧基。由于取代基不同，形成了不同类型的品种，如苯基脲、氢化芳基脲等。在苯基脲中，所有品种都在远离苯环的末端氮原子上含两个烷基，这是具有除草剂活性的必备条件，通常多含两个甲基，如灭草隆、非草隆、敌草隆等；有的品种则联结一个甲氧基与一个甲基如利谷隆、氯溴隆等，杂环脲如噻草隆、丁噻隆等则在末端氮原子上连接一个甲基。此外，与末端氮原子上连接的还有酰基、烷氧羰基及氰基，与苯环相连的氮原子连接一个氢原子也是开发苯环脲除草剂新品种的条件。在结构中导入氟后，活性显著提高。

三、生物活性和作用特性

脲类除草剂主要在作物播种后、杂草萌芽前进行土壤处理，防止一年生杂草，特别是阔叶杂草，磺噻隆、丁噻隆、莎草隆也能防除多年生杂草，丁噻隆则是防除木本及灌木的特效除草剂，苯谷隆是大豆苗后防除阔叶草的除草剂品种。除草效果与土壤含水量密切相关，随着土壤含水量的增加，生物活性明显增强，由于品种不同，持效期数月至一年以上。

脲类除草剂主要通过根部吸收，兼有叶片的触杀作用。在导管内随水分向上传导到叶内，茎叶吸收较少，移动距离也短，多分布在叶尖和叶片边缘，很少进入韧皮部。药剂集中在叶片绿色细胞内发挥作用，抑制 PSⅡ还原部位的电子流，与 PSⅡ反应中心复合物的 32 kDa 蛋白质结合，阻碍电子从束缚性质体醌 Q_a 向第二个质体 Q_b 传递，抑制光合作用(莎扑隆除外)。在光照条件下受害植株不能吸收二氧化碳和放出氧气，停止生成有机物而使植物饥饿死亡，叶绿素吸收的光对药剂发挥作用非常重要。受害植物首先是叶片边缘和尖端退绿，然后发黄，最后枯死。以杂草出土前用药效果最好，叶面处理时适当加入表面活性物质可促使药剂进入。在土壤中的半衰期1～2个月，持效期2～4个月。

脲类除草剂大多数品种选择性都较差，主要靠土壤的位差来达到安全除草的目的。大多数脲类除草剂品种都是土壤处理剂，它们水溶性低，不易向土壤下层移动，因而，位差选择性在其应用中起较大作用；同时脲类除草剂在植物体内的差异是某些除草剂选择性的重要原因。例如，棉花吸收灭草隆与敌草隆后，能迅速将其分解，使其脱甲基而丧失活性，故具有高度耐药性。

植物对脲类除草剂的耐药性与其体内特定的酶活性有关。例如，*N*-脱甲基酶、辅酶以及DPIP在不同植物体内活性是不一样的。在棉花植株内，这些酶的活性最强，它们能分解灭草隆、敌草隆和氟草隆，能使这些除草剂迅速转变为对棉花毒性最小的化合物。而在芹菜、玉米、高粱、洋葱等敏感植物体内，上述酶的活性最低。

此类除草剂对人、畜低毒，慢性毒性试验未发现有致癌、致畸及致突变作用。对鱼类、蜜蜂低毒。

四、应用

（1）根据土壤有机质含量确定用药量。脲类除草剂在土壤中的吸附作用是比较强的一类化合物，由于它们的弱酸性，所以其吸附作用主要是在有机质上通过偶极—阴离子与偶极—偶极体的相互作用而进行的，有机质含量高，吸附作用显著增强，用药量应增大。

（2）土壤含水量是影响除草剂效果最重要的因素，由于大多数脲类除草剂品种的水溶度低，故在干旱条件下药效难以挥发，通常在施药后两周内有12～25 mm降水，即可保证其活性发挥。

（3）脲类除草剂是易与其他类除草剂混用的一类化合物，不论三氮苯类、氨基甲酸酯类或酰胺类等均可与脲类除草剂混用。

项目九　三氮苯类

一、概述

1952年加斯特等首先发现可乐津（chlorazine）的除草活性。1955年汽巴-嘉基公司开发出西玛津（simazine），1957年开发出莠去津（atrazine，阿特拉津）。在均三氮苯环基础上，利用甲硫基（$—SCH_3$）取代氯原子，汽巴-嘉基公司1960年开发出莠灭净（ametryn），1962年开发出扑草净（prometryn），1968年开发出西草净（simetryn）。

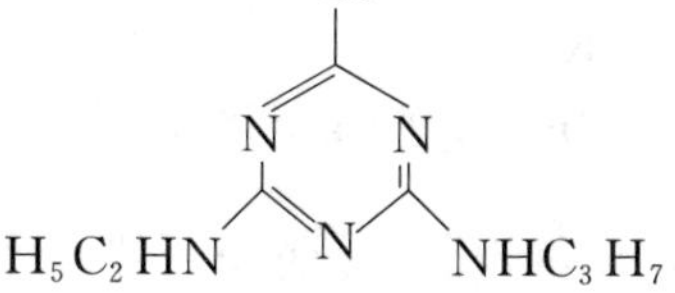

莠去津

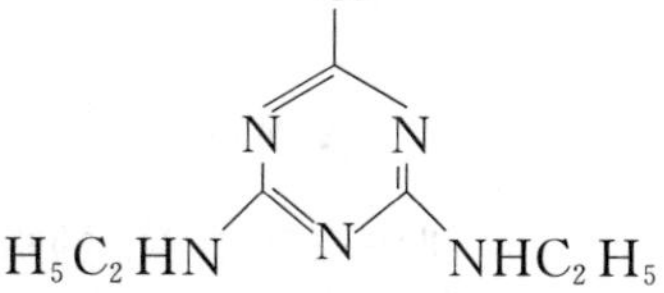

西玛津

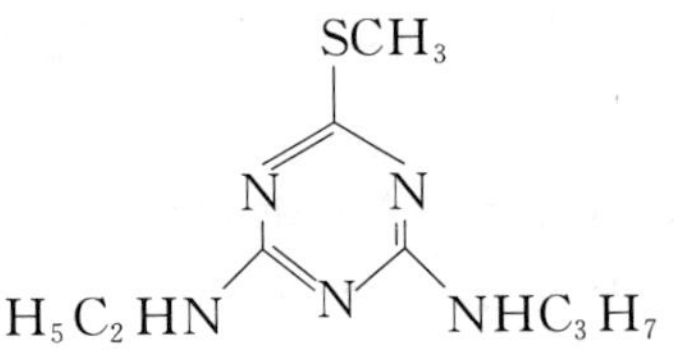

莠灭净(ametryn)

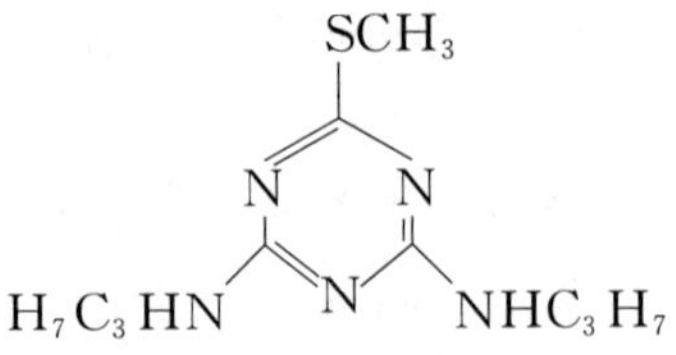

扑草净 (prometryn)

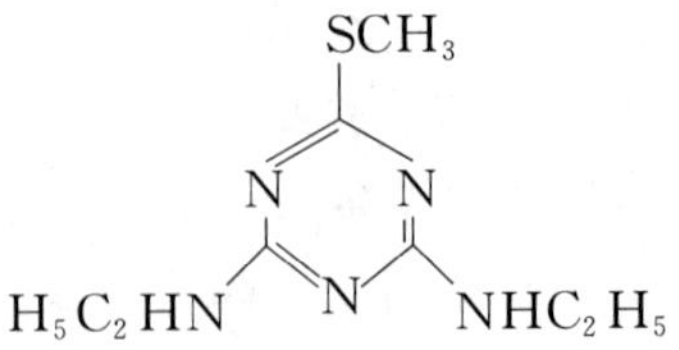

西草净(simetryn)

1968 年拜耳公司开发出高活性偏三氮苯类除草剂品种嗪草酮(metribuzine,赛克津),主要应用大豆、玉米田防除阔叶杂草。

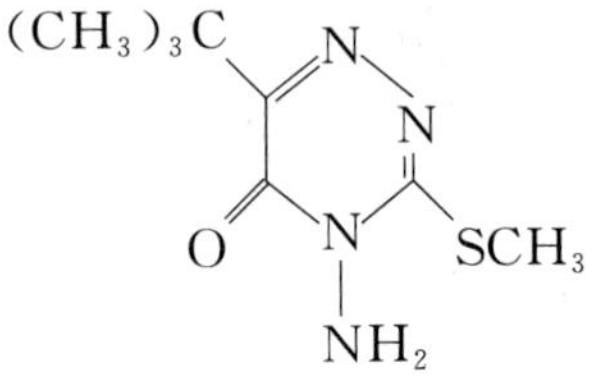

嗪草酮

均三氮苯类除草剂具有杀草谱广,适用范围大,选择性强等特点。此类除草剂发展迅速,目前已成为除草剂中重要的一种类型,其中莠去津的产量最大,是玉米田最重要的除草剂之一。三氮苯类除草剂属于氮杂环衍生物。目前开发的这类除草剂绝大多数是均三氮苯类,较重要的非均三氮苯类仅有嗪草酮一种。

从 20 世纪 60 年代以来,在均三氮苯类除草剂的发展中值得注意的趋势是:①通过改变加工剂型如悬浮剂、颗粒剂和缓释剂等来完善原有品种,以及改进使用技术如苗带施药、低容量苗后喷雾及机械施药等来提高药效并缩短其在土壤中的持效期及对后茬作物的危害;②研制出一系列各具特色的新品种,以克服原有品种的某些弱点,进一步扩大了应用范围;③根据各个品种的特点,进行品种间以及与其他类型的除草剂混用。

二、结构与活性

均三氮苯类凡具有除草活性的化合物,必须具备的条件是:①与环上碳原子相结合的两个氮是典型的均三氮苯除草活性的必备因素;②需要有 1～3 个 *N*-烷基取代基,在每个氮上含有 1 个烷基的化合物特别有意义;③烷基 C_1～C_4 最为适宜,其中包括甲氧基烷基;④R_1 被烷氧基、烷硫基取代,更好的是被甲氧基与甲硫基取代。

均三氮苯类除草剂的基本结构为:

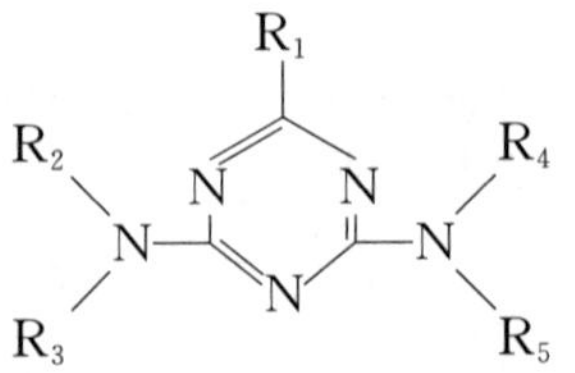

R_1 =—Cl—为津;R_1 =—S—为净;R_1 =—O—为通;R_1 ══O 为酮

均三氮苯类除草剂按其环上 R_1 的取代基的不同,可分为“津”“净”和“通”3 种类型。

2-氯三氮苯,即 R_1 取代基为氯原子(—Cl)称为“津”类,如西玛津、扑草津、莠去津等。

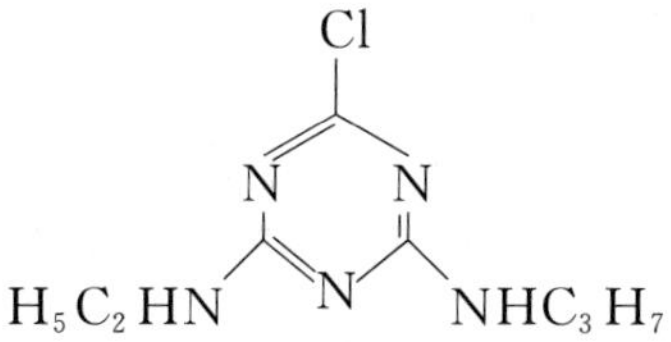

莠去津

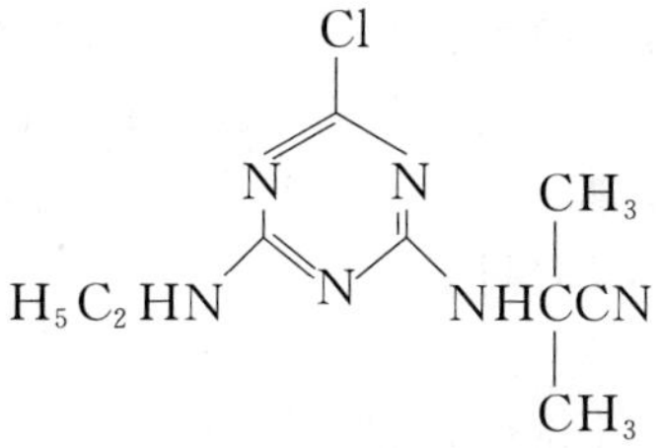

氰草津

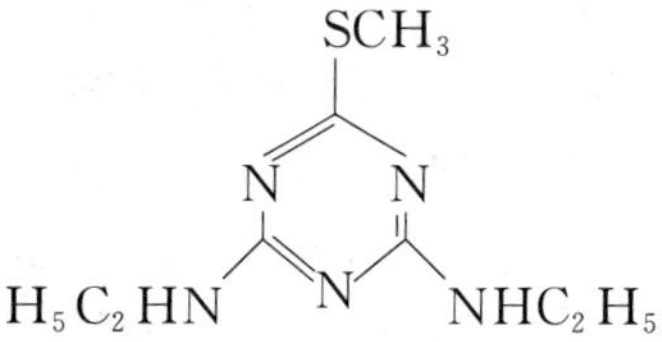

西玛津

2-甲硫基三氮苯，即 R_1 取代基为甲硫基（—SCH_3）称为“净”类，如扑草净、西草净等。

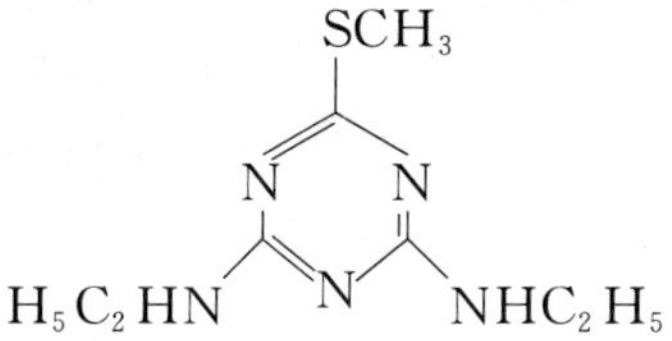

西草净

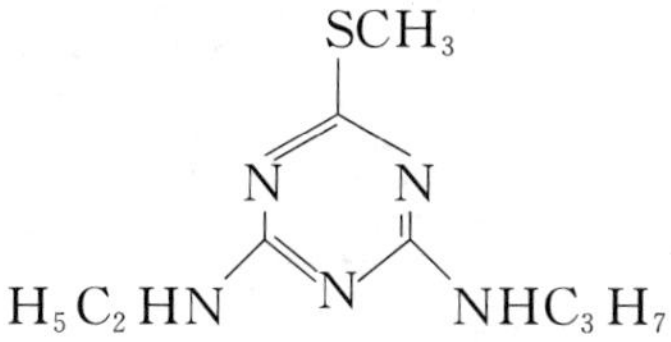

莠灭净

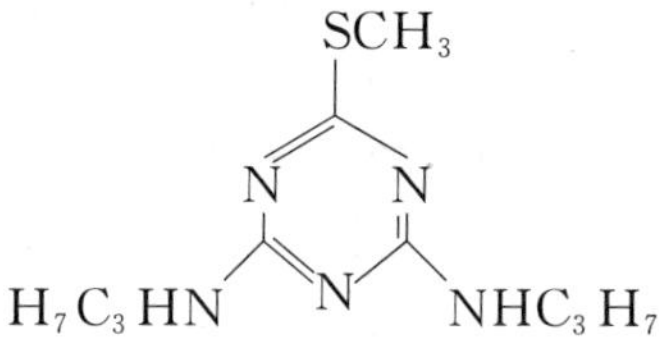

扑草净

2-甲氧基三氮苯，即 R_1 取代基为甲氧基（—OCH_3）称为“通”类，如扑灭通等。

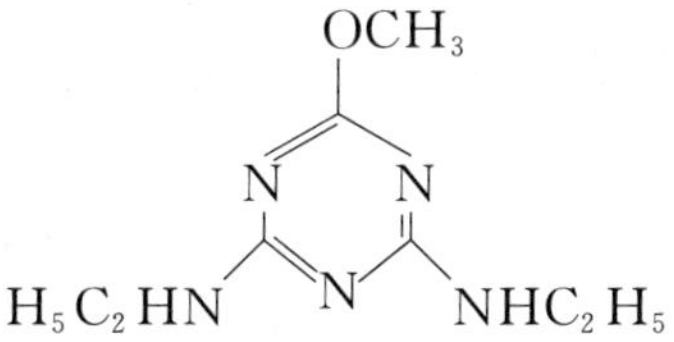

西玛通

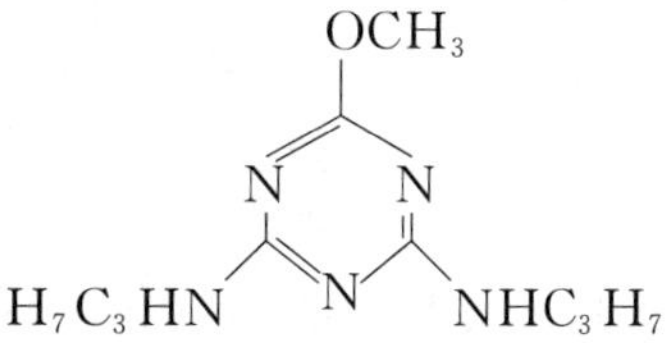

扑草通

虽然绝大多数均三氮苯类除草剂品种的化学结构相似，但它们的物理化学特性及生物活性与选择性却存在着显著差异，这些差异往往与第二位上氯、甲硫基或甲氧基有密切关系。

三、生物活性与毒性

此类除草剂杀草谱广，防除大多数一年生阔叶与禾本科杂草，对阔叶的防效优于禾本科草。主要是根系吸收，通过蒸腾流向地上部传导，叶片吸收差，特别是2-氯三氮苯类各种品种除莠去津以外，叶片均不吸收，因而都是土壤处理剂。施于土壤中后，迅速被土壤胶体吸附，停留于表土层而不易淋溶。在土壤中通过化学水解与微生物降解而消失。

氯-三氮苯的选择性最强，除草活性高，主要通过根系进入植物体内，水溶度低，以被土壤胶体吸附，在土壤中稳定，残效期较长，特别是莠去津与西玛津可达一年以上，玉米对此类化合物的各个品种均具有高度的耐药性。除莠去津以外，其余品种的作用都比较缓慢，特别是西玛津在干旱条件下的作用尤为缓慢。

甲氧基-三氮苯的特点是水溶度高，植物的根系与茎叶均能吸收，除草活性强，在土壤中稳定，残效期较长，而选择性较差，故主要用于非农田灭生性除草。

甲硫基-三氮苯通过根系与茎叶吸收，作用迅速，除草活性强，水溶度高，对刚出土的杂草有特效，在土壤中分解迅速，故残效期短，选择性也差，一般残效期1～2个月，故不影响后茬作物，便于在一年多熟制地区应用。

此类除草剂的绝大多数品种为土壤处理剂，土壤特性对其除草效果有很大影响。三氮苯类除草剂在土壤中的持效期较长，不同类型品种由于结构的差异，造成持效期显著不同。2-甲氧基三氮苯的持效期比2-氯三氮苯和2-甲硫基三氮苯长，扑草净是持效期最长的品种。2-氯三氮苯在土壤中的持效期是：西玛津＞莠去津＞抑草津＞可乐津。在农业生产中玉米、高粱等作物应用西玛津与莠去津后，应正确安排后茬作物，否则，会对后茬敏感作物产生影响。

此类除草剂的大部分品种属低毒除草剂，少数品种为中等毒性除草剂；部分品种在致畸、致突变和致癌试验中为阴性，多数在试验剂量内对动物无"三致"作用。对鱼类低毒。

四、作用特性

此类除草剂的作用时间是在光合作用过程中糖类形成之前能量的光化学转变的早期阶段。它们对光合作用中电子传递的抑制作用发生在光合系统Ⅱ。三氮苯类除草剂干扰希尔反应中氧释放时的能量传递，进而影响NADP的还原作用和ATP的形成。叶绿素可能是植物体内均三氮苯类除草剂发生致毒作用的主要色素。毒性程度随光强而加重。光质也显著影响均三氮苯类除草剂的毒性。

不论在植物类群间、种间、变种间，还是在同种植物的不同生育阶段，对均三氮类除草剂的耐药性均存在着较大的差别。虽然均三氮类除草剂强烈抑制光合作用，但叶绿素本身并不能决定其选择性。位差选择性与除草剂本身的物理化学特性，特别是水溶性、土壤吸附作用及其在土壤中的移动性和作物生育习性等有关。例如，氯三氮苯品种的水溶性低，在土壤中不易向下移动，因此，利用这种选择性，可以应用于多种作物。

不同植物的耐药性，主要决定于药剂在其体内的降解速度。例如，用西玛津处理玉米和小麦后，发现玉米根系吸收的西玛津大部分被分解；敏感性作物小麦则无此种分解作用。

玉米对多数均三氮类除草剂有高度的耐药性，在植物体内可能发生羟化、脱氯、脱甲氧基或脱甲硫基等不同反应。甲氧基和甲硫基三氮苯除草剂借助于在植物体内的氧化反应而丧失毒性。例如，氧化作用中的*N*-脱烷基化作用在其选择性中，特别是在中等敏感性植物如豌豆与棉花中起主导作用。

五、应用

1. 防除对象

均三氮苯类除草剂主要防除一年生杂草及种子繁殖的多年生杂草，在一年生杂草中，它们防除阔叶杂草的效果又优于禾本科杂草；对多年生杂草的作用很差或无作用，其中甲氧基均三氮苯品种的水溶度高，植物的根与叶均能吸收，在土壤中易于淋溶，故能有效地防除一些多年生杂草。

2. 适用作物

不同作物对均三氮苯类除草剂的反应差异很大，其中以玉米、黍、甘蔗及其他果树的抗性最强，棉花、豌豆、向日葵、马铃薯、胡萝卜、高粱等对一些品种也具有较强的抗性，一些敏感作物则可利用位差选择性原理来安全使用。因此，均三氮苯类除草剂的应用范围相当广泛，它们不仅被用于作物、果树及蔬菜，而且有些品种作为灭生性除草剂还用来防除工矿地区及公路与铁路旁的杂草。

3. 用量和使用时期

此类除草剂可用于作物播种后杂草出苗前进行土壤封闭处理，也可以在作物出苗后进行茎叶喷雾处理。可与其他除草剂进行混用或制成混剂，如莠去津与乙草胺、异丙草胺、异丙甲草胺等酰胺类除草剂混用广泛用于玉米田除草。

项目十　二硝基苯胺类

一、概述

二硝基苯胺的植物毒性是从 1955 年开始发现的。Alder 等发现 2,6-二硝基苯胺衍生物最具有除草活性，并且 2,6-二硝基苯胺具有接触及苗前除草活性。二硝基苯胺类系列除草剂主要是意大利 Elililly 公司在 20 世纪 60 年代开发的一类重要的除草剂，特别是 1960 年开发的氟乐灵（trifuralin）在 1964 年登记后，一直成为世界上主要的除草剂品种之一。1968 年 Dow 公司开发安磺灵（oryzalin），1971 年（America Cyanamid）BASF 公司开发仲丁灵（地乐胺 butralin），1972 年（America Cyanamid）BASF 开发应用范围更广的二甲戊灵（pendimethalin），它不但应用到大豆、棉花、花生、玉米等大田作物，而且能够应用到经济作物和蔬菜作物。

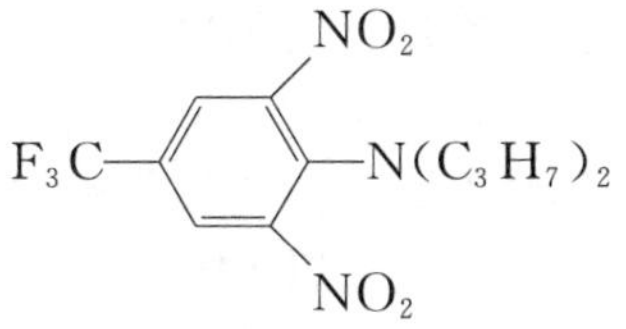

氟乐灵

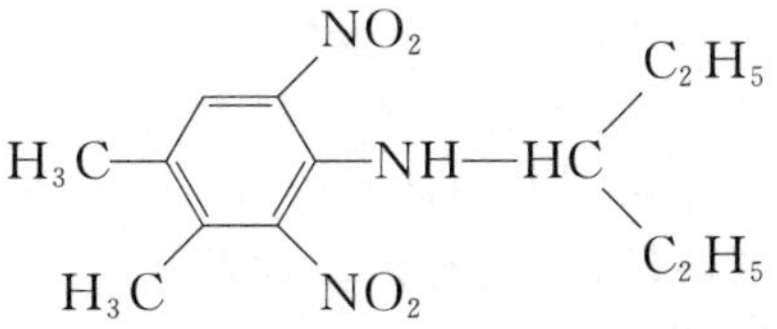

二甲戊灵

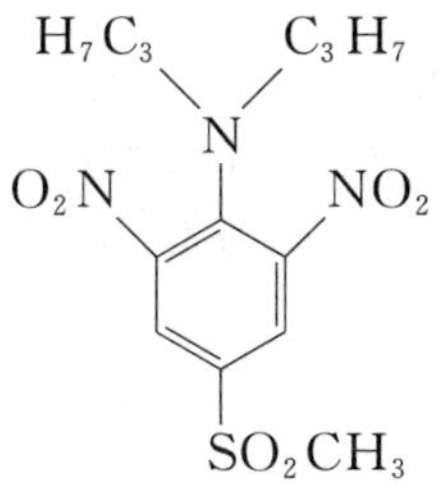

安磺灵

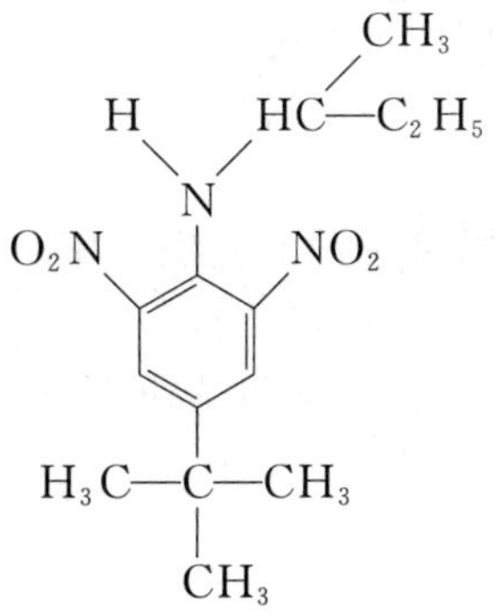

仲丁灵

二、主要物理和化学性质

1. 结构与活性

二硝基苯胺类除草剂的生物活性和化学结构密切相关，在二硝基苯胺基本结构的基础上化合物活性主要决定于 N 原子上的取代基及第四位取代基的特性，不同的取代基导致化合物的活性不同，活性顺序为：$CF_3 > CH_3 > Cl > H$。苯环上 3-位或 4-位含有不同取代基即形成各种不同的除草活性及不同选择性。二硝基苯胺类通式为：

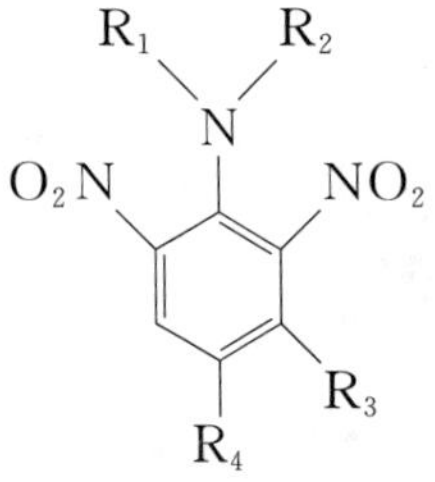

R_1 = 烷基、卤代烷基、环烷基

R_2 = 烷基、卤代烷基、环烷基、H

R_3 = NH_2、Cl、H、CH_3

R_4 = CF_3、CH_3、Cl、SO_2CH_3、SO_2NH_2、C_2～C_4 烷基

2. 理化性质

二硝基苯胺类除草剂多为橙红色固体，常温下难溶于水，易溶于甲苯、二甲苯、丙酮、乙醇和异丙醇等有机溶剂，微有挥发性。由于此类化合物蒸气压高，见光易分解，苯环上 1，4-位取代基的种类及分子量的大小决定了化合物蒸气压的高低。这类除草剂对光解非常敏感，当氟乐灵在有机溶剂中或硅胶板上受到照射后，即发生脱烷基化，形成苯并咪唑衍生物。不同品种挥发强弱不同，其中氟乐灵、乙丁氟乐灵等挥发性最强，仲丁灵、二甲戊灵等挥发性中等，而磺乐灵挥发性小。温度与土壤湿度明显影响挥发性，温度每上升 10 ℃，氟乐灵蒸气压约增加 5 倍。挥发与土壤湿度密切相关，湿度高，挥发强。

三、生物活性

二硝基苯胺类除草剂在作物播种前或出苗前进行土壤处理防止杂草出苗。主要抑制次生根的生长，同时对幼芽也产生抑制作用，它们对单子叶植物的抑制作用比双子叶植物好。同时二硝基苯胺类除草剂的活性和外界环境条件关系密切。土壤环境条件明显影响二硝基苯胺类除草剂的除草活性，土壤有机质含量、土壤含水量、土壤机械组成、土壤 pH 等土壤条件与除草剂活性关系密切。

此类除草剂除草效果稳定，在土壤中挥发的气体也有杀草作用，因而在干旱条件下，仍能有较好的除草作用。水溶度低，施于土壤中后被土壤胶体吸附，不易移动；多次重复应用时，在土壤中不积累。在土壤中持效期适中，大多数品种的半衰期为 2～3 个月，正确使用时不伤害轮作中后茬作物。

二硝基苯胺类除草剂的典型作用是抑制次生根生长，除了仲丁灵以外，所有品种不仅对杂草，而且对耐药性作物的次生根都有明显抑制作用。此外，二硝基苯胺类除草剂对植物的幼芽也产生明显的抑制作用，而且严重抑制细胞的有丝分裂与分化，破坏核分裂，造成植物生长停滞而导致死亡。

四、作用特性

二硝基苯胺类除草剂对植物毒性的主要作用原理是通过干扰能量发生机制或阻碍能量传递机制来破坏 ATP 的形成。二硝基苯胺类除草剂对电子传递具有多点抑制作用，表明它们影响膜的特性。其途径是通过进入膜内类脂物的分配而对线粒体代谢产生显著影响，降低膜的移动性，影响膜的渗透性。二硝基苯胺类除草剂均抑制外源 NADH 的氧化作用，对 NADH 氧化作用的抑制作用点是在电子进入主要的细胞色素链发生的。它们对细胞色素氧化酶中的电子传递无抑制作用，但抑制偶联磷酸化作用。总之，此类除草剂在能量产生的途径上发生干扰作用。

二硝基苯胺类除草剂选择性主要有 3 个方面：一是利用作物和杂草根系不同和位差选择性；二是利用作物和杂草吸收除草剂浓度的差异；三是植物种子内类脂物含量和幼芽抗药性之

间存在明显的相关性。

位差选择性　此类除草剂具有挥发性，水溶性低，易光解。主要以播前混土法施用。氟乐灵在土壤中并不抑制种子发芽，而是在种子产生幼根和幼芽的过程中，特别是幼芽通过土壤药层而起作用。冬小麦等作物就是利用这种位差选择性来安全使用这类除草剂。

生理选择性　敏感植物与耐药性植物从土壤中吸收水分的量有差异。例如，耐药性植物大豆吸收单位数量氟乐灵时比敏感植物小麦能吸收更多的水分，因此，使耐药性植物体内难以达到产生药害的浓度。

生物化学选择性　植物种子和根内类脂物质的含量与其选择性有密切关系。氟乐灵的选择性部分决定于植物种子内所含的能束缚氟乐灵并将其从作用部位脱离的类脂物的含量。种子中类脂物含量高，长出的幼芽耐药性就强。

五、应用

1. 防除对象

二硝基苯胺类除草剂主要防除稗、狗尾草、看麦娘等一年生禾本科杂草，对藜、苋、繁缕、地肤等小粒种子阔叶杂草也有一定的抑制作用，对多年生菊科、十字花科、伞形花科、鸭跖草科、茄科、莎草科杂草无效。

2. 适用作物

此类除草剂广泛用于各种作物，特别是种子中类脂肪含量高的作物如大豆等豆科植物、棉花、向日葵、亚麻以及十字花科作物均可安全应用，其中氟乐灵的使用时期最久，应用范围最广，是大豆与棉花的主要除草剂，药剂应用时要求耙地拌土，需要药剂混入土壤中使之减少挥发和光分解，以保证发挥药效。二甲戊灵要求耙地拌土的时期不太严格，延迟拌土对药效无显著影响，故可在播种前、出苗前及出苗后应用，也可在秋后应用，用于水稻插秧田及玉米田、棉花田除草是其重要特点。

项目十一　有机磷类

一、概述

1954 年美国研究出两种脱叶剂，即脱叶磷与脱叶亚磷。1958 年 Dow 化学公司推荐草特磷作除草剂。1963 年 Stanffer 公司提出地散磷为选择性除草剂。1971 年 Monsanto 公司开发出草甘膦(glyphosate)以后，由于在应用方面取得成功，试验证明该化合物是高效、低毒、广谱性除草剂，因而确立了有机磷除草剂的地位。

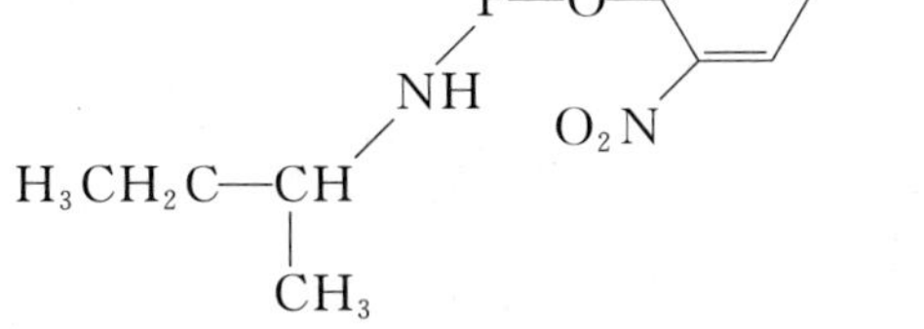

草特磷

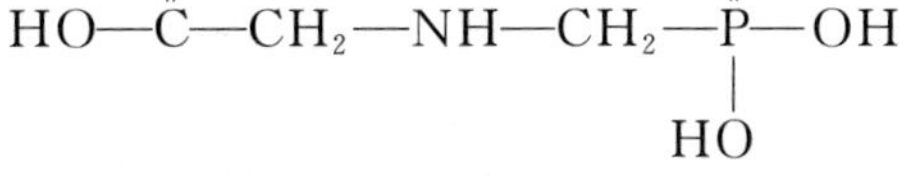

草甘膦

有机磷类除草剂在20世纪70年代开发的品种较多。20世纪80年代初，日本明治制果公司在从放线菌发酵液中筛选杀菌剂时发现有药害，得到启发从而开发出除草剂双丙氨膦(bialaphos)。根据双丙氨膦的化学结构进行人工合成化合物，1981年(Hoechst)AgrEvo公司开发了草铵膦(glufosinate)。

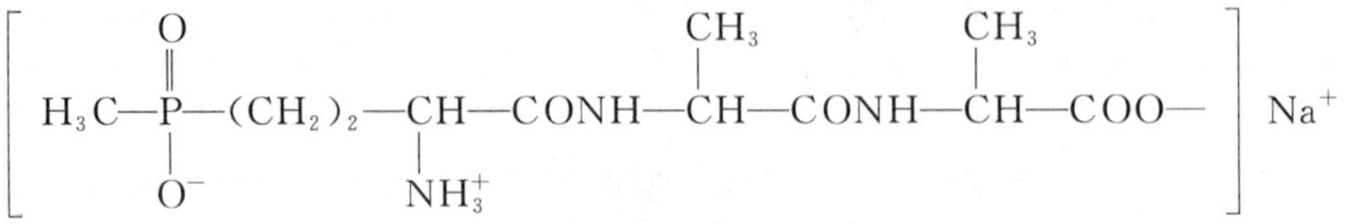

双丙氨膦

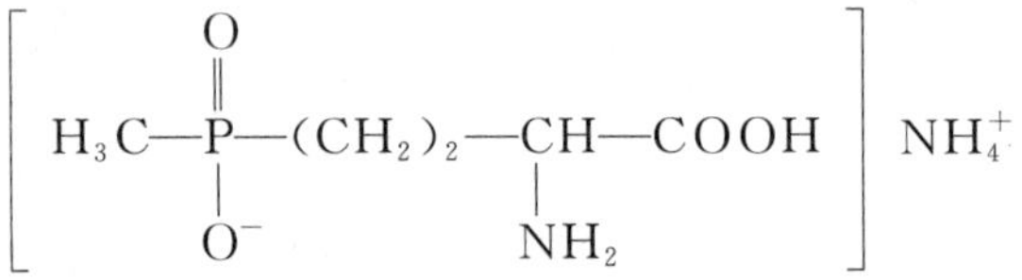

草铵膦

后来Stauffer公司又发现草甘膦的一些新的衍生物也具有很高的除草活性，如草硫膦及草砜膦均有很好的防除多年生杂草的作用。草硫膦于1988年6月在美国登记。与草甘膦相比，草硫磷具有杀死杂草的速度更快、抗雨水冲刷的能力更强以及杀草谱广等优点。

在有机磷除草剂中，以草甘膦与双丙氨膦最为突出，它们以高效、广谱、低毒、易分解、对环境安全等特点而引人注目，作为果园、胶园、非农田及少耕与免耕法中重要除草剂而广泛应用。

有机磷类除草剂在世界农药工业中占有重要地位，尽管草甘膦的开发与应用已有30年的历史，但销售额仍居世界第一。这与其特性是分不开的。它的主要优点是：①杀草谱广，能有效防除几乎所有一年生与多年生杂草，特别是防除多年生杂草优于其他除草剂品种；②由于其特殊的作用机制导致杂草产生抗性十分缓慢，从草甘膦开发成功至今已使用近30年，世界各地产生抗性的杂草种类极少，抗性不像其他类型除草剂那样突出；③草甘膦在土壤与环境中极易分解，既不污染地表水，也不污染地下水，对生态环境安全；④售价及单位面积使用成本便宜，适用性强，可用于不同的农业及非农业区域。

由于草甘膦的突出特性促使其广泛应用，并引起人们对此除草剂的极大兴趣，从1996年至1998年10月为止，3年内共有100份有关专利公布，其中主要是草甘膦化学及转基因抗性作物，剂型加工方面则包括新型表面活性剂及其他助剂的添加与混剂等。

二、结构和活性

有机磷除草剂的品种按化学结构将其分为：硫代磷酸衍生物、磷酸酯、亚磷酸酯及磷酰胺4个类型。

1. 硫代磷酸衍生物

20世纪70年代日本发现硫代磷酰胺类化合物具有很高除草活性，开发了胺草磷(amiprophos)。

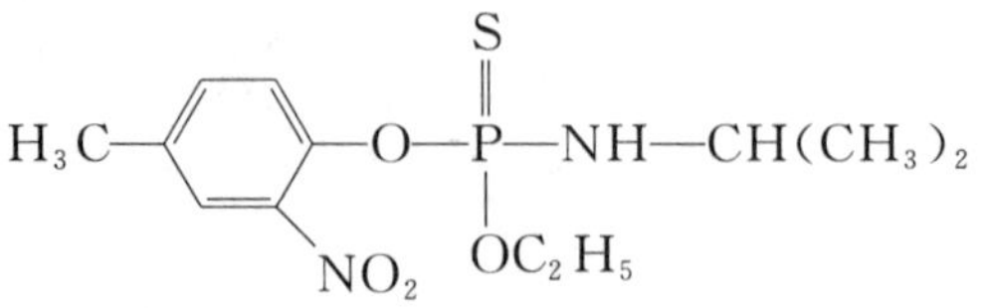

胺草磷

胺草磷结构和活性关系表明，分子中芳基邻位的硝基是显示除草活性的必要条件。由于分子中具有一手性磷原子，可以形成一对光学异构体，它们的除草活性是不相同的，一般左旋体较其右旋体活性高出 3～4 倍。

二硫代磷酸酯具有除草活性，在此结构基础上 Hoechest 公司开发哌草磷（piperophos）和莎稗磷（anilofos），可应用水田除草，它们均具有很好防效。

2. 磷酸酯

草甘膦是 1971 年美国 Monsanto 公司提出的新除草剂。不论对一年生还是多年生杂草都有效，是广谱的芽后除草剂。可由甲基磷酸与甘氨酸在氢氧化钠作用下合成，或以亚磷酸甲基甘氨酸的氧化来制备。

草甘膦可制成二甲胺盐，在非耕地有效地防除茅草、狗牙根及其他多年生杂草，在土壤中无残留，适用于多种作物。

除此而外，许多中性脂和磷酸酞胺脂已报道作为除草剂。

3. 亚磷酸酯及磷盐

伐垅磷[三(2,4-二氯苯氧乙基)亚磷酸酯]适于芽前除草，在土壤中缓慢水解释放出 2,4-二氯苯氧乙醇，进一步变为 2,4-二氯苯氧乙酸。

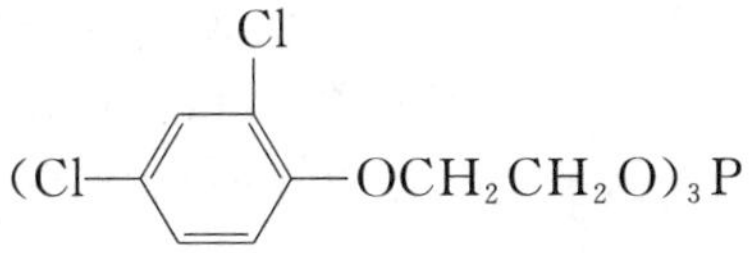

脱叶亚磷是很有效的棉花脱叶剂。它可由于生物作用或光化学作用转变成相应的磷酰化物即脱叶磷。虽然它对动物的急性毒性很低，但有延迟性神经毒性。

某些磷盐具有一定的除草或植物生长调节活性。如甲基硫逐磷酸酚与胺反应得到的盐。

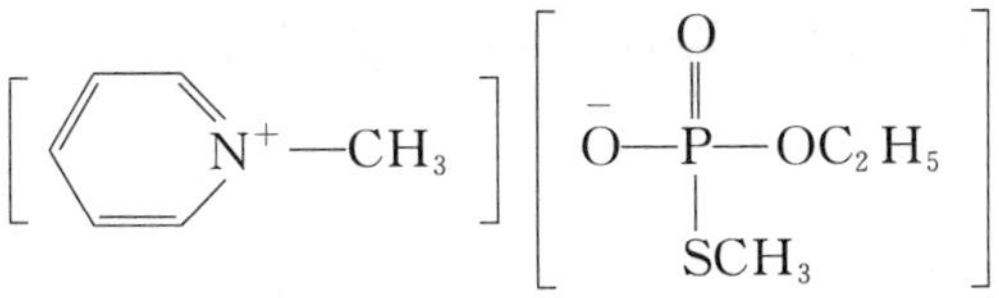

2,4-二氯苯基三丁基氯化磷（phoston），是菊花科及其他园艺植物有效的高度抑制剂。

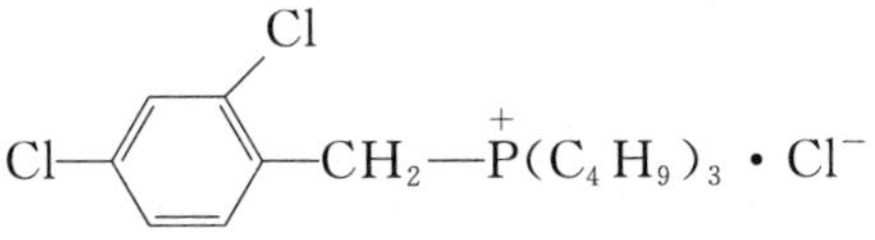

三、生物活性和作用特性

有机磷除草剂由于品种不同，植物吸收药剂的部位及传导差异较大，如砜草磷通过根吸收，哌草磷通过根、胚芽鞘及幼叶吸收，二者传导作用都很差，胺草磷与甲基胺草磷通过幼芽、幼根与分蘖节吸收，草甘膦与双丙氨膦茎叶吸收，是此类除草剂中吸收与传导最迅速的品种。作用部位是植物分生组织，主要抑制细胞分裂，使生长停止，产生黄化、萎凋、干枯等症状。草甘膦的活性比其盐类低，因为植物对酸的吸收差，高剂量及低喷液量时，草甘膦酸易沉淀。当存在阳离子时，草甘膦的溶解度与物理状态便发生变化，阳离子显著促进草甘膦的溶解度，叶片对干燥的雾滴沉积吸收量增多，活性增强。为了提高活性，扩大杀草谱，加快杀草作用以及增加土壤残留活性，草甘膦可与2,4-滴、麦草畏、氨氯吡啶酸、甲草胺、甲嘧磺隆、氰草津、西玛津、莠去津、咪唑乙烟酸等混用。

有机磷除草剂的作用机理不同，已知草甘膦的作用靶酶是5-烯醇丙酮酰莽草酸-3-磷酸合成酶(EPSP)，它影响植物体内一系列物理化学与生理过程，如使光合作用下降，叶绿素减少，抑制植物激素传导，促进激素氧化作用等。草甘膦作用机制是莽草酸生物合成所导致的结果，也是反馈抑制作用产生的效应。草甘膦是一种作用缓慢的除草剂，然而，喷药后在植物出现受害状之前，很早便能测出其生理效应，通常在处理后24 h内便可测出莽草酸大量积累，亚致死剂量草甘膦便可降低光合作用，使叶绿素a与b减少，类胡萝卜素增多，所有这些效应，造成草甘膦对植物的毒害症状：失绿和黄化，生长停滞与矮化，降低顶端优势。

双丙氨膦(bialaphos)与草胺膦(glyfosinate)的靶标酶是谷氨酰合成酶(GS)。这两种除草剂均抑制植物体内氨基酸生物合成途径中的谷氨酰胺合成酶(GS)，造成氨迅速积累，谷氨酰胺缺少，进而影响光合作用，造成细胞及植株死亡，双丙氨膦及草铵膦的杀草作用比草甘膦迅速。

有机磷类除草剂属于低毒、高效、低残留除草剂，原药大鼠急性口服LD_{50}在324～794 mg/kg，大鼠急性经皮LD_{50}大于2 000 mg/kg，兔急性经皮LD_{50}大于2 000 mg/kg。鲤鱼致死中浓度为1.8～4.6 mg/L不等。对兔的眼睛和皮肤有轻度的刺激作用，对豚鼠的皮肤有过敏和刺激作用，对蚯蚓、土壤细菌及其有益真菌有毒害作用。对蜜蜂和鸟类无害，对天敌和有益生物较安全。

四、应用

1. 应用作物

有机磷除草剂的选择性较差，多数品种系灭生性除草剂，主要用于果园、林业及非农田除草。

2. 防除对象和应用时间

有机磷除草剂杀草谱广，如草甘膦、双丙氨膦、草铵膦等既防除一年生杂草，也防治多年生杂草。有机磷除草剂分为两类：土壤处理剂与茎叶处理剂，前者在作物播种后、出苗前应用，后者在大多数杂草出苗后应用。

3. 影响药效的因素

土壤处理剂的活性与持效期决定于土壤特性，如哌草磷用于稻田后，其药效与吸着水量和磷酸盐吸附系数显著相关。茎叶处理剂品种如草甘膦的药效受制于多种因素的作用，如高浓度、小雾滴、溶液pH偏酸、加入硫酸铵与亲水非离子型或阳离子型表面活性剂均能显著提高草甘膦的活性。

项目十二 芳氧苯氧丙酸酯类

一、概述

芳氧苯氧丙酸酯类化合物是一类重要的防除禾本科杂草的高活性除草剂，是在 2，4-D 的基础上，通过进一步优化发现的，其结构通式为：

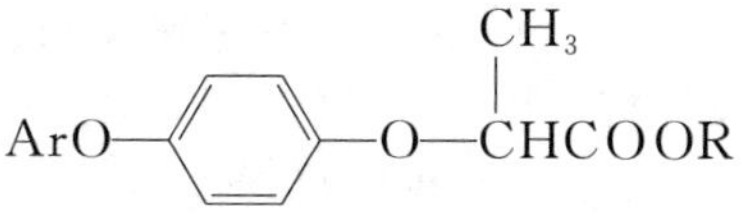

Ar＝取代苯基或杂环基

芳氧苯氧丙酸酯类除草剂是德国 Hoechst 公司在 20 世纪 60 年代研究 2，4-D 类苯氧羧酸类除草剂及二苯醚类除草剂的结构特点而设计开发成功的新品种。1973 年陶氏化学公司研究 2，4-D 类似物时，用吡啶基替换 2，4-D 结构中苯基得到了吡啶氧乙酸类化合物，优化后开发出 Dow co 233：

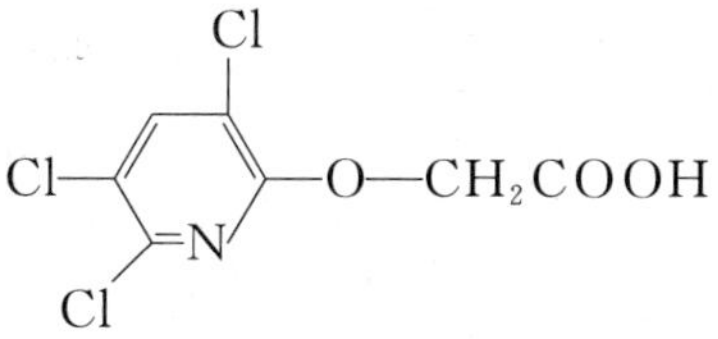

Dow co 233

与此同时赫斯特公司在研究 2，4-D 类似物时发现将 2，4-D 结构中苯基以苯醚替换后所得化合物不具激素活性，1974 年进一步研究发现了化合物禾草灵(diclofop-methyl)：

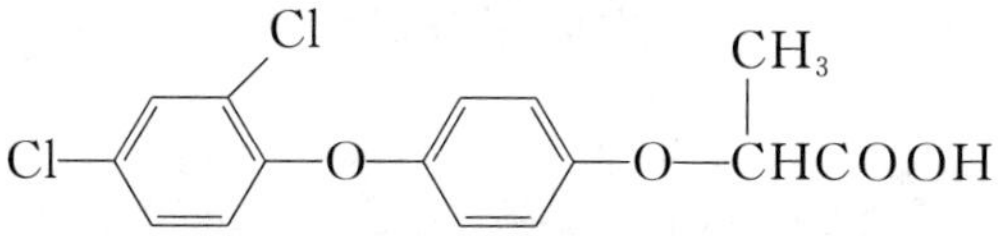

禾草灵

1975 年发现禾草灵具有除草活性，禾草灵可谓芳氧苯氧丙酸酯类除草剂的先导化合物，但仅对禾本科杂草有效，而对阔叶杂草无效。

自以上两个除草剂发现后，世界许多公司纷纷加入此领域，如日本石原产业公司参照 Dow co 233 和禾草灵的结构设计合成了化合物 SL-501，该化合物对禾本科杂草的活性比禾草灵高 10 倍以上，后经结构优化，开发出吡氟禾草灵(fluazifop-butyl)。

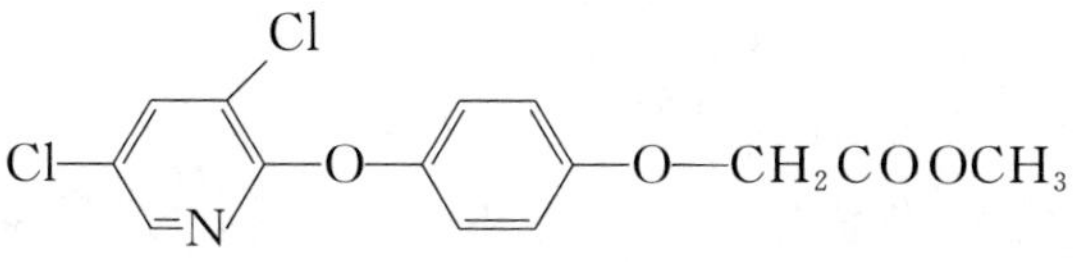

SL-501

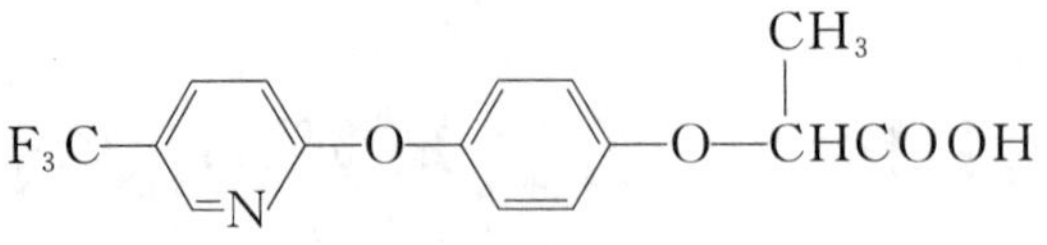

吡氟禾草灵

1976 年陶氏化学公司利用吡啶环代替苯环，并对吡啶环进行了氟化技术合成发现了吡氟氯草灵(haloxyfopl)。

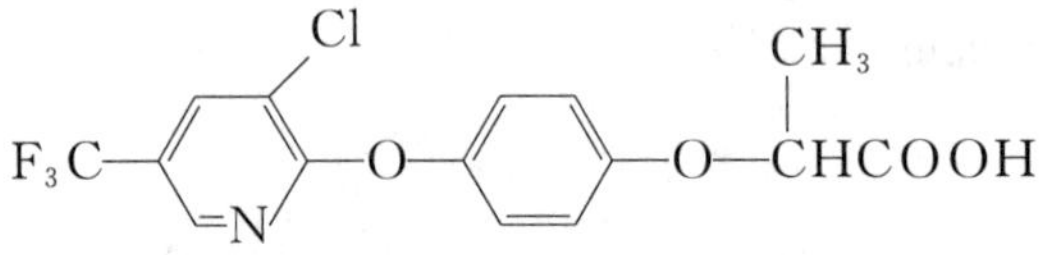

吡氟氯草灵

此后世界许多农药公司在原有模式结构的基础上，进行结构修饰和改造，将苯环改变为杂环及稠合杂环，将酸制剂变成酯制剂，相继开发出一系列高活性品种，如日本日产化学公司开发的喹禾灵(quizalofop)，Hoechst 公司开发的噁唑禾草灵(fenoxaprop)、噻唑禾草灵(fenthiaprop)，1981 年陶氏公司开发的吡氟氯禾灵甲酯(haloxyfop-methyl)，1982 年开发的噁唑禾草灵乙酯和 1983 年开发的喹禾灵乙酯。

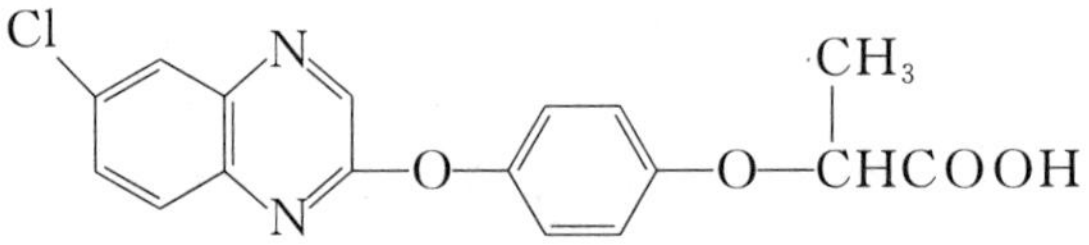

喹禾灵

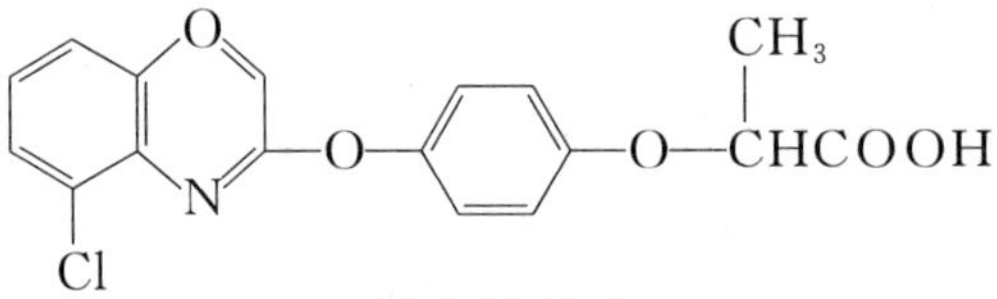

噁唑禾草灵

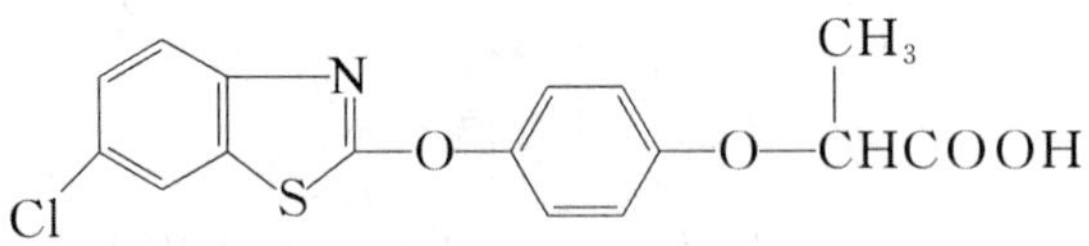

噻唑禾草灵

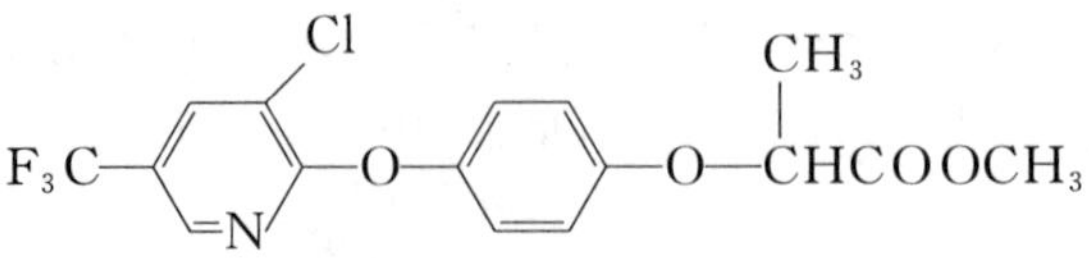

吡氟氯禾灵甲酯

陶氏化学公司商品化的除草剂氰氟草酯(cyhalofop-butyl)与以往其他该类除草剂不同，主要用于稻田防除重要的禾本科杂草，不仅对各种稗草(包括大龄稗草)高效，还可防除千金子、马唐、双穗雀稗、狗尾草、狼尾草、牛筋草、看麦娘等，但对莎草科杂草和阔叶杂草无效。

二、主要物理和化学性质

1. 结构和活性

芳氧苯氧丙酸酯类除草剂基本结构为

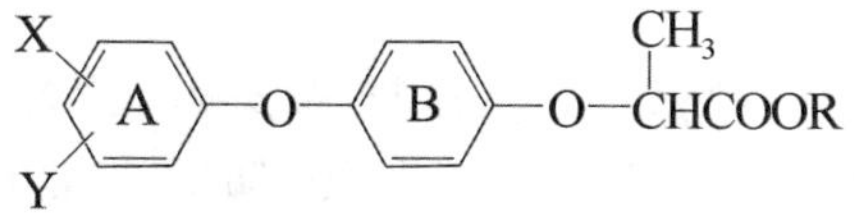

$X=4\text{-}Cl; Y=2\text{-}Cl, 2\text{-}CH_3; R=H; CH_3; C_2H_5$

环A是负电性的取代芳族或杂环系，分子的脂族部分含1个2-羟基丙酸烷酯为宜。将环A的芳环改变为吡啶、噁唑、噻唑等杂环并且引入了氟化的合成技术之后开发出一系列高活性的品种，如吡氟禾草灵、氟吡甲禾灵、噁唑禾草灵、喹禾灵、噻唑禾草灵等。

由于这类除草剂分子中都有1个手性碳原子，各有两种旋光异构体，其中D(－)为高效体，药效比L(＋)体高6～12倍。因此，后来又进一步开发其高效异构体R光学异构体，可以减少用量，如精喹禾灵、精吡氟禾草灵、高效氟吡甲禾灵和精噁唑禾草灵等。近年来，通过选择性的合成，开发的主要新品种有炔草酯和氰氟草酯。

2. 理化性质

此类除草剂的原药纯品一般为米色、浅灰色、棕色至褐色晶体。制剂外观一般为米色水剂和棕色油状液体，熔点一般为50～85 ℃，在水中溶解度较小，一般为0.4 mL/L。属于非易燃物品。

酯类迅速水解为酸是芳氧苯氧基丙酸类除草剂在土壤中分解的共同特性，此种水解作用因土壤温度与湿度而异，风干土中水解作用极为缓慢，而在湿润和未灭菌土壤中水解迅速，微生物参与此类除草剂的降解。以氟吡甲禾灵为例，在土壤中除酯水解为酸以外，还发现了侧链裂解产物2-[4-(3-氯-5-(三氯甲基)-2-吡啶基)氧代]酚，不论是禾草灵或其他品种都转变为相应的酚，最后苯环裂解，产生CO_2。

三、生物活性和作用特性

从分子结构与生物活性的相关性来说，该类除草剂具有旋光性，R异构体具有生物活性，S异构体则无生物活性或活性极低。作为茎叶处理的除草剂R异构体的活性是消旋体的两倍，但在土壤中活性无差别。

此类除草剂各品种都是茎叶处理防除禾本科杂草。叶片吸收后，酯类水解为酸，这是一种活性转变过程，不论酯或酸均具有除草活性。各种双子叶作物对此类除草剂各品种均具有高度耐药性，属于抗激素型除草剂，与干扰激素平衡的除草剂如2,4-D、IAA等混用产生明显拮抗作用，除草效果不好。此类除草剂受温度和土壤墒情影响很大，气温低、土壤墒情差，除草效果不好，气温高、土壤墒情好、杂草生长旺盛时施药，除草效果好。

芳氧苯氧丙酸类除草剂主要抑制植物生长，使脂肪酸合成停止，细胞超微结构破坏，细胞的生长分裂不能正常进行，膜系统等含脂结构破坏，而膜的破坏影响线粒体呼吸作用发生，最后导致植物死亡。

此类除草剂的选择性在于药剂在植物体内的水解及其后的降解作用速度。例如，在敏感性植物燕麦草内，禾草灵酸轭合为一种中性葡萄糖酯。而在小麦体内，禾草灵酸的芳基羟基化作用是不可逆反应，但在燕麦草内则不存在此种反应，说明禾草灵甲酯在耐药性植物体内降解迅速。

四、应用技术

主要用于各种双子叶作物，特别是大豆、棉花、甜菜、马铃薯、花生、豌豆、亚麻、油菜、阔叶蔬菜等作物及果树、林业苗圃、苜蓿等进行茎叶处理，防除一年生或多年生的禾本科杂草。有些品种也可以用在禾本科作物上如禾草灵用在小麦田、氰氟草酯用在水稻田。禾草灵除用于各种阔叶作物以外，还可安全用于小麦与大麦田防除野燕麦及其他禾本科杂草。另外，高噁唑禾草灵（骠马）用于阔叶作物田防除禾本科杂草，但与安全剂解草唑、解草酯混用则可用于小麦田防除看麦娘、野燕麦等。

项目十三 磺酰脲类

一、概述

20 世纪 70 年代初，美国杜邦公司的 G. Levitt 博士发现磺酰脲类化合物 4-氰基苯基苯磺酰脲，在 2 g a. i. /hm^2 剂量下有弱的植物生长阻滞作用，于是将其作为先导化合物进行结构优化，合成了一系列该类化合物。该类化合物由芳香基、磺酰脲桥和杂环 3 部分组成，其基本化学结构式在每一组分上取代基的微小变化都会导致生物活性和选择性的极大变化。杜邦公司在 Levitt 博士的指导下，经过不懈努力，终于在 1978 年研制出第一个磺酰脲类除草剂氯磺隆（chlorsulfuron），并于 1982 年商品化。

1982 年杜邦公司在磺酰脲桥基础上通过二氮杂环取代三氮杂环开发出了大豆田除草剂氯嘧磺隆（chlorimuron-ethyl）。

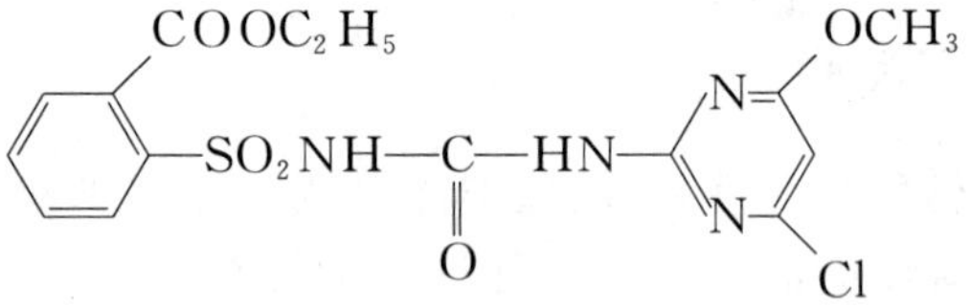

氯嘧磺隆

1983 年杜邦公司在磺酰脲桥基础上通过甲酯取代苯的氯开发出另一麦田除草剂甲磺隆（metsulfuronmethyl），同时开发出水稻田除草剂苄嘧磺隆（bensulfuron-methyl）。

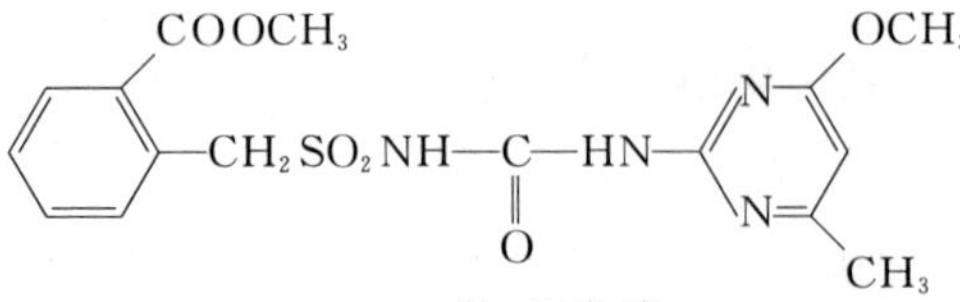

苄嘧磺隆

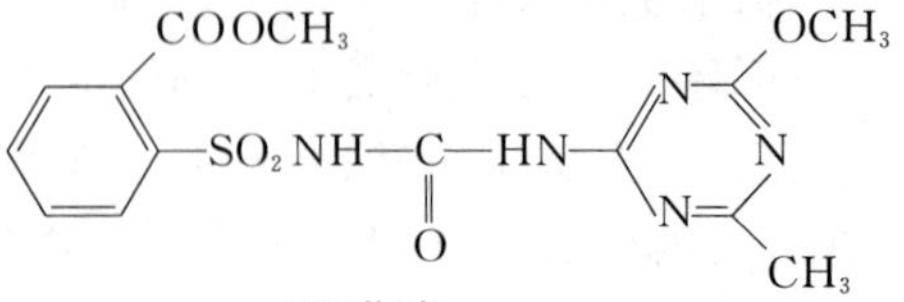

甲磺隆

1985 年杜邦公司在磺酰脲桥基础上又开发出小麦田除草剂苯磺隆(tribenuron-methyl)、噻吩磺隆 (thifensulfuron-methyl)等。

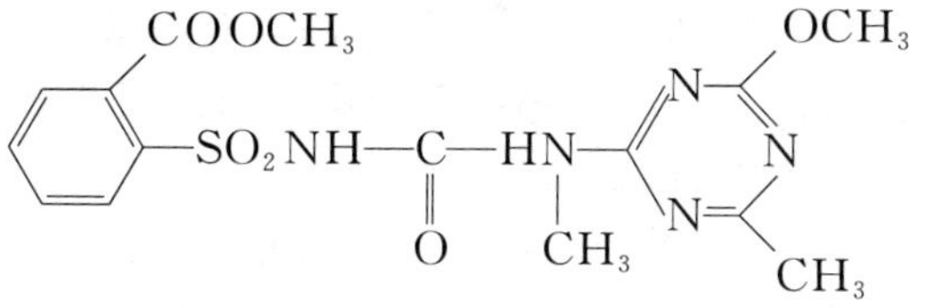

苯磺隆(tribenuron-methyl)

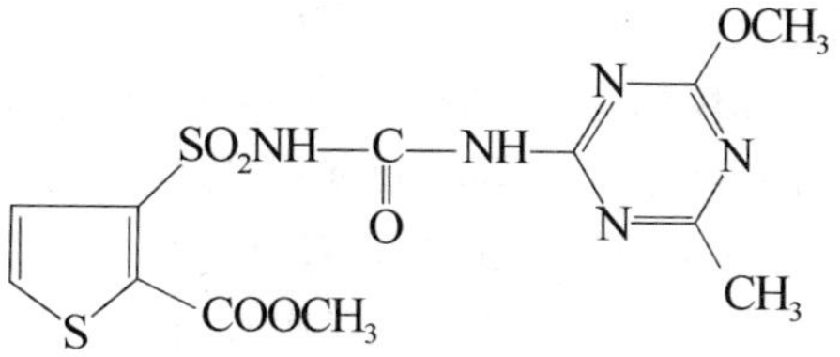

噻吩磺隆

利用氮杂环取代磺酰脲桥左边的苯环,1987 年 ISK Biosciences/杜邦公司开发出玉米田除草剂烟嘧磺隆(nicosulfuron);1989 年 Nisaan 公司开发出水稻田除草剂吡嘧磺隆(pyrazosulfuron-ethyl)。

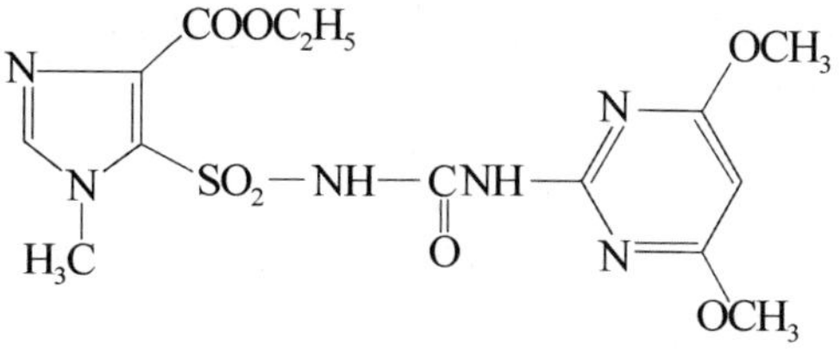

吡嘧磺隆

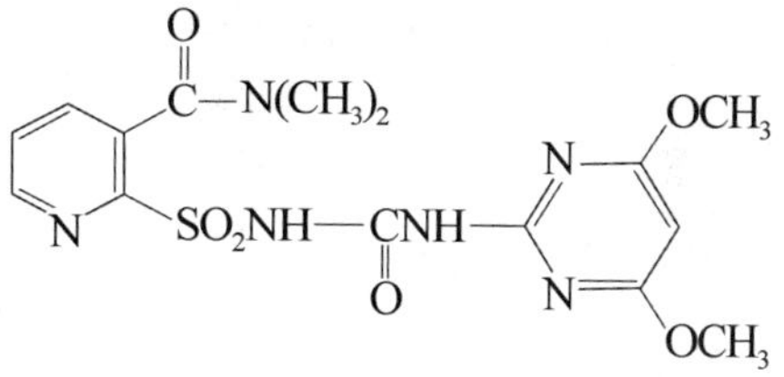

烟嘧磺隆

1987 年 Ciba-Geigy 和 Novartis 公司开发出氟嘧磺隆(primisulfuren-methyl)。

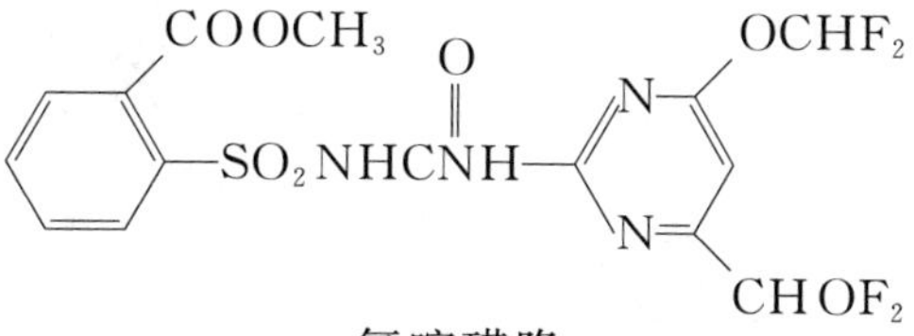

氟嘧磺隆

自美国杜邦公司于 1978 年开发成功氯磺隆之后,磺酰脲类除草剂就开始得到迅速发展。磺酰基所连苯环,可改变成各类杂环、三嗪环,亦可改变成嘧啶环衍生物,从而先后开发出一系列各具特色的"超高效"除草剂。与此同时,促进其他系列除草剂新品种的开发,如环己二酮类、酰胺类、四取代苯类、吡啶类等。

随着磺酰脲除草剂的大面积应用,在此类除草剂使用过程中,相继出现一些问题。杂草产生抗药性,除草剂在土壤中残留时间长,对后茬敏感作物造成严重药害,严重限制磺酰脲除草剂发展。

针对磺酰脲除草剂使用过程中遇到的问题,世界各大农药公司均投入大量人力、物力进行研究,以便延长此类除草剂的使用寿命。

(1)研制高效、低毒、环境特性优良的新品种,重点将是低残留化合物的开发。因为许多高药效的磺酰脲化合物,其残留药害也严重。

(2)寻找抑制支链氨基酸生物合成过程中其他酶的有效抑制剂,支链氨基酸生物合成过程共有 4 个主要酶系:乙酰乳酸合成酶(ALS)、乙酰羟酸同分异构还原酶、二羟酸脱水酶、分支链氨基酸谷氨酸转氨酶，ALS 是其中的第一个酶，磺酰脲化合物即作用于此，研究其他 3 个酶的特性，可望获得突破性进展，开发出新一类的除草剂，从而为解决磺酰脲除草剂的抗性问题找到有效的替代品种。

(3)研究磺酰脲的构效关系，逐步改变其结构。近期开发的新品种在保持原有高活性、对环境友好的前提下，主要特点是不仅对当茬作物安全，而且对后茬作物无影响。如德国艾格福公司开发的酰嘧磺隆，汽巴-嘉基公司开发的环氧嘧磺隆，对大豆和后茬作物安全。

另外，在磺酰脲类除草剂分子结构中引入氟原子，也是近年来的研究开发热点。如杜邦公司开发的氟啶嘧磺隆，拜耳公司开发的氟酮磺隆，汽巴-嘉基公司开发的氟嘧磺隆，杜邦公司开发的氟胺磺隆，诺华公司开发的三氟啶磺隆等均具有很好的除草活性。

二、主要理化性质

1. 结构和活性

模式结构：芳环，脲桥，含氮杂环。其中芳环的变化比较大，是开发新品种中结构改造的重要部分。

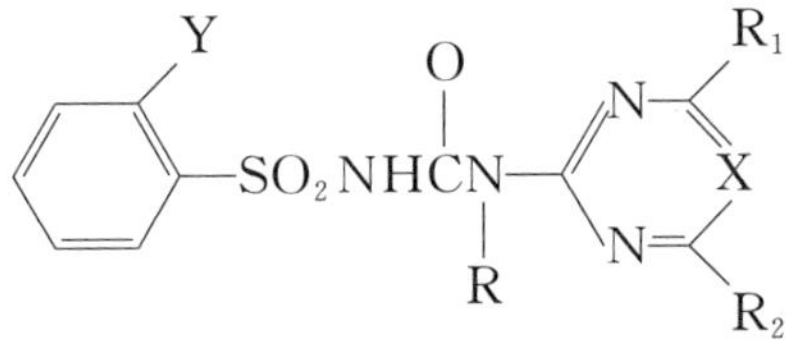

X = N, CH；

Y = Cl, F, Br, CH_3, $COOCH_3$, SO_2CH_3, SCH_3, $SO_2N(CH_3)_2$, CF_3, CH_2Cl, OCH_3, OCF_3, NO_2；

R = CH_3，烷基；

R_1 = CH_3，Cl；

R_2 = CH_3O，CH_3，Cl

磺酰脲类除草剂的模式结构包括芳环、磺酰脲桥与含氮杂环三部分，它们在化合物生物活性中均起重要作用，亦即成为活性化合物的必备结构。

芳环的变化较大，是开发新品种中结构改造的重要部分，其中除苯环外，新品种多向杂环，特别是稠杂环方向发展，如吡啶、噻吩、噻唑、呋喃、萘及其他 5 元环与 6 元环。稠合杂环磺酰脲的通式是：

芳环邻位(R)含取代基是化合物具有活性的必备条件，此类取代基的变化较大，也是进行结构改造的重要部位。通常芳环邻位含有取代基时，化合物活性提高。

磺酰脲桥基本固定不变，引入取代基后，化合物活性下降。但具有修饰的脲桥的化合物，如—$SO_2NHC(S)NH$—，—$OSO_2NHCONH$—，—$SO_2NHCON(CH_3)$—以及—$CH_2SO_2NHCONH$—等也有活性。脲桥改变的磺酰脲化合物的活性水平也因分子结构中的芳环及杂环而定。

杂环是对称嘧啶或三氮环并含低级烷基或低级烷氧基取代基时，化合物的活性最高。其他含氮杂环如三唑、不对称三氮苯、稠合环嘧啶也能产生具有活性的磺酰脲化合物，但它们的活性较低。杂环间位必须含有两个取代基，大多数为 CH_3、OCH_3，此外，尚有 $N(CH_3)$、OCH_2CF_3 等取代基。

2. 理化性质

这类除草剂大多为白色结晶固体，熔点在 141～188 ℃。在水中的溶解度随 pH 的升高而加大。部分易溶于二氯甲烷、乙腈、丙酮、甲醇等有机溶剂中，它们不易被光解，如氯嘧磺隆一个月在干燥植物表面仅分解 30%，于土壤表面仅降解 15%，但在水溶液中则可分解 90%。

磺酰脲类除草剂是弱酸性化合物，pK_a 为 3.3～5.2，其中性脲桥特别易于水解，产生磺胺与氨基杂环，在酸性条件下，由于其分子大部分是易于水解的中性态，故水解最迅速；在 20 ℃、pH 5.7～7.0 时，氯嘧磺隆在蒸馏水、河水中的半衰期为 4～8 周；pH 4 时，经一周约水解 50%，极性溶剂如甲醇、丙酮等促进水解。

磺酰脲类除草剂也可被微生物利用，微生物不仅可以直接降解母体化合物，还可以通过分解水解的产物来促进水解反应。但磺酰脲除草剂的光化学降解却较少，光解最多只对存在于土壤表面的少量底物起作用。

三、生物活性和作用特性

1. 生物活性

磺酰脲类除草剂的最大特点是高活性，使用剂量通常在 8～30 g/hm^2。此外，该类除草剂还具有极低的哺乳毒性和良好的环境特性。磺酰脲类除草剂通过植物的根、叶吸收，并在植物体内双向传导，但由根部向上传导的量大于叶部向下传导的量。施用磺酰脲类除草剂后，药效发挥缓慢，主要药害症状为幼龄组织失绿、褪色，叶片增厚，植株生长严重受抑制，生长点坏死，最终植株干枯死亡，杂草完全死亡则很慢，需要 1～3 周。

磺酰脲类除草剂既可用作叶面处理剂也可用作土壤处理剂，因其蒸气压低，进入大气中的量很少，主要被植物吸收和进入土壤中，土壤中的磺酰脲类除草剂少量淋溶进入地下水，大部分则因化学水解和微生物分解而降解。土壤吸附磺酰脲类除草剂的能力一般不超过施药量的 14%，土壤对药吸附作用小，淋溶性强。吸附与土壤类型有关，主要是 pH 依赖型吸附，吸附态是其分子，有机质含量、土壤 pH 上升，化合物溶解度提高，吸附作用下降，移动性增强；有机质含量、土壤电荷、含水量及土壤粒径均影响吸附与淋溶，但有机质只有达到 10% 以上时，才对吸附与淋溶产生明显影响。

大部分磺酰脲类除草剂的移动性也较差，有些在降雨条件下容易移动，但其用量低、毒性小，一般不会造成对地下水的污染；其淋溶也受土壤含水量、降雨量、降雨频率、降雨时间、土壤类型和土壤质地等的影响。化学水解是磺酰脲在土壤中降解的主要途径，其水解是亲核取代反应，中性分子较离子形态的化合物更易水解，酸和土壤中的无机组分可作催化剂。

磺酰脲类除草剂为弱酸性化合物，在土壤中的淋溶和降解速度受土壤 pH 影响较大。淋溶性随着土壤 pH 的增加而增加；在酸性土壤中，降解速度快，在碱性土壤中降解速度慢。

此类除草剂在土壤中主要通过酸催化的水解作用而消失，其持效期随 pH 上升而延长。同等条件下，不同品种的持效期是：甲磺嘧隆≈triasulfuron≈乙磺隆＞阔叶散≈阔叶净。

2. 作用特性

磺酰脲类除草剂通过抑制植物体内的乙酰乳酸合酶（ALS），阻碍侧链氨基酸如缬氨酸、亮氨酸、异亮氨酸的生物合成，细胞分裂被抑制，细胞周期停留在 G1、G2 阶段，杂草正常生长受到破坏而死亡。

磺酰脲类除草剂选择性是由不同作物和杂草对该类化合物代谢失活能力的差异造成的，而与吸收和传导量的差异以及 ALS 敏感性的差异无关。耐药植物吸收的磺酰脲类除草剂可很快被代谢降解掉，进入敏感植物体内的磺酰脲类除草剂可随死亡的植物残体与土壤处理药剂一起残留于土壤中，氯吡磺隆可被玉米和小麦降解为无除草活性的化合物，而敏感大豆则难以发生该类反应。在玉米中降解的主要途径是嘧啶环的羟基化及羟基化产物的葡萄糖基化反应，在小麦中的主要降解途径是嘧啶环上的氧脱甲基反应。磺酰脲类除草剂在植物体内的代谢途径主要包括羟基化反应和羟基化产物的葡萄糖基化反应及脱酯化、芳香亲核取代、O-脱烷基化、脲桥水解和磺酰胺键的裂解等反应。

磺酰脲的残留活性与施药量、土壤 pH、有机质含量、温度、土壤湿度等有关。氯磺隆在土壤中的残留期较长，已危及非靶标植物，我国旱作地区后茬为玉米、大豆、棉花和甜菜的麦田已被禁用。在麦-稻连作的地区，因使用不当亦会产生对水稻的药害。已发现磺酰脲类除草剂的残留药害可伤及水稻、大豆、玉米、油菜、棉花、甜菜、亚麻、向日葵和马铃薯等多种作物。氯磺隆随水迁移性较强，其残留主要是结合态残留，结合态残留常被认为是农药的一种解毒机理，但近年来的研究发现，氯磺隆在一定条件下可再度以母体化合物或其代谢物的形式释放出来。总之，氯磺隆结合残留物的迁移和淋溶性较弱，而且对后茬作物的生长有抑制作用，达到一定剂量时即可对后茬作物产生药害。

磺酰脲类除草剂应用中发现杂草产生抗药性，1987 年冬小麦田的刺莴苣就对氯磺隆和甲磺隆的混剂产生了抗性。Saari 发现，地肤的鲜重和干重积累氯磺隆和甲磺隆的量 R 型比 S 型高 2～350 倍，R 型的 ALS 抑制率分别也降低了 5～28 倍。磺酰脲类除草剂的抗性杂草可能对咪唑啉酮类、酰胺类、取代脲类产生交互抗性，已经证明，杂草的抗性主要是 ALS 的变构和植物解毒代谢功能的提高所致，而且 ALS 遗传因子的变异往往不只一个位点，结合部位的变构直接影响着 ALS 与化合物的结合能力。抗药性问题已成为磺酰脲类除草剂发展的一大障碍。

此类除草剂多数为低毒除草剂。原药大鼠急性口服 LD_{50} 大于 5 000 mg/kg，兔急性经皮 LD_{50} 大于 2 000 mg/kg。对眼睛有刺激性作用，多数对皮肤无刺激作用。在试验剂量内对动物无“三致”作用，它对人、哺乳动物、鸟类和蜜蜂的毒性很低，对鱼类及水生生物低毒。

四、应用

1. 应用作物

磺酰脲类除草剂应用在麦类、玉米、大豆、水稻和油菜等多种作物，草坪和其他非耕地上，但是不同的品种应用的作物不同，许多的品种残留期较长，往往对后茬敏感作物产生药害，对后茬轮作影响明显。因此应该明确种植敏感作物的间隔时间（表 6-2）。

表 6-2　应用长残效除草剂后茬禁种作物

除草剂名称	应用作物	残留时间/月	后茬禁种敏感作物
氯嘧磺隆（chlorimuron-ethyl）	大豆	22～30	水稻、玉米、甜菜、马铃薯、蔬菜等
醚苯磺隆（triasulfuron）	小麦	10～16	甜菜、水稻、马铃薯、玉米等

2. 防除对象

磺酰脲类除草剂杂草谱广，能防除大多数阔叶杂草，包括抗激素类除草剂的杂草，对禾本科草也有明显抑制作用。对许多一年生或多年生阔叶、禾本科杂草和莎草，尤其是阔叶杂草有特效。

3. 使用时期、剂量

通常为 8～30 g a. i. /hm^2。大部分磺酰脲类除草剂（如甲嘧磺隆、苄嘧磺隆、氯嘧磺隆、烟嘧磺隆）既能作芽前处理剂也能作苗后处理剂（杂草苗后早期），部分磺酰脲类除草剂（如苯磺隆、噻嘧磺隆）只能作茎叶处理剂。使用方便，可在作物播种前及播种后、出苗前进行土壤处理，也可进行茎叶处理。茎叶处理时，掉落于土壤中的雾滴也能长期发挥除草效应，大部分磺酰脲类除草剂的选择性强，对当季作物安全。但是，氯嘧磺隆对大豆的安全性不好，在施用后，气温下降（$<$12 ℃）或遇高温（$>$30 ℃），可能出现药害。另外施药后多雨，在低洼的地块也易出现药害。

项目十四　咪唑啉酮类

一、概述

咪唑啉酮类除草剂是由美国氰胺公司于 20 世纪 70 年代中后期研制开发，80 年代初投放市场的一类高活性广谱低毒的除草剂。氰氨公司合成化合物 A 起初是作为抗痉挛用药的，于 1971 年对其进行了除草活性的测定，发现其具有较好的活性，并进行进一步的研究，以 A 化合物为先导化合物进行系列研究，发现了化合物 AC94377 具有很好的植物生长调节活性；再经研究发现化合物 B，同样具有促进植物生长的作用；更进一步的研究发现化合物 C 的除草活性高于化合物 A。

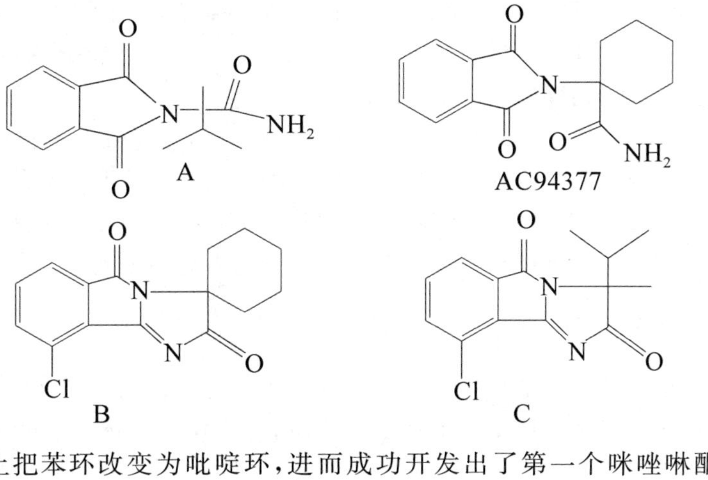

A　AC94377

B　C

在 C 的基础上把苯环改变为吡啶环，进而成功开发出了第一个咪唑啉酮类除草剂 arcenal。

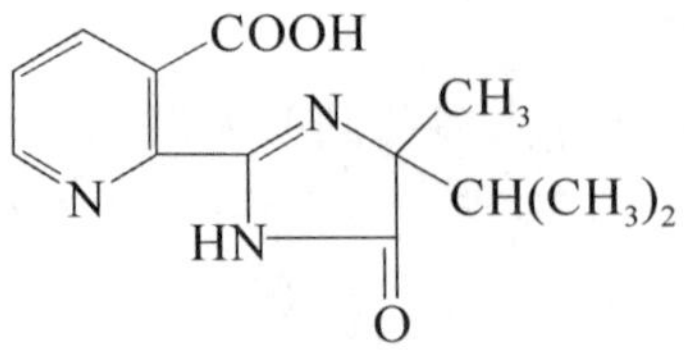

arcenal

此后，1984 年成功开发出咪唑乙烟酸（imazethapyr，咪草烟），咪唑乙烟酸是一种用于大豆田的超高效、广谱、内吸除草剂，20 世纪 80 年代末到 90 年代初被广泛使用，对一年生禾本科杂草和阔叶杂草有很好的防除效果，但它在土壤中残留时间较长，在偏碱性条件下降解较慢，易对后茬敏感作物造成药害。

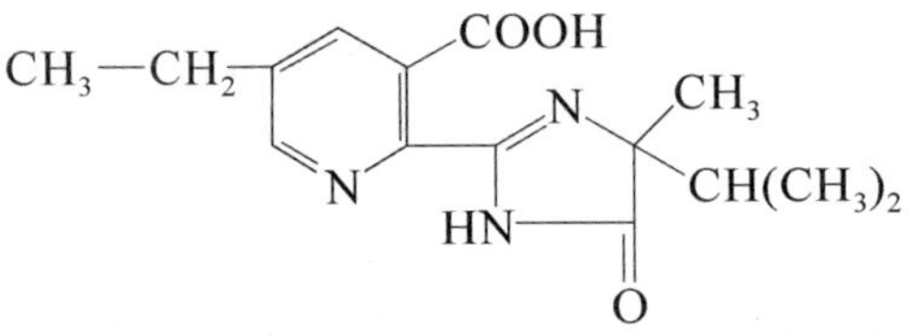

咪唑乙烟酸

咪唑喹啉酸（imazaquin）是该类化合物中另一个高效低毒的大豆田除草剂。

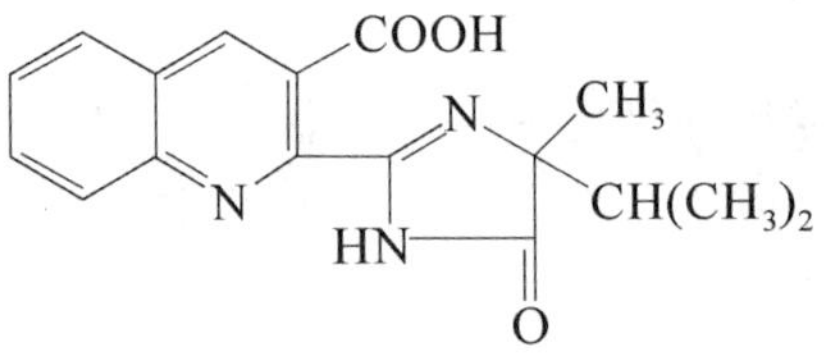

咪唑喹啉酸

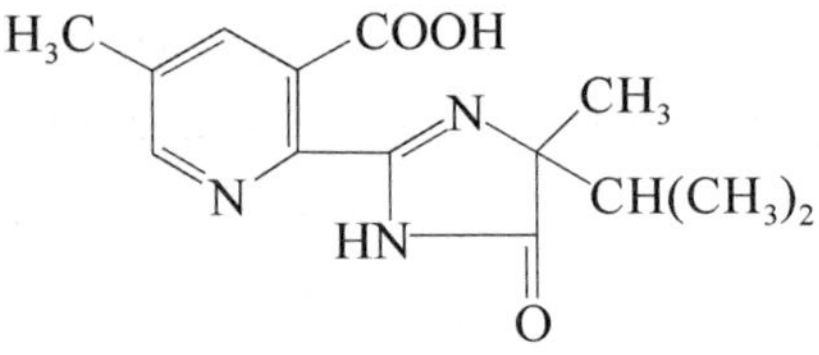

甲咪唑烟酸

甲咪唑烟酸（imazapic）和甲氧咪草烟是近期开发的新品种。前者具有用量低、杀草谱广、残留期短等特点，主要用于芽后防除大豆、花生地禾本科杂草，在土壤中残留期短于咪唑乙烟酸，对后茬作物如小麦、大麦、黑麦、高粱、向日葵、烟草等安全。后者是花生地芽后除草剂，杀草谱广，可用于防除决明属、稷属及莎草科杂草。

咪唑啉酮类除草剂的作用机制与磺酰脲类除草剂一样，这类除草剂同样存在残留药害问题。采用残留期较短的甲氧咪草烟与咪唑乙烟酸混配可减轻咪唑乙烟酸的残留药害。尽管咪唑啉酮类除草剂品种较少，并且也存在残留药害问题，但由于其具有活性高、用量低和杀草谱宽等特点，因此，目前这类除草剂在世界除草剂市场中仍占有一定地位。

二、结构和活性

咪唑啉酮类除草剂整个分子分为 3 个部分，即酸（或其等价物）、骨架及咪唑啉酮环。这 3 个部分对于咪唑啉酮的除草活性是不可缺少的。而且，咪唑啉酮环与羧酸或其等价基团必须处于邻位。通式如下：

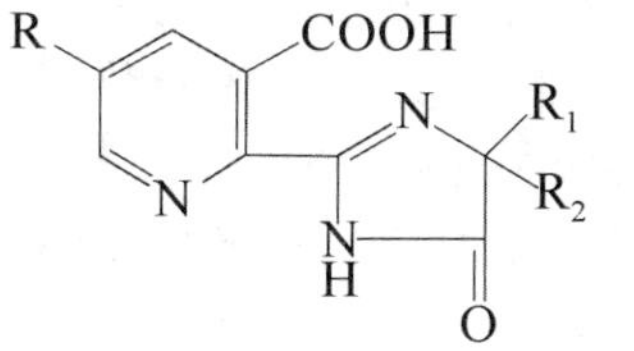

通过对 R 基团的变化，可以开发出不同的除草剂品种。R 可以是—H、$—CH_3$、$—OCH_3$、$—C_2H_5$ 等基团。

酸：化合物活性必须有一个羧酸基或能迅速转变为羧酸的基团。

咪唑啉酮环：模式结构中 R_1 与 R_2 为甲基与异丙基时，化合物具有极高的活性。

骨架：在主链中，六元环优于任何五元环，在六元环的主链中，吡啶活性最高，比苯环高 10 倍；与咪唑啉酮环及羧酸相连的氮的位置在化合物高活性中起重要作用。

1. 羧基或其等价基团

羧酸基或易于转变为羧酸的基团是活性结构必需的。羧酸的金属盐或胺盐的活性与羧酸接近，而且易于制成制剂。酯基类似物中，苄基酯、糠基酯、炔丙基酯和甲氧乙基酯比相应的甲基酯活性好，可能是这些基团较易反应。将羧酸基换成伯醇基或醛基活性下降，甲基类似物没有活性。

2. 咪唑啉酮环

咪唑啉酮环上的两个取代基 R_1 和 R_2 以甲基和异丙基活性最好。如果将其中的甲基换成乙基，活性会大幅度下降，表明分子中该区域内对结构有严格的主体要求。当 R_1 及 R_2 分别为甲基和异丙基时，该化合物是手性分子。R(+)异构体的除草活性是外消旋体的 1.3 倍，S(−)异构体的活性则不及外消旋体的 1/10。将咪唑啉酮中的羰基上的氧换成硫，化合物仍具有较好活性。如果将氧换成氮等价物（亚胺或 CN—R），则活性急剧下降。取消羰基化合物活性消失。

3. 骨架

骨架一般为六元芳环或芳杂环，五元环活性差。在六元环中又以吡啶的活性最强，为苯环活性的 10 倍。吡啶环上氮与咪唑啉酮环及羧酸基的相互关系对于活性至关重要。当氮处于咪唑啉酮环的邻位（即处于羧酸基的间位）时活性最好。远高于其他各种异构体的活性（10 倍以上）。苯环上的 4，5-位上的取代通常会略微降低这类化合物的除草活性，但会增加其选择性。而 6-位上的取代会使活性大幅度降低。

三、生物活性和作用特性

此类除草剂在播后苗前土壤处理，或苗后早期茎叶处理。咪唑啉酮类除草剂可被植物的叶片和根系吸收，在木质部和韧皮部内传导，积累于分生组织。茎叶处理后，杂草立即停止生长，并在 2～4 周内死亡；土壤处理后，杂草顶端分生组织坏死，生长停止。

其作用机制与磺酰脲类除草剂一样，主要是抑制乙酰乳酸合成酶（ALS），从而抑制支链氨基酸缬氨酸、亮氨酸和异亮氨酸生物合成。进而影响蛋白质合成及植物生长，从而导致植物生长停止而死亡。

咪唑啉酮类除草剂选择性的主要原因是耐性植物吸收后迅速代谢失活。解毒机制为咪唑啉酮环的破坏和烷基侧链的羧基化，酯基水解的差异进一步加强了这种选择性。例如，用咪草酯处理小麦与麦田杂草，可以发现小麦与敏感杂草的体内代谢有明显的差异。杂草如野燕麦可将酯基迅速水解为有植物毒性的酸，小麦水解的趋势弱。而小麦可将苯环上的甲基侧链迅速羧基化而使除草剂失活，杂草的羧基化速率则比较慢。咪唑乙烟酸在大豆中的解毒机制与此类似，也是通过烷基的羟基化代谢而失活。而咪唑喹啉酸在大豆中的代谢过程中产生多种代谢物，这些代谢物均不含咪唑啉酮环。

豆科植物吸收咪唑乙烟酸后，在体内很快分解，在大豆体内的半衰期仅 1～6 天，故对大豆安全。在低洼地、长期积水、高湿、低温或病虫害等不利于大豆生育的条件下，叶脉及叶柄输导组织变褐色，脆而易折。超低容量喷雾可造成严重药害。施药过晚，大豆生长正常，药害不明显，但结荚少。

咪唑乙烟酸在土壤中的降解受 pH、温度、水分等条件影响，随 pH 增加降解加快，在北方高寒地区降解缓慢。因此，这类除草剂同样存在残留药害问题。如咪唑乙烟酸（推荐剂量 75 g/hm^2）施药 24 个月后仍对油菜、甜菜、白菜和亚麻有严重药害。利用残留期较短的甲氧咪草烟与咪唑乙烟酸混配可减轻咪唑乙烟酸的残留药害。另外，通过使用一些解毒剂来增强作物的代谢功能，也可减轻这类除草剂的药害。咪唑乙烟酸药效主要受水分影响。播后苗前或播前土壤处理受风和干旱影响而降低药效，对禾本科杂草的药效影响大于阔叶杂草。在干旱条件下土壤处理，对禾本科药效差。

此类除草剂属于低毒除草剂。

四、应用

1. 防除对象

主要防除一年生与多年生阔叶及禾本科杂草，对多年生刺儿菜、蓟、苣荬菜有抑制作用。

2. 适用作物

主要适用于东北单季大豆地区使用，使用后次年不宜种植敏感作物，如水稻、甜菜、油菜、棉花、马铃薯、蔬菜等。

项目十五　磺酰胺类

一、概述

磺酰胺是磺酰脲类除草剂合成中的重要中间体，由美国陶氏益农公司研制开发的一类新的乙酰乳酸合成酶抑制剂（ALS）。美国陶氏益农公司把磺酰脲类化合物作为先导化合物，巧妙地利用生物等排理论，成功地研制了三唑并嘧啶磺酰胺类化合物。1990 年陶氏益农公司以（Ⅱ）为中心，合成一系列烷基、卤与卤烷基取代 1,2,4-三唑并（1,5-a）-嘧啶-2-磺酰胺化合物，通过系统筛选证明，苯环邻位含吸电子基和杂环 5,7-位含 CH_3 时，化合物活性最高。

据此开发出生物活性与磺酰脲类除草剂近似的新品种唑嘧磺草胺（flumetsulam），磺草唑胺（metosulam）等。唑嘧磺草胺，对大豆、玉米、小麦、大麦、豌豆、苜蓿、三叶草等安全，虽其残效期较长，但对后茬作物无不良影响。

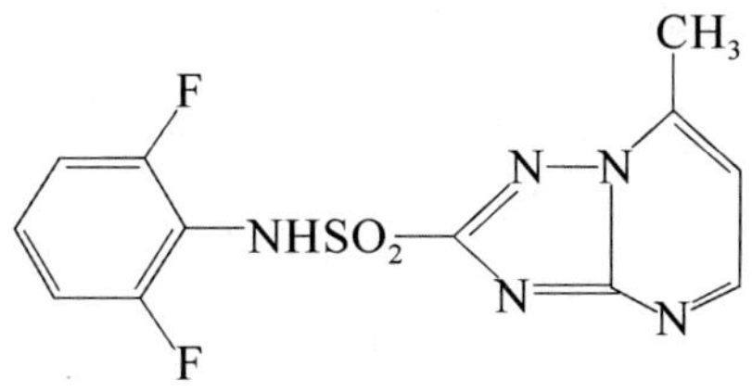

唑嘧磺草胺

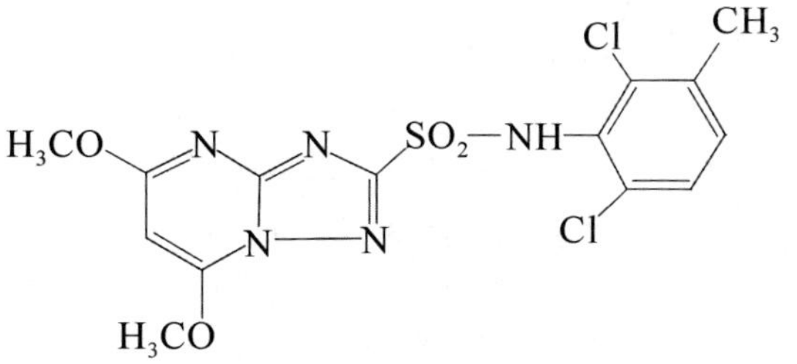

磺草唑胺

先令公司(Schering)提出了对 ALS 具有很强抑制作用的模式化合物结构(Ⅲ)，用量 10～20 g/hm^2 可防除麦田大多数阔叶杂草。

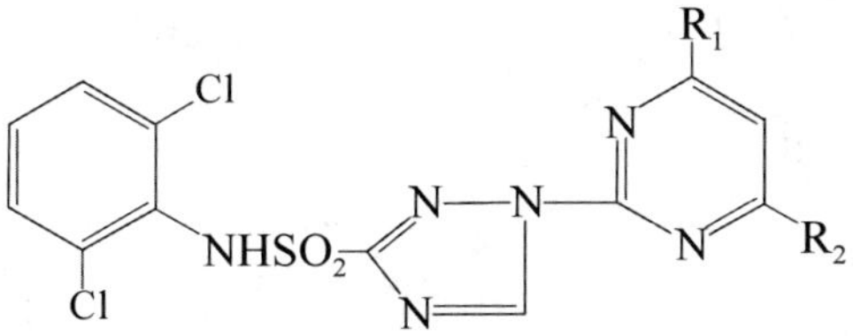

(Ⅲ)

拜耳公司(Bayer)创制出化合物(Ⅳ)，当 X＝Cl，Y＝H 时，化合物用量 60 g/hm^2 可有效防除甜菜田阔叶杂草。

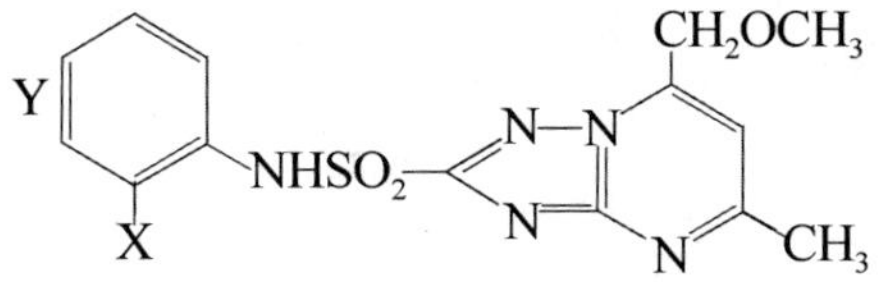

(Ⅳ)

化合物(Ⅴ)对于禾本科及阔叶杂草均具有较强的芽前及苗后活性，可以作为开发新品种的先导化合物。

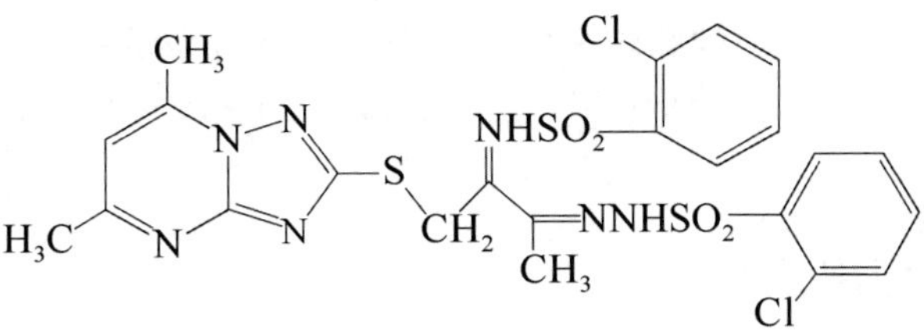

(Ⅴ)

根据结构Ⅲ的化合物开发出唑嘧磺草胺 (flumetsulam)和甲氧磺草胺(metosulam)。

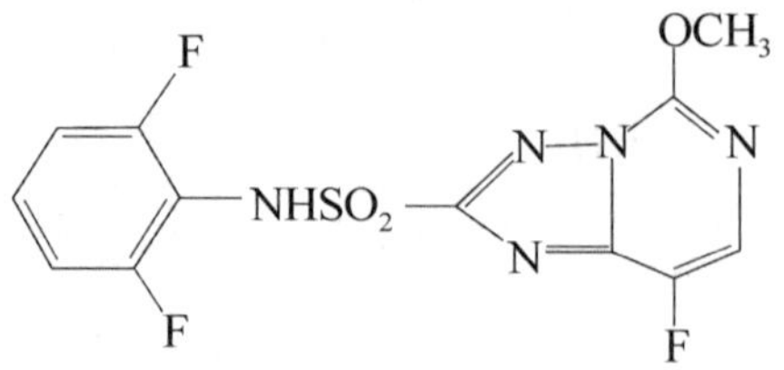

甲氧磺草胺

根据结构Ⅳ的化合物开发出氯酯磺草胺(cloransulam-methyl)、唑嘧磺草脂(diclosulam)和双氟磺草胺(XDE-570)。

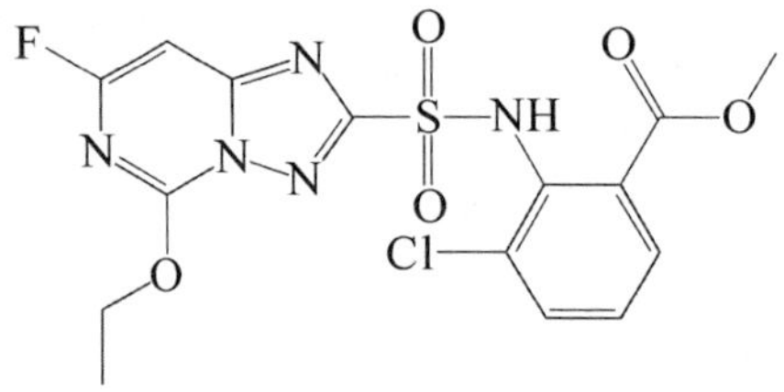

氯酯磺草胺

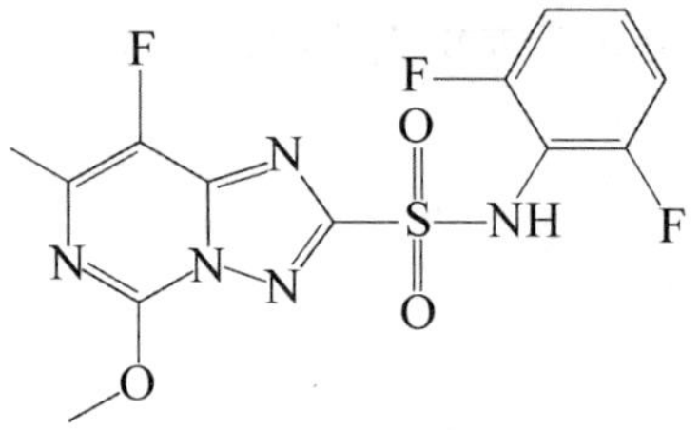

双氟磺草胺

根据结构Ⅴ的化合物开发五氟磺草胺(penoxsulam)。

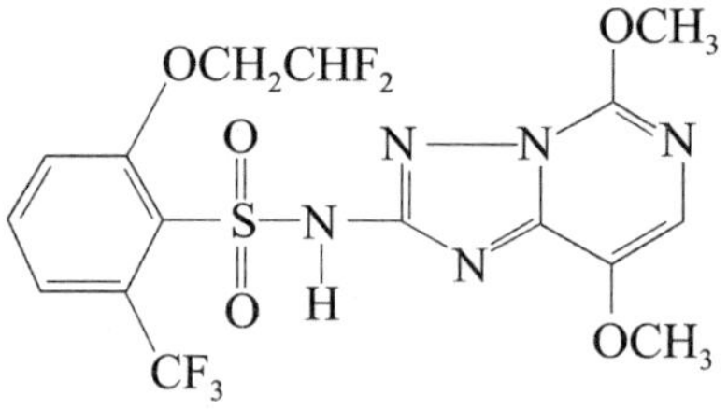

五氟磺草胺

磺酰胺类除草剂主要结构形式是三唑并嘧啶磺酰胺,现有 6 个品种,包括唑嘧磺草胺、甲氧磺草胺、氯酯磺草胺、双氯磺草胺、双氟磺草胺和五氟磺草胺,其中含氟的有 5 个。磺酰胺类除草剂是继磺酰脲类及后来发现的咪唑啉酮类除草剂之后开发的另一类广谱、超高效除草剂,它与磺酰脲、咪唑啉酮、嘧啶水杨酸类成为 ALS 抑制剂中四类重要的除草剂,在近代除草剂中占据十分重要的位置。

二、主要性质和作用特性

此类除草剂是弱酸性化合物,在土壤中以微生物降解而消失,在大多数土壤中化合物既有中性态,也有阴离子态;在高 pH 土壤中,阴离子态比例较大,降解迅速;随着 pH 下降,中性态增多,被吸附量相应增加,降解缓慢,残留期延长。

磺酰胺类化合物是内吸传导性除草剂,既可以作为苗前土壤处理,也可以作为苗后茎叶处理。其作用机制与磺酰脲类除草剂类似,由杂草的根系和叶片吸收,木质部和韧皮部传导,在植物体内积累抑制乙酰乳酸合成酶。其作用特点如下:

(1)作用原理。以 ALS 为靶标,是涉及丙酮酸与硫胺素焦磷酸 TPP 的混合型抑制剂,对酶的结合点进行竞争,而对基质或辅因子不产生竞争作用。

(2)选择性。不同种植物对磺酰胺类除草剂的敏感性差异很大,如唑嘧磺草胺(阔草清)在玉米植株内迅速代谢,其半衰期仅 2 h,而在杂草反枝苋体内的半衰期则长达 104 h。

(3)在土壤中状况。磺酰胺类系长残留性除草剂,在土壤中主要通过微生物降解而消失,对大多数后茬作物安全。

三、应用

此类除草剂适用作物较广,常用于大豆、水稻、玉米、小麦、大麦、黑麦、冬小麦、豌豆、苜蓿、三叶草等作物地,主要防除一年生的阔叶杂草。土壤处理时土壤质地疏松、有机质含量低、土壤水分好时用量要低;反之,用量高。低温、高湿时对作物安全性低。茎叶处理时应选择晴天、高温时施药。在干旱、冷凉条件下,除草效果差;播后苗前土表处理时,如果土壤干旱需要进行药后浅混土处理。

项目十六　嘧啶水杨酸类

一、概述

嘧啶水杨酸类除草剂也称嘧啶氧(硫)苯甲酸类除草剂,是由日本组合化学公司于 20 世纪 90 年代初首先开发成功的又一类新的 ALS 抑制剂,可以防除水稻田和旱作物杂草。嘧啶水杨酸类除草剂是日本组合化学公司科研人员在随机合成中发现化合物(Ⅰ),没有活性,经过对比,分析研究发现已有化合物如Ⅲ、Ⅳ和Ⅴ分子结构中均含有羧酸酯基团,并将羧酸酯基团引入化合物Ⅰ结构中,得化合物(Ⅵ),生测结果显示该化合物没有除草活性。后又将化合物(Ⅵ)中嘧啶内氮原子的位置进行了调整,得化合物(Ⅶ),生测结果显示该化合物(Ⅶ)比化合物(Ⅵ)的活性虽有明显的提高,但仍很弱。在化合物(Ⅶ)的基础上合成了结构简单的化合物(Ⅷ),生测结果显示该化合物具有很好的除草活性,从此嘧啶氧(硫)苯甲酸类除草剂的先导化合物诞生了。

通过先导优化,产生了该类除草剂中第一个商品化品种嘧草硫醚(pyrithiobac-sodium)。此后,于 1993 年开发了嘧草醚(pyriminobac-methyl)、1996 年开发了双草醚(bispyribac-sodium,农美利)。

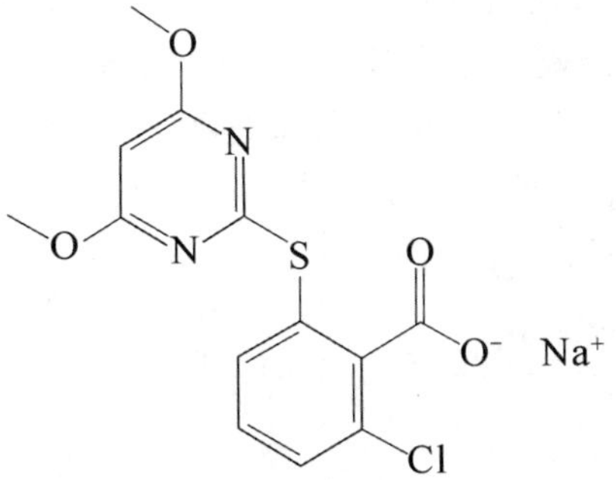

嘧草硫醚

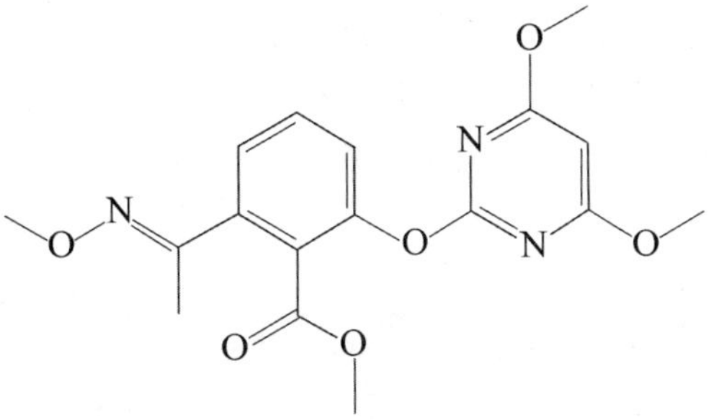

嘧草醚

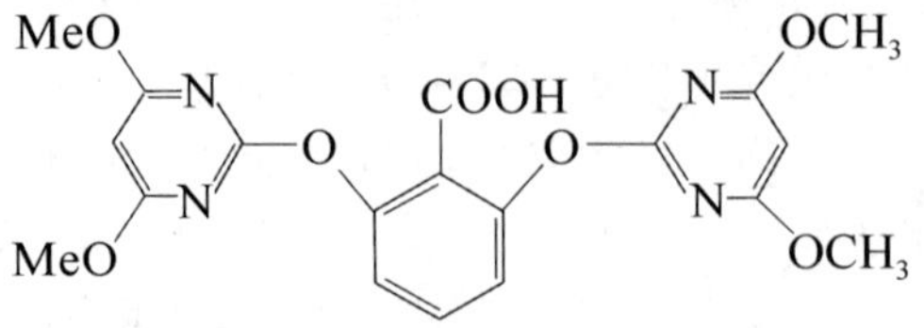

双草醚

韩国LG化学公司开发的化合物嘧啶肟草醚是由双草醚(bispyribac-sodium)衍生的，诺华公司报道的环酯草醚(pyriftalid)是由嘧草硫醚(pyrithiobac-sodium)和嘧草醚(pyriminobac-methyl)组合，再拆分合环而得。

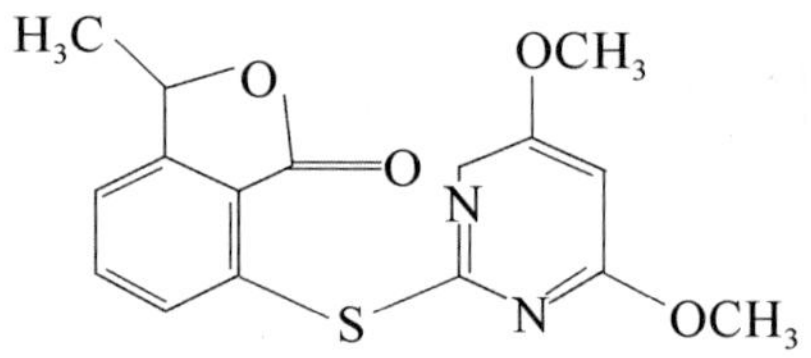

环酯草醚

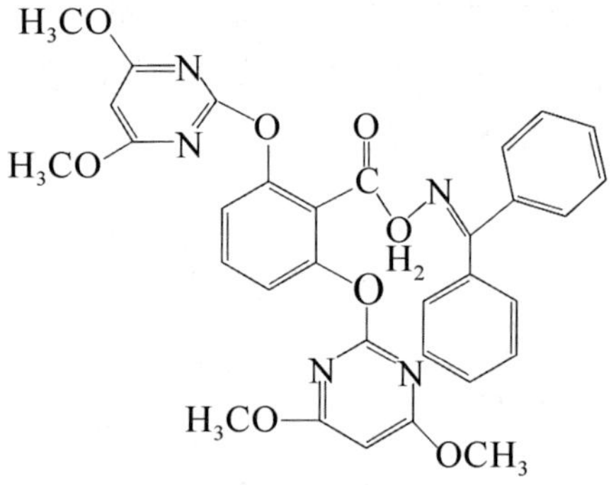

嘧啶肟草醚

二、作用特点和应用

嘧啶水杨酸类除草剂可进行苗前和苗后处理，其作用机理是抑制植物乙酰乳酸合成酶(ALS)，破坏侧链氨基酸的生物合成及类胡萝卜素的生物合成。

嘧啶水杨酸类除草剂主要通过植物的根吸收，向幼芽与叶片传导，少数品种通过茎叶吸收，故多为土壤处理，从而使敏感杂草停止生长，随后褪绿、坏死直至枯萎。在苗前使用活性更高，小麦、玉米和大豆对这类化合物具有选择性。

嘧啶水杨酸类除草剂主要防除一年生、多年生禾本科杂草和大多数阔叶杂草；主要用于棉田、水稻、小麦、玉米和大豆等。并且苗前土壤处理和苗后茎叶处理均可。

嘧啶水杨酸类除草剂大部分品种主要用于防除水稻田，防除多种禾本科杂草和阔叶杂草，用量为15～50 g/hm^2，嘧草醚可以防除高龄稗草。既能用于移栽稻田，也可用于水直播稻田。

嘧啶肟草醚(pyribenzoxim)对恶性杂草双穗雀稗和稻李氏禾有很好的防除效果；嘧草硫醚主要用于棉田苗前及苗后处理，用量为35～105 g/hm^2。

项目十七 环己烯酮类

一、概述

环己烯酮类除草剂是由日本曹达公司在20世纪70年代发现的一类具有选择性的内吸传导型茎叶处理剂，1978年第一个品种禾草灭(alloxydim-sodium)问世，1979年该公司又开发了烯禾啶(sethoxydim，拿捕净)。通过结构优化，1983年BASF公司开发了噻草酮(cloproxydim)，在西欧及美洲使用。1987年ICI公司(先正达前身)开发出三甲苯草酮(tralkoxydim)，Valent公司推出烯草酮(clethodim)，日本曹达公司又开发出烯草酮(sethoxydim)，BASF公司开发出醌肟草酮(tepraloxydim)及BASF625H。

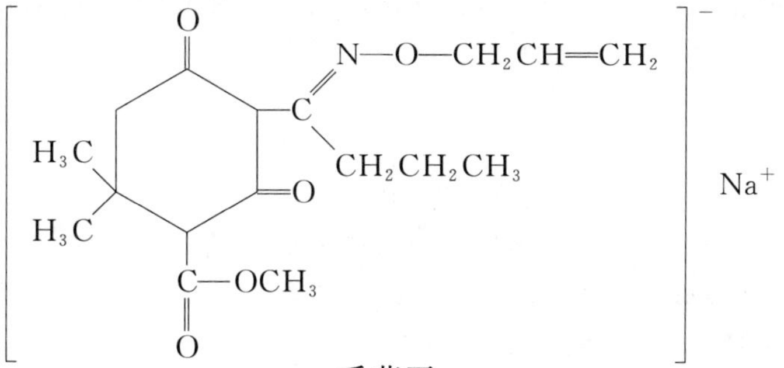

禾草灭

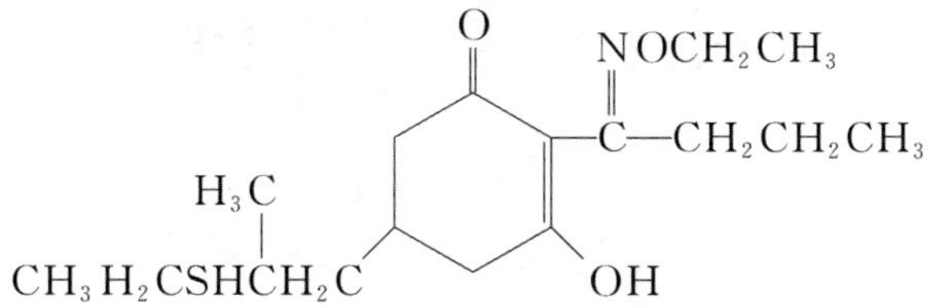

烯禾啶

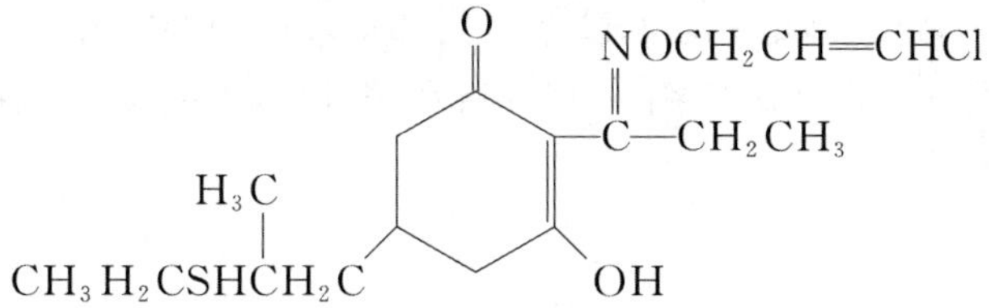

烯草酮

二、理化性质和作用特性

环己烯酮类除草剂对紫外线稳定，几乎可以与所有农药混用，室温下可贮存2年左右。此类除草剂品种均系苗后处理剂，防除禾本科杂草特效，双子叶作物对其具有高度耐性，非常安全；土壤活性很小，在土壤中的半衰期很短。虽然此类除草剂进行苗后茎叶喷雾，但喷药当时及喷药后，也要求土壤有充足的水分，以利于药效的发挥；土壤严重干旱会降低除草剂的除草效果。

环己烯酮类除草剂属于内吸传导性除草剂，具有良好的选择性。对禾本科杂草具有很强的杀伤作用，对双子叶作物安全。禾本科杂草中毒症状为叶片黄化，停止生长，几天后，枝尖、叶和根分生组织相继坏死。其作用机制是抑制乙酰辅酶A羧化酶(ACCase)。环己烯酮类除草剂在阔叶作物和禾本科草之间的选择性，是由于阔叶作物降解此类除草剂能力强，以及其体内的乙酰辅酶A羧化酶对该类除草剂不敏感。

此类除草剂与一些防除阔叶杂草的除草剂混用易产生拮抗作用，特别是与溴苯腈、灭草松等混用，降低杂草对此类除草剂的吸收，阻止其到达作用靶标点，从而使对禾本科杂草的防除效果明显降低。目前，全世界至少已有8种禾本科杂草对环己烯酮及芳氧苯氧丙酸这两类除草剂产生了抗性。其中野燕麦、绿狗尾草、假高粱对烯禾啶产生抗性，假高粱对烯草酮产生抗性等。环己烯酮类除草剂属于低毒除草剂，在常用剂量下对蜜蜂低毒，对试验动物无致畸、致癌和致突变的作用。

三、应用

此类除草剂除环苯草酮为水田除草剂外，其他均为旱田除草剂。用于双子叶在作物出苗后进行茎叶喷雾处理，防除一年生或多年生禾本科杂草，一般用药时期在禾本科杂草2～5叶期使用。土壤湿度大，杂草幼嫩时喷药，除草效果好；表面活性剂、硫酸铵、植物油、矿物油均能提高此类除草剂的活性。

项目十八　嘧啶类

一、概述

1961年杜邦公司(Du Pont)发现嘧啶类除草剂，其衍生物不仅具有高度除草活性，而且对哺乳类动物低毒。1962年开发出除草定(bromacil，丁溴啶)、1964年开发出环草定(lenacil，环草啶)，后相继开发出杀草定(chlormacil，喃草啶)、嘧草喃(甲喃啶)和醇草啶(ancymidol)等品种，1968年BASF公司开发出能够应用于大豆和水稻等作物田，防除阔叶和莎草科杂草的除草剂灭草松(bentazon，苯达松)。

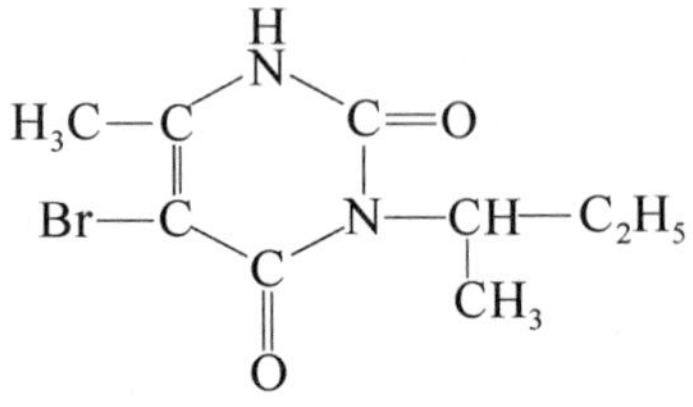

丁溴啶

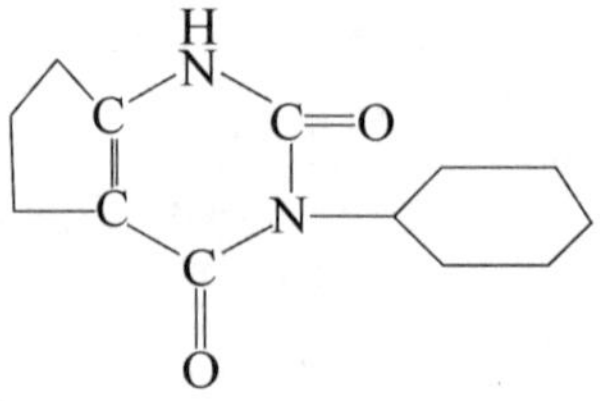

环草啶

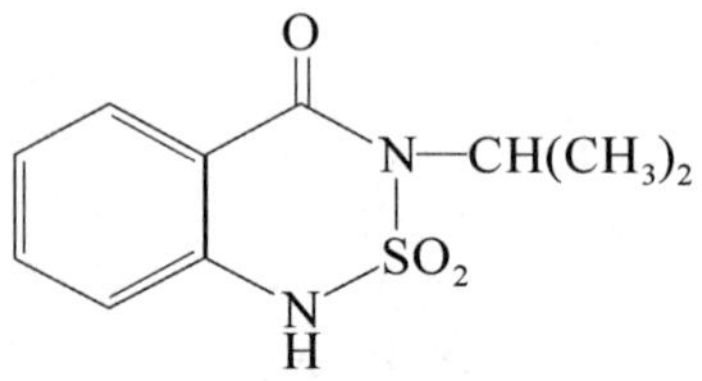

灭草松

二、性质和作用特性

嘧啶类除草剂不易挥发，也不易光解，施于土壤中后被土壤胶体吸附，在土壤中吸附作用差，易淋溶；除草效果受土壤含水量影响大，持效期较长，高剂量的持效期达1年以上。嘧啶类除草剂施于土壤中后被土壤胶体吸附，通过土壤微生物进行降解；在植物体内通过烷基侧链氧化，形成羟基化轭合物而丧失活性。

这类除草剂主要通过植物的根和茎叶吸收，因此既可以进行土壤处理，同时也可进行茎叶处理。嘧啶类除草剂被植物吸收后，通过抑制光合作用而抑制幼芽生长，导致凋萎、植株死亡。杀草作用主要是抑制光合作用中的希尔反应，阻碍二氧化碳的固定。同时还使细胞急剧坏死，抑制蒸腾作用和呼吸作用，为典型的光合作用抑制剂。主要防制杂草幼芽，对多年生杂草作用缓慢；灭草松则防制阔叶杂草。灭草松在土壤中及抗性作物体内迅速分解，在作物体内第六位羟基化，进而形成 β-吡喃葡萄糖。嘧啶类除草剂都属于低毒除草剂。三代繁殖试验未见异常，无“三致”作用。

三、应用

应用于水稻、大豆、花生、禾谷类等作物，防除莎草科和阔叶杂草。可用于土壤处理或茎叶处理，防治杂草的幼芽和幼苗。

项目十九　吡啶类

一、概述

1963年Hamaker等合成了毒莠定（picloram，毒草定），从而开发了吡啶类除草剂。其后相继发现了一些新的品种，如氯草定（pyriclor，三氯吡啶酚）、乙氯草定（triclopyr）、卤草定（haloxydine，氟氯草定）、敌草定（lontrel，二氯吡啶酸）、四氯草定（nitrapyrin）、氯氟吡氧乙酸（fluroxypyr，氟草定）等。

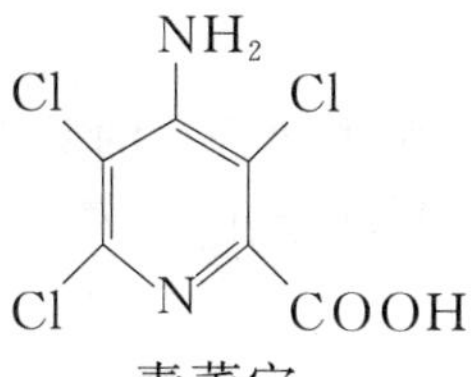

毒莠定

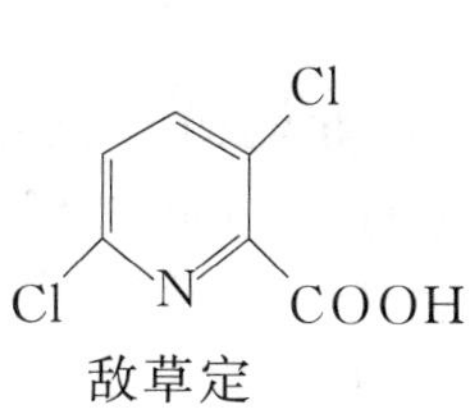

敌草定

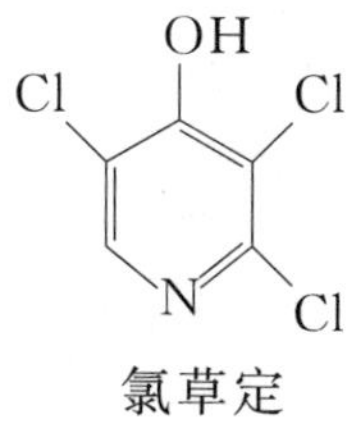

氯草定

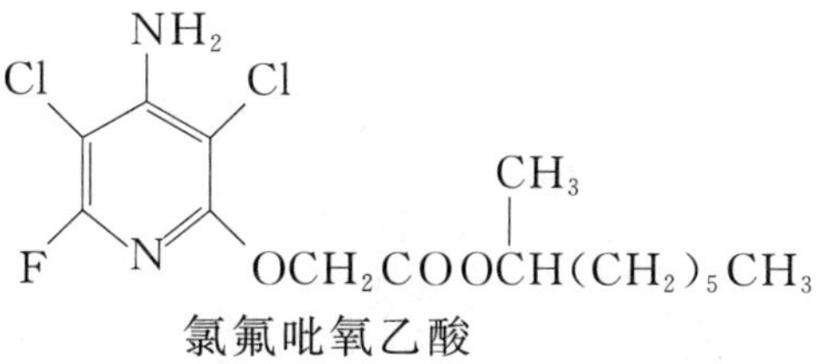

氯氟吡氧乙酸

二、作用特点

吡啶类除草剂被植物叶片与根迅速吸收，通过木质部向芽的传导迅速，不易代谢，吡啶类除草剂还具有植物激素的作用，对植物的杀伤能力强，活性高，单位面积用药量较少。

此类除草剂导致植物普遍受害症状是：偏上性、木质部导管堵塞并变棕色、枯萎、脱叶、坏死，最终植株死亡。吡啶类除草剂对作物的选择性不强，不同植物的敏感性差异在于对药剂的吸收、传导及生物化学反应不同导致的结果。

高有机质含量是毒莠定在土壤中保持对植物毒性水平的必要条件，而黏粒含量有助于将其保持于土壤表层。吡啶类除草剂都属于低毒除草剂，对鱼和水生动物低毒。

三、应用

主要应用于禾本科植物、林业，荒地进行除草，防除大多数一年生与多年生阔叶杂草及灌木。乙氯草定与敌草定主要防除放牧草及草场阔叶杂草，灌木与木本植物每公顷用量 0.42～10 kg，进行茎叶处理，茎基部处理，茎注射等。每公顷 0.5 kg 用量可防除禾谷类作物田抗 2,4-D 杂草。氯氟吡氧乙酸用于小麦与大麦防除猪殃殃、荠菜等阔叶杂草。

项目二十 腈　　类

一、概述

1967 年(Duphar)Uniroyal 公司发现腈类除草剂的活性基团主要是氰基，开发 2,6-二氯取代腈类除草剂敌草腈(dichlobenil)，主要抑制细胞分裂防除禾本科杂草；其饱和蒸气压较高，挥发的气体易伤害敏感作物。

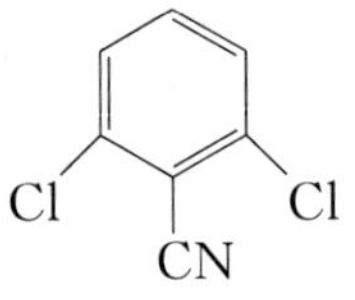

敌草腈

1963 年，(年罗纳-普朗克)Rhone Poulenc 公司在苯腈类化合物的基础上相继开发出溴苯腈(bromoxynil)和碘苯腈(loxynil)，抑制植物光合作用与呼吸作用，是氧化磷酸化解偶联剂，主要防除阔叶杂草。

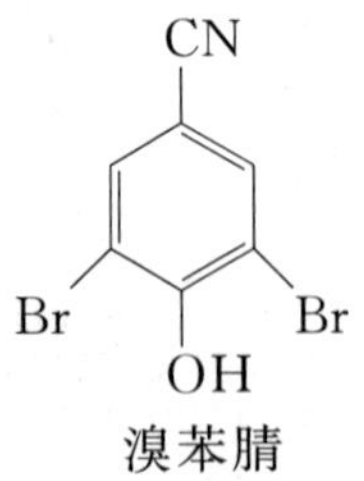

溴苯腈

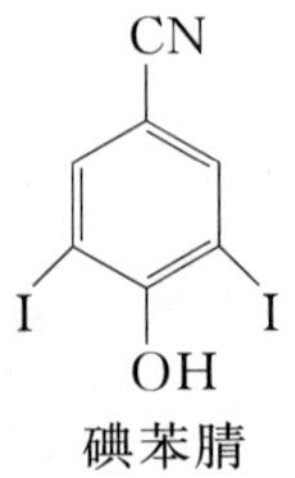

碘苯腈

二、作用特点和应用

敌草腈是土壤处理剂，根吸收向茎叶传导，抑制细胞分裂与蛋白质合成，碘苯腈与溴苯腈系触杀性茎叶处理剂，是光合磷酸化解联剂，在植物体内有一定传导，通过抑制植物的光合作用、呼吸作用和蛋白质合成使植物组织坏死，在气温比较高、光照强的条件下，除草剂的活性增加，加速叶片的枯死。

腈类除草剂的选择活性由多种因素决定，主要是由抗性植物与敏感植物之间形态上的差异，如阔叶杂草叶片平展，能黏着较多的药液，生长点暴露在嫩枝顶端，可直接受到药剂的侵袭；禾本科植物叶片狭长直立，生长点被几层叶片包围不易受害。此外，两者在吸收和降解药剂能力上也有不同，敏感植物吸收本剂快而降解能力很小，因而受害。敌草腈是土壤处理剂，在土壤中不易移动，半衰期约 6 个月。

敌草腈在水稻插秧后 7～10 天，用量 0.75～1 kg/hm^2 可防除稗草、牛毛草等，用于小麦、棉花等作物出苗前处理。

碘苯腈与溴苯腈系触杀性茎叶处理剂，二者在小麦、大麦、玉米、水稻等作物防除阔叶草，一般在禾本科作物 3～5 叶期间应用，可与 2 甲 4 氯、异丙隆等混用。

项目二十一 *N*-苯基肽亚胺类

一、概述

N-苯基肽亚胺类是 20 世纪 80 年代开发的新型除草剂，其除草活性和磺酰脲类一样高，用量极低，每公顷的用量只有十克至几十克。1989 年 Sumitomo(Vant)公司开发 *N*-苯基肽亚胺类除草剂氟烯草酸(flumiclorac-pentyl，利收)和丙炔氟草胺(flumioxazin，速收)。

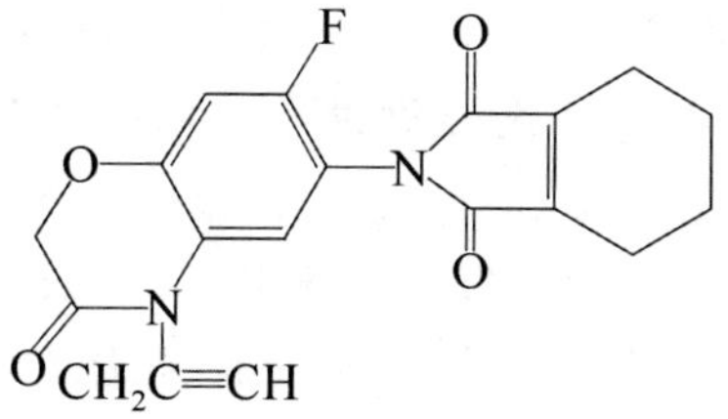

丙炔氟草胺

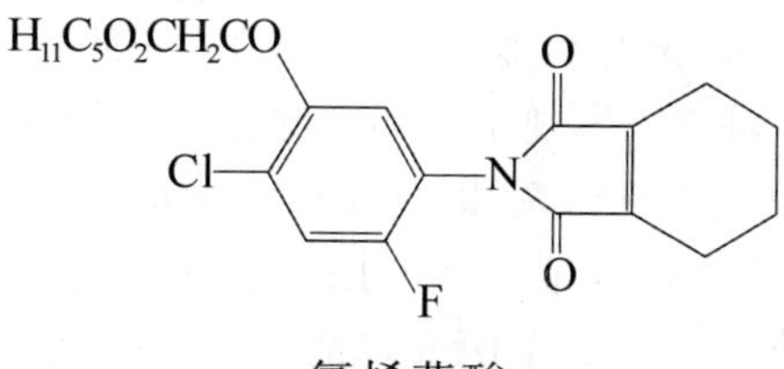

氟烯草酸

二、理化性质和作用特点

丙炔氟草胺为土壤处理除草剂，其持效期受挥发、光解、化学和微生物降解、淋溶以及土壤吸附等因素影响，主要通过微生物降解。

N-苯基肽亚胺类是触杀型选择性除草剂，被植物幼芽或叶片吸收，叶片吸收不向下传导，作用机理和二苯醚类除草剂相似，作用靶标是原卟啉原氧化酶，抑制叶绿素的合成造成敏感杂草迅速凋萎、白化、坏死及枯死。丙炔氟草胺在拱土期施药或播后苗前施药不混土，大豆幼苗期遇到暴雨会造成药害，短时间内可恢复正常生长，有时药害表现明显，但对产量影响甚小。

三、应用技术

1. 应用作物

氟烯草酸主要用在大豆和玉米地，苗后施用防除阔叶杂草。丙炔氟草胺用在大豆和花生地，播后苗前施用防除阔叶杂草。

2. 防除对象

对柳叶刺蓼、酸膜叶蓼、节蓼、扁蓄、龙葵、反枝苋、藜、小藜、苍耳、荠菜、鸭跖草等有很好的防除效果。对一年生的禾本科稗草、狗尾草及多年生的苣荬菜、刺儿菜、大蓟有一定的抑制作用。

3. 使用方法

丙炔氟草胺用在大豆和花生田，大豆播前或播后苗前施药。播后用药最好在播种后随即施药，施药过晚会影响药效，在低温条件下，大豆拱土期施药对大豆幼苗有抑制作用。

氟烯草酸主要用在大豆和玉米田，大豆苗后 2～3 片复叶期，阔叶杂草 2～4 叶期，最好在大豆 2 片复叶期，大多数杂草出齐时施药，每公顷用 10%氟烯草酸乳油 450～680 mL。在土壤水分、空气相对湿度适宜时施药，有利于杂草对氟烯草酸的吸收和传导，长期干旱、空气相对湿度低于 65%时不宜施药。丙炔氟草胺可以与乙草胺、异丙甲草胺、氟乐灵等除草剂混用。

项目二十二　三　酮　类

一、概述

20 世纪 70 年代中期从桃金娘科红千层植物中分离出了一种挥发性油类植物毒素纤精酮(leptospermone)，对若干阔叶与禾本科杂草具有中等除草活性，杂草产生白化症状。1982 年发现 NTBC 具有类似的白化活性，从此以 NTBC 作为先导化合物进行结构改造与修饰，Stauffer 公司首先发现了三酮类除草剂的第一个高活性化合物 SC20051，其后 ICI 公司(先正达前身)继续研究，最后由 Zeneca 公司西方研究中心于 1991 年开发成功磺草酮(sulcotrione)，并于 1993 年首次注册在欧洲用来选择性防除玉米田阔叶杂草和禾本科杂草，硝磺草酮(mesotrione)则是通过磺草酮开发的另一个三酮类除草剂品种，其生物活性很高，更具有开发潜力与竞争性。随后还开发出活性更高的苯唑草酮、环磺酮等。

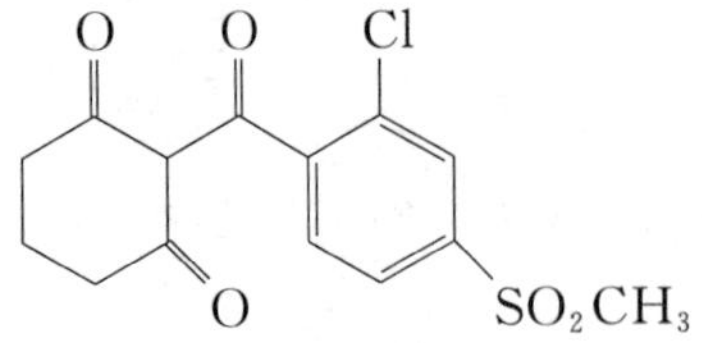

磺草酮

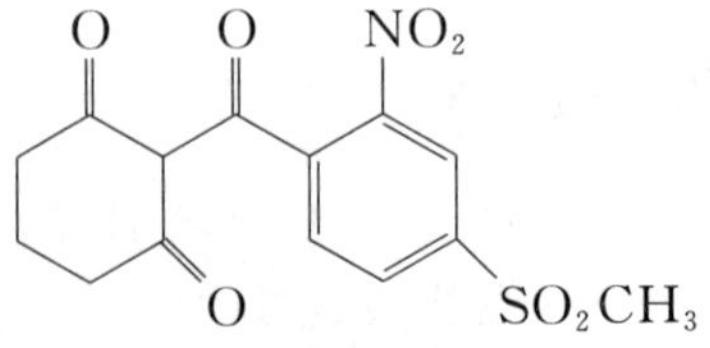

硝磺草酮

二、作用特性和应用

三酮类除草剂通过植物根系与叶片吸收，在植株内进行传导，特别是通过根吸收时具有一定的土壤残留活性，因此防除一些杂草更为有利。用三酮类除草剂处理后，由于叶绿素与类胡萝卜素含量下降及八氢番茄红素水平的上升而使植株产生白化症状；磺草酮和甲基磺草酮通过对羟苯基丙酮酸双氧化酶（HPPD）的抑制而干扰质体醌的生物合成，造成植物分生组织内质体醌的消失而丧失活性，从而产生选择性；然而在不良的生长条件下，玉米叶片有时也会出现失绿现象，但随着生长而迅速恢复正常，不影响产量。

三酮类除草剂在土壤中的吸附与有机质含量高度相关，而黏粒及其他土壤因素对土壤中的吸附相关性小；在土壤中主要通过微生物降解而消失，残留时期较短，如在 pH 5.5～6.0 的沙壤土中，半衰期约 58 天；而 pH 7.1 时，半衰期 44 天；有机质含量高的土壤滞留期长，磺草酮在黏土中的残留期比砂土长；在正常轮作条件下，种植的后茬作物如冬小麦、冬大麦、冬油菜、马铃薯、甜菜、豌豆、菜豆等均未产生受害现象。磺草酮和甲基磺草酮喷施于土壤后，既不挥发，也不易光解，故使用时应防止邻近作物受害。

磺草酮和甲基磺草酮用于玉米、甘蔗及冬小麦防除一年生阔叶杂草及若干禾本科杂草，对多年生杂草的防除效果差；芽前土表处理或苗后茎叶喷雾用量为 250～1 000 g/hm^2 用量（有效量）；在玉米 4～6 叶期喷雾，可与莠去津混用；芽前土表处理时，可与甲草胺、乙草胺、异丙草胺、异丙甲草胺等混用。

项目二十三　吡　唑　类

一、概述

1980 年日本三共公司首先开发出防除稻田稗草及若干莎草科杂草的吡唑特（pyrazolate），随后德国巴斯夫公司 1982 年将除草剂吡草胺（metazachlor）市场化。1983 年日本三菱油化公司开发出防除稻田一年生与多年生阔叶杂草的吡草酮（benzofenap），1984 年石原产业公司推出了另一个高活性防除稻田一年生与多年生杂草的苄草唑（pyrazoxyfen）。近年来，吡唑类除草剂有了很大发展，出现了许多高活性化合物与品种。

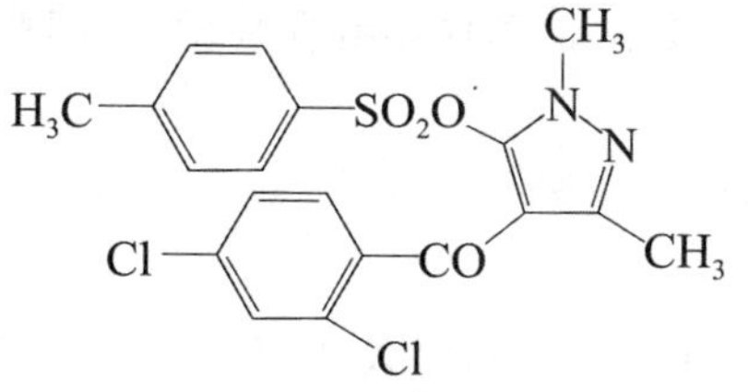

吡唑特

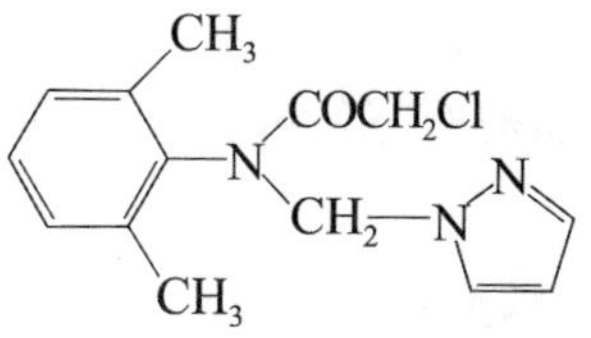

吡草胺

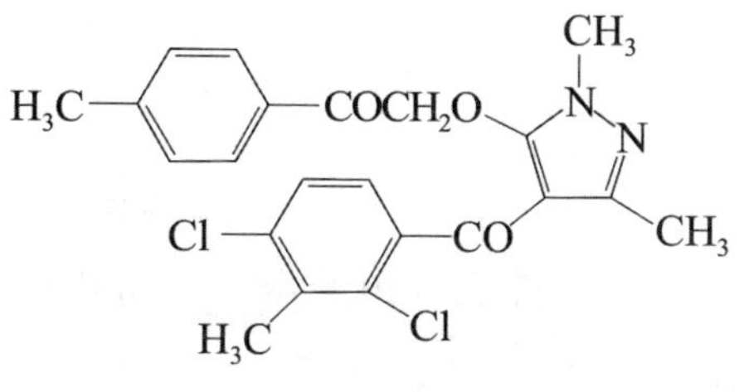

吡草酮

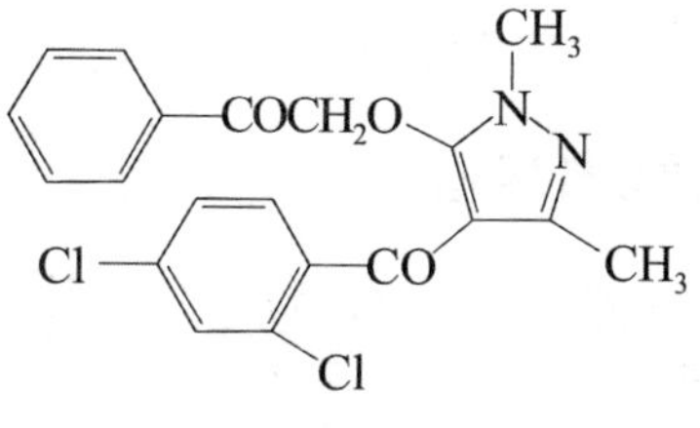

苄草唑

二、作用特点和应用

吡草胺通过阻止蛋白质合成来抑制细胞分裂,具有内吸性,通过胚轴和根吸收,抑制发芽。分子中的羟基与对甲基苯磺酸形成酯后可具有缓释作用,以便以适当的速度释放其活性物质。吡唑特遇水分解后,生成活性物质被杂草幼芽及根部吸收,抑制杂草叶绿素的生物合成。

吡唑特对水稻非常安全,是直播田优良的除草剂,可与许多除草剂混配,具有增效作用,其活性物质为 4-(2,4-二氯苯甲酰)-1,3-二甲基-5-羟基吡唑。芽前和芽后早期防除一年生禾本科杂草、阔叶杂草。属于低毒类品种,无致畸、致突变、致癌作用。

项目二十四　其他重要品种

一、二氯喹啉酸

1984 年 BASF 公司开发出水稻田应用的防除稗草的除草剂二氯喹啉酸(quinclorac,快杀稗)。

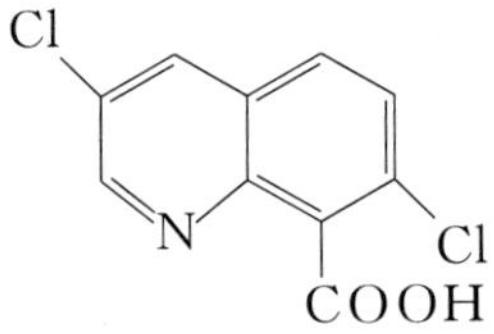

二氯喹啉酸

1. 性质和作用特点

二氯喹啉酸为选择性内吸传导型除草剂,具有激素型除草剂的特点,与生长素类物质的作用症状相似,通常主要通过稗草根吸收,也能被发芽的种子吸收,少量通过叶部吸收,在稗草体内传导,水稻根部能将其分解而失活,因而水稻安全。受害杂草嫩叶出现轻微失绿现象,叶片出现纵向条纹并弯曲。

该化合物属于低毒除草剂,对人和动物无致畸、致癌、致突变的作用。

2. 应用

二氯喹啉酸应用于水稻直播和秧田,有效防除稗草,对田菁、雨久花、鸭舌草、水芹等有一定的药效。在水稻插秧田稗草 1～7 叶期均可使用,但以稗草 2.5～3.5 叶期最为适宜。

由于秧苗 2 叶期以前对二氯喹啉酸较为敏感,所以应在秧苗 2.5 叶期以后施用。保水撒施或排水后保湿喷雾均可以。施药后 2～3 天灌水,保持 3～5 cm 水层 5～7 天。

二、异噁草松

异噁草松(clomzaone,广灭灵)是美国 FMC 公司开发防除大豆田禾本科与阔叶杂草的广谱除草剂。

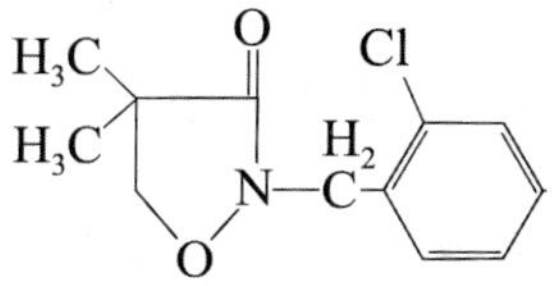

异噁草松

1. 性质和作用特点

易溶于有机溶剂。常温贮存稳定期 1 年以上，热贮存（50 ℃）稳定 3 个月以上。

异噁草松为选择性苗前内吸传导型除草剂，通常通过植物根、幼芽吸收，向上传导，经木质部扩散到叶部，抑制敏感植物的叶绿素和胡萝卜素的合成。这些敏感植物虽能萌芽出土，但由于没有色素而成白苗，并在短期内死亡。大豆、甘蔗等作物具有选择性，作物吸收后，经过特殊的代谢作用，将异噁草松的有效成分转变成无毒的降解物。

该化合物属于低毒除草剂，对人和动物无致畸、致癌、致突变的作用。

2. 应用

（1）适用作物。大豆、甘蔗、马铃薯、花生、烟草、水稻、油菜等。

（2）防除对象。稗草、狗尾草、马唐、金狗尾草、牛筋草、龙葵、藜、小藜、苍耳、蓼、鸭舌草等一年生禾本科和阔叶杂草。对多年生的刺儿菜、大蓟、苣荬菜、问荆等有较强的抑制作用。

（3）应用方法。在大豆田播前、播后苗前土壤处理，或苗后早期茎叶处理。大豆播前应用，为防止干旱和风蚀，施后可浅混土，耙深 5～7 cm；大豆播后苗前施药，起垄播种如土壤水分少可以培 2 cm 左右的土。大豆苗后早期异噁草松可与其他除草剂如烯禾啶、高效氟吡甲禾灵、精吡氟禾草灵、精喹禾灵、三氟羧草醚、氟磺胺草醚、灭草松等混用。施药后应注意药剂的飘移问题，以免给施药以外地区的非目标作物造成药害。另外，异噁草松在土壤中残效期较长，下茬种植小麦等敏感作物易产生药害。

三、噁草酮

1969 年 Rhone Poulence 公司开发出水稻田除草剂噁草酮（oxadiazon，农思它）。

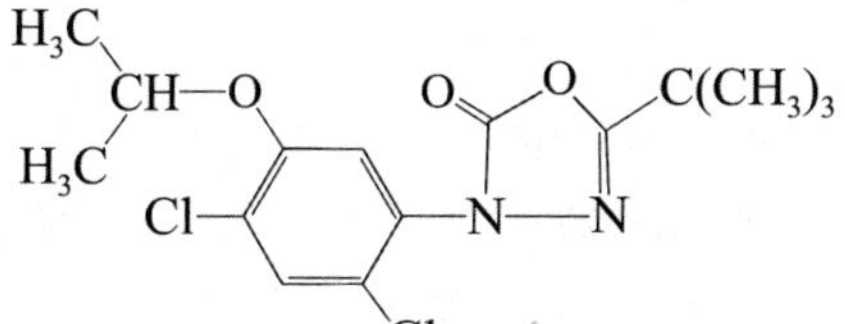

噁草酮

1. 性质和作用特点

噁草酮 20 ℃时在水中的溶解度为 0.7 mg/L。在正常贮存条件下稳定。无腐蚀性，在碱性溶液中分解。

选择性芽前、芽后除草剂，通过杂草幼芽或幼苗与药剂接触、吸收而引起作用；苗后施药，杂草通过地上部分吸收，药剂进入植物体后积累在生长旺盛部位，抑制生长，致使杂草组织腐烂死亡。在光照条件下才能发挥杀草作用，但并不影响光合作用的希尔反应。杂草自萌芽至

2～3 叶期均对噁草酮敏感,以杂草萌芽期施药效果最好。随着杂草逐渐长大,效果下降。水田应用后药液很快在水面扩散,迅速被土壤吸附。向下移动有限,也不会根部吸收。在土壤中代谢较慢。半衰期为 2～6 个月。

低毒除草剂在实验条件下未见致突变、致癌作用。对鱼类毒性中等,鲤鱼致死中浓度(96 h)为 1.76 mg/L。对鸟类蜜蜂低毒。

2. 应用

(1)噁草酮主要用于水稻,也可用于棉花、花生、甘蔗等,防除多种一年生禾本科杂草和阔叶杂草,如稗草、千金子等。

(2)水稻插秧田在整地后趁水浑浊使用。施药时田间水层保持 3 cm。也可加水喷雾或制成药土撒施。

(3)噁草酮用于水稻插秧田。弱苗、小苗或超过常规用药量,水层过深超过秧苗时,易出现药害。本剂用于催芽播种的秧田,必须在播种前 2～3 天使用。如随播随用药,对稻谷出苗有严重影响。噁草酮用于水稻苗期处理,秧田一定要平整。对 2 叶期以上的稗草防除效果差,使用时应掌握好施药适期。

(4)旱田使用噁草酮时,土壤湿润是药效发挥的关键。

四、野燕枯

1972 年美国巴斯福(BASF)公司开发出麦田防除野燕麦的除草剂野燕枯(difenzoquat)。

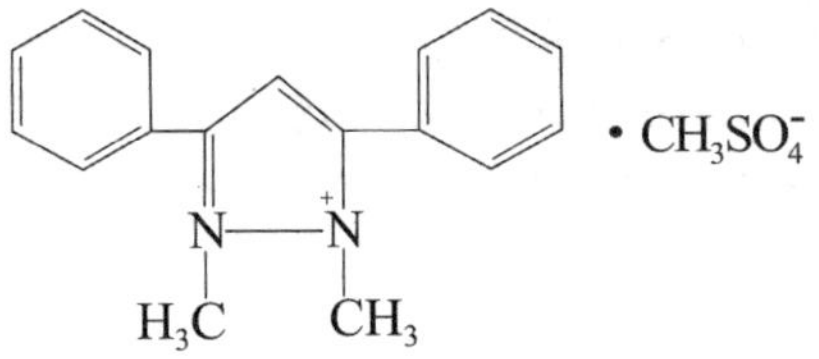

野燕枯

1. 性质和作用特点

野燕枯在水中溶解度为 76%(25 ℃),微溶于低分子量的醇和二醇类,不溶于石油烃类溶剂。在光照和酸性条件下稳定,但在碱性条件下不稳定,致使阳离子从溶液中析出。热贮存稳定性非常好,在 120 ℃时放置 169 h 不分解。

选择性:苗后茎叶处理剂,主要用于防除野燕麦。药剂主要由叶舌和叶片基部吸收,大部分向顶端移动,然后作用于生长点,破坏野燕麦顶端和节间分生组织的细胞分裂和伸长,从而使野燕麦停止生长。一般在施药后 10 h 开始出现中毒症状,叶色变为灰色,叶片厚而脆,有失绿斑点,部分叶片叶尖逐渐向下干枯死亡。有的植株矮生,分蘖增多,茎不能抽出,心叶紧卷成筒状。麦类作物对本剂的耐药力较野燕麦强,土壤处理时无效。

属于中等毒性除草剂。在试验剂量内对动物无“三致”作用,在三代繁殖试验和迟发性神经毒性试验中未见异常,大鼠 2 年喂养试验无作用剂量为 500 mg/L。野燕枯对鱼类及其他水生生物低毒,对蜜蜂和鸟类的毒性也很低。

2. 应用

野燕枯适用于小麦、大麦和黑麦防除野燕麦。在正常剂量下对小麦安全,有时施药后有暂时褪绿受抑制现象，气温高时加重，约 20 天可恢复正常。较高温度（20～25 ℃）和较高相对湿度时可使野燕枯加速进入野燕麦体内，发挥除草作用。施药后 6 h 内降雨会影响药效。

五、哒草特

1976 年 Agrolinz 公司开发出麦田和花生田防除阔叶杂草及一年生莎草的除草剂哒草特（pyridate，阔叶枯）。

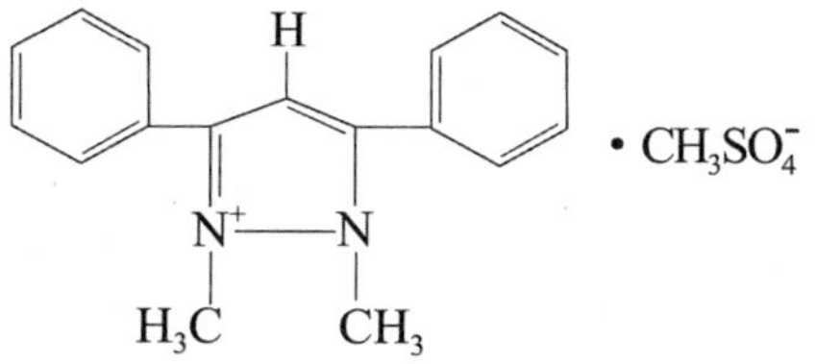

哒草特

1. 性质和作用特点

哒草特在水中溶解度为 1.49 mg/L，易溶于各种有机溶剂，其溶解度大于 100 mg/100 mL，在水中 32 h（22 ℃）不水解。

选择性：苗后除草剂。药剂茎叶处理后很快被植物的叶片吸收，阻碍光合作用的希尔反应，使杂草叶片变黄并停止生长，最后枯萎而死。在禾谷类作物体内被迅速代谢为配糖的共轭物，因而无害、安全。

属于低毒除草剂。在试验条件下对动物未发现“三致”作用。对鱼类毒性较低。

2. 应用

哒草特在冬小麦分蘖初期、杂草 2～4 叶期施药，也可在次年春季小麦拔节前施药；玉米在 3～5 叶期、杂草 2～4 叶期用药。也用于花生田防除藜、苋等为主的阔叶杂草及一年生莎草，在杂草发生初期，阔叶杂草出齐，于 2～4 叶期时用药。施药适期为杂草发生早期。

【模块小结】

杂草是长期适应当地的作物、栽培、耕作、气候、土壤等生态条件和生产条件生存下来的植物，它从不同的方面侵害农作物，与作物竞争养分、水分和光照；传播植物的病、虫害，降低作物的产量和品质，影响人、畜的健康。由于杂草具有休眠性、再生性、繁殖力强、繁殖和传播方式多样、种子寿命长、出苗时间不一致等特性，因此，其危害时间长，分布广泛，危害严重，防除困难。全世界广泛分布的杂草有 3 000 余种，每年大约有 180 种杂草对作物造成危害，对主要作物危害的杂草有 200 种，但分布广泛、危害严重的杂草只有 20～30 种。全世界每年由于杂草危害损失达 10%。人类利用生物、生态、物理、机械和化学的方法进行杂草防除，其中化学除草（除草剂）占主要地位。本模块主要根据除草剂的化学结构分类，阐述各类除草剂开发过程、作用特点和应用技术。

【模块巩固】

1. 简述除草剂的发现及其在农业生产中的作用。
2. 为什么说乙酰乳酸合酶（ALS）抑制剂的开发，使除草剂进入了超高效时代？

3. 如何根据某一类除草剂的结构，说明此类除草剂的开发特点。
4. 说明苯氧羧酸类除草剂一直经久不衰的原因。
5. 试说明长残效除草剂在土壤中的残留危害及解决方法。
6. 试说明磺酰脲类除草剂的特点及使用方法。
7. 简述除草剂的选择性和作用特性。
8. 利用你所学的知识谈谈你对新除草剂的开发设计思路。

模块七
杀软体动物剂

【知识目标】

通过本模块学习，学生了解杀软体动物剂的作用机理，不同种类杀软体动物剂的理化性质、主要特性和应用技术等。

【能力目标】

能够根据常见软体动物的发生特点，选择正确合理的杀软体动物剂种类，独立制订科学的实施方案，并掌握实践操作要领。

项目一　无机杀软体动物剂

无机杀软体动物剂为最早开发应用的杀软体动物剂类型，主要品种有硫酸铜、砷酸钙和氰氨化钙。

一、概述

早在1913年，日本就开始用氰氨化钙灭杀钉螺，到目前为止，氰氨化钙仍然是日本防治水稻稻田钉螺的理想药剂之一。

1922年哈利尔报道的硫酸铜制剂可有效防治水坑中的钉螺，进而作为杀螺剂被推广应用，后因其毒性等问题被各国停止使用。

之后，由于有机杀软体动物剂的出现，无机杀软体动物剂的研究长期被人们所忽视，直到20世纪50年代，人们发现砷酸钙和亚砷酸钙对钉螺有很好的灭杀作用，在我国曾一度被大规模推广使用，但后来因发现其对植物、高等动物及环境影响较大，目前已停止使用。

近年来，国内外用硼镁石粉和偏磷酸亚铁（$FePO_3$）防治软体动物显示出了广阔的应用前景。

二、主要特性

无机杀软体动物剂多为天然矿物质，使用量大，使用效果较有机杀软体动物剂差，性质稳定，使用后对土壤性质和环境有一定的负面影响。

三、生物活性与应用

氰氨化钙和硼镁石粉为目前国内外广泛推广使用的灭螺药剂，主要用于粮食、蔬菜和花卉等作物，钉螺接触后可直接导致其失水死亡，其中，氰氨化钙除有灭杀钉螺活性外，还可作为肥料使用。这两种无机杀螺剂对非靶标生物毒性低，无“三致”作用，对鱼、蚌低毒，克服了多数有机杀螺剂对鱼、虾等水生生物高毒而被限制使用的难题，因此该类药剂是一种理想的新型安全杀软体动物剂。

偏磷酸亚铁为近年来正在开发的一种新的杀软体动物剂，可有效防治种植草坪、观赏植物、蔬菜、浆果等区域内的蛞蝓和蜗牛。该产品对水生生物安全，对高等动物和人低毒，大鼠经口 $LD_{50}>5\ 000$ mg/kg。

无机杀软体动物剂常通过撒施的使用方式防治软体动物，一般在作物播种前或作物收割后施用，作物敏感期易对作物造成危害，在鱼塘等水生动物养殖区域使用时要充分考虑到药剂对水生生物的影响，应选择对水生生物危害较小的药剂使用。

项目二　有机杀软体动物剂

有机杀软体动物剂为目前化学防治软体动物的主要手段，按化学结构可分为酚类、吗啉类、有机锡类及沙蚕毒素类有机杀软体动物剂和其他类别有机杀软体动物剂。目前生产上使用最多的有机杀软体动物剂为杀螺胺、四聚乙醛、灭梭威等几个品种。

一、概述

有机杀软体动物剂与有机杀虫剂相比，起步较晚，发展缓慢。其研究始自吉明哈姆于1934年在南非开始用四聚乙醛(metaldehyde)饵剂防治蜗牛和蛞蝓试验，并于1938年在美国出现四聚乙醛饵剂商品(蜗牛敌饵剂)，同年有试验报道1.5%～2.5%四聚乙醛＋5%砷酸钙混合饵剂有较好的杀蜗牛效果。

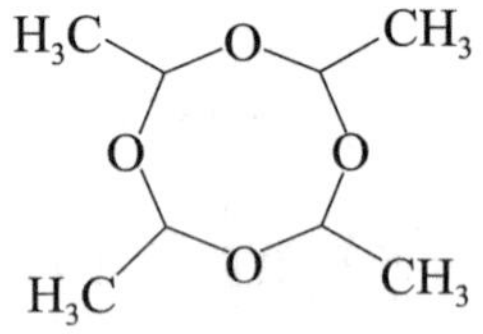

四聚乙醛

20世纪50年代初人们发现五氯酚钠(PCP-Na，五氯苯酚钠)的灭螺效果优于以往所有的杀螺药剂，被大面积推广使用，在防治钉螺灭血吸虫病方面取得了巨大成就。

之后Gonnert及Schranfstatler于1958年在第六届国际热带医学及疟疾会议上首次报道了氯硝柳胺(niclosamide，杀螺胺)的灭螺活性，随后德国拜耳公司最先生产出氯硝柳胺。该药剂为1972年以来世界卫生组织(WHO)唯一推荐使用的杀螺剂。但氯硝柳胺难溶于水，为改善其水溶性，人们对氯硝柳胺的结构进行改造，成功研制出了氯硝柳胺乙醇胺盐，其水溶性明显好于氯硝柳胺。

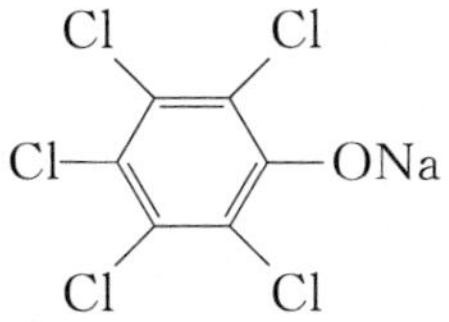

五氯酚钠

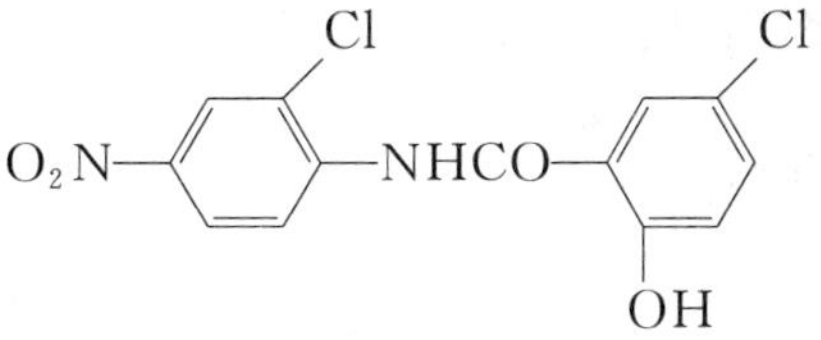

氯硝柳胺

20 世纪 60 年代发现氧化双三丁锡(biomet,丁蜗锡)可有效灭杀软体生物幼体,防止软体生物附着在船舶底部,随后被广泛用于船舶底部的船漆涂料中;在农业应用方面,其作为杀螺剂被广泛推广使用。同期发现三苯甲基吗啉 (trifenmorph,蜗螺杀)也具有明显的杀螺活性。

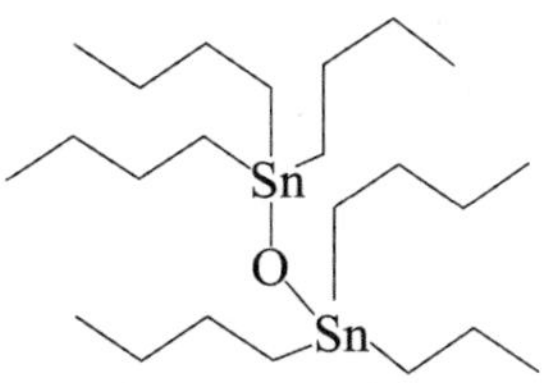

氧化双三丁锡

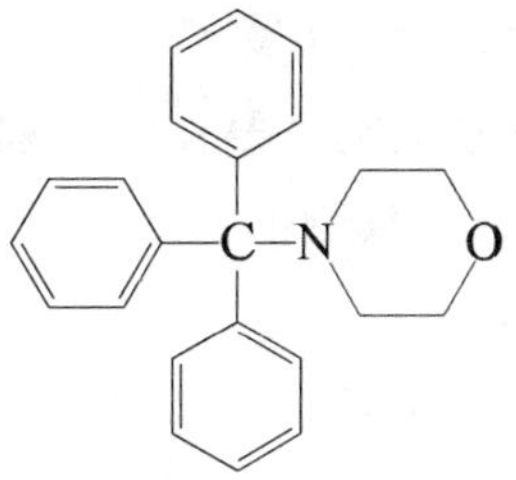

三苯甲基吗啉

20 世纪 70 年代日本 Ka-jihara 等发现 2,5-二氯-4-溴苯酚钠具有很好的灭螺效果,且该药剂在环境中易生物降解,对环境安全。

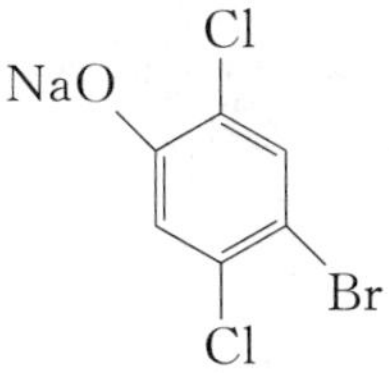

2,5-二氯-4-溴苯酚钠

值得一提的是,我国自 20 世纪 50 年代以来在开发和研究杀软体动物剂方面也取得了显著的成绩。

1962 年我国成功合成了一种具有杀螺活性的化合物 Niclosamide,同时合成了它的衍生物,后来被定名为氯硝柳胺,并于 1965 年在我国开始产业化生产,以后不久又开发出氯硝柳胺乙醇胺盐。

1974 年,我国贵州省化工研究所首次发现了杀虫双对水稻螟虫的防治效果,并成功将其开发为商品,1975 年,瑞士 Sandoz 公司开发出杀虫环(thiocyclam,易卫杀),1979 年贵州省化工研究院将杀虫环的草酸盐由盐酸盐取代,合成杀虫丁(shachongding),同期发现杀虫环和杀虫丁对钉螺具有明显的生物活性。

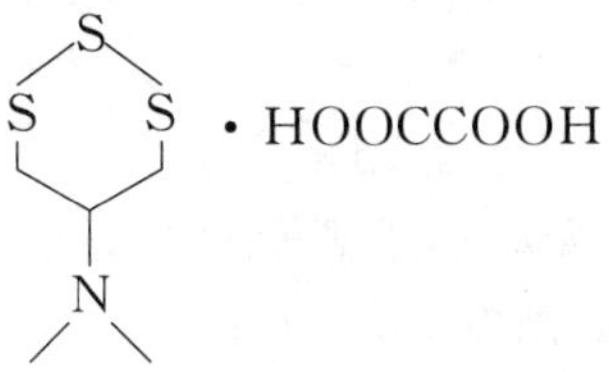

杀虫环

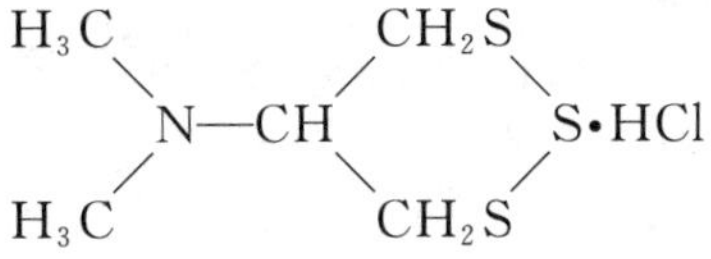

杀虫丁

1980 年中国疾病预防控制中心寄生虫病预防控制所发现溴乙酰胺(bromoacetamide)具有很好的杀螺作用,且对鱼低毒,因而该药剂具有很高的开发潜力。

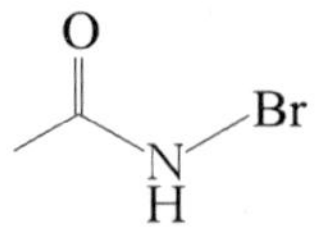

溴乙酰胺

二、不同类型有机杀软体动物剂的主要特性、生物活性与应用

有机杀软体动物剂按照化学化学结构可分为 5 类。

(一)酚类杀软体动物剂

该类杀软体动物剂主要作为杀螺剂使用,主要品种有五氯酚钠、氯硝柳胺和氯硝柳乙醇胺盐,其中五氯酚钠已被停止生产使用。

1. 主要特性

多数纯品为白色针状结晶或无色固体,熔点高,可溶于乙醇,常温下稳定,酸性或碱性条件下不稳定,在光照或紫外照射下易分解。

2. 生物活性与应用

此类药剂对成螺、幼螺和螺卵均有很好的灭杀活性,持效期长,作用方式以触杀和胃毒为主,对鱼类毒性很强,在有效灭螺浓度下,可引起鱼类大量死亡,不宜在鱼、蟹等养殖地区使用。

五氯酚钠在我国曾为灭螺的主要药剂,但该产品可严重污染环境,破坏生态;对水生生物及哺乳动物毒性大,大鼠急性经口 LD_{50} 为 140～280 mg/kg;对眼睛和皮肤有强烈的刺激作用,有致突变、致畸和致癌作用,药物在各种生物体内易产生蓄积。因此国外已停止使用,我国也于 1997 年宣布停止生产。

氯硝柳胺对人、畜低毒,对人体皮肤无刺激作用,大鼠经口 LD_{50}>3 710 mg/kg,但其对鱼类毒性很强,在有效灭螺浓度下,对大多数鱼的致死阈值浓度为 0.04～1.00 mg/L。同时氯硝柳胺在低浓度时杀螺作用速度较慢,钉螺有上爬逃逸出水体现象,导致灭螺效果降低。

氯硝柳胺乙醇胺盐,称螺灭杀,螺灭杀除对钉螺有很好的生物活性外,对血吸虫尾蚴也有较强的灭杀作用。螺灭杀对人、畜低毒,大鼠经口毒性 LD_{50}>5 000 mg/kg,对眼睛和皮肤无刺激作用,对作物安全。

氯硝柳胺作用于钉螺后,可阻止水中害螺对氧的摄入而降低呼吸作用,同时能导致钉螺体内乙酰胆碱(ACH)、细胞色素 C 氧化酶(CCO)、乳酸脱氢酶(LDH)、一氧化氮合酶(NOS)和琥珀酸脱氢酶(SDH)活性降低,因此氯硝柳胺对钉螺的作用机制可能为影响钉螺体内神经介质传递和能量供应,导致钉螺的各项生理功能紊乱和丧失,从而引起钉螺死亡。

酚类杀软体动物剂使用方便,可直接加水稀释使用,主要使用方法为浸杀法和喷洒法。在水产养殖区域内用药时,应注意药剂对水生生物的影响。同时,施药人员要做好安全防护措施,以免发生人员中毒事故。另外,在利用氯硝柳胺进行灭螺时,为避免钉螺离水上爬,可在氯硝柳胺中适当加入一些增效剂(如槟榔生物碱和 *O*,*O*′-二乙基-*O*″-(邻氯苯乙腈肟)硫代磷酸酯)来提高防治效果。

(二)吗啉类杀软体动物剂

主要品种为蜗螺杀。该药剂因毒性问题于 2002 年 11 月 20 日在欧洲共同体委员会发布的欧盟第 2076/2002 号法规中被禁止使用。

1. 主要特性

蜗螺杀纯品为白色或淡黄色双晶固体，难溶于水，可溶于氯仿等多种有机溶剂。对热和光稳定，遇酸分解，在人体内能够较快地分解成无毒物质。

2. 生物活性与应用

蜗螺杀在农业上主要用于灭杀湖泊、蓄水池、水槽和水坝等处的蜗牛和钉螺，该药剂对鱼类毒性大，对植物无害，对高等动物和人毒性较大，大鼠经口 LD_{50} 为 83 mg/kg。

该药剂主要使用方法为施撒法，在大面积灭螺时，可用低剂量于雨后塘水满溢时处理塘水，钉螺大量繁殖时可进行活水处理。

(三)有机锡类杀软体动物剂

主要品种有氧化双三丁锡(biomet，丁蜗锡)、三苯基乙酸锡(fentinacetate，百螺敌)。

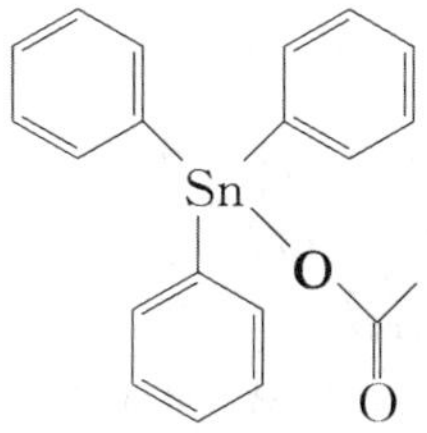

三苯基乙酸锡

1. 主要特性

该类化合物的通式为 $R_nS_nX_{4-n}$，R 代表烷基或芳香基，n 从 1 到 4(代表 4 种不同的有机锡化合物，即单、二、三和四烷基或芳香基有机锡化合物，文中简称单、二、三和四有机锡化合物，其中 X 是一个阴离子或是一个杂原子与一组共价链接)，通式中 $n=3$ 的有机锡化合物毒性最大，$n=1$ 和 $n=2$ 的毒性居次。有机基团的性质对化合物的毒性也有很大影响，三甲基锡对真菌和昆虫显示高毒，三乙基锡对哺乳动物最具毒性，而三丙基锡和三丁基锡对真菌、鱼类、细菌和植物有较大的毒性。

2. 生物活性与应用

丁蜗锡具有灭杀蛞蝓、蜗牛和钉螺活性，兼有杀虫、杀真菌、杀藻活性，主要用于木材保护，不适用于农田。丁蜗锡对水生生物毒性高，可刺激人的皮肤、眼睛、黏膜，严重者导致角膜溃疡、虹膜出血，高浓度可引起恶心、呕吐、腹痛、腹泻，还可造成呼吸困难、肺水肿、震颤、抽搐等中枢神经系统症状。大鼠急性经口 LD_{50} 为 194 mg/kg。丁蜗锡主要影响蜗牛等软体动物的生殖系统与中枢神经系统骨骼组织，能导致螺雌体雄性化。1989 年开始日本停止生产和使用丁蜗锡。目前各国相继制定了各种有关法规，对丁蜗锡的使用加以严格控制。

百螺敌是一种高效杀螺剂，尤其对水稻福寿螺有很好的防治效果。其作用方式为触杀和胃毒。百螺敌通过接触和吸食进入害螺体内，导致其失水死亡，大鼠急性口服 LD_{50} 为 125 mg/kg，大鼠急性经皮 LD_{50} 为 500 mg/kg，对眼睛黏膜有刺激性。

有机锡类杀软体动物剂目前仅有百螺敌广泛应用于水稻防治福寿螺，但该药剂作用相对缓慢，须在苗前施用。使用方法为撒施和喷施，施药后 3 天内不要排水出田。值得注意的是，百螺敌不能和碱性物质混用，否则会影响药效；百螺敌对鱼、虾、蟹有毒，使用时应注意避免污染水源。

(四)沙蚕毒素类杀软体动物剂

沙蚕毒素类杀软体动物剂指从沙蚕毒素的分子结构衍生开发出的一系列有杀软体动物生物活性的化合物。主要品种为杀虫环和杀虫丁。

1. 主要特性

该类杀软体动物剂原药为无色无味固体，熔点 71～172 ℃，可溶于水和甲醇，不溶于甲苯，在常温避光条件下保存稳定，见光易分解。

2. 生物活性与应用

沙蚕毒素类杀软体动物剂为一种具有较高使用价值的灭螺药剂，其灭螺效果与氯硝柳胺相似，但浸泡灭螺时钉螺上爬率较氯硝柳胺低，作用方式为触杀和胃毒作用，对鱼类毒性较大，不宜在鱼塘等水生动物养殖场内使用。

杀虫丁大鼠经口急性毒性属中等毒，大鼠经口急性毒性 LD_{50} 雄性为 233 mg/kg，雌性为 200 mg/kg，无“三致”作用，但有慢性致肝、肾损害作用。

杀虫环对高等动物安全，雄大鼠急性经口毒性 LD_{50} 为 310 mg/kg。

沙蚕毒素类杀软体动物剂主要使用方法为浸杀法和喷洒法，毒杀作用表现较为缓慢，一般 3 天后才能表现出明显的灭螺效果。同时，气温、泥土含水量、作用时间和光照等环境因素对杀螺作用影响较大，使用时应注意实际应用条件，避免阳光曝晒。在水源附近用药时，应注意对鱼、蚌等水生经济作物的保护。

(五)其他类杀软体动物剂

主要品种有四聚乙醛(metaldehyde，密达、蜗牛敌、多聚乙醛)、灭梭威(methiocarb，灭旱螺)、硫酸烟酰苯胺(nicotinanilide sulphate)等。

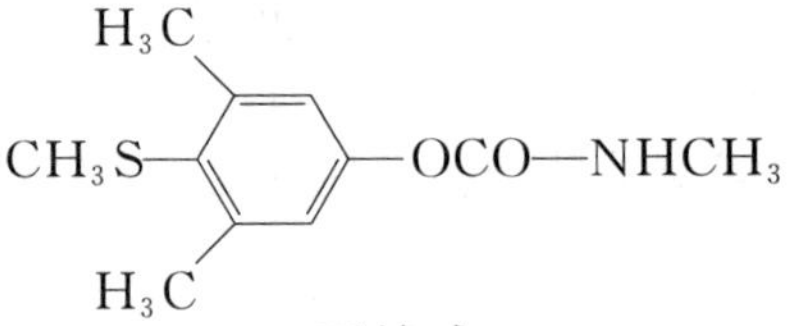

灭梭威

1. 生物活性

四聚乙醛是一种灭杀蜗牛、蛞蝓、福寿螺等多种软体动物的新型药剂，作用方式为触杀和胃毒。当福寿螺等软体动物接触或取食四聚乙醛后，可以促进螺体大量释放乙酰胆碱，破坏螺体内特殊的黏液，使螺体迅速脱水，神经麻痹，并分泌黏液，由于大量体液的流失和细胞被破坏，使其在短时间内迅速中毒死亡。该药剂对鱼类等水生生物毒性小，对眼睛、皮肤无刺激作用，无“三致”作用，对非靶标生物毒性低，大鼠急性经口 LD_{50} 为 425 mg/kg，对作物安全，适用于水产养殖区域和养殖水域钉螺的防治。

灭梭威为拜耳公司开发的氨基甲酸酯类杀软体动物剂，对旱地、温室种植的各种农作物上的蜗牛、蛞蝓有良好的诱杀和直接毒杀活性，作用方式以胃毒为主，可抑制胆碱酯酶活性。大鼠急性经口毒性为高毒，大鼠急性经口 LD_{50} 约为 20 mg/kg，人中毒后可表现出头昏、头痛、呕吐、瞳孔缩小、眼结膜充血及呼吸困难等症状，对鱼类等水生生物有较高的毒性。

硫酸烟酰苯胺具有较强的杀灭钉螺、螺卵和尾蚴作用；对高等动物毒性低，其原药小鼠急性经口 LD_{50} 为 1 146.2 mg/kg；对家兔皮肤、眼黏膜无刺激作用，作用方式为触杀和胃毒，无致突变和致畸作用；对鱼类等水生生物安全，适用于水产养殖区域和养殖水域灭杀钉螺。

2. 应用

四聚乙醛可在秧苗播种或移植后施用，施用方式为撒施、点施和条施，低温（15 ℃以下）或高温（35 ℃以上）因蜗牛活动力弱对防治效果影响较大，大雨可导致药粒被雨水冲入水中，为避免影响药效，需补施。水田中使用时可根据田中蜗牛等有害软体动物的密度和出行规律，将药剂撒施在田中或田埂上，田中要保持一定的水层。

灭梭威使用方便，其防效不受温度、湿度影响，一旦被蜗牛、蛞蝓取食，即可获得理想的防治效果。在使用时应尽量避免药剂滞留在植物上，以免影响作物的商品价值。若需再次用药，安全间隔期至少要 7 天，家禽在用药后 7 天内不可进入用药区。

硫酸烟酰苯胺主要以浸杀法和喷洒法进行施用，药效较为稳定，日晒对防治效果无明显影响，持效期长。在实际使用时，为避免施药后钉螺上爬，可用含硫酸烟酰苯胺的药水冲刷田埂，以提高防治效果。

【模块小结】

杀软体动物剂（molluscicide）是指用于防治危害农、林、渔业等有害软体生物的农药。危害农作物的软体动物隶属于软体动物门、腹足纲，主要指蜗牛（俗称水牛儿、旱螺蛳）、蛞蝓（俗称鼻涕虫、蜒蚰）、田螺（俗称螺蛳）及钉螺等农业有害生物。该类软体动物发生量大，食性贪婪，咬食蔬菜、水稻、玉米、菱角、甘薯、芋等的幼芽、嫩叶、嫩茎，使受害作物茎部断裂，叶片被刮食成孔洞，其黏液、排泄物还会降低蔬菜、水果的质量，并可导致根部、茎部和叶片出现大量伤口，利于真菌、细菌和病毒等病原菌的侵入，使作物危害程度加重。更为严重的是钉螺是血吸虫的唯一中间宿主，是血吸虫病传播中不可缺少的环节，因此防除钉螺对于控制血吸虫病的蔓延和扩散也有着极其重要的意义。

杀软体动物剂发展缓慢，目前仅有 7 种杀软体动物剂在我国登记，计 27 个登记产品。其中多数产品对鱼类及哺乳动物毒性大，部分产品可严重抑制土壤微生物的活性及种群数量，污染环境严重，个别产品可以在人体内积累，产生累积毒性，给人类健康带来很大危害。因此对高等动物、鱼类及人类安全，对有害软体动物高效，对环境和谐友好的新型杀软体动物剂急待研究与开发。

杀软体动物剂按照物质类别可分为无机杀软体动物剂和有机杀软体动物剂。本模块按照杀软体动物剂物质类别分别论述不同种类杀软体动物剂的主要特性、生物活性和应用。

【模块巩固】

1. 简述有害软体动物的种类及危害特点。
2. 简述三苯基乙酸锡的作用机理、作用方式和应用特点。

模块八

杀鼠剂

【知识目标】

通过本模块学习，学生了解杀鼠剂的作用机理，不同种类杀鼠剂的理化性质、主要特性和应用技术等。

【能力目标】

能够根据常见鼠类的发生特点，选择正确合理的杀鼠剂种类，独立制定实施科学的实施方案，并掌握实践操作要领。

项目一　急性杀鼠剂

一、概述

急性杀鼠剂是指鼠类一次或在较短时间内多次摄入毒饵很快就能致死的杀鼠剂。急性杀鼠剂对害鼠毒杀作用快速，害鼠取食一次即可致死，毒饵用量较少、使用方便。但此类药剂对人畜毒性大，使用不安全，且害鼠中毒迅速，易出现拒食而影响药效。

1740 年 Marggral 合成了磷化锌(zinc phosphide)。1911—1912 年意大利首次用于防治野鼠，1930 年用于防治家鼠。纯品大鼠急性口服 LD_{50} 为 40 mg/kg。

鼠甘伏(gliftor)是 1933 年开发的品种，是 1,3-二氟丙醇-2 和 1-氯-3-氟丙醇-2 的混合物。对鼠类具有极强的胃毒作用，主要用于野外杀鼠，尤其适合于草原灭鼠。

1938 年德国研制成功鼠立死(crimidine)，1940 年德国 Bayer Leverkusen 公司推广。鼠立死大鼠急性口服 LD_{50} 为 1.25 mg/kg，无累积及二次毒性。

1940 年美国研制成功氟乙酸钠(sodium fluoroacetate)，20 世纪 50 年代又开发了氟乙酰胺(fluoroacetamide)。氟乙酸钠和氟乙酰胺均为高毒，大鼠急性口服 LD_{50} 值分别为 0.22 mg/kg 和 15 mg/kg。因二者均有二次及多次毒性而被禁用。

安妥(antu)是一种 1945 年开发的硫脲类杀鼠剂，对挪威大鼠 LD_{50} 为 6～8 mg/kg，对其他鼠毒性低。由于原料萘胺有致癌作用而禁用。

毒鼠强(tetramine)是1949年西德Bayer公司合成,大鼠急性口服 LD_{50} 为0.1～0.3 mg/kg,属惊厥性毒剂,适口性良好,作用速度极快。因剧毒已被禁用。

鼠特灵(norbormide)于1964年由McNeil Laboratories Inc推广。大鼠急性口服 LD_{50} 为5.3 mg/kg。作用速度快,鼠类有时有忌避现象。

毒鼠磷(phosazetim)是一种有机磷杀鼠剂,由西德Bayer公司开发,1965年取得专利。大鼠急性口服 LD_{50} 为3.5～7.5 mg/kg。对鼠类有极强的胃毒作用。

1970年安美特化学公司开发了一种有机硅杀鼠剂毒鼠硅(silatrane)。大鼠急性口服 LD_{50} 为1～4 mg/kg。对鼠作用快,但鼠的接受性一般,再次接触时常拒食。属于禁用杀鼠剂。

1972年美国Rohm & Hass公司开发了氨基甲酸酯杀鼠剂灭鼠安(pyridyl phenylcarbamate)。大鼠急性口服 LD_{50} 为15.8～20.5 mg/kg。杀鼠谱较广,适口性好,耐药性和积累中毒不明显,对家禽、家畜毒力较低。

灭鼠优(pyrinuron)是1974年由美国Rohm & Hass公司开发的杀鼠剂。大鼠急性口服 LD_{50} 为12.3 mg/kg。因安全问题,上述多数品种已被禁用,仅鼠甘伏和灭鼠优仍有一定范围的应用。

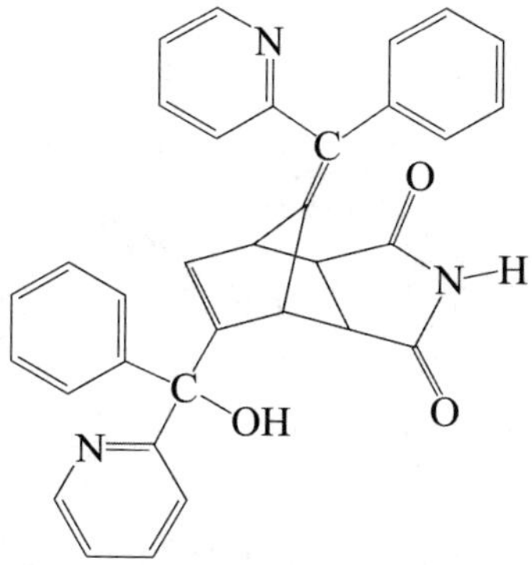

鼠特灵

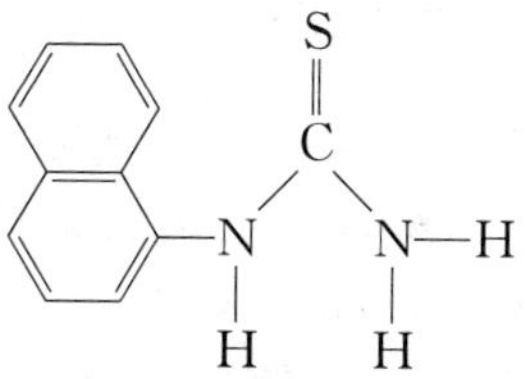

安妥

鼠甘伏

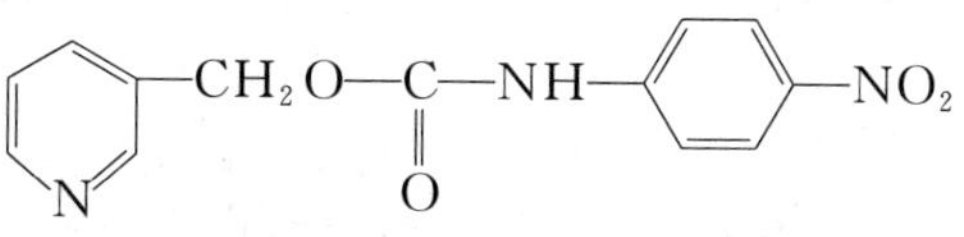

灭鼠安

20世纪70年代以来,为克服害鼠对第一代抗凝血杀鼠剂的抗药性,开发成功的急性杀鼠剂品种有骨化醇(calciferol)和鼠灭杀(bromethalin)。1974年,Greaves等报道了骨化醇的杀鼠活性,其与杀鼠灵混用具有相加作用,两者无交互抗药性。1982年William等报道了二苯胺类化合物鼠灭杀的杀鼠活性。1985年鼠灭杀获得商品化。

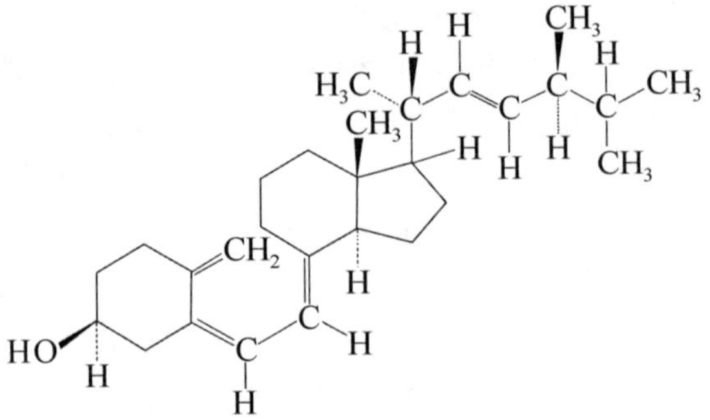

骨化醇

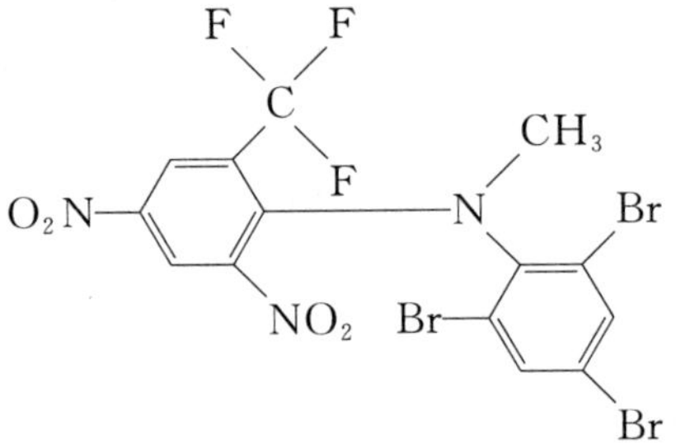

鼠灭杀

二、生物活性与应用

鼠甘伏在动物体内发生生物氧化后形成氟乙酸，最终破坏机体内主要的新陈代谢过程（三羧酸循环），影响神经系统和心血管系统。鼠甘伏中毒有明显的几小时潜伏期，残效期 20 天左右。鼠甘伏适合在农田和牧区使用防治害鼠。采用浸泡法和拌闷法配成 1%～2%的毒饵使用。饵料可用小麦、玉米、稻谷、青稞、燕麦等。毒饵中拌入 2%～3%食用油，既可增强诱鼠力，又可防止药剂挥发，延长有效期。田间灭鼠可采用棋盘式布点均匀投放毒饵，也可采用有效洞投放毒饵。草原灭鼠应在投饵后禁牧 1 个月。

灭鼠优选择性较强，对人及家畜、家禽较安全，二次中毒的危险性小。灭鼠优适口性较好，不易引起拒食，也不易产生耐药性个体。其作用机制是抑制烟酰胺代谢，中毒鼠类出现严重的维生素 B 族缺乏症，呼吸急促，厌食，死于呼吸肌瘫痪。中毒潜伏期 3～4 h，8～12 h 为死亡高峰，鼠多死于隐蔽场所不易被发现。灭鼠优主要用于防治褐家鼠、长爪沙鼠 、黄毛鼠、黄胸鼠等。多以黏附法配制毒饵防治害鼠，毒饵中有效成分含量为 0.5%～2%。饵料可用小麦、莜麦、高粱、红薯等。

鼠灭杀对非靶标生物安全，中毒潜伏期 24～364 h。鼠灭杀是一种解偶联剂，阻碍神经细胞线粒体中 ATP 的生成，进而影响 Na/K ATP 酶的活性，破坏神经传导功能，导致害鼠死亡。鼠甘伏和灭鼠优均为高毒杀鼠剂，施药人员要注意安全防护。要合理使用，避免盲目单独使用，以延长该药寿命。收集死鼠应烧掉或深埋。

项目二　慢性杀鼠剂

一、概述

慢性杀鼠剂是指鼠类较长时间多次摄入毒饵缓慢致死的杀鼠剂。慢性杀鼠剂大多是抗凝血药剂，能抑制鼠体内凝血酶原的合成，导致内部出血而死亡。使用此类药剂需要多次吞食毒饵，才达到致死剂量，并在若干天后，出现症状和死亡。由于其使用浓度低、选择性也较好，对人畜和鼠类天敌安全。

1921 年 Schofied 报道，在加拿大发现了一种牛内出血致死的疾病。1924 年 L. M. Roderick 称，美国也出现了此种牛内出血病。后来证实这种疾病是牛食用了变质的甜苜蓿(Melilotus alba 和 M. officinalis)引起的，故称之为"甜苜蓿病"(sweet clover disease)。1940 年美国 Wisconsin 大学 Link 等从变质的甜苜蓿中分离到一个致病的结晶化合物，并确定为双香豆素(dicoumarin)。双香豆素是存在于甜苜蓿体内的香豆素，在甜苜蓿变质过程中经氧化及与甲醛的缩合作用而形成的。药理学研究发现，双香豆素具有损伤微血管及抗凝血双重作用，导致牛内出血致死，故称之为抗凝血剂(anticoagulant)。维生素 K 对双香豆素引起的内出血症有治疗作用。

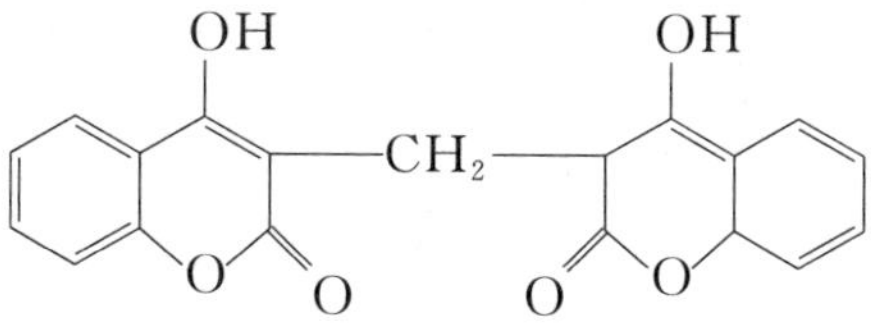

双香豆素

双香豆素与维生素 K 对凝血酶原(prothromhn)合成过程中所必需的酶蛋白均有亲和能力。维生素 K 与酶蛋白结合，组成有活性的酶，对凝血酶原的产生起催化作用。而双香豆素则对维生素 K 的上述功能起拮抗作用，因此引起凝血酶原不足。这是双香豆素引起牛内出血病症及维生素 K 对其有治疗作用的机理。

在弄清了双香豆素的化学结构与致病机理之后，便展开了抗凝血剂的合成研究工作。Link 等以双香豆素为先导化合物，断开一个香豆素环，合成了一系列通式Ⅰ的化合物，其中包括 A 环缩小，B 环开环及 R^3 和 R^4 合并为环状的化合物等。

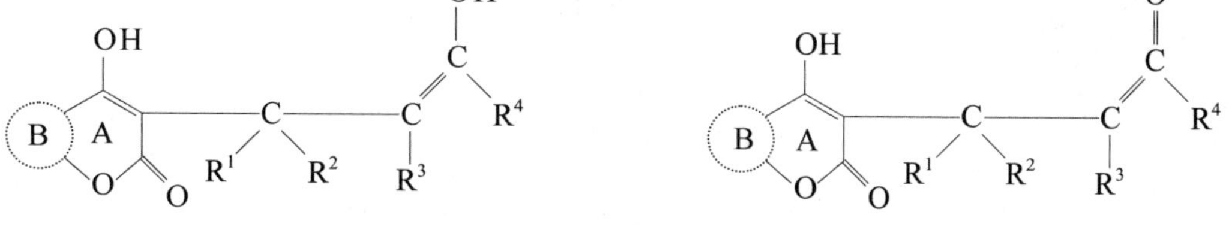

通式Ⅰ

Link 等从医药的角度出发，用兔子作试验动物，取血样分析凝血酶原的含量，测试了合成的化合物的抗凝血活性。他们所合成的化合物的抗凝血活性均低于双香豆素，仅杀鼠灵及其类似物的活性较好。构效关系研究表明，在4-羟基香豆素的3-位拥有取代基，而且该取代基的A-位上有芳烃基，B-位上有乙酰基时，化合物的抗凝血活性较好。

(一)第一代抗凝血杀鼠剂

双香豆素引起动物内出血而缓慢地死亡，中毒的动物无任何不安现象，很适宜用作杀鼠剂。1942年双香豆素作为杀鼠剂在美国获得登记。1948年Conner发现双香豆素以低剂量多次投药，杀鼠的药效优于一次高剂量投药。20世纪中叶后，抗凝血杀鼠剂开始逐渐取代急性杀鼠剂，应用日益广泛。抗凝血杀鼠剂的出现，使杀鼠剂从速效药剂转向更为安全的缓效药剂，在杀鼠剂的发展历史上具有划时代的意义。第一代抗凝血杀鼠剂的品种主要为香豆素和茚二酮两类化合物。

1. 香豆素类化合物

杀鼠灵(warfarin)是Link等合成的化合物，是第一个实用的抗凝血杀鼠剂品种。虽然它对兔子血样的抗凝血作用仅为双香豆素的20%，但对鼠的抗凝血活性则为双香豆素的50倍。一次投药对鼠经口LD_{50}为14～20 mg/kg，而日剂量为1 mg/kg，连续投药5天，对鼠LD_{50}仅为5 mg/kg。

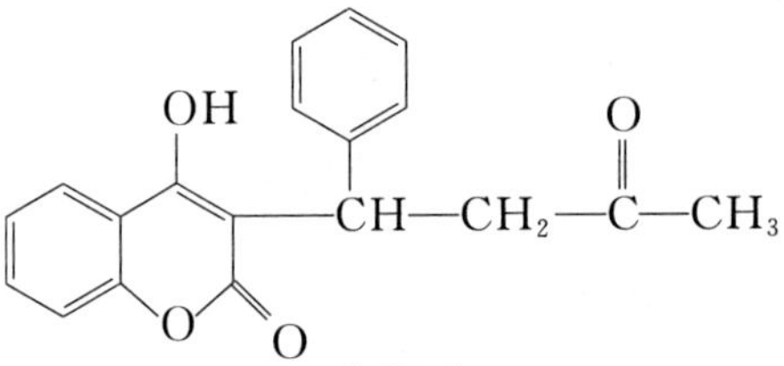

杀鼠灵

杀鼠灵开发成杀鼠剂之后，又以其为先导模型，开发出了一系列的品种，如氯灭鼠灵(coumachlor)和克灭鼠(coumafuryl)等，前者是1949年Stoll和Litvan合成的，后者是Knoevenagel于1952年合成的。

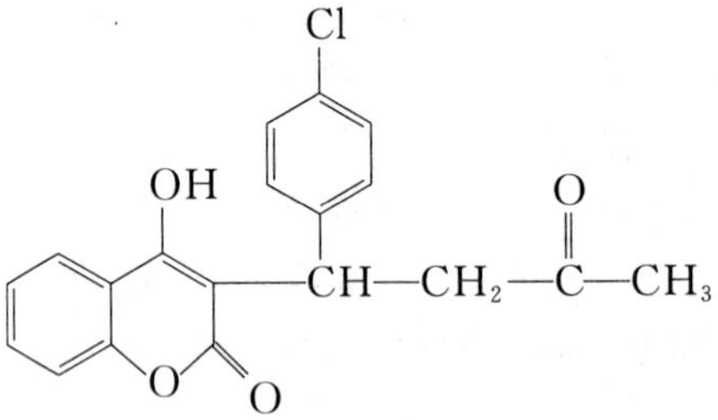

氯灭鼠灵

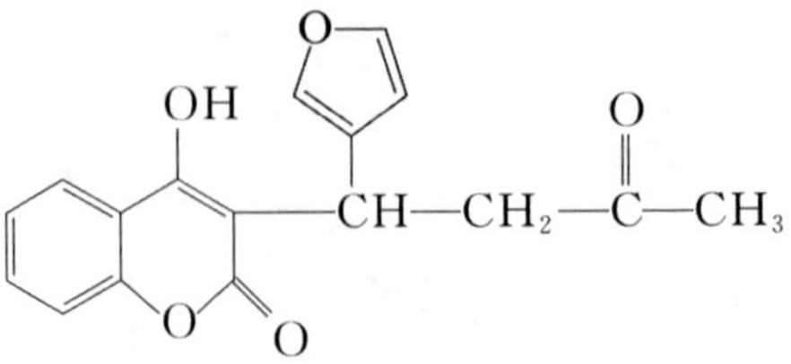

克灭鼠

此外，化合物Ⅰ、化合物Ⅱ、化合物Ⅲ等杀鼠灵的类似物亦有很好的杀鼠活性，但未商品化。杀鼠迷(coumatetraly)的化学结构虽然与杀鼠灵有所不同，它仅仅是香豆素3-位侧链的4个碳原子与A-位上的苯环形成脂环，羰基还原为 CH_2 而已。化合物Ⅳ是商品Marcumar的杀鼠活性成分，与杀鼠灵相比，仅是分子中缺少一个羰基。因此，杀鼠迷类似物亦属于以杀鼠灵为先导化合物开发成功的品种。

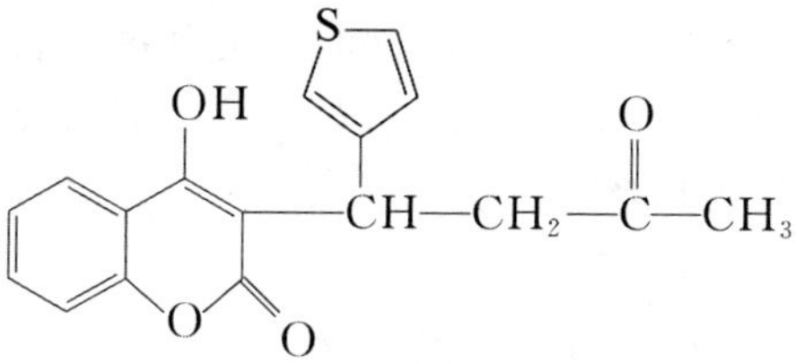

化合物Ⅰ

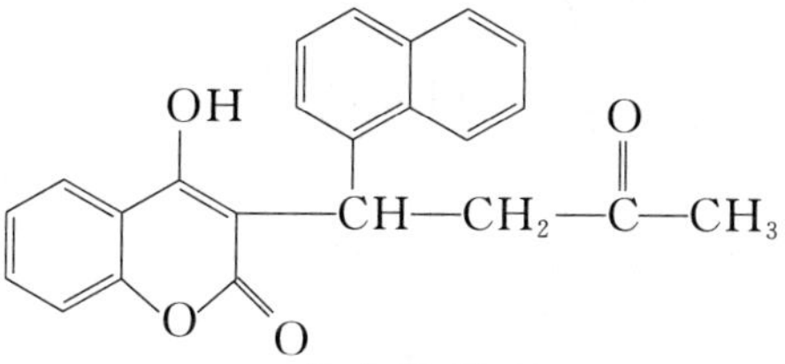

化合物Ⅱ

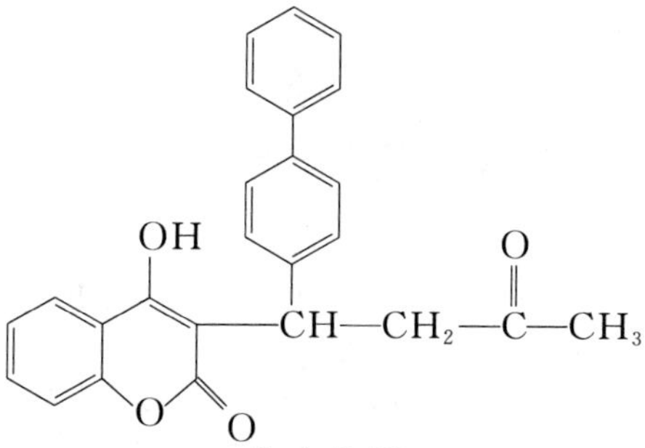

化合物Ⅲ

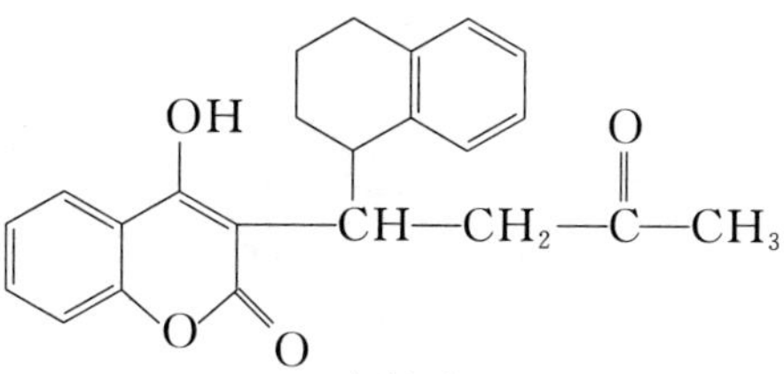

杀鼠迷

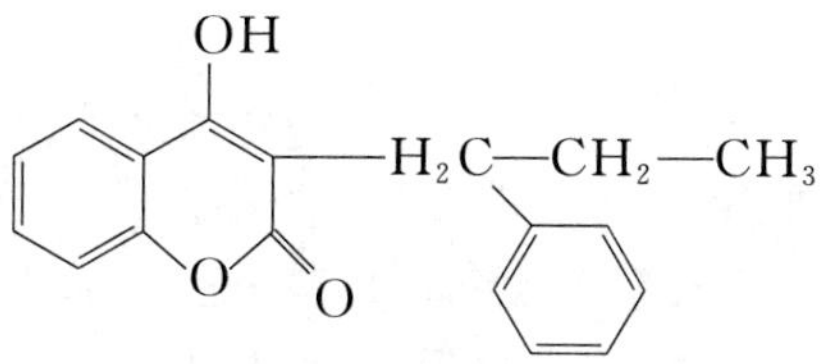

化合物Ⅳ

2. 茚二酮类化合物

20 世纪 30 年代后期到 40 年代初期，茚二酮类化合物(通式Ⅱ)是作为杀虫剂进行研究开发的。它作为杀虫剂，不论其杀虫活性、合成的难易，以及在价格上均无法与当时刚问世的滴滴涕、六六六相比，因此未能获得进一步的发展。1944 年 Kabat 等报道，以 1 mg/kg 鼠完(pindone)喂动物，显示出抗凝血的活性。在这一偶然发现的基础上鼠完便被开发为杀鼠剂。在鼠完的抗凝血杀鼠活性被发现之后，便以之为先导化合物进行研究。因为当时许多茚二酮类化合物如杀鼠酮(valone)、氯鼠酮(chlorophacinone)、敌鼠(dihacinone)等已经合成，所以这类化合物用作杀鼠剂的发展甚为迅速。

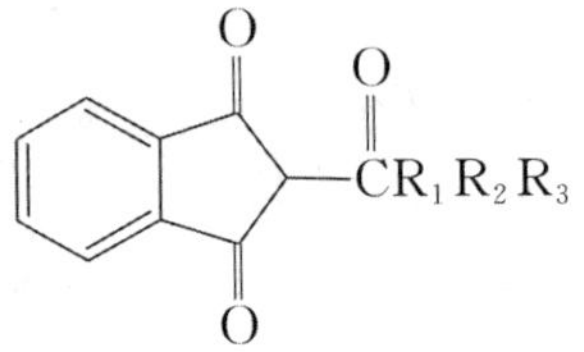

通式Ⅱ

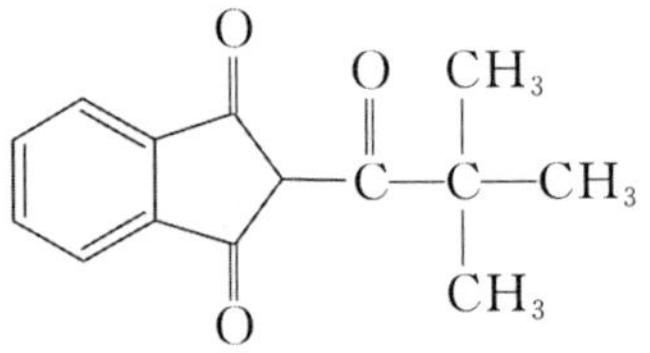

鼠完

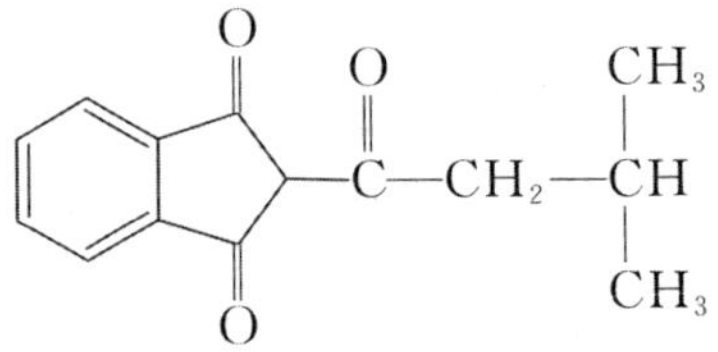

杀鼠酮

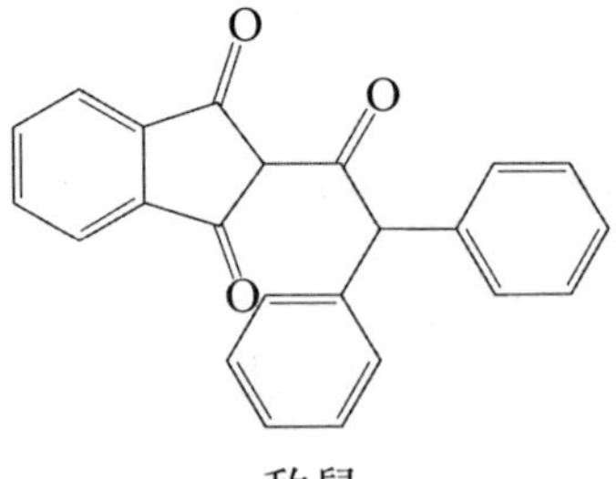

敌鼠

以杀鼠灵等为代表的抗凝血杀鼠剂问世之后，因其克服了急性杀鼠剂的缺点，活性高、使用较为安全、人畜误食中毒有解毒剂等优点，而得到广泛应用。该类杀鼠剂的出现也使新杀鼠剂的研制步入了低潮。1960 年 Boyle 首先报道，在苏格兰，褐家鼠(*Rattus norvegicus*)对杀鼠灵和敌鼠产生了抗药性，其后在挪威、丹麦、英格兰、威尔士、荷兰、德国、美国等国家相继出现了抗药性害鼠，而且对一种抗凝血剂产生抗性的害鼠，对其他抗凝血剂往往具有交互抗药性。据报道，抗性褐家鼠在高出原来致死剂量 200 倍的条件下仍然存活，这种抗性鼠称为“超级鼠”(super rat)。到 20 世纪 70 年代初期，全世界的抗性害鼠增加到了 70 余种，抗凝血杀鼠剂的应用面临严重的挑战。面对抗性鼠的挑战，开发新杀鼠剂的工作不得不重新引起重视。

(二)第二代抗凝血杀鼠剂

害鼠对第一代抗凝血杀鼠剂产生抗药性后，新杀鼠剂的研究开发有两种思路：其一是研究开发新的非抗凝血杀鼠剂；其二是研制新的能防治抗性鼠的抗凝血剂，20 世纪 70 年代后期出现的鼠得克(difenacoum)、溴鼠灵(brodifacoum)、溴敌隆(bromadiolone)和 80 年代出现的氟鼠灵(flocoumafen)则是此类新抗凝血剂的代表性品种。为了区别，人们将此类新抗凝血杀鼠剂称之为第二代抗凝血杀鼠剂，而将 70 年代前开发的品种称为第一代抗凝血杀鼠剂。

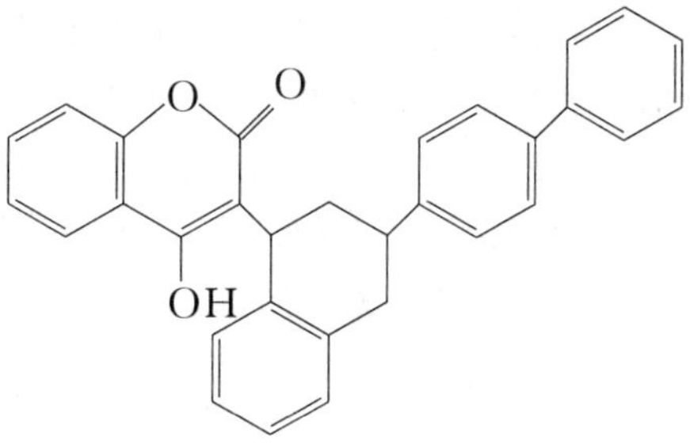

鼠得克

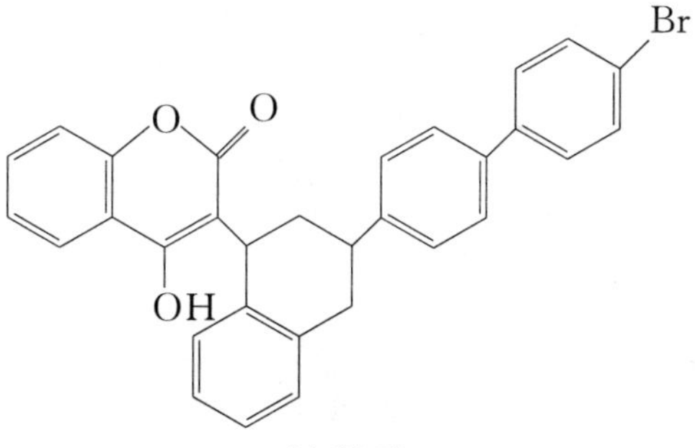

溴鼠灵

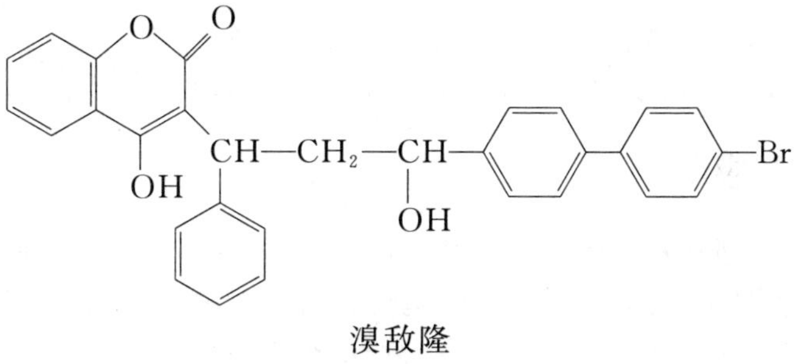

溴敌隆

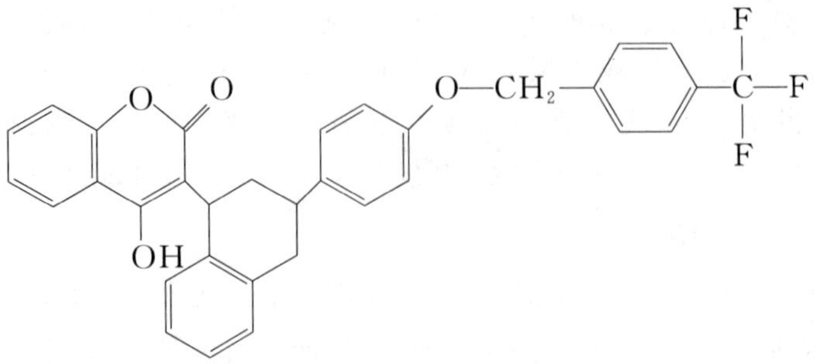

氟鼠灵

在第一代抗凝血杀鼠剂中，抗性鼠对杀鼠迷的抗药性较低。Hadler 和 Shadbdlt 分析了杀鼠灵与杀鼠迷的化学结构，认为抗性鼠对杀鼠迷的抗性较低可能与杀鼠灵 3-位取代基中的直链基和苯基形成苯并环有关。因此，他们设计合成了一系列通式Ⅲ的化合物，并进行结构与活性关系研究，从而得到了鼠得克与溴鼠隆。这两种杀鼠剂对抗性害鼠亦是高效的。

Shell 公司开发的氟羟香豆素为鼠得克、溴鼠隆的类似物，仍属于 Hadler 等所设计的通式Ⅲ的范畴。据 Boschetti 等及一些专利报道，将杀鼠灵分子中的羰基还原为羟基，并用取代的苯基代替侧链末端的甲基可以增加化合物的杀鼠活性。Lipha 公司开发的溴敌隆是根据这一思路开发成功的另一种第二代抗凝血杀鼠剂。

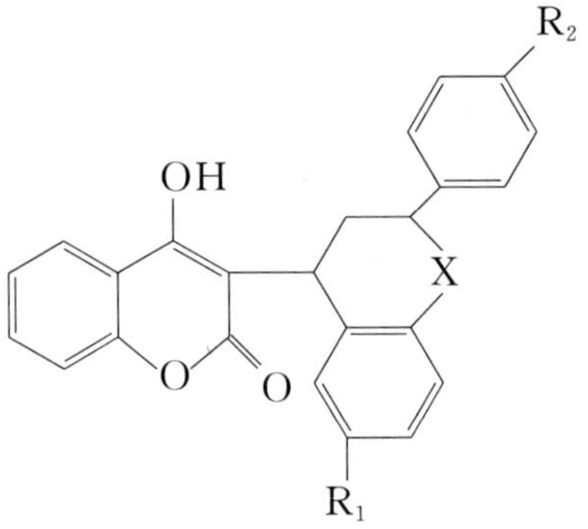

通式Ⅲ

第二代抗凝血杀鼠剂均为香豆素类化合物。与第一代抗凝血剂相比，它们不仅对抗性鼠有效，而且杀鼠活性亦较高。另外，第二代抗凝血杀鼠剂不需要多次投药，一次投药便可奏效，故又称为“一次性投药抗凝血剂”(single feed anticoagulants)。这不仅节省了大量的饵料和投药的人力与时间，而且防治的费用亦较第一代抗凝血杀鼠剂低。

二、生物活性与应用

抗凝血杀鼠剂进入机体后首先作用于肝脏，对抗维生素 K，阻碍凝血酶原的生成，破坏正常的凝血功能，降低血液的凝固能力。此外，还会损害毛细血管，使血管变脆，抗张力减退，血液渗透性增强。害鼠中毒症状为体虚弱、怕冷、行动缓慢，鼻、爪、肛门、阴道出血，并有内出血发生，最后由于慢性出血不止而死亡。

杀鼠灵、杀鼠迷、敌鼠等第一代抗凝血杀鼠剂具有广谱、高效、适口性好、作用缓慢、不易引起鼠类惊觉、容易全歼害鼠、不引起二次中毒等特点。害鼠服用该类杀鼠剂，一般 3～6 天后衰竭而死。杀鼠灵主要用于灭家鼠，因对牛、羊、鸡、鸭等畜禽比较安全，也用于畜禽场灭鼠。杀鼠迷的急性和慢性毒力均高于杀鼠灵，适口性也优于杀鼠灵，配制的毒饵带有香蕉气味，对害鼠有一定的引诱作用。

鼠得克、溴鼠灵、溴敌隆等第二代抗凝血杀鼠剂具有急性和慢性杀鼠剂的双重优点，既可以作为急性杀鼠剂，单剂量使用防治害鼠，又可以采取小剂量、多次投饵的方式达到较好消灭害鼠的目的。可以有效地杀死对第一代抗凝血剂产生抗药性的鼠类。中毒潜伏期一般在 3～5 天。

慢性杀鼠剂既可用于室内防除家鼠，也可用于田间防除田鼠。在使用时避免药剂接触皮肤、眼睛。谨防儿童、家禽及鸟类接近毒饵 。毒饵包装物及收集的死鼠应烧掉或深埋。不要与粮食、种子、饲料放在一起。如发生误服中毒，不要给中毒者服用任何东西，应立即就医。可静脉注射 10 mg 维生素 K，每次间隔 8～12 h 重复 2～3 次。口服 10 mg，1 天最大用量不得超过 100 mg，维生素 K 共 10～15 天。输 200 mL 柠檬酸化血液。

使用第一代抗凝血杀鼠剂毒饵应充分发挥其慢性毒性的特点，必须多次投饵，每次投药之间的间隔不宜超过 48 h。毒饵被部分吃掉的要补充，被全部吃掉的要加倍补投。收集的死鼠应烧掉或深埋。第二代抗凝血杀鼠剂一次投饵即可获得理想防治效果，必要时可间隔 7～10 天再补投一次。

【模块小结】

用于防治鼠类等有害啮齿类动物的农药称为杀鼠剂(rodenticide)。鼠害给人类造成巨大的损失，除盗粮食、毁坏物资外，还传播许多疾病。人类同鼠害的斗争已有悠久历史，使用杀鼠剂是一种比较方便有效的灭鼠方法。20 世纪初的杀鼠剂主要是一些重金属如砷、铊和磷化物，以及植物性的红海葱、马钱子碱等。20 世纪 40 年代，杀鼠灵(warfarin)问世并得到广泛应用，其作用机制是损伤微血管并抗凝血，导致害鼠内出血而致死。20 世纪 60 年代，害鼠对杀鼠灵产生了严重抗药性。为克服抗药性，研制开发了第二代抗凝血型杀鼠剂，该类杀鼠剂是目前应用最为广泛的杀鼠剂。按作用特点不同，杀鼠剂可分为急性杀鼠剂(acute rodenticides)和慢性杀鼠剂(chronic rodenticides)。

【模块巩固】

1. 一个理想杀鼠剂应具备哪些条件？
2. 急性杀鼠剂有哪些品种已被禁用？为什么？
3. 常用急性杀鼠剂品种各有什么特点？
4. 简述抗凝血杀鼠剂的作用机制。
5. 第二代抗凝血杀鼠剂有何特点？

模块九
植物生长调节剂

【知识目标】

通过教学使学生了解常用植物生长调节剂的特点、性质、功能和使用方法。

【能力目标】

掌握常用植物生长调节剂的作用特点及使用技术，并针对作物在不同时期生长发育状况提出合理化解决方案。

植物生长调节剂(plant growth regulators，PGR)是人工合成的、具有植物激素活性的一类有机物质，它们在较低的浓度下即可对植物的生长发育表现出促进或抑制作用。

植物生长调节剂的研究及其在生产上的应用，是近代植物生理学及农业科学的重大进展之一。1928 年荷兰植物学家温特(P. W. Went)发现植物体内存在着生长活性物质，1934 年柯格尔(F. Kogl)和哈根-史密特(A. T. Haagen-Smit)、1939 年西曼(K. V. Thimann)分别从人尿和根霉菌培养基中提取出吲哚乙酸(IAA)，后不久又人工合成了吲哚丁酸(IBA)和萘乙酸(NAA)。在第二次世界大战期间，美国“波尔斯-汤姆生植物研究所”的科学家从大量的苯氧类化合物中筛选出了 2,4-D，它具有比 IAA、萘乙酸的生理活性大许多倍的效应。后来相继发现了其他内源植物激素：乙烯(1962 年)，细胞分裂素(1964 年)，脱落酸(1965 年)。20 世纪末，新发现了很多种植物生长物质，其中主要的有多胺(polyamine)、芸苔素内酯(brassinolide)、茉莉酸(jasmonic acid)等，均具有很强的生理活性及应用前景。在此期间，也相继人工合成了具有相同活性的植物生长调节剂，并且在农业、林业、园艺上广泛应用。

根据不同分类依据植物生长调节剂可分为多种类型。例如，根据与植物激素作用的相似性分为生长素类、赤霉素类、细胞分裂素类、脱落酸类、乙烯释放剂、乙烯抑制剂、油菜素甾醇类；根据对植物茎尖的作用方式分为植物生长促进剂、植物生长抑制剂、植物生长延缓剂；根据实际应用效果分类，可分为矮化剂、生根剂、催熟剂、脱叶剂、保鲜剂、抑芽剂、疏花疏果剂、抗旱剂、干燥剂、杀雄剂等；根据来源分为天然或生物源调节剂(赤霉素、玉米素、脱落酸)、仿生和半合成调节剂(油菜素内酯)、化学合成调节剂。

项目一　植物生长促进剂

植物生长促进剂是指能促进植物细胞分裂、分化和伸长的化合物。根据其化学结构或活性的不同，又可分为生长素类、赤霉素类、细胞分裂素类、乙烯类和油菜素甾醇类等。

一、生长素类

(一)概述

植物激素中最古老的是生长素。在达尔文等对燕麦胚芽鞘弯曲生长研究的基础上，荷兰科学家 F. W. Went 于 1928 年首次分离出生长素。后来科学家从孕妇的尿中提纯出生长素，并经鉴定化学结构为 3-吲哚乙酸(indole-3-acetic acid，IAA)。同时在酵母提取物和根霉(*Rhizopus suinus*)培养物中也提纯了 IAA。此后大量的实验证明 IAA 是植物体内广泛存在的生长素。后来 IAA 被人工合成。

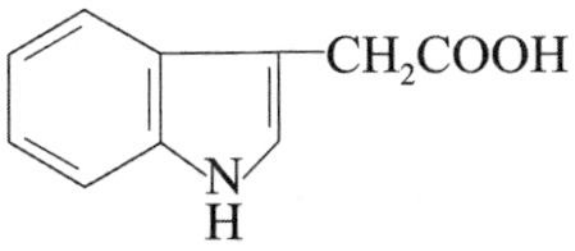

3-吲哚乙酸

随着 IAA 的发现，人们从植物体内还发现了与 IAA 结构相似的生长素类物质，这些物质多为 IAA 生物合成的前体或代谢中间物，其在体内转变为 IAA 而表现为生长素活性。如，吲哚-3-丁酸[(indole-3-butyric acid，IBA)存在于玉米叶片和种子中]、吲哚-3-乙醇(indole-3-alcohol)、吲哚-3-乙醛、吲哚-3-乙腈、4-氯-吲哚-3-乙酸(4-chloro IAA，存在于莴苣种子中)。另外，Leuba 等于 1990 年发现了苯乙酸(phenyl acetic acid，PAA)，证明同样具有生长素活性。这些天然存在的生长素类物质的结构如下：

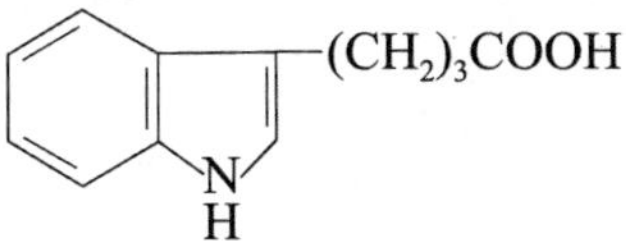

吲哚-3-丁酸

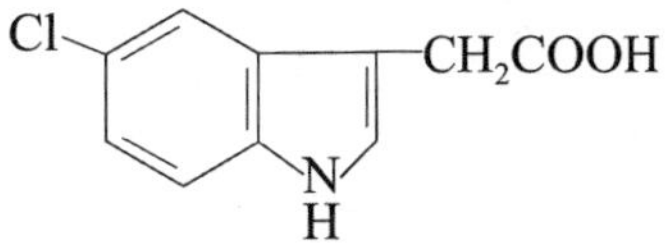

4-氯-吲哚-3-乙酸

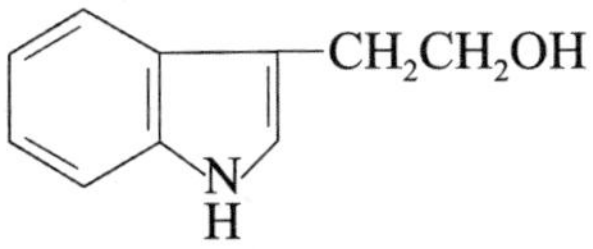

吲哚-3-乙醇

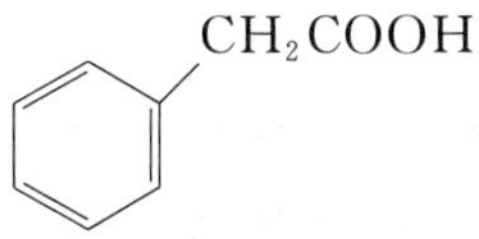

苯乙酸

随着天然生长素的人工合成与应用，导致了后来大量非天然生长素类植物生长调节剂的合成与发展，它们与吲哚乙酸具有相似的活性和相同的生长调剂功能。主要品种见表 8-1。

表 8-1　生长素类植物生长调节剂

名称	结构式	主要用途
吲熟酯 (ethychlozate)	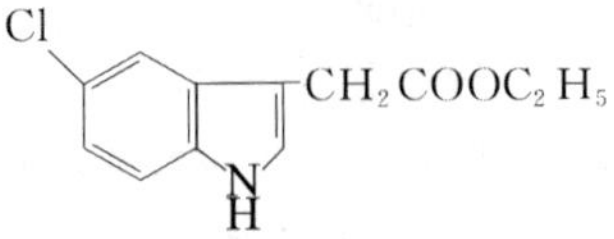	促进橘子成熟及插条生根
萘乙酸 (naphthyl acetic acid, NAA)	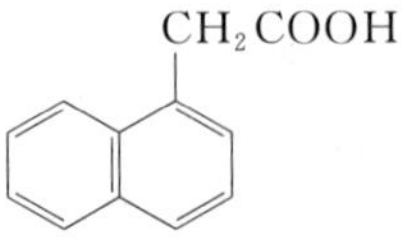	促进菠萝开花,防止落果;减少棉花落铃,插枝生根
萘乙酰胺 (naphthayl acetamide)	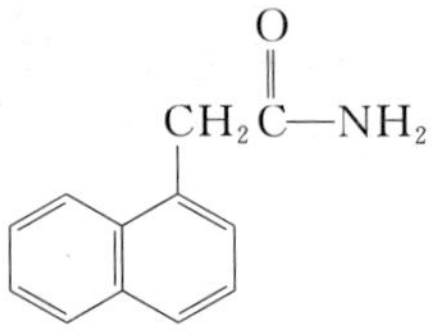	花木、烟草插枝移栽时,促进根的生长
萘氧乙酸 (naphthayloxy acetic acid)	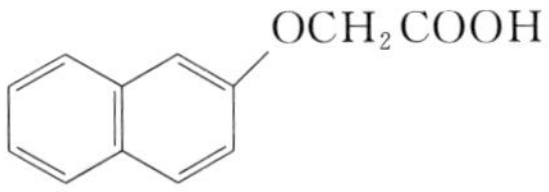	促进坐果及成长
2,4-D	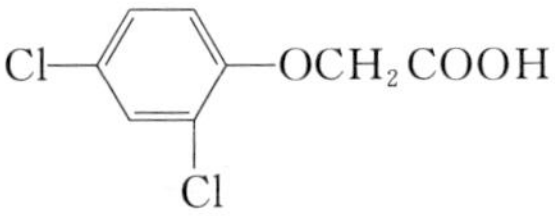	提高番茄坐果率
增产灵 (4-IPA)	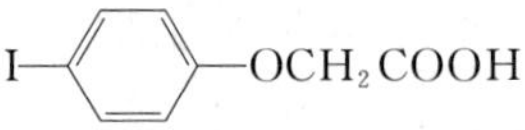	使大豆、水稻等增产
氯苯氧乙酸 (4-CPA)	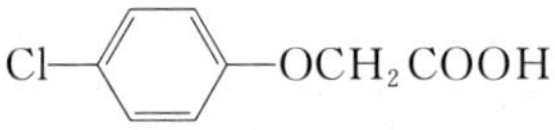	改进番茄坐果率及疏果
氯苯氧丙酸	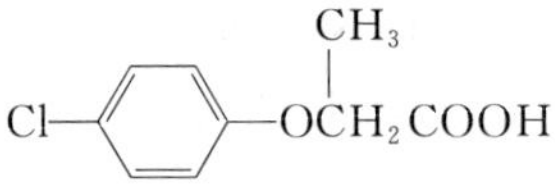	促进坐果及成长
调果酸 (choprop)	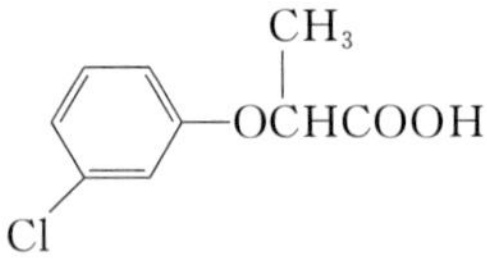	增加菠萝等果实
坐果酸 (choxylonac)	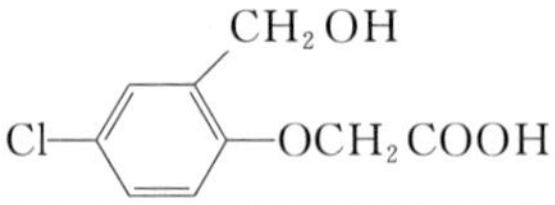	提高番茄、茄子坐果率

(二)生长素类的结构与活性

从化学结构看,具有生长素生物活性化合物的分子结构特征为:①具有一个芳香环(吲哚环、萘环、苯环);②具有一个羧基侧链(乙酸、丁酸、丙酸、羧酸酯、酰胺等);③有些物质在芳香环与羧基侧链之间有一个氧原子间隔。

从上述品种中不难看出,生长素类植物生长调节剂可概括为 3 类:一是芳香环为吲哚环,主要品种为吲哚乙酸、吲哚丁酸、4-氯-吲哚-3-乙酸、吲哚-3-乙醇、吲熟酯;二是芳香环为萘环,主要品种为萘乙酸、萘乙酰胺、萘氧乙酸；三是芳香环为苯环，该类品种也称为苯氧羧酸类植物生长调节剂，其占有重要的地位。主要结构为在苯环上连接氧基羧酸，品种之间的差异主要在苯环上取代基团和羧酸不同。典型代表为2,4-D，结构为苯环2,4-位被-Cl取代，羧酸为乙酸。2,4-D的类似物有增产灵（苯环4号位被-I取代）、防落素（苯环4号位被-Cl取代）、氯苯氧丙酸（苯环4号位被-Cl取代，羧酸为异丙酸）、调果酸（苯环3号位被-Cl取代，羧酸为异丙酸）、坐果酸（苯环4号位被-Cl取代，2号位被-CH_2OH取代，羧酸为乙酸）。苯氧羧酸类植物生长调节剂在高浓度下对阔叶类植物有明显的抑制作用，甚至可导致植物死亡，因此，一些品种可作为除草剂应用。如2,4-D衍生物就是常用的除草剂。

通过合成IAA与IAA受体结合实验获得的数据进一步揭示了IAA类化合物结构特征的化学和生物学本质。在中性pH条件下，IAA类化合物的酸性侧链上带有很强的负电性，而在距离该羧基侧链约0.5 nm的芳香环上具有一个弱的正电区域。这种相距0.5 nm的正负电区域结构特征可能就是具有IAA生物活性结构的化学本质所在。

生长素类化合物在水中溶解性差。吲哚乙酸在水溶液中不稳定，在酸性介质中极不稳定，易被强光破坏，在植物体内也易被吲哚乙酸氧化酶分解。而后来合成的吲哚丁酸（IBA）在光照下会慢慢分解，对酸稳定，也不易被植物中的氧化酶分解，而是代谢为吲哚乙酸。萘乙酸难溶于水，结构稳定，耐贮存性高。

（三）生长素类的生理作用与应用

生长素类植物生长调节剂可被植物根、茎、叶、花、果吸收，并传导到作用部位，促进细胞伸长生长；诱导和促进植物细胞分化，尤其是促进植物维管组织的分化；促进侧根和不定根发生；调节开花和性别分化；调节坐果和果实发育；控制顶端优势。

应用于生产中，生长素类植物生长调节剂可促进插条生根，果实膨大，防止落花落果，提高坐果率，最终达到增产目的。

生产中应用较为普遍的品种有吲哚丁酸、萘乙酸、2,4-D、防落素等。吲哚丁酸主要用于番茄、辣椒、黄瓜、茄子、草莓等，促进坐果和单性结实，还可促进多种植物插枝生根及某些移栽作物早生根、多生根。萘乙酸可用于小麦、大豆、萝卜、烟草等作物浸渍处理，可促使发芽长根；用于棉花可减少自然落铃，用于果树可起到疏花作用，防止采前落果；可以作为柞树、水杉、茶、橡胶、水稻、番茄等苗木、作物的生根剂。2,4-D作为植物生长调节剂，主要用在番茄、冬瓜、西葫芦和黄瓜防止落花落果上，但由于2,4-D在高浓度下可以作为除草剂应用，因此，使用时一定掌握使用方法和剂量。防落素较2,4-D应用安全，不易产生药害，主要用于番茄防止落花落果，也可用于茄子、辣椒、葡萄、柑橘、苹果、水稻、小麦等多种作物增加产量。

二、赤霉素类

（一）概述

1926年日本人黑泽发现水稻恶苗病可引起稻苗徒长，这是受赤霉菌（*Gibberella kujikuroi*）感染的缘故。1935年日本东京大学农学部科学家薮田首次从水稻恶苗病菌中提取得到赤霉素（gibberellic acid, GA）晶体。1938年薮田和住木又从赤霉菌培养物过滤液中分离纯化出两种活性物质，命名为赤霉素A和赤霉素B。1955年Jake MacMillan首次从高等植物（未成熟的菜豆种子）中提纯出赤霉素GA_1。后来世界各国科学家在此方面开展了卓有成效的研究,从多种微生物和高等植物中分离出 118 种结构类似的赤霉素,分别被命名为 GA_x,其中 x 是数字序号,按发现的顺序命名。如 GA_1、GA_3、GA_4、GA_7 等。

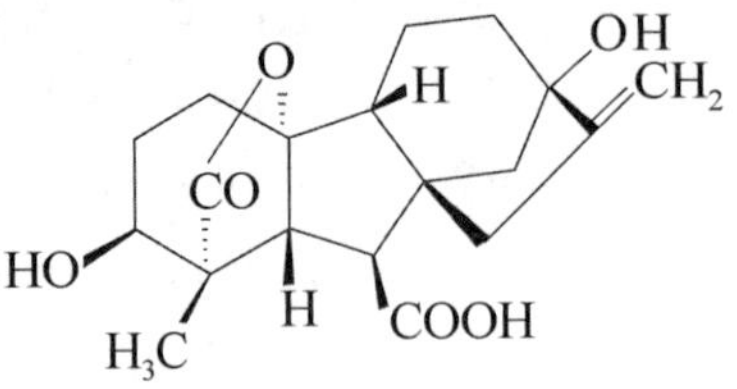

GA_1

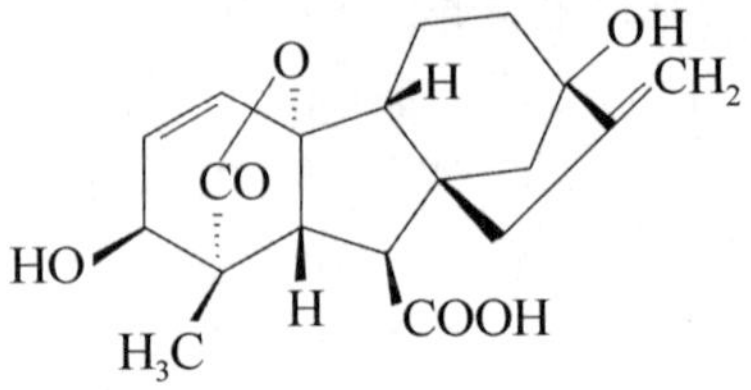

GA_3

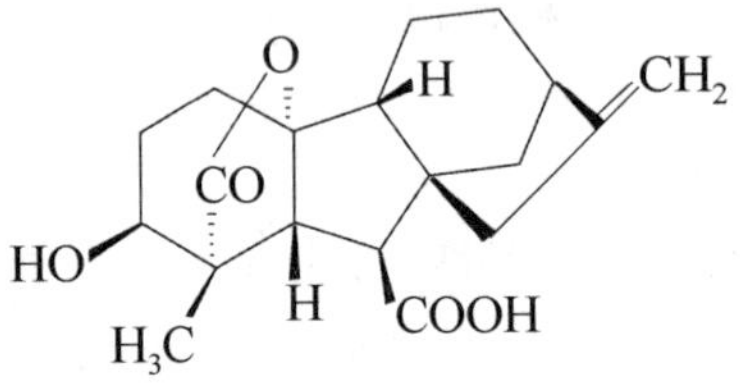

GA_4

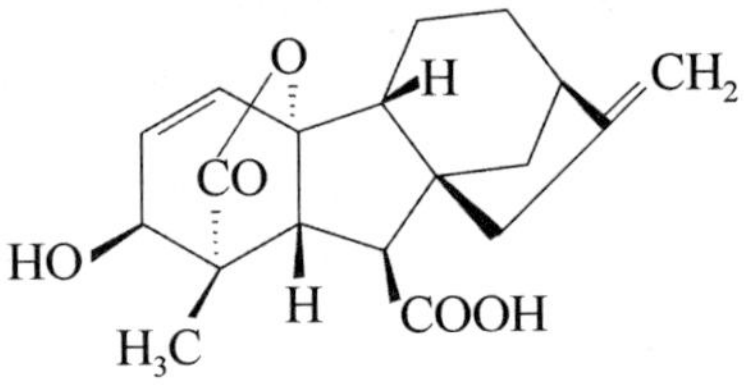

GA_7

研究表明,在大量的赤霉素类物质中,只有少数几种赤霉素具有生物活性,其他都是活性赤霉素的代谢产物或中间产物。

赤霉素主要通过发酵来生产,其中以 GA_3(赤霉酸,也称为九二〇)为主,也有 GA_4、GA_7 的混合物,目前通过发酵法的改良,可以单一生产 GA_4。

(二)赤霉素类的结构与活性

赤霉素是一类双萜酸化合物,其基本骨架为赤霉烷(ent-gibberellane),它有 4 个环组成,含有 20 个碳原子(图 8-1)。根据碳原子数量,赤霉素可分为两类:一类含 20 个碳原子的,称为 C20 赤霉素;另一类含有 19 个碳原子的,称为 C19 赤霉素。C19 赤霉素是在代谢反应过程中失去了第 20 位的碳,结果 19 位碳上的羧基与 10 位碳形成一个内酯桥。

以上述两种结构为基础,通过 C20 氧化状态、环上羟基数目和位置,以及手性的不同,形成了赤霉素类分子结构的多样性。

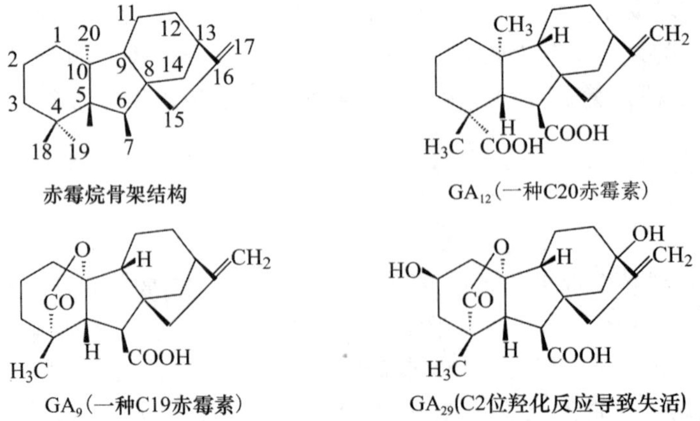

图 8-1 赤霉素的化学结构

具有活性的赤霉素有下列特征：①7 位碳原子上均为羧基；②C19 赤霉素的相对生物活性高于 C20 赤霉素；③3β-羟基、3β,13-二羟基或 1,2 不饱和键是赤霉素具有最高生物活性的特征，如 GA_1、GA_3、GA_4、GA_7 等；④具有 2β-羟基的赤霉素不具备生物活性，如 GA_{29}。

(三)赤霉素类的生理作用与应用

赤霉素的作用方式之一是提高多种水解酶的活性，其中 a-淀粉酶、核糖核酸酶、脂肪酶等，都能通过赤霉素的诱导重新形成；另一方面赤霉素也能促进溶酶体等释放出贮藏的酶类，以提高水解酶的活性，使贮藏物质大量分解，输送到新生器官供生长用。因此，应用赤霉素可打破种子、块茎、鳞茎等植物器官的休眠，促进发芽。赤霉素的另一生理功能是促进细胞伸长和分裂，因此，可促进植物茎节的伸长和生长。另外，赤霉素还可促进花芽分化和开花，改变雌、雄花比例。

赤霉素的主要用途之一是种植无核葡萄、促进成熟及果实肥大。在盛花期两周前，开花后 10 天，用 100 mg/L 溶液浸渍处理两次，即可使葡萄无核，成熟期提前 2～3 周。赤霉素对谷物种子的 a-淀粉酶的生物合成有促进作用，所以在啤酒工业制备麦芽时，用赤霉素处理，可以提高麦芽的 a-淀粉酶的活性。赤霉酸(GA_3、九二〇)用于水稻、芹菜，增产作用明显。苄氨基嘌呤与 GA_4、GA_7 混用可促进坐果、调节果型。GA_4、GA_7 混用可使黄瓜雄花比率大大提高。

三、细胞分裂素类

(一)概述

1955 年，Miller 在加热灭过菌的鲱鱼精子 DNA 提取物中发现了一种具有促进细胞分裂活性的小分子化合物，将其命名为激动素(kinetin,KT)。1956 年经提取、纯化后，发现是一种腺嘌呤衍生物，即为 6-呋喃氨基腺嘌呤(6-furfurylaminopurine)。实验证明 KT 可以促进不含维管束组织的烟草茎髓部外植体在含有 IAA 的培养基上分裂增殖。1963 年，Miller 和澳大利亚科学家 D. S. Letham 各自独立证明在未成熟的玉米籽粒胚乳中含有类似激动素活性的物质，经鉴定其结构为 6-(4-羟基-3-甲基-反式-2-丁烯基氨基) 嘌呤，并将其命名为玉米素(zeatin,Z)。1965 年，美国著名生理学家 F. Skoog 等建议使用“cytokinin”(细胞分裂素，CTK)命名植物中具有刺激细胞分裂活性的物质。

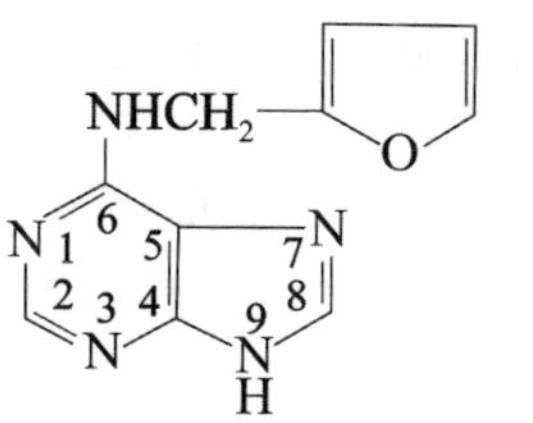

激动素

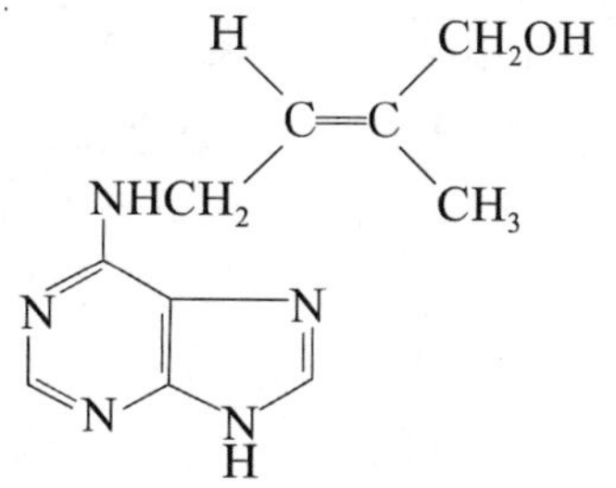

玉米素

(二)细胞分裂素类的结构与活性

玉米素发现后，科学家陆续分离出了其他天然的细胞分裂素。这些天然的 CTK 具有相似的结构，都是 *N*-6-取代氨基腺嘌呤，不同 CTK 之间的差异在于腺嘌呤 6 位、9 位和 2 位上取代基的不同。其中游离态是主要的活性形式，常见的有玉米素、二氢玉米素(dihydrozeatin，DHZ)和异戊烯基腺嘌呤(isopentenyl adenine)。玉米素侧链有一个不对称的不饱和键，因此有顺式和反式两种构型。天然玉米素都是反式的，但是顺式玉米素也表现细胞分裂素活性。多数植物中以反式玉米素为主，兼有少量的二氢玉米素和异戊烯基腺嘌呤。

基于CTK结构与活性的关系，人工合成了6-苄氨基嘌呤(6-benzylamino-purine，6-BA)等。另外，已经人工合成了玉米素(命名为羟烯腺嘌呤，oxyenadenine)、激动素(命名为糠氨基嘌呤)和异戊烯基腺嘌呤。

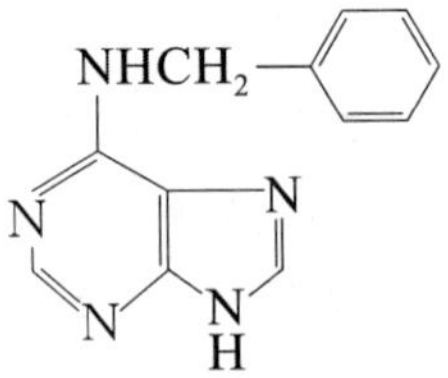

6-苄基腺嘌呤

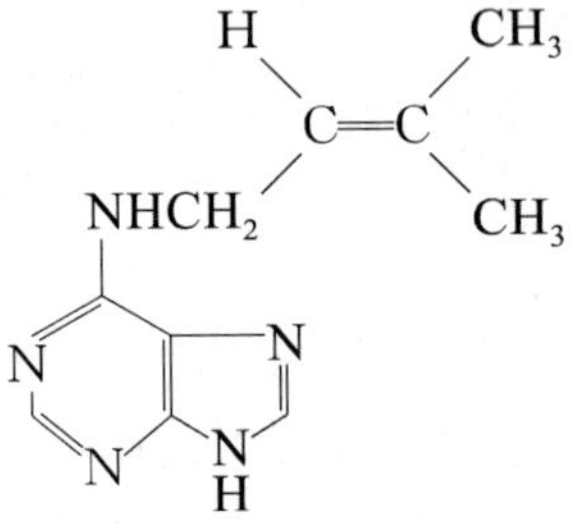

异戊烯基腺嘌呤

1977年，人们合成了具有细胞分裂素活性的化合物氯吡脲(调吡脲，脲动素，forchlorfenuron)，虽然其结构与其他细胞分裂素差异较大，但其活性比6-苄氨基嘌呤强，是目前促进细胞分裂活性最高的人工合成细胞分裂素。

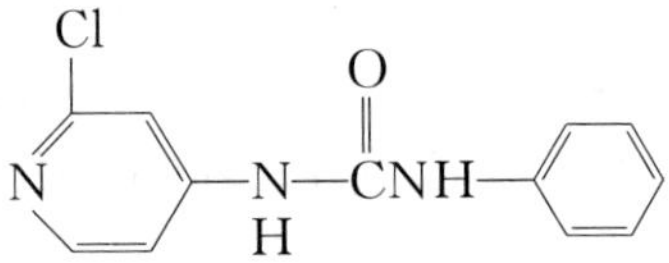

氯吡脲

(三)细胞分裂素类的生理作用与应用

细胞分裂素类植物生长调节剂可被植物发芽的种子、根、茎、叶吸收，促进植物细胞分裂、细胞扩大、芽的分化、侧芽发育和消除顶端优势、延缓叶片衰老。

细胞分裂素常用于组织培养中，与一定比例的生长素混合，以促进愈伤组织细胞分裂、增大与伸长，诱导组织(形成层)的分化和器官(芽和根)的分化。在生产实践中可以延缓花卉与果实的衰老，防止离层形成，提高坐果率，还可用于蔬菜保鲜等。

糠氨基嘌呤20 mg/L喷洒促进多种作物幼苗生长；20 mg/L喷洒芹菜、菠菜、莴苣叶片，40 mg/L喷洒白菜、结球甘蓝叶片，可保绿，延长存放期。苄氨基嘌呤在开花前后50～100 mg/L浸或喷花，可促进葡萄、瓜坐果。采收前后用10～20 mg/L喷洒，可延长菠菜、芹菜、莴苣等叶菜类蔬菜存放期。10～20 mg/L处理作物块根、块茎可刺激膨大。

氯吡脲经根、茎、叶、花、果吸收并运输，可以促进细胞分裂，增加细胞数量，增大果实，提高花粉可育性，诱导果树单性结实，促进坐果，改善果实品质。可用于猕猴桃、桃树、葡萄果实膨大。在桃开花后30天以20 mg/L喷幼果，在中华猕猴桃开花后20～30天以5～10 mg/L浸果，可促进果实增大。

四、乙烯类

(一)概述

乙烯类植物生长调节剂可分为乙烯释放剂和乙烯合成或作用抑制剂。乙烯释放剂是指在植物体内释放出乙烯或促进植物产生乙烯的植物生长调节剂。乙烯合成抑制剂是指在植物体内通过抑制乙烯的合成,而达到调节植物生长发育的作用。实际上,乙烯类植物生长调节剂不仅促进果实的成熟、叶片的衰老、离层的形成、诱导不定根和根毛的发生,而且还具有生长延缓作用。因此,有人也将乙烯类植物生长调节剂分类于植物生长延缓剂中。

乙烯(ethylene)是结构最简单的植物激素,普遍存在于植物的根、茎、叶、花、果实中,是植物的代谢产物。20 世纪初,人们就观察到乙烯催熟的现象,并且在 1934 年由 R. Gane 等证明植物组织能产生乙烯。1959 年,由于气相色谱技术的应用,S. P. Burg 等测到果实成熟过程中乙烯产生量的变化,随后证明多种植物器官和组织能产生乙烯,并发现乙烯的多种生理效应,乙烯的重要地位才被人们重新认识。1965 年才被公认为植物激素。

乙烯由于是气体,难以在生产中应用,因此,人们合成了在植物体内能够释放出乙烯的化合物。如乙烯利、吲熟酯、乙烯硅(etacelasil)和脱果硅等植物生长调节剂。这些乙烯释放剂在结构上均含有"$—CH_2CH_2—$",当被植物吸收后,在植物体内两边的键断裂,生成 $CH_2=CH_2$。

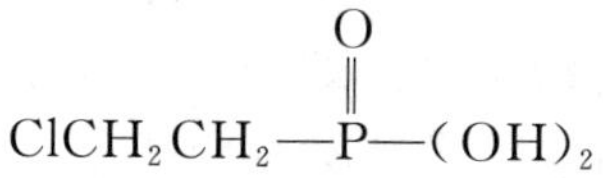

乙烯利

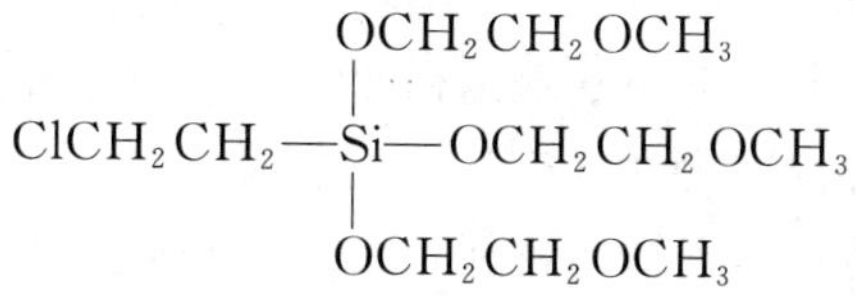

乙烯硅

随着对乙烯合成和调控研究的不断深入,乙烯合成抑制剂受到极大重视。已知乙烯合成的前提物质是 1-氨基环丙烷基羧酸(ACC),而氨基乙氧基乙烯基甘氨酸(aminoethoxyvinylglycine, AVG)和氨基氧乙酸(aminooxyacetic acid, AOA)是最常见的乙烯生物合成专一抑制剂,其抑制 ACC 酶活性,从而抑制 ACC 形成。ACG、AOA 已在生产上应用于抑制乙烯产生,减少果实脱落,抑制成熟,延长果实和切花存放寿命以及改变植物的性别等。

1-甲基环丙烯(1-methylcyclopropene, 1-MCP,聪明鲜)是近年开发的乙烯受体竞争性抑制剂,由美国罗门哈斯公司开发。其结构如下:

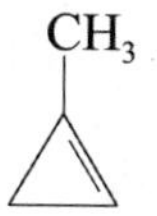

1-甲基环丙烯

(二)生理作用与应用

乙烯释放剂具有促进开花、脱花脱叶、催熟果实、抑制生长等生理功能。乙烯利应用最为普遍,可用于番茄、黄瓜、苹果、烟草、棉花等作物催熟;用于玉米、水稻矮化,防止倒伏;诱导不定根的形成;刺激某些植物种子萌发,解除种子休眠;在割胶期涂割胶带、处理橡胶树树皮,促进胶乳分泌和增产;诱导黄瓜、葫芦、南瓜、甜瓜开花和促进雌花形成等。乙烯硅、脱果硅主要用于促进果实脱落。乙二膦酸主要用于水果、棉花催熟。

1-MCP 可以很好地与乙烯受体结合，但这种结合不会引起成熟的生化反应，因此，在植物内源乙烯产生或外源乙烯作用之前，施用 1-MCP，1-MCP 就会抢先与乙烯受体结合，从而阻止乙烯与其受体的结合，很好地延长了果蔬成熟衰老的过程，延长了保鲜期。

1-MCP 用于自身产生乙烯或乙烯敏感型果蔬、花卉的保鲜。可很好地延缓成熟、衰老，保持产品的硬度、脆度，保持颜色、风味、香味和营养成分，能有效地保持植物的抗病性，减轻微生物引起的腐烂和减轻生理病害，并可减少水分蒸发、防止萎蔫。1-MCP 使用时采用熏蒸的方式，因此，处理果实时，必须在密闭的环境下，空气中浓度仅为 1 mg/kg 即可。

五、油菜素甾醇类

美国农学家 J. W. Mitchell 等在 20 世纪 70 年代初期从油菜花粉中提取出一种生理活性物质，定名为油菜素(Brassin)。后来 Grove (1979) 分离鉴定为油菜素内酯(brassinolide)，也称为芸苔素内酯。研究表明，这是迄今在植物界发现的唯一一类与动物甾体激素相似的植物内源甾体类活性物质，目前已发现 60 多种，总称为油菜素甾醇类(brassinosteroides，BRs)。在 1998 年第 16 届国际植物生长物质学会年会上被正式确认为第六类植物激素。它们普遍存在于植物的花粉、叶、果实、种子、枝条和虫瘿等内，甚至也见于藻类植物中。

(一)油菜素甾醇类的结构与活性

油菜素甾醇类的基本结构是一个甾体核，在核的 17 位有一个侧链。根据 B 环中含氧官能团的性质，可分为内酯型、酮型和脱氧型(还原型)。BRs 的生物活性与结构关系密切，活性 BRs 必须具备如下结构特征：①A/B 环为反式；②B 环含有 7 位内酯和 6 位酮基；③A 环上具有 2 位和 3 位两个羟基；④侧链 22 位和 23 位具有羟基；⑤侧链 24 位上有 1～2 个 C 的取代基。

除了天然油菜素内酯外，国内外已有多种仿生合成并且使用效果良好的油菜素内酯类似物，如表油菜素内酯(epibrassinolide)、高油菜素内酯(homobrassinolide)和丙酰芸苔素内酯(propionylbrassinolide)。其中，表油菜素内酯是油菜素内酯的异构体。

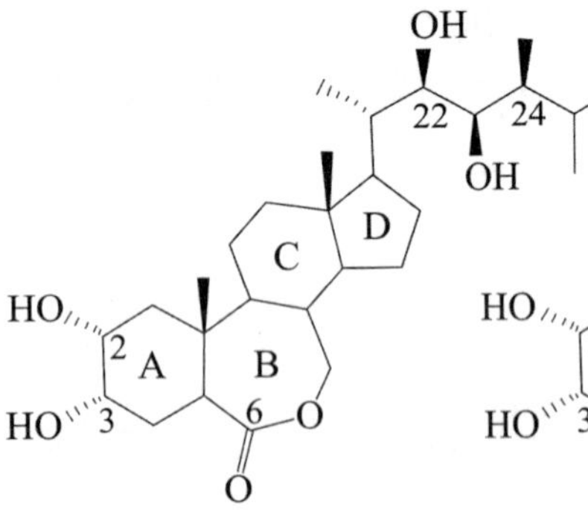

油菜素内酯

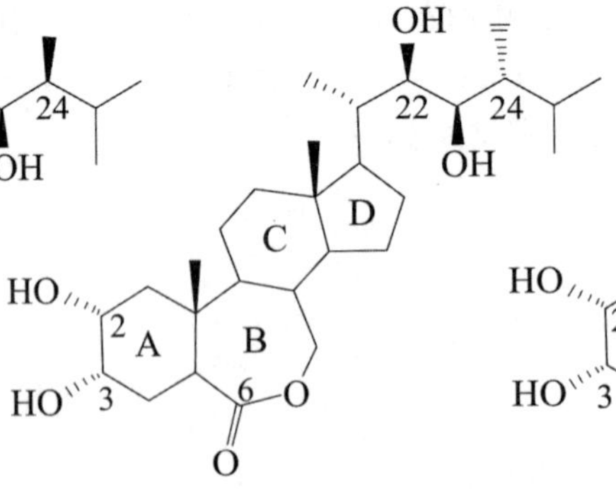

表油菜素内酯

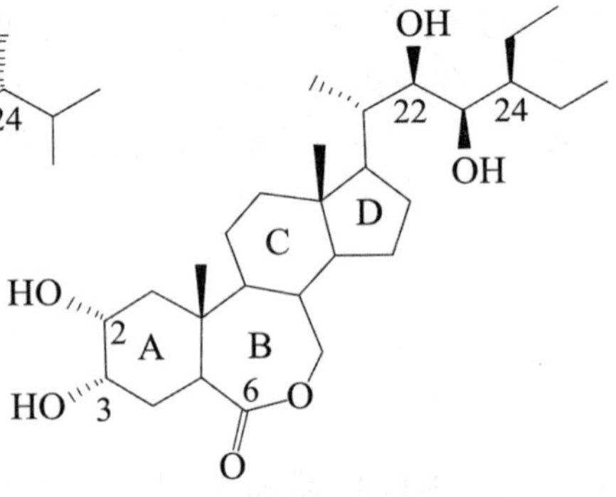

高油菜素内酯

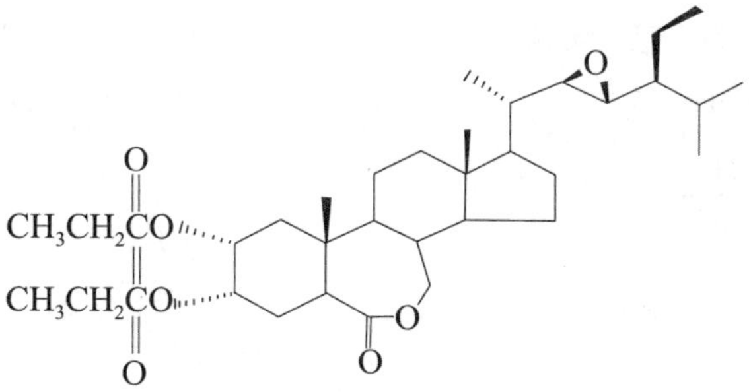

丙酰芸苔素内酯

在活性方面，油菜素内酯与表油菜素内酯、高油菜素内酯略有差异。相对来说，油菜素内酯的活性较高。它们之间的构效关系见表 8-2。

表 8-2　3 种油菜素内酯类似物的构效关系

中文名称	英文名称	侧链关键化学基团构型	活性排序	持效期排序
油菜素内酯	brassinolide	22R，23R，24S，$-CH_3$	1	3
表油菜素内酯	epibrassinolide	22R，23R，24R，$-CH_3$	2	2
表高油菜素内酯	epihomobrassinolide	22S，23S，24S，$-C_2H_5$	3	1

丙酰芸苔素内酯（又称迟效芸苔素内酯）是 1991 年由日本科学家在普通芸苔素内酯的基础上研究合成的新一代油菜素内酯类似物。通过大量试验证明，与普通芸苔素内酯相比，丙酰芸苔素内酯具有活性高、持效期长、药效相对缓慢、提高植物抗逆（寒、旱）能力、对作物增产效果显著等特点。

（二）油菜素甾醇类的生理作用与应用

与传统的五大类植物激素相比，其作用机理独特、生理效应广泛、生理活性极高，但用量仅是五大激素的千分之一。BRs 能增加植物对冷害、冻害、病害、除草剂及盐害等的抗性，协调植物体内多种内源激素的相对水平，改变组织细胞化学成分的含量，激发酶（包括 RNA 与 DNA 多聚酶、ACC 合成酶、ATP 酶等）的活性，影响基因表达，促进 DNA、RNA 和蛋白质合成，促进细胞分裂和伸长，增加植物生长发育速度，参与光信号调节，影响光周期反应，提高作物产量及种子活力，减少果实的败育和脱落等。

BRs 的应用范围很广，粮、棉、油、蔬菜、茶、桑、瓜果、花卉和树木等均可使用，而且增产幅度大、产品质量好，无毒副作用。在蔬菜上应用除提高叶菜类产量外，还可保花、保果、增大果实和改善品质等。

六、其他及复合植物生长促进剂

还可用于促进植物生长的调节剂种类较多，如三十烷醇、核苷酸、复硝酚钠、复硝酚钾等。其结构如下：

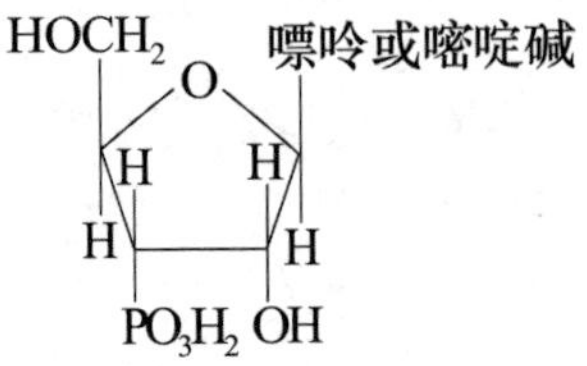

嘌呤或嘧啶-3′-磷酸

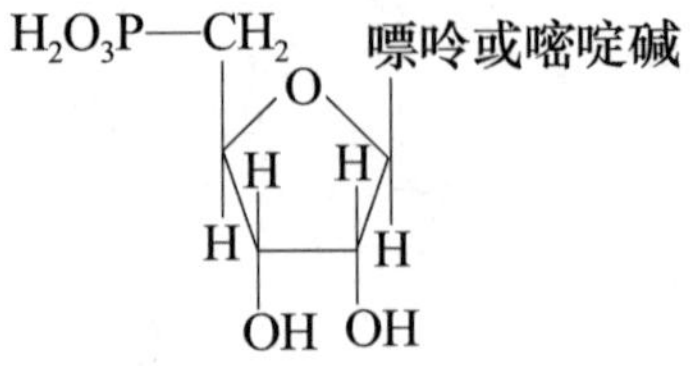

嘌呤或嘧啶-5′-磷酸

$CH_3(CH_2)_{28}CH_2OH$

三十烷醇

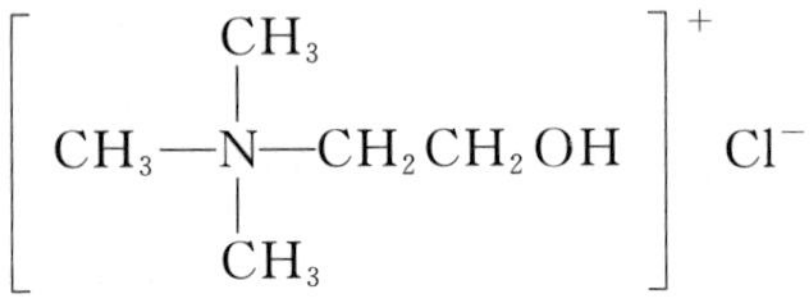

氯化胆碱

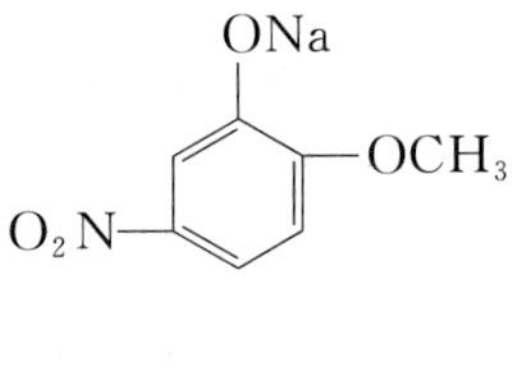

复硝酚钠

核苷酸(nucleotide)为核酸的分解混合物，即嘌呤或嘧啶-3′-磷酸和嘌呤或嘧啶-5′-磷酸。核苷酸主要生理作用为：促进细胞分裂，提高植株的细胞活力，加快植株的新陈代谢，从而表现为促进根系增多，叶色浓绿，加快地上部生长发育，提高产量。用于籼稻提高产量。还可用于黄瓜提高产量。

三十烷醇(triacontanol)是1975年美国密执安大学园艺学系S. K. Ries.从苜蓿叶中首先分离出来的，并发现其生理活性。其制备是从许多植物蜡和虫蜡(如蜂蜡)中提取出来的。目前也有人工合成产品。三十烷醇是一种广谱的植物生长调节剂，高浓度时对植物有抑制作用，低浓度则促进植物生长。三十烷醇具有增加植物体多酚氧化酶等酶的活性，应用后可促进种子发芽、发根及花芽分化、改善细胞的透性、提高叶绿素含量、增加叶面积、增加光合作用和同化作用，亦具有增加结实率、改善品质和提早成熟的功能。可广泛用于多种作物增产，如水稻、小麦、玉米、花生、大豆、棉花等及蔬菜。

复硝酚钠(sodium nitrophenolate)是由邻硝基苯酚钠、对硝基苯酚钠和5-硝基邻甲氧基苯酚钠复合而成。复硝酚钠能迅速渗透到植物体内，以促进细胞的原生质流动，加快植物发根速度，对植物发根、生长、生殖及结果等发育阶段均有程度不同的促进作用。尤其对于花粉管伸长的促进，帮助受精结实的作用尤为明显。可用于促进植物生长发育、提早开花、打破休眠、促进发芽、防止落花落果、改良植物产品的品质等方面。该产品可以用叶面喷洒、浸种、苗床灌注及花蕾撒布等方式进行处理。由于其与植物激素不同，在植物播种开始至收获之间的任何时期，皆可使用。

氯化胆碱(choline chloride，甘薯膨大素)1964年由日本农林水产省农业技术研究所开发，后日本三菱瓦斯化学公司、北兴化学公司1987年注册作为植物生长调节剂。氯化胆碱可由植物根、茎、叶吸收，很快传导至作用部位。其生理作用可抑制C_3植物的光呼吸，促进根系发育，可使光合产物尽可能多地累积到块茎、块根中，从而增加产量、改善品种。主要用于甘薯、水稻、大豆、玉米等作物。

项目二　植物生长延缓剂

植物生长延缓剂(growth retardants)不抑制顶端分生组织的生长，而对茎部亚顶端分生组织的分裂和扩大有抑制作用，因而它只使节间缩短、叶色浓绿、植株变矮，而植株形态正常，叶片数目、节数及顶端优势保持不变。外施赤霉素可逆转植物生长延缓剂的效应。

植物生长延缓剂品种较多，多数品种结构极不相似，现对主要品种加以分述：

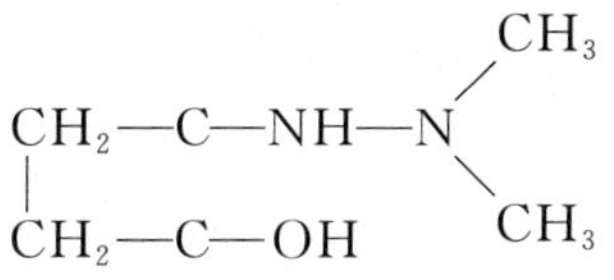

丁酰肼(daminozide，比久)

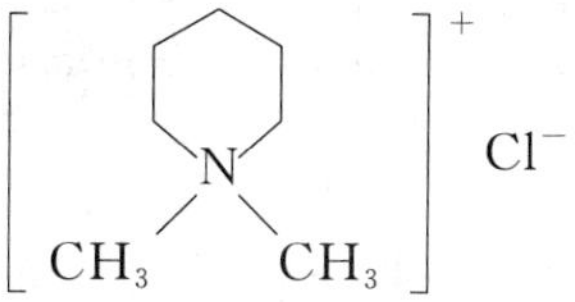

甲哌鎓(mepiquat chloride，助壮素)

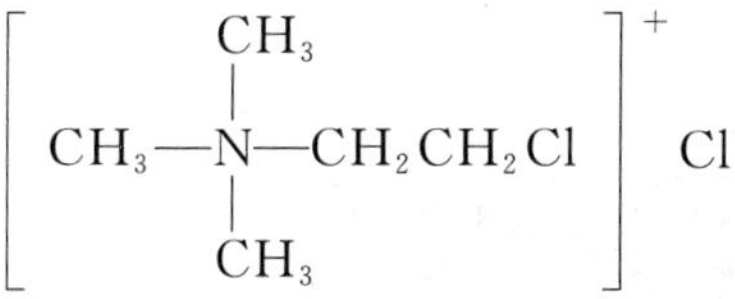

矮壮素(chlormequat chloride，CCC)

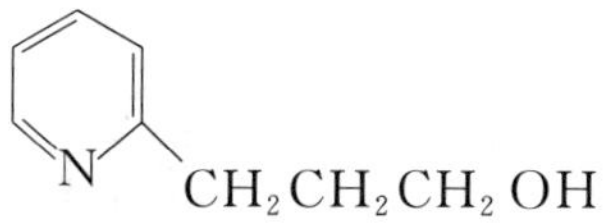

吡啶醇(pyripropanol)

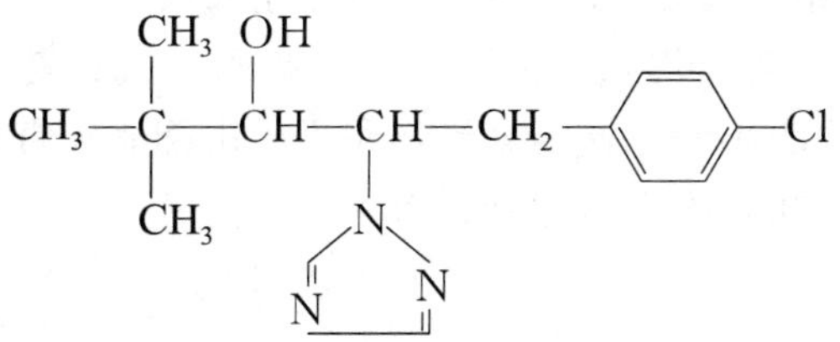

多效唑(paclobutrazol，PP_{333})

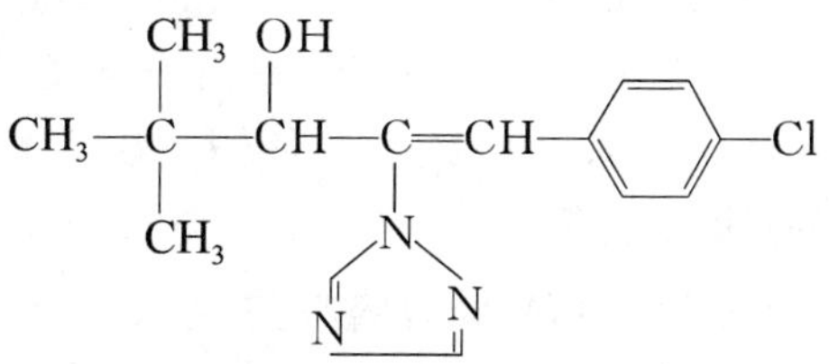

烯效唑(uniconazole)

1. 矮壮素(氯化氯代胆碱，CCC)

矮壮素是美国氰胺公司1957年开发的品种。矮壮素可使被处理的植物茎部缩短，减少节间距，从而使植株变矮，茎秆变粗，叶色变绿，叶片加宽、加厚，增加抗倒伏能力。广泛用于小麦、水稻、棉花、烟草、玉米等作物。还可防止棉花落铃，增加马铃薯及甘薯的产量。

矮壮素延缓生长的性质可能是由于抑制了赤霉素的合成，已证明矮壮素可以抑制稻恶苗病菌产生赤霉素，因此，矮壮素对高等植物的作用是竞争性地抑制赤霉素的作用。矮壮素抑制细胞伸长，而不抑制细胞分裂。

2. 丁酰肼(比久，B_9)

丁酰肼是美国橡胶公司于1960年发现的。丁酰肼可以被植物根、茎、叶吸收，并在植物体内运转，抑制细胞分裂素和生长素的活性，从而抑制细胞分化，使纵向细胞变短，横向细胞增大，从而使植物变矮，干扰赤霉素的合成。丁酰肼用于幼树新梢生长的抑制，使苹果树节间缩短，枝条增粗，促进花芽分化，早结果。还可防止花生、马铃薯徒长。使菊花植株矮化，株型紧凑，也可用于蔬菜。

3. 甲哌鎓（助壮素，缩节胺）

甲哌鎓可通过植物叶片和根部吸收，传导至全株，可降低植株体内的赤霉素活性，从而抑制细胞的伸长，顶芽长势减弱，控制株型纵横生长，使植株节间缩短，株型紧凑，叶色深厚，叶面积减少，并增加叶绿素的合成，可防止植株旺长，推迟封行等。甲哌鎓主要在棉花上应用，防止棉花徒长，防止蕾铃脱落，也可用于小麦防倒伏。用于葡萄、柑橘、桃、梨、枣、苹果等果树防止新梢过长。

4. 吡啶醇

吡啶醇可被根、茎、叶及萌发的种子吸收，使植物植株矮化、茎秆变粗、叶面积增大及刺激生根等。对大豆、花生、向日葵浸种处理或盛花期喷施，可矮化植株、增产。

5. 多效唑（PP_{333}）

多效唑可以通过植物的根、茎、叶吸收，其通过抑制赤霉素的合成，减少细胞的分裂和伸长。植物主要表现为延缓生长、矮化植株。另外，多效唑还可增加叶绿素、核酸、蛋白质含量，阻滞或延迟植物衰老，增加抗逆性。多效唑也是一种杀菌剂，可以用来防治锈病、白粉病。烯效唑的功效与多效唑相同。

项目三　植物生长抑制剂

植物生长抑制剂（growth inhibitors）主要作用于植物顶端，对顶端分生组织具有强烈的抑制作用，使其细胞的核酸和蛋白质合成受阻，细胞分裂慢，顶端停止生长，导致顶端优势的丧失。植物形态也发生变化，如侧枝数目增加、叶片变小等。这种抑制作用不是由抑制赤霉素引起的，所以外施生长素等可以逆转这种抑制效应，而外施赤霉素则无效。

（一）脱落酸的结构与应用

植物生长抑制剂中最典型的代表是脱落酸（abscisic acid，ABA）。1961 年 W. C. Liu 研究棉花幼铃脱落时，从成熟干棉壳中分离到促进脱落的物质，并命名为脱落素。1963 年 K. Ohkuma 和 F. T. Addicott 从新鲜棉花幼铃中分离纯化了促进脱落的物质，命名为脱落素Ⅱ。几乎同时，C. F. Eagles 等从桦树叶中提取到诱导枝条休眠的物质，命名为休眠素。1965 年，J. W. Cornforth 确定了脱落素Ⅱ与休眠素是同一种物质。1967 年第六届国际植物生长物质会议上，正式命名为脱落酸。脱落酸的化学结构如下：

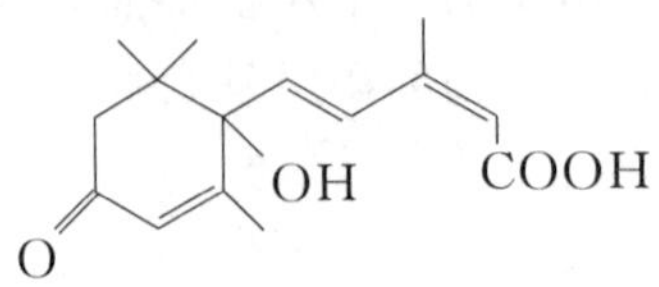

脱落酸

脱落酸具有倍半萜结构，1978 年 F. Kienzl 等首先人工合成，但生物活性没有天然脱落酸高。后来日本首先进行了微生物发酵生产，我国也实现了工业化发酵生产，产品中文通用名称为诱抗素。脱落酸有多种异构体，微生物发酵的诱抗素为(＋)-2-顺，4-反脱落酸，生物活性最高。

脱落酸在植物生长发育过程中，其主要功能是诱导植物产生对不良生长环境(逆境)的抗性，如诱导植物产生抗旱性、抗寒性、抗病性、耐盐性等。用浸种、拌种、包衣等方法处理水稻种子，能提高发芽率，促进秧苗根系发达，增加有效分蘖数，促进灌浆，增加秧苗抗病性。在棉花、烤烟、油菜、玉米、小麦、蔬菜等有应用的报道，但应用不多。由于脱落酸的发酵成本较高，生产上应用较少。

(二)其他植物生长抑制剂的结构与应用

目前人工合成并已应用于生产的生长抑制剂品种较多，仅做部分介绍。

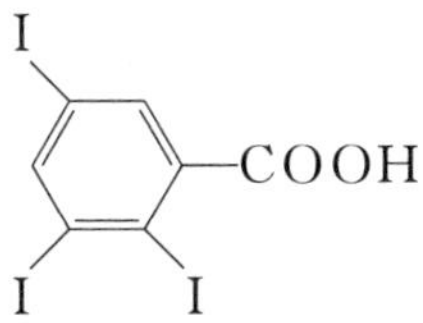

三碘苯甲酸

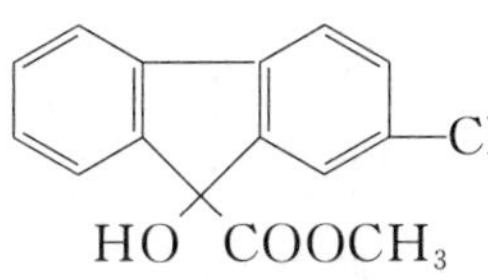

整形素

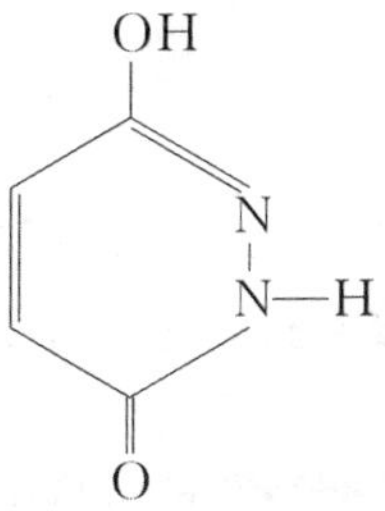

抑芽丹

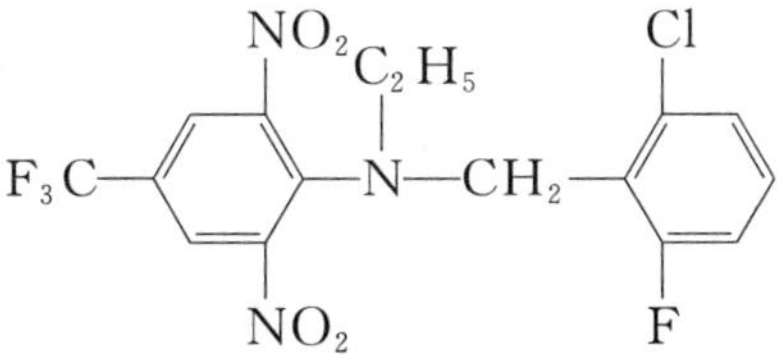

氟节胺

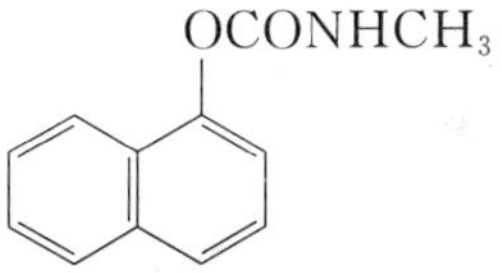

疏果安

(1)三碘苯甲酸(2，3，5-tri-iodobenzoic acid，TIBA)，其生理作用是抑制植物生长素的传导或减低植株体内的生长素浓度，因而可抑制茎尖和侧枝的形成，阻碍节间伸长，使植株变矮，增加分蘖，叶片增厚、浓绿，顶端优势受阻，对植株有整形和促使花芽形成的作用。

(2)整形素 (chlorflurenol-methyl)，也是一种生长素传导抑制剂，其阻碍生长素从顶芽向下传导，减弱顶端优势，促进侧芽生长，形成丛生株，并抑制侧根形成。

(3)抑芽丹(maleic hydrazide，青鲜素)，是 1949 年开发的早期植物生长抑制剂，其主要生理作用是抑制细胞分裂，但不妨碍细胞膨大，从而抑制植物芽的生长。用于马铃薯、洋葱、大蒜、萝卜等作物，防止贮藏期发芽变质，也用于棉花、玉米杀雄，对核桃、女贞等可起到打尖、修剪作用。

(4)氟节胺(flumetralin，抑芽敏)，是一种烟草侧芽抑制剂，烟草打顶后采用杯淋法施药 1 次，即可抑制烟草腋芽发生直至收获。

(5)疏果安(carbaryl)，20 世纪 50 年代由美国联合碳化公司开发。主要用于苹果、梨大年疏果。在盛花后14天应用。

除上述介绍的植物生长抑制剂外，在生产中应用的品种还有调节膦、增甘膦、吲熟酯等。另外，二硝基苯胺类除草剂仲丁灵、二甲戊乐灵在烟草上广泛用于烟芽抑制剂。

【模块小结】

植物的生长发育除需要水分、二氧化碳和各种营养物质外，还需要植物的生理活性物质——植物激素的调节和控制，同时，还受到外界条件的影响，如温度、光照、湿度等变化的影响。植物激素是植物体内代谢产生的有机化合物，在低浓度下就能产生明显的生理效应，使植物产生明显的生理生化和形态反应。目前已发现并公认的植物激素有五大类，即生长素、赤霉素、细胞分裂素、脱落酸和乙烯。

【模块巩固】

1. 植物激素有哪几类？常用植物生长调节剂有哪些类型？各类在植物生长发育中的作用如何？

2. 植物激素与植物生长调节剂有什么关系？

3. 植物生长促进剂有哪些类型？分别说明其对植物的调节作用？

4. 植物生长延缓剂、植物生长抑制剂有什么区别？

5. 为什么说芸苔素内酯是植物第六激素？

模块十
农业有害生物抗药性及综合治理

【知识目标】

通过本模块学习，掌握有害生物对农药产生抗药性的机制、抗性种类、抗性遗传的基本原理及治理有害生物抗药性的途径与方法，为确保农、林生产的高产、优质、持续发展和新农药的创制提供理论依据。

【能力目标】

具备制定农业有害生物抗药性途径与方法的能力，综合解决当前有害生物抗药性问题。

项目一　害虫的抗药性

一、害虫抗药性的概念

(一)害虫抗药性发展概况

害虫对杀虫剂抗性发展的历史，也就是杀虫剂发展应用的历史。自从1908年Melander首次发现美国加利福尼亚州梨圆蚧对石硫合剂产生抗性之后，直至1946年，仅发现11种害虫及螨产生抗药性。在这阶段，抗性是一种罕见的现象，往往不被人们所注意。1946年后，随着有机合成杀虫剂的出现和推广应用，害虫抗药性发展速度明显加快。从20世纪50年代后期开始，由于有机氯和有机磷杀虫剂的大量使用，抗性害虫的种数几乎成直线上升，也引起了人们高度关注。进入20世纪80年代以来，多抗性现象日益普遍，抗性发展速度加快，完全敏感的害虫种群相反到成为罕见现象。据统计，到1989年抗性害虫已达504种，其中农业害虫283种，卫生害虫(包括家畜)198种，有益昆虫及螨23种。

害虫抗药性的特点是：①害虫几乎对所有合成化学农药都会产生抗药性；②害虫抗药性是全球现象，抗性形成有区域性，主要取决于该地用药历史与用药水平，在药剂选择压力下，抗性最初呈镶嵌式(mosaic)分布，随着用药的广泛和昆虫扩散，抗性逐趋一致；③随着交互抗性和多抗性现象日趋严重，害虫对新的取代药剂的抗性有加快的趋势；双翅目、鳞翅目昆虫产生抗药性虫种数最多，农业害虫抗药性虫种数超过卫生害虫，重要农业害虫如蚜虫、棉铃虫、小菜蛾、菜青虫、马铃薯甲虫及螨类的抗药性尤为严重。

我国首次于1963年发现棉蚜、棉红蜘蛛对内吸磷产生抗药性，40多年来已发现有30多种农、林害虫及螨产生抗药性，其中20世纪60年代4种，70年代7种，80～90年代19种，这些害虫主要分布在鳞翅目、双翅目、鞘翅目及蜱螨目。对两类以上杀虫剂产生抗性的害虫及螨有棉铃虫、棉蚜、小菜蛾、菜青虫、柑橘全爪螨、棉叶螨等19种。卫生害虫方面发现有抗性的包括家蝇、蚊类、跳蚤、臭虫、德国蜚蠊、体虱等。

(二)昆虫抗药性的概念

昆虫的抗药性(resistance)：世界卫生组织(WHO)1957年对昆虫的抗药性下的定义是"昆虫具有忍受杀死正常种群大多数个体的药量的能力在其种群中发展起来的现象"。昆虫抗药性是指种群的特性，而不是昆虫个体改变的结果；抗性是相对于敏感种群而言；抗性有地区性，即抗性的形成与该地的用药历史、药剂的选择压力等有关；抗性是由基因控制的，是可遗传的，杀虫剂起了选择压力的作用。

昆虫抗药性还必须与昆虫自然耐药性和选择性严格区分开来。所谓自然耐药性是指一种昆虫在不同发育阶段、不同生理状态及所处的环境条件的变化对药剂产生不同的耐药力。而选择性是指不同昆虫对药剂敏感性的差异。只有在同一地区连续使用同一种药剂而引起昆虫对药剂抵抗力的提高，这样才可以说这种昆虫对该药剂产生了抗药性。害虫对一种杀虫剂产生抗药性后，再用这种杀虫剂进行防治，其防治效果会出现降低，但是在大田防治中不能一出现药效降低的现象，就认为是抗药性，因为产生药效降低的原因是多方面的，如农药的质量问题、施药技术和环境条件、害虫的虫态、龄期、生理状态等。只有在弄清楚上述条件的前提下，经过抗药性生物测定，才能确定某种害虫是否产生了抗药性。测定抗药性必须使用相同的方法才能比较，为此，联合国粮农组织(FAO)从1970年起制定了一系列害虫抗性的测定方法。抗药性程度，一般通过比较抗性品系和敏感品系的致死中量(或致死中浓度)的倍数来确定，也可以用区分剂量(即敏感品系的LD_{99}值)的方法来测定昆虫种群中抗性个体百分率。对农业害虫来说，如果抗性倍数在5倍(卫生害虫在5～10倍)以上，或者抗性个体百分率在10%～20%及以上，一般说昆虫已产生抗药性。抗性倍数或抗性个体百分率越大，其抗性程度也就越高。

交互抗性(cross resistance)和负交互抗性(negative cross resistance)：昆虫的一个品系由于相同抗性机理或相似作用机理或类似化学结构，对于选择药剂以外的其他从未使用过的一种药剂或一类药剂也产生抗药性的现象，称为交互抗性。目前发现交互抗性现象较多，例如抗溴氰菊酯的棉蚜，由于击倒抗性(kdr)，因此对氯氰菊酯、百树菊酯及功夫菊酯等几乎所有拟除虫菊酯杀虫剂都产生交互抗性。具有交互抗性的药剂间不能轮换交替、取代及作为混剂使用。

负交互抗性是指昆虫的一个品系对一种杀虫剂产生抗性后，反而对另一种未用过的药剂变得更为敏感的现象。轮换取代和作为混剂使用具有负交互抗性的药剂，是对付害虫抗性的有效办法，目前发现具有负交互抗性的药剂较少。例如，对*N*-甲基氨基甲酸酯产生抗性的黑尾叶蝉，对*N*-丙基氨基甲酸酯化合物变得更敏感。

多抗性(multiple resistance)：昆虫的一个品系由于存在多种不同的抗性基因或等位基因，能对几种或几类药剂都产生抗性。例如，有些地区的小菜蛾、马铃薯甲虫等几乎对现有各类药剂的许多品种都产生抗药性，这必然会严重影响这些害虫的防治和新药的研制和开发。

二、害虫抗药性的形成与机理

（一）害虫抗药性的形成

害虫抗药性的形成现在主要有 4 种学说。第一种为选择学说，认为生物群体内本身就存在少数具有抗性基因的个体，从敏感品系到抗性品系，只是药剂选择作用的结果。第二种为诱导学说，认为是诱发突变产生了抗药性，认为生物群体内不存在具有抗性基因的个体，只是在药剂的诱导下，最后发生突变，形成抗性品系。第三种学说是基因重复学说即基因复增学说，这是近年来提出的一种新学说，它与一般的选择学说不同，虽然它承认本来就有抗性基因的存在，但它认为某些因子（如杀虫剂等）引起了基因重复，即一个抗性基因拷贝为多个抗性基因，这是抗性进化中的一种普遍现象。近年来已发现抗性桃蚜及库蚊的酯酶基因扩增，前者主要发生在酯酶 E4 或 FE4 基因的扩增。第四种为染色体重组学说，因染色体易位和倒位产生改变的酶或蛋白质，引起抗性的进化，这也是近年来提出的新学说。

不同种昆虫或同种昆虫在不同环境条件下抗性发展速率是完全不同的。通常认为主要有三方面的因子会影响抗性的发展，即影响大田种群对杀虫剂抗性的选择作用。这三方面的因子为：

（1）遗传学因子。抗性等位基因频率、数目、显性程度、外显率、表现度及抗性等位基因相互作用，过去曾用过的其他药剂的选择作用，抗性基因组与适合度因子的整合范围。

（2）生物学因子。生物学方面包括每年世代、每代繁殖子数、单配性/多配性、孤雌生殖。如行为方面包括隔离、活动性及迁飞、单食性/多食性、偶然生存及庇护地，一般来说，生活史短，每年世代数多，群体大，接触药剂的机会就多，产生抗性的可能性就大。例如蚜虫、螨类、家蝇、蚊虫都是属于这种情况。抗性的形成与昆虫的迁飞及扩散习性有关。无迁飞性的昆虫，因有自然生殖隔离，抗性的群体易于形成。但在小面积内形成的抗性棉蚜，由于受到外来敏感群体的迁入，抗性的形成就比较慢。种的不同，产生抗性品系的速度也不同。据广东省粮食科研所（1976 年）在全省范围内进行粮仓甲虫对磷化氢的抗性调查，发现米象对磷化氢的抗性增加最快，在 27 个品系中有抗性的已有 17 个（占 63%），抗性最高的达 63.7 倍；赤拟谷盗的抗性增加很慢，在 28 个品系中，只有 3 个有抗性的苗头；玉米象则多是敏感的，还没有发现抗性的品系。

（3）操作因子。化学方面包括农药的化学性质，与以前曾用过药剂的关系，持效的持久性及剂型；应用方面包括用药阈值、选择阈值、用药所选的生命阶段、用药方式，限制空间的选择用药及交替用药等。一般来说，药剂的使用量越大，使用次数越频繁，使用面积越大，接触的害虫群体越大，抗性出现就快。停止用药，抗性可能逐步消失，但有些害虫消失快，有些则消失很慢。从农药的化学性质来说，昆虫对拟除虫菊酯抗性发展一般快于其他药剂，使用持效期长的药剂和剂型（如颗粒剂及缓释剂等），抗性产生就快，此外，用药所选昆虫的虫态及龄期、药剂的不同使用方式也影响抗性的发展。

以上遗传学和生物学因子是由昆虫种群的内在特性所决定，因此人们是无法控制的，但是内在特性的评估是决定昆虫种群抗性风险的基础。操作因子是人们可控制的。根据遗传学和生物学因子所展现的抗性风险，人们能改变这些操作因子到所需要的和可行的程度，以延缓或阻止抗性的发展。

三、害虫抗药性治理

1977年提出了抗药性治理(resistance management)概念，即将害虫控制在为害的经济阈值以下，又保持害虫对杀虫剂的敏感性。抗性治理是通过时间和空间的大范围限制杀虫剂的使用，从而达到保存昆虫对药剂的敏感性来维持杀虫剂的有效性。要像保护自然资源那样来保护害虫对药剂的敏感性和杀虫剂的有效性。

(一)害虫抗药性治理的基本原则和策略

1. 害虫抗药性治理的基本原则

(1)尽可能将目标害虫种群的抗性基因频率控制在最低水平，以利于防止或延缓抗药性。

(2)选择最佳的药剂配套使用方案，包括各类(种)药剂、混剂及增效剂之间的搭配使用，避免长期连续单一的使用某一种药剂。特别注重选择无交互抗性的药剂间进行交替轮换使用和混用。

(3)选择每种药剂的最佳使用时间和方法，严格控制药剂的使用次数，尽可能获得对目标害虫最好的防治效果和最低的选择压力。

(4)实行综合防治，即综合应用农业的、物理的、生物的、遗传的及化学的各项措施，尽可能降低种群中抗性纯合子和杂合子个体的比率及其适合度(即繁殖率和生存率等)。

(5)尽可能减少对非目标生物(包括天敌和次要害虫)的影响，避免破坏生态平衡而造成害虫(包括次要害虫)的再猖獗。

2. 害虫抗药性治理的策略

治理杀虫剂抗性，基本策略有3个：适度治理(moderation management)、饱和治理(saturation management)及多种攻击治理(multiple attack management)。

(1)适度治理。限制药剂的使用，降低总的选择压力，而在不用药阶段，充分利用种群中抗性个体适合度低的有利条件，促使敏感个体的繁殖快于抗性个体，以降低整个种群的抗性基因频率，阻止或延缓抗性的发展。采用方法是限制用药次数、用药时间及用药量，采用局部用药，选择持效期短的药剂等。

(2)饱和治理。当抗性基因为隐性时，通过选择足以杀死抗性杂合子的高剂量，并有敏感种群迁入起稀释作用，使种群中抗性基因频率保持在低的水平，以降低抗性的发展速率。

(3)多种攻击治理。当采用不同化学类型的杀虫剂交替使用或混用时，如果它们作用于一个以上作用部位，无交互抗性，而且其中任何一个药剂的选择压力低于抗性发展所需的选择压力时，那就可以通过多种部位的攻击来达到延缓抗性的目的。

上述3个基本策略中，应用最普遍的是适度治理和多种攻击治理两个策略，而采用饱和治理即高剂量(高杀死)策略要特别慎重，因为通常使用高剂量就是增加药剂的选择压力，选择压力越大，害虫越容易产生抗药性。因此如采用饱和治理策略，必须同时具备两个条件：一是抗性基因为隐性；二是确保有敏感种群能迁入饱和治理区与存活的抗性纯合子个体杂交，其杂交后代又可用高剂量策略杀死，达到抗药性治理的目的。

(二)抗性监测在抗性治理中的作用

1. 设计抗性治理方案的依据

(1)通过监测可及时、正确测出抗性水平及其分布，尤其是早期抗性监测，对及时实施抗性治理可争得时间上的主动。一般来说，抗性恢复所需时间比抗性产生所需的时间要长得多。抗性水平越高，治理的难度也越大。如澳大利亚在首次监测到棉铃虫对菊酯类农药的抗性后，仅用 9 个月时间就完成抗性治理方案的拟订、讨论、审批至实施等一系列工作。

(2)通过监测，还可明确应重点治理保护的药剂类别及品种。抗性治理可分为两大类：一类是保护性治理，即对具有产生抗性风险的药剂，在害虫产生抗性以前就实施抗性治理，如津巴布韦于 1978—1979 年当菊酯类杀虫剂注册使用时起就实施抗性治理；另一类为治疗性治理，即在监测到害虫已产生抗药性或大田防治效果下降时，为了保护这类药剂不被淘汰所采用的抗性治理。如澳大利亚棉铃虫抗性治理的重点保护对象是拟除虫菊酯杀虫剂，我国棉铃虫抗性治理的重点保护药剂是拟除虫菊酯。

2. 可以评估抗性治理的实际效果

通过监测害虫抗性水平的变化，对整个治理方案或不同阶段抗性治理的效果提供评估，也为抗性治理方案的修订补充提供依据。

(三)抗性治理的基础研究

为了确保杀虫剂抗性治理方案的有效运行，抗性治理方案的设计、修订和实施必须建立在害虫抗性发展规律研究的基础上。这些研究除了抗性监测以外，主要包括抗性品系的选育(抗性发展速率的研究)、交互抗性谱、抗性机理、抗性遗传、生物学特性、种群生态及种群遗传学等。虽然完成这些研究需要时间和大量资金投入，但只有这样，才能更好地丰富和改善我们安排和设计各项防治关键技术的科学知识，使抗性治理方案能建立在科学的基础上，而不是建立在人们通常感觉和直觉的基础上。

(四)害虫抗性治理中的化学防治技术

为了达到既将害虫控制在为害的经济阈值以下，以保持害虫对药剂的敏感性，又能延长药剂有效使用寿命的目的，抗性治理必须在害虫综合治理原则的指导下，加强农业防治(如耕作、栽培等措施)、生物防治(如用生物农药及应用和保护天敌)、物理防治(如灯光、性引诱剂)及遗传防治等非化学防治方法与化学防治等有机地结合起来，化学农药使用应科学合理，尽可能减少其使用次数和使用量，以降低药剂对害虫的选择压力，延缓抗性，减少环境污染及破坏生态平衡。

1. 农药交替轮换使用

化学农药交替轮换使用就是选择最佳的药剂配套使用方案，包括药剂的种类和使用时间、次数等，这是害虫抗性治理中经常采用的方式。为避免长期连续单一使用某种药剂，交替轮用必须遵循的原则是不同抗性机理的药剂间交替使用，这样才能避免有交互抗性的药剂间交替使用。如对稻褐飞虱，用马拉硫磷和西维因交换使用 3 个世代后，再用马拉硫磷处理 12 个世代，抗性只有 20 倍；如果单一地连续使用马拉硫磷 15 个世代，则对马拉硫磷的抗性可高达 202 倍。又如津巴布韦把防治棉叶螨的 6 种杀螨剂交替轮用的治理方案是成功的典范。国外采用 4 种不同作用机制的药剂轮用，也有明显的效果。

杀虫剂的作用机理与害虫产生抗性的机理在多数情况下并不是一回事(抗性机理中仅靶标部位的不敏感性与药剂的作用部位相同)。因此不同类别或不同作用机理的杀虫剂间如具有交互抗性，也不能交替使用。

2. 农药的限制使用

农药的限制使用是针对害虫容易产生抗性的一种或一类药剂或具有潜在抗性风险的药剂品种，根据其抗性水平、防治利弊的综合评价，采取限制该药剂使用时间和次数，甚至采取暂时停止使用的措施，这是害虫抗性治理中经常采用的办法。如我国与澳大利亚棉铃虫抗性治理方案中对拟除虫菊酯的限制使用。

3. 农药混用

农药混用是害虫抗性治理中经常采用的一种措施。以往国内外对此措施存在两种不同的看法。一种认为(以日本学者为代表)不同作用机制的农药混用，是抗性治理的一个好办法；但以美国 Wilkinson 为代表的认为，混用将给害虫产生交互抗性和多抗性创造有利条件，会给害虫的防治和新药剂的研制带来更大的困难。因此农药混剂研制中必须考虑和解决如何避免产生交互抗性和多抗性的问题。只有科学合理研制和使用混剂，才能充分发挥其在抗性治理中的作用。

从混剂的实际应用情况来看，使用具有不同作用机制(最好是不同抗性机制)和明显具有增效作用的混剂，不仅能起到增强药效，减少用药量，降低成本及兼治几种病、虫、草等作用，还能延缓抗性的发展。

4. 增效剂的使用

增效剂可提高杀虫剂的杀虫效果的实例很多，这里仅举两例。一是对抗有机磷和西维因的害虫，可以加入增效剂三苯基磷酸酯(TPP)。二是丙炔醚类增效剂对西维因有明显的增效作用，增效西维因在降低 5 倍的用量下，对稻蓟马的药效仍然高于西维因单用。

项目二　植物病原物抗药性

植物病原物抗药性是指本来对农药敏感的野生型植物病原物个体或群体，由于遗传变异而对药剂出现敏感性下降的现象。病原物抗药性与害虫抗药性一样，是植物化学保护领域最重要的问题之一。“抗药性”术语包含两方面含义：一是病原物遗传物质发生变化，抗药性状可以稳定遗传；二是抗药突变体对环境有一定的适合度，即与敏感野生群体具有生存竞争力，如越冬、越夏、生长、繁殖和致病力等有较高的适合度。

目前已发现产生抗药性的病原物种类有植物病原真菌、细菌和线虫，其他病原物由于化学防治水平还很低，有些甚至还缺乏有效的化学防治手段，因此还没有出现抗药性，如当前类菌原体、病毒、类立克次体和寄生性种子植物，都没有抗药性问题。

真菌的抗药性是植物病原物中最常见的，因为随着植物病理学和农药科学的发展，先后应用于植物真菌病害化学防治的杀菌剂已达数百种之多，用药量也愈来愈大。已知植物病原真菌产生抗药性的有鞭毛菌亚门、子囊菌亚门、担子菌亚门和半知菌亚门的数百种真菌。产生抗药性的杀真菌剂有苯并咪唑类、硫赶磷酸酯类、苯酰胺类、羧酰替苯胺类、羟基嘧啶类、仲丁胺和麦角甾醇生物合成抑制剂类等内吸性杀菌剂，以及取代苯类、二甲酰亚胺类等保护性杀菌剂，春日霉素、灭瘟素 S、抗霉素 A、多氧霉素类、匹马菌素和放线菌酮等抗菌素类化合物，也陆续出现了抗药性。实际上，人们常说的杀菌剂抗性主要就是杀真菌剂的抗药性。南京农业大学等单位研究表明，中国小麦、瓜类白粉病对三唑酮，稻瘟病对异稻瘟净和富士一号，小麦赤霉病、水稻恶苗病、瓜果蔬菜灰霉病、甜菜和花生叶斑病等对苯并咪唑类杀菌剂，黄瓜霜霉病对甲霜灵杀菌剂均已产生了抗药性，并实际上已造成了巨大经济损失。

植物病原细菌的抗药性远远不如真菌抗药性重要，因为可用于防治植物病原细菌的杀细菌剂种类较少，用药水平较低。但是细菌繁殖速度快、数量大，容易发生变异，只要经常使用杀细菌剂也会发生抗药性。例如，链霉素和土霉素使用不久，梨火疫病菌就产生了抗药性。在使用噻枯唑水平较高的安徽和县及江苏赣榆市，发现水稻白叶枯病菌在田间已存在抗药性。由于植物线虫病的化学防治水平很低，而且线虫繁殖速率一般较真菌慢，以及传播方式的局限性等，至今只发现了少数线虫产生抗药性的事例。

一、病原物抗药性发生原理

病原物和其他生物一样，可通过遗传物质修饰对环境中特殊因子的变化产生适应性反应而得以生存。因此，通过遗传变异而获得抗药性，是病原物在自然界能够赖以延续的一种快速生物进化的形式。抗药性不仅可发生于靶标生物中，也可发生于非靶标生物中。一些非选择性农药对病原物的毒理往往具有多个生化作用靶点，病原物个体不易同时发生多位点抗药遗传变异并保持适合度，因此病原物难以对非选择性农药产生抗药性，正是因为如此，波尔多液在生产上使用100多年来，才没有出现抗药性问题。如果病原物长期接触含金属离子化合物、二硫代氨基甲酸盐类和取代苯类等非选择性杀菌剂而表现敏感性降低，也常常是因为病原物细胞膜的结构发生修饰，减少药剂进入作用部位或增加对药剂的代谢。这些反应性状往往没有专化性和遗传稳定性，抗药水平较低，停止用药后，病原物又恢复原来的敏感性，一些选择性强的农药对病原物的毒理往往只对病原物所具有的特殊生化位点发生作用。如果该生化位点是由单基因调节的，病原物群体中则可能存在随机的这种单基因遗传变异，药剂对变异的病原物毒力下降或完全丧失，表现抗药性。当病原物群体中存在抗药个体或抗药基因时，使用选择性高效农药，就会将大部分敏感的病原物杀死，留下群体中比例很少的抗药性个体。这些抗药性个体在药剂选择下仍然可以继续生长繁殖、侵染寄主，从而提高了抗药病原物在群体中的比例，药剂防治效果下降。用户为了保持防治效果又往往加大用药剂量和用药频率，而进一步加速抗药性病原群体形成，最终导致抗药性病害流行，药剂化学防治完全失效。因此，病原物抗药性是由病原物本身遗传基础决定的。就是说病原物群体中，通过随机突变而出现抗药性个体，这些抗药性个体在农药应用之前就存在于群体之中。农药则是抗药突变体的强烈选择剂，而不是抗药性发生的诱变剂，过去认为农药可以诱导病原物产生抗药性的观点是不正确的。

二、病原物抗药性治理

（一）抗药性治理策略及其要点

杀菌剂抗性治理策略的实质，就是以科学的方法，最大限度地阻止或延缓病原物对相应农药抗性的发生和抗药病原群体的形成，达到维护药剂产品的药效，延长其使用寿命，确保化学防治效果的目的。根据抗药病原群体形成的内外因素和具有突发性的特点，设计抗药性治理策略时应考虑以下要点：

1. 基本原则

①使用易发生抗药性的农药时，应考虑采用综合防治措施，尽可能降低药剂对病原物的选

择压力；②考虑所有与抗药性发生的相关因子；③在田间出现实际抗药性导致防效下降以前，及早采用抗药性治理策略。

2. 技术要点

①了解农药的作用机制和病原物产生抗药性机制；②药剂推广应用之前，早期评估目标生物产生抗药性的潜在危险；③建立每一防治对象的敏感性基线和监测方法；④建立药剂、寄主和寄生物间相互作用的参数；⑤实施药剂应用期间的抗药性监测。

3. 管理要点

①完善农药推荐使用方法，包括使用剂量、使用次数、适期、喷施面积比例、与其他药剂混用或轮用原则；②符合综合防治策略；③达到生产上可行，包括药剂品种资源，生产和需求平衡；④为生产、销售部门和用户所接受；⑤相同杀菌剂生产厂家和推销部门之间相互协调；⑥治理策略在实践中进行自身完善和补充。

技术要点的各个因子可通过有关试验进行研究，其中建立敏感性基线的技术要点最为重要，因为这是抗药性鉴别和监测的基础。其次是农药抗性的早期风险评估。在新农药推广之前，在室内可通过物理、化学方法诱导病原物产生抗药性突变。根据抗药突变频率、抗药突变体对不同药剂的交互抗性类型和适合度，初步评估某种“病原物-药剂”组合发生抗药性的风险，如果抗药突变频率较低和突变体适合度下降，则可以说明抗药性发生的风险较低。当然，若很容易在室内发生抗药性的药剂，也未必没有开发应用价值。因为抗药性发生的情况是比较复杂的，抗药群体在自然界的形成受气候条件和农业栽培措施，以及病原物自身的扩散流行特点影响。例如，在室内易导致目标病菌产生抗性的甾醇生物合成抑制剂，在生产上表现了广阔的应用前景。因此，杀菌剂抗性风险评估，不但必不可少，而且需要在室内和田间试验相结合的基础上进行。

（二）抗药性治理的短期策略

作为杀菌剂抗性治理的短期策略，应包括下列6个内容：

(1)建立重要防治对象对常用药剂的敏感性基线，建立有关技术资料数据库。

(2)测量或检测重要病害对常用药剂抗药性发生的现状和发生趋势。

(3)监测主要病菌对骨干药剂抗性发生动态，建立抗药性病原群体流行测报系统。

(4)研究还未发现抗药性的病原物与药剂组合产生抗药性的潜在危险，及早采取合理用药措施。但应防止试验中获得的抗药突变体释放到自然界中去。

(5)合理用药，防止抗药性发生或延缓抗药群体的形成。病原微生物在自然界存在的数量大、繁殖快，尽管发生抗药性变异的频率很低，但在药剂选择压力下，通过侵染致病和繁殖会很快形成足以引起病害流行的抗药群体。合理的用药措施包括：①使用最低有效剂量；②在病害发生和流行的关键时期用药，尽量减少用药次数，以化学保护代替化学治疗，避免以土壤或种子处理的方法防治叶面病害，降低选择压力；③避免在较大范围内使用同种或同类药剂（防止产生交互抗性）；④不同作用机制的杀菌剂混用或交替使用，但应避免两种高度危险性的药剂混用或轮用，防止多重抗药性发生；⑤在抗性发生严重的地区回收药剂，停止用药。

(6)加强对杀菌剂生产、混配、销售的管理，防止盲目生产、乱混乱配、乱售乱用。

（三）抗药性治理的长期策略

(1)杀菌剂抗药性治理的长期策略有下列5点：

①开发和生产不同类型的安全、高效、专化性杀菌剂，贮备较多的有效药剂品种。在确保传统的保护性杀菌剂有一定量的生产和应用的同时，根据植物与病原物之间的生理生化差异开发和生产不同类型的安全、高效、专化性杀菌剂，贮备较多的有效药剂品种。已知几丁质是许多真菌细胞的主要结构成分，但不存在于植物组织中，真菌与植物体内组装纺锤体的微管蛋白结构、蛋白质合成机制及 RNA 合成酶系等也不同。此外，真菌与植物体生物膜结构组分的差异，也已成为人们开发研究新杀菌剂的热点，如真菌细胞膜中以麦角甾醇为主，而动物和植物细胞膜中则分别以胆固醇和豆甾醇为主，随着杀菌剂药理学等方面科学研究的深入，还可能发现病原物与其他生物之间的更多的生化差异可用来开发新农药。尤其是对植物有化学免疫功能的新型农药。

②开发具有负交互抗性的杀菌剂。对苯并咪唑类杀菌剂有负交互抗性的乙霉威已在我国生产、应用。值得注意的是，并不是所有多菌灵抗性病菌都对乙霉威敏感。目前，无论在法国、日本，还是在我国，苯并咪唑类杀菌剂与乙霉威的混合使用，还仅仅局限于灰霉病的防治，对其他苯并咪唑类杀菌剂抗药性病害还缺乏可以防治的有效试验。同时应该注意到，对多菌灵表现抗性的灰霉病菌也容易对乙霉威产生抗药性，在乙霉威和多菌灵的选择压力下，可以形成既抗多菌灵又抗乙霉威的病原群体，如在法国葡萄园，使用混剂 3 年后，灰霉病菌便形成了既抗多菌灵又抗乙霉威的抗药群体。

③研制混配药剂，选用科学的混剂配方。在了解杀菌剂的生物活性、毒理和抗药性发生状况及其机理的基础上，研制混配药剂，选用科学的混剂配方。例如，三唑醇和十三吗啉都是抑制麦角甾醇生物合成，防治白粉病的特效药剂，但前者作用位点是 14a-C 的去甲基，后者是阻止 $\Delta 8 \rightarrow \Delta 7$ 异构反应，两药混用既可防止抗药性发生，又可增加防效；柑橘青霉对氯苯嘧啶醇的抗药性是因菌体利用能量通过跨膜蛋白排泄药剂，使药剂不能在菌体内积累，因此该药与呼吸作用抑制剂及蛋白生物合成抑制剂混用，能克服抗药性，提高防效。

④采用综合防治措施。根据抗药病原物的生物学、遗传学和流行学理论，在病害防治中采用综合防治措施。

⑤建立有实用价值的病原物抗药性治理模型。采用综合防治措施，在抗药性治理策略实施过程中，及时总结评估，对策略不断进行修改、补充和完善。

(2)抗药性治理策略实施要点。植物病原物抗药性是植物病害化学防治科学技术进步中出现的新问题。杀菌剂抗性的发生和对生产造成的危害不像杀虫剂那样显而易见，容易被人们忽视。因此，加强对杀菌剂抗性的危险性和危害性宣传教育，提高各级农业行政管理、农业生产、科研和推广人员及用户等对杀菌剂抗性的认识是实施抗药性治理的首要任务。加强各部门之间的合作，明确各自的任务和职责是实施抗药性治理的关键。

项目三　杂草的抗药性及克服办法

抗性杂草生物型是指在一个杂草种群中天然存在的有遗传能力的某些杂草生物型。这些生物型在除草剂处理下能存活下来，而该除草剂在正常使用情况下能有效地防治该种杂草敏感种群。

交互抗性是指在一种除草剂选择下，一种杂草生物型对该种除草剂产生抗药性后，对其他与该除草剂作用机理相同的除草剂产生的抗药性。

多抗性是指抗性杂草生物型具有两种或两种以上不同的抗性机理。

一、杂草对除草剂抗性发展简史

人们通常把1968年发现抗三氮苯类除草剂的欧洲千里光(*Senecio vulgaris* L.)作为首例的抗性杂草。现在欧洲千里光约32%对三氮苯类(莠去津)产生了抗性;9%对脲类/酰胺类(乙草胺)产生抗性;8%对合成植物生长激素类除草剂(2,4-D)产生抗性;3%对二硝基苯胺类(氟乐灵)产生抗性,而余下8%对其他作用方式除草剂产生抗性。

二、杂草抗药性的形成与机理

(一)杂草对除草剂抗药性的形成

一般来说,杂草抗药性群体的形成有两种学说。

一种为选择学说,即在除草剂的选择压力下,自然群体中一些耐药性个体或具有抗药性的遗传变异类型被保留,并繁殖而逐步发展成抗药性的群体。杂草群体中个体间对除草剂的遗传差异是抗药性产生的基础,除草剂的单一使用使得这种抗药性个体得以选择。而在没有使用除草剂情况下,由于杂草群体效应及竞争作用,抗性个体因数量极少,难以发展起来。

另一种为诱导学说,即由于除草剂的诱导作用,杂草体内基因发生突变或基因表达发生改变,从而提高了对除草剂解毒能力或使除草剂与作用位点的亲和能力下降,而产生抗药性的突变体。然后在除草剂的选择压力下,抗药性个体逐步增加,而发展成为抗药性生物型群体。

(二)杂草抗药性的机理

1. 除草剂作用位点的改变

许多杂草中,抗药性生物型的出现是由于除草剂作用位点产生遗传修饰的结果,这在大多数磺酰脲类、咪唑啉酮类、三氮苯类及二硝基苯胺类除草剂的抗药性研究中已得到证实。

2. 对除草剂解毒能力的提高

主要的生化代谢反应包括:

(1)氧化代谢。在植物体内除草剂的氧化作用是非常普遍的,常是导致除草剂解毒或活化的主要代谢反应。主要氧化代谢为芳基羟基化和*N*-脱烷基作用,如2,4-D在禾本科杂草和阔叶植物中芳基羟基化作用,形成4-羟基-2,4-D,又如灭草隆的*N*-脱烷基作用等。

(2)轭合作用。除草剂及其初级代谢产物以共价键轭合到植物体内的糖、氨基酸、谷胱甘肽及亲脂化合物如脂肪酸和甘油等,从而失去活性。一般来说,轭合作用增强了除草剂及其代谢物的极性,是除草剂解毒作用的一个主要机理。

(3)其他解毒代谢作用。对除草剂产生的氧自由基有解毒作用的酶的活性增加了,其中过氧化物歧化酶、抗坏血酸过氧化物酶和谷胱甘肽还原酶在抗药性生物型叶绿体中分别比敏感型的增加了1.6倍、2.5倍和2.9倍。

三、杂草抗药性的综合治理

杂草对各种除草剂产生抗性的速率是不同的。这种差异决定于一种除草剂的使用程度(即使用年数和使用面积)和杂草对该种除草剂产生抗性的相对难易程度(即抗性风险因子)。

抗性杂草生物型的出现和危害与作物连作、农田耕作及栽培活动减少、高强度除草剂的使用等有密切联系。因此制定和实施预防抗性杂草生物型的产生与控制抗性杂草生物型危害的综合治理措施主要包括：

(一)交替轮换使用

除草剂合理的交替轮换使用，是杂草抗药性综合治理的一项重要方法。基本原理是：在一个地区使用某一种或某一类除草剂时，由于除草剂的选择作用，该地杂草群体中抗药性杂草生物型的比例会逐渐上升，当交替轮换使用另一种(类)除草剂时，利用抗药性杂草生物型的适合度通常低于敏感杂草生物型的不利因素，可使群体中稍有上升的抗性杂草生物型恢复到用药以前的水平。要避免长期单一使用某种除草剂。特别是当发现在推荐用量情况下，某种除草剂防效下降，并证实是因抗性杂草生物型频率上升所引起时，通常不要采用增加用量的方法来提高其效果，而应采用另一种(类)除草剂进行交替轮换使用。选择何种交替使用药剂取决于杂草种群中已经上升的抗性杂草生物型能否恢复到用药以前的水平，因此，交替轮换的除草剂间不应存在交互抗性。即使不同类别的除草剂间，如有交互抗性，也不能交替轮换使用。如在澳大利亚南部，抗苯氧羟酸类除草剂禾草灵的瑞士黑麦草对供试的22种除草剂中的15种具有交互抗性，这15种除草剂包括芳氧基苯氧基丙酸酯类除草剂稳杀得、盖草能，取代脲类的绿麦隆，磺酰脲类的绿磺隆，二硝基苯胺类的氟乐灵等7类除草剂和5个不同作用位点，这是一种杂草对化学结构不相似、作用位点不同的除草剂所表现出的广泛交互抗性，这些药剂间就不能交替轮换使用防治该种杂草。

(二)混用

除草剂的科学合理混用，也是杂草抗药性综合治理的一项重要方法。因为使用按一定比例混配的除草剂混剂，可明显降低抗药性杂草生物型的发生频率，以延缓或阻止抗性的发展，同时可扩大杀草范围、增强药效、提高作物的安全性及降低对后茬作物的影响。

杂草抗性综合治理中科学合理混用除草剂的关键是：首先要避免使用具有交互抗性的除草剂进行混用，尤其是作用位点相同的除草剂间会具有交互性应避免混用。其次除草剂混用具有产生多抗性风险。一些杂草种群由于使用了不同作用方式，不同残留活性的除草剂混用，若干年后杂草会对两种除草剂产生多抗性。

(三)限制使用

限制使用主要是对用药量采取限制，即在阈值水平上最佳量使用除草剂。这不仅更加经济有效，同时还能降低除草剂用量，有意识地保留一些田间杂草和田边杂草，可以使敏感杂草和抗性杂草产生竞争，通过生态适应、种子繁殖、传粉等方式形成基因流动，以降低抗药性杂草种群的比例。但这方法需要严格的试验，经验证后实施。

(四)农业防治、生物防治及其他防治措施

1. 农业防治

主要包括作物轮作、耕翻、放牧、焚烧及休闲等。作物轮作能避免栽培系统中使用单一除草剂，从而延缓其抗性产生。合理的轮作具有多方面的作用，有许多恶性杂草与特定的作物有着密切联系，这是由种子萌发的要求和生长模式等因素决定的。作物轮作会减弱这些杂草对环境的适应性，同时选用其他除草剂可以明显地提高控制效果。如果选择竞争性强的作物品

种进行轮作，也不利于抗性生物型杂草的生长发育。轮作的年限在很大程度上取决于土壤种子库中抗药性和敏感性杂草种子的量、寿命、相互间流量及与栽培方式之间的关系。

耕翻可以增加埋入土层杂草种子数量，有利于减少化学除草剂的使用量，减少除草剂的选择压力，有利于降低杂草种群中抗性生物型的比例。

控制抗药性杂草种子的传播，如加强灌溉水源中杂草种子的清除，加强牲畜粪便的管理等，这样可以减少抗药性杂草种子的扩散。

2. 生物防治

杂草的生物防治就是利用杂草的天敌（昆虫、病原微生物、病毒和线虫等）来防除杂草。如1926年澳大利亚利用一种螟蛾控制危害牧场的仙人掌。20世纪70年代初，我国山东省农业科学院植保所开发的鲁保1号制剂防治大豆田菟丝子效果显著。

【模块小结】

人类赖以生存的生态环境与人们日益增长的需要决定了农药仍然是人类用于控制病、虫、草等有害生物为害的一项重要手段，并在农林生产的发展中起积极的作用。农药的使用与许多现代科学技术的应用一样，如使用不当，也会给人类带来副作用。随着农药的广泛使用，有害生物的抗药性已成为当前病、虫、草等有害生物防治中所面临的一场严峻挑战。至今有500多种昆虫及螨、150多种植物病原菌、185种杂草生物型、2种线虫、5种鼠及1种柳条鱼已产生抗药性。因此，研究害虫、病原菌及杂草抗药性产生的原因与治理对策，既有利于安全、高效、经济、合理地使用农药，又可以确保农、林业生产的高产、优质、持续发展，也为新农药的创制提供依据。

【模块巩固】

1. 害虫抗药性的特点是什么？
2. 简述害虫抗药性治理的策略。
3. 简述病原物抗药性治理。
4. 简述杂草抗药性的综合治理。

模块十一

新农药的研究与开发

【知识目标】

通过本模块学习，学生了解农药活性化合物的筛选方法和过程，农药管理的基本内容，农药的登记管理。

【能力目标】

掌握农药新化合物的生物材料选择方法，掌握农药活性初筛方法，对常见农药品种进行简单药效试验。

项目一　化学合成与工艺研究

一、先导化合物的发现和优化

选定正确的先导化合物，是新农药研究与开发的核心环节。创制一个新的农药品种要耗费上亿美元的巨额资金，但这些经费大部分花在后期的开发阶段。如果在前期研究阶段能正确选定先导化合物，则有可能用相对少的人力和资金投入，就能使新农药开发成功。相反，如果选错了先导化合物，则会导致后期开发失败而造成人力和资金的巨大浪费。因此，发现和选定先导化合物对于提高开发成功率和节约开发成本有重大意义。所谓先导化合物（lead compound），是指通过生物测定，从众多的候选化合物中发现和选定的具有某种农药活性的新化合物，一般具有新颖的化学结构，并有衍生化和改变结构的发展能力，可以用作起始研究模型，经过结构优化，开发出受专利保护的新农药品种。发现先导化合物的主要方法如下。

（一）随机筛选（random screening）

这种途径的基础是直接针对作物的害虫、病原物和杂草，活体筛选供试化合物的可能活性。用这种方法发现的活性化合物完全是依靠机遇，化合物活性和生化机制是不可预测的。例如除虫脲和其他苯甲酰苯基脲类化合物是以敌草腈和敌草隆化学结构为基础设计的除草剂结构而合成的，然而在活性筛选中却意想不到地发现了它独特的杀虫活性。

近年来，随机筛选的重点放在具有新颖化学结构的化合物方面，特别是：①在分子中引入过去农药分子中少见的元素，如氟、硅、锡等原子或基团，特别是含氟基团的引入，往往可明显提高活性，近年来获得很大成功。②新型杂环化合物。由于杂环化合物结构多种多样，潜力很大，有些杂环可能有独特的作用机制和意想不到的生物活性，近年来同样获得很大成功。

随机筛选的优点是思路广阔，发现新颖化学结构及新型生物活性的机会较多。缺点是工作量大，相对成功率很低，特别是进入 20 世纪 80 年代以来，靠随机筛选发现新的先导化合物是越来越困难了。尽管如此，这种方法仍是目前采用的创制新农药的基本方法。

（二）类推合成（analogue synthesis）

类推合成即对已经开发的活性先导化合物进行衍生合成，开发新的农药品种或发现新的二次先导化合物，这样合成出来的化合物就是“模仿分子”（me-too molecules）。这种途径在磺酰脲类除草剂、三唑类杀菌剂、有机磷类杀虫剂、拟除虫菊酯类杀虫剂的开发中获得普遍成功。这种办法最省时省力、投资小、收益大，但很难发现有新的作用机制的新型先导化合物。

（三）天然产物模型（bioactive natural product model）

天然产物作为一种途径即从天然存在的化学品中获得具有生物活性的先导化合物。如从沙蚕中获得杀虫先导化合物沙蚕毒素，然后进行类推合成开发出杀螟丹、杀虫双、杀虫单、杀虫磺、杀虫环等。最有名的当然是从天然除虫菊中发现除虫菊素这样的杀虫先导化合物，然后类推合成，开发出当今几十个高效拟除虫菊酯类杀虫剂品种。天然产物毒扁豆碱通常认为是合成稳定的氨基甲酸酯类杀虫剂的先导化合物，从而经设计改造合成了西维因、速灭威、异丙威、害扑威、克百威和涕灭威等。

从天然产物模型发现先导化合物有利的一面是天然产物可提供多种新颖独特的分子结构，筛选的范围较广，成功率较高，可提供多种新型的作用方式。以杀虫活性物质为例，除对昆虫的毒杀作用外，还可能有忌避作用、抗产卵作用、拒食作用、干扰生长发育作用、影响行为控制作用等。天然产物本身有较好的环境相容性。但也有不利的一面，许多天然产物的化学结构过于复杂，用作先导化合物进行模拟合成或结构优化时难度较大；许多天然产物在生物体内含量甚微，显示的生物活性不高，增加生物筛选的困难，容易漏筛；许多天然产物以多组分混合物形式存在，相当一部分对光和热不稳定，给有效成分的分离和结构鉴定带来困难。但总体来说，天然产物模型是发现先导化合物的重要途径，近 20 年来一直是农药化学研究的热门课题。

（四）生物合理设计（biorational design）

以靶标生物体生命过程中某个关键的生理生化作用机制为研究模型，人为设计合成干扰此作用机制的化合物，从中筛选出先导化合物，然后进行结构优化开发。

生物合理设计的总体思维可分为下述三步（以杀虫剂为例）：

第一步：研究昆虫的某一生化途径，该途径对昆虫而言是生命攸关的。研究该途径的某一环节，该环节是易受攻击的生命过程的薄弱环节，如果干扰这一环节，昆虫将死亡。

第二步：研究如何干扰上述的那个环节，即研究干扰的机制。昆虫生化途径几乎都和许多酶系或受体有关，如果干扰某种酶系或受体，则这一生化途径将中断，昆虫就会死亡。

第三步：根据研究清楚的靶标（酶或受体），人为地设计这种靶标的抑制剂，合成筛选出的杀虫剂就是生物合理设计的杀虫剂。

生物合理设计可分为已知靶标结构的分子设计和未知靶标结构的分子设计。由于农药在生物体内的作用靶标通常都是一些生物大分子(酶、核酸、受体等),它们的三维结构在一定程度上决定了一个有效药物分子在化学结构上的要求。因此,在已知靶标三维结构的情况下,科学家就可以从空间及电性等方面出发,在分子和电子水平上探索药物和靶标的相互作用及构效关系,进而采用数据库搜索、连接法、原子生长及碎片生长等方法进行药物分子设计。这种方法是从靶标的三维结构出发直接设计药物分子,因此这种设计又称为直接设计。但目前绝大多数靶标的三维结构并不清楚。在这种情况下就只能依靠诸如分子学、量子化学等理论计算方法、二维或三维定量构效关系分析及非线性定量构效关系分析等手段,对不同结构类型但具有相同作用靶标的药物分子进行系统的构效关系研究,提取出共同的药效基团,进而反推靶标的三维结构以指导药物分子设计。这是以假想的靶标三维结构间接地设计药物分子,因此这种设计又称为间接设计。

上述 4 种途径不是孤立的,而是相互联系的。事实上无论采用何种途径发现先导化合物后,必然要经过系统的结构修饰,获得一系列类似化合物,这个过程称为先导优化(lead optimigation),从中筛选出可供商品开发的候选化合物。同时在优化过程中,由于一次先导化合物经过较大的结构改变,包括分子骨架的改变,可能产生二次先导化合物。这样反复进行多次结构改造,产生更高层次的先导化合物,这个过程称为先导展开(lead development)。这样,从一个原始的先导化合物就可展开产生多个层次的先导化合物,进而优化获得多个候选化合物,使商品开发成功的机会大为增加。

二、小试研究和中试研究

在先导化合物发现及优化阶段,化学合成的目的是尽快获得化合物纯品供作生物筛选,并不计较合成反应的收率多少和成本高低;而在小试研究(laboratory research)阶段,其目的在于选择适合于选定化合物工业生产的合成路线、工艺条件和设备,尽可能提高质量和收率,并提出分析方法,三废治理措施等,结合药效,急性和亚急性毒性试验结果,为中试验研究提供依据。小试中的化学合成及工艺研究包括下列内容:

(1)选择合成路线。对某一选定化合物的主要合成路线进行分析和试验,通过原料来源、设备条件、能量消耗、反应收率、成本等综合比较,选出工业上合理的工艺路线和合成方法,并完成探索合成试验。

(2)合成条件优化。对影响质量和收率的各主要因素,原料配比、加料顺序、催化剂种类和用量、反应物料的浓度、反应温度和压力、反应时间及必要的宏观动力学研究等进行优选,确定优化反应条件,并多次实验证实。

(3)测定和合成反应有关的理化数据,如热量、黏度等,为设备选型及进一步的工业性试验提供依据。

(4)制定原料、中间体、产品的分析方法。

(5)进行物料能量衡算,初步评价其经济效益。

(6)提供适量合格产品进行田间药效试验评价和安全性评价。

中试研究即中间试验,是在小试研究的基础上进行的,包括下列内容:

(1)验证小试结果。

(2)根据工程放大的需要,建立一定规模的中间试验装置(全流程或单元操作),校验工艺流程的合理性和操作条件的可靠性,测定物料平衡、热量平衡及制定过程控制方案。

(3)主要设备材质选择和设备选型。

(4)较长周期稳定和连续运转。

(5)“三废”治理方案。

(6)原材料、中间体及产品的分析方法和建立产品质量标准。

(7)产品应用研究。

(8)中试技术及中间评价。

(9)基础设计与最终评价。

新农药研究开发程序可简单归结为:小试研究(基础研究)→ 概念设计 → 中间试验(过程研究)→ 基础设计(工业规模)。

项目二　生物筛选与作用机理

一、生物筛选在新农药研究与开发中的意义

生物筛选(biological screening)的含义是:采取一定的可重复的方法和步骤,用一定剂量的候选化合物处理供试生物材料,根据供试生物材料的反应并经过特定的统计分析后,选出有效化合物供进一步商品化开发,或作为先导化合物进一步研究。

生物测定工作贯穿于新农药研究与开发的始终,其意义在于:要从众多的供试化合物中发现先导化合物,必须依赖生物筛选提供的各化合物的生物活性信息;在先导优化及分子设计,特别是构效关系研究中必须要依赖生物筛选提供定量活性资料(毒力);对候选化合物也必须依赖生物筛选结果对其是否有商品化开发价值作出评价。此外,生物筛选还可提供毒理学数据,而这些毒理学数据反过来又给新农药研究与开发提供新的思路。因此,生物筛选是新农药研究与开发的重要组成部分,生物筛选的成败关系到新农药研究与开发的成败。在国外,一些大的农药公司都有专门的生物筛选部,配备有现代化的生物筛选设备和训练有素的专业技术人员。

二、供筛选的生物材料

生物筛选有两种模式,即定向筛选和广泛筛选。定向筛选有预定目标,即针对特定的有害生物进行筛选。如防治棉铃虫药剂筛选,防治白粉病药剂筛选,卫生杀虫剂筛选等。广泛筛选,又称普筛,是一种没有限定和预期目标的筛选。在新农药研究与开发工作中,尤其是在前期的研究阶段,生物筛选主要是普筛。但是普筛并不是漫无目的地盲目测试,而是根据供试化合物的分子结构、理化性质和类似化合物已有的生物活性资料,综合分析后选定若干种生物材料,而且这些生物材料的选择还应参考下述两个原则:

(1)在室内人为环境条件下,应用较简便快捷的繁殖技术,可保证全年定时大量供应,不受季节性限制。

(2)应是广泛发生危害的主要农林有害生物,具有重要的经济意义而且在分类地位上有一定代表性。

不同的国家和地区,不同的农药公司或不同的实验室都有各自选定的生物材料,而且一经

选定，不会轻易变动。

建议采用下列虫螨作为杀虫活性筛选试虫：

东方黏虫(*Mythimna separata*)幼虫

小菜蛾(*Plutella xylostella*)幼虫

豆蚜(*Aphis craccivora*)无翅成蚜

截形叶螨(*Tetranychus truncatus*)成螨

建议采用下列病原菌作为杀菌活性供试病原菌：

番茄灰霉病菌(*Botrytis cinerea*)分生孢子

水稻稻瘟病菌(*Pyricularia grisea*)分生孢子

苹果炭疽病菌(*Colletotrichum gloeosporioides*)分生孢子

西瓜枯萎病菌(*Fusarium oxysporum* f. sp. *niveum*)分生孢子

小麦条锈病菌(*Puccinia striiformis* f. sp. *tritici*)夏孢子

黄瓜霜霉病菌(*Pseudoperonospora cubensis*)孢子囊

白菜软腐病菌(*Erwinia carotovora*)

茄青枯病菌(*Burkholderia solanacearum*)

马铃薯环腐病菌(*Clavibacter michiganense* subsp. *sepedonicum*)

枯草芽孢杆菌(*Bacillus subtilis*)

建议采用下列植物种子作除草活性供试植物：

反枝苋(*Amaranthus retroflexus*)种子

油菜(*Brassica campestris*)种子

狗尾草(*Setaria faberi*)种子

小麦(*Triticum aestivum*)种子

三、筛选方法

(一)初筛

初筛在室内进行，包括离体测试和盆栽测试。初筛一般只设计供试化合物的 1～3 个剂量(浓度)作用于供试生物。初筛观察供试化合物有无生物活性，何种生物活性，大致的活性强度。

1. 杀虫活性初筛方法

推荐 4 种方法进行杀虫活性初筛：

(1)饲料混毒法。将待测样品和试虫人工饲料或半人工饲料混合(一般设计 1 000 μg/g 和 100 μg/g 两个剂量)，接入初孵幼虫饲养 7 天，其间观察试虫的反应症状，并分别于接虫后 1 天、3 天和 7 天检查死亡率，第 7 天称活虫体重，并与对照比较。

(2)叶片浸药饲虫法。叶片浸药饲虫法的基本原理是将待测样品溶于丙酮或二甲亚砜，再以水稀释，或将样品作成乳剂以水稀释(一般设计 5 000 μg/mL、1 000 μg/mL 和 100 μg/mL 3 个浓度)，将试虫喜食的叶片浸 3～5 s 后取出晾干，饲喂 3 龄幼虫 3 天，其间观察记载试虫的反应(如存活、取食、爬行、蜕皮等)。

上述两种方法中，药剂(样品)主要随试虫取食而进入昆虫消化系统，然后进入血淋巴，但也有部分药剂可能由于试虫爬行取食和载毒饲料接触而穿透表皮进入昆虫体内，即以胃毒为主触杀为辅。在饲料混毒法中，试虫为初孵幼虫，个体差异小，一般较敏感；在叶片浸药饲虫法中，试虫为3龄幼虫，个体大，易于观察。

（3）点滴法。以微量点滴器或毛细管点滴器在每个试虫个体的某一部位点滴相同体积的不同浓度的药液，在正常饲养条件下饲养24 h或48 h后检查死亡率。点滴的药液体积视虫体大小而定，3龄黏虫、小菜蛾幼虫可点滴0.2 μL，而豆蚜可点滴0.02～0.04 μL。

（4）药液浸虫法。将供试样品均匀地分散在水中，并稀释至一定浓度，把豆蚜或叶螨连同寄主植物叶片浸入药液3～5 s后取出用吸水纸吸取多余药液，正常饲喂24 h或48 h后检查死亡率。

2. 杀菌活性初筛方法

离体活性初筛采用下述3种方法：

（1）抑制菌丝生长速率法。抑制菌丝生长速率法属于含毒介质培养法，其原理是将不同浓度的药液和融化的培养基混合均匀，用这种带毒培养基培育供试病菌，以病菌菌丝生长的速率来评价供试化合物的杀菌活性。

（2）抑制孢子萌发法。抑制孢子萌发法的原理是将供试药剂附着在载玻片或其他平面上，然后滴加供试病原菌孢子悬浮液（也可将孢子悬浮液和一定浓度的药液混合后滴加在载玻片上），在保温、保湿条件下培育一定时间后镜检，以孢子的萌发率评价供试化合物的杀菌活性。

（3）抑菌圈法。抑菌圈法即水平扩散法，其原理是在已经接种供试菌（通常为细菌）的琼脂培养基表面，利用各种方法使供试药剂和培养基接触，在适当温度下培养一定时间，由于药剂的渗透扩散作用，施药部位周围的细菌被杀死或受到抑制，从而产生抑菌圈。抑菌圈的透明程度及抑菌圈大小可以评价供试化合物的杀菌活性。

离体筛选的优点是条件易于控制、操作简便迅速，适合大量样品的初筛；其缺点是和大田病害实际防治相差甚远。此外，有些化合物本身并无杀菌活性，但进入植物体内可诱导该植物产生防御性物质从而达到防治病害目的。在这种情况下，如果仅采用离体筛选，必然会“漏筛”。

盆栽试验法（活体筛选）则可克服离体筛选的不足。但盆栽试验相对烦琐、筛选周期长，在大量样品初筛阶段，只有设备先进的实验室才有可能将盆栽试验法作为杀菌活性初筛的评价方法。

3. 除草活性初筛方法

除草活性测定方法虽然很多，但概括起来可将这些方法因评判参数不同而划分为3类，即种子萌发鉴定法、植物生长量鉴定法及生理指标鉴定法。作为初筛，可采用下述两种方法：

（1）水琼脂培养基法。该法的原理是将供试植物种子播种于含有一定浓度的供试样品培养基中，培养一段时间后检查供试样品对供试植物种子萌发的影响及幼根、幼芽生长的影响。这种筛选方法灵敏、直观，不足之处是不适合测定其作用机制是抑制光合作用的样品。

（2）小麦去胚乳法。其原理是早期人工将麦苗剥离胚乳，使幼苗直接生长在含供试样品的培养液中，幼苗不再有胚乳供应养分，只能独立进行光合作用以补充自身营养，而许多光合作用抑制剂只有在植物种子萌发后能独立进行光合作用时才可发挥作用。该方法除去了胚乳的影响，因此是测定光合作用抑制剂较灵敏的方法。

目前，国外除草剂活性初筛大多数采用盆栽测试。样品处理通常分为芽前土表处理、混土处理、芽后茎叶处理和淹水条件下用滴管将样品滴入土壤中 4 种处理方法。

（二）复筛

经过初筛后，绝大多数供试化合物被淘汰，少数化合物进入复筛阶段。复筛是以低于初筛的浓度对初筛中保留下来的样品做进一步的测试。一般采用 5 个浓度，求出 LD_{50}、LC_{50} 或 ED_{50}、EC_{50}，并和常用的商品农药对照，以评价是否可进入田间小区试验。

（三）田间小区药效试验

田间小区药效试验是在田间条件下对室内复筛，特别是盆栽试验结果的进一步考核和筛选。复筛（包括盆栽）都是在室内人工控制条件下进行的，尽管现代化温室可以模拟田间一些条件，但毕竟和田间条件有较大区别。影响药效的因素主要有 3 个：①药剂：虽然室内测试和田间测试的药剂本身可以完全相同，但施药操作时喷洒的均匀度、覆盖度、沉积率是不会相同的。②生物：包括有害生物，特别是昆虫，室内测试时试虫的龄期、大小、敏感度都比较一致；而在田间，无法做到龄期一致，敏感度更不可能相同；室内种植的杂草和田间状态下的杂草其群落组成，对药剂的抵抗能力相差很大，即使是农作物，室内、田间同样差异很大。③环境条件：田间的温度、湿度、光照、风力是一个不断变化的连续过程，再好的计算机控制技术也难以将室内的环境条件模拟得和田间的环境条件完全一样。因此，只有通过多点田间小区药效试验才能确证一个化合物是否可能商品化。

四、作用方式及作用机理研究

农药对有害生物的作用方式是多种多样的，例如杀虫剂，主要作用方式可分为胃毒作用、触杀作用、熏蒸作用和内吸作用以及对行为的影响等。了解供试化合物的主要作用方式，不但对选用正确的生物筛选方法，而且对将来开发成商品农药后的施药技术、效果评价等都有重要关系。例如，一个化合物只有胃毒作用而无触杀、熏蒸及内吸作用，那么在生物筛选中，试虫就必须选用鳞翅目、鞘翅目等害虫，让试虫在取食饲料时将药剂摄入消化道，如果选用蚜虫、飞虱等害虫，筛选工作就无法进行。同样，如果一个化合物无内吸作用，那么也不可能加工成粒剂施于土壤中防治作物上的蚜、螨。因此，在生物筛选的最初阶段就应测定供试化合物主要有哪些作用方式，这一点在新农药开发中十分重要。

关于作用机理，特别是分子机理的阐明，同样是新农药研制开发的主要内容，但这一部分工作是在开发工作的后期进行。作用机理的研究反过来又可给新农药创制带来许多新的思想、新的启示，甚至提供新的途径。如前所述，发现新的先导化合物的途径之一就是生物合理设计，而生物合理设计的基础是对作用机理的深刻认识。

项目三　农药安全评价

农药安全评价也是新农药研究与开发的重要内容。农药安全评价包括农药卫生毒理安全评价和农药环境安全评价两部分内容。

一、农药卫生毒理安全评价

农药卫生毒理安全评价是通过动物试验和对人群的观察，来阐明农药的毒性及其潜在的危险性，其目的是为保护人类健康和制定预防措施提供理论依据。完整的农药毒理安全评价除进行系统的毒性试验外，还应进行接触人群的流行病学调查。但对新农药研究与开发来说主要是对新农药进行动物毒性试验，然后将动物毒性试验资料进行定性定量评价后，用以预测对人类健康的危险性。

经复筛的活性化合物被选定具有继续深入研究的价值时，即需进行第一和第二阶段的毒性试验，其结果作为评定是否再继续进行开发的依据。在活性化合物的制备、药效、第一和第二阶段毒性以及技术经济等方面的评价认为有商业开发价值并准备进行中试和大田药效试验时，则需要进行第三和第四阶段毒性试验，并根据试验结果评价该化合物是否可作为商品农药使用。

各阶段的毒性试验内容如下：

第一阶段：急性毒性试验。包括急性经口毒性（LD_{50}）试验；急性经皮毒性（LD_{50}）试验；急性吸入毒性试验（适用于挥发性液体或可升华固体化合物）；眼刺激试验；皮肤刺激试验及皮肤致敏试验。

第二阶段：亚急性毒性试验。包括蓄积毒性试验；原核细胞基因突变试验及 Ames 试验；体细胞：骨髓细胞微核试验或骨髓细胞染色体畸变分析任选一项。生殖细胞：睾丸细胞染色体畸变分析或显性致死试验任选一项。亚急性毒性试验对动物的染毒时间一般为 14～28 天。

第三阶段：亚慢性毒性试验。包括 90 天的经口试验；21 天经皮试验；21 天或 28 天吸入试验；迟发性神经毒性试验；两代繁殖试验；致畸试验和代谢试验。

第四阶段：慢性毒性试验。大鼠 2 年喂养试验，或小鼠 1.5 年喂养试验。至于具体的试验方法和评价指标，可参考《农药安全性毒理学评价程序》。

二、农药环境安全评价

在新农药研究与开发过程中，当入选化合物要进行农药登记及商品化生产前必须进行环境安全评价试验。试验内容主要有：

（一）环境行为

环境行为是供试化合物在环境中发生的各种物理和化学现象的总称，包括化合物在环境中的化学行为和物理行为。化学行为主要指化合物在环境中的残留及其降解与代谢过程；物理行为主要指化合物在环境中的移动性及其迁移扩散规律。

（二）生态效应

生态效应包括化合物对非靶标生物的毒性及化合物在生物体内的富集作用。对非靶标生物的毒性主要包括对害虫天敌的影响、对鱼类的影响、对蚯蚓及土壤微生物的影响、对蜜蜂、对家蚕的影响、对鸟类的影响等。具体试验方法及评价指标，可参阅国家环保局南京环境科学研究所编写的《化学农药环境安全评价试验准则》。

项目四　农药管理和农药登记

一、农药管理及其意义

农药管理是为了保证农药质量、防止农药生产、经营、使用过程中对人畜、环境产生危害，使其在农林牧业生产中发挥最大效益而制订的法律、法规或技术规范。由国家立法机关制订和颁布的有关法律，对农药生产、经营、使用等方面进行全面管理；由国家或地方行政机关制订的某个方面的行政法规或地方行政法，也具有强制性的约束力；由行政部门制订和颁布的某些技术规范则对农药生产、经营、使用有指导作用而无法律约束力。

农药是一类非常特殊的商品。首先，农药是现代社会发展离不开的商品。人口的增长、经济的发展都需要提供更多的粮、棉、油等农副产品。为此就必须防除病虫草鼠等有害生物，而且在相当长的一个历史阶段，农药仍是防除这些有害生物的最重要的物质基础。其次，农药是有毒的商品。农药在生产、运输、贮存和使用过程中可能会造成人畜中毒、造成对非靶标生物的毒害及对环境的污染。此外，农药还是不宜长期贮存的商品，不能过剩的商品，必须有计划地生产、销售和使用。因此，为了更好地发挥农药应有的作用，尽可能减少其副作用，特别是为了保护环境，保障人类健康，必须对农药这一特殊的商品进行全面管理。

二、国内外农药管理概况

法国 1905 年制定的《农药管理法》是世界上第一部农药管理的专门法规，标志着世界农药管理法制化的开始。随后美国、加拿大、德国等国也相继制定了农药管理法。按农药管理立法时间排序，世界上农药管理工作起步较早的 10 个国家分别是：法国（1905 年），美国（1910 年），加拿大（1927 年），德国（1937 年），澳大利亚（1945 年），奥地利（1948 年），日本（1948 年），英国（1952 年），瑞士（1955 年），韩国（1955 年）。

大部分发展中国家于 20 世纪 60 年代后开始实施系统的农药管理工作。联合国粮农组织（FAO）早于 1959 年就建立了一个农药使用专家组，开始重视农药管理问题，并在国际活动的协调方面做了大量的工作。

我国的农药管理始于 20 世纪 60 年代。1963 年农业部成立农药检定所，当时的主要任务是监督和检验农药产品的质量。1978 年确定农林部农药检定所负责审批农药新品种的投产和使用，复审农药老品种，审批进出口农药品种，督促检查农药质量和安全合理使用农药。1982 年颁布《中华人民共和国农药管理条例》，对农药的生产、经营和使用进行监督管理，是我国比较系统的第一部农药管理法令。1997 年农业部又颁布了《农药管理条例实施办法》，进一步完善了我国的农药管理工作。

三、农药管理的基本内容

从各国的农药法规及联合国粮农组织（FAO）1985 年通过的《农药供销与使用国际行为准则》可以看出，农药管理的基本内容如下：

1. 建立农药管理机构

由于农药法规是技术性较强的行政部门法规，因而除了确定政府主管监督工作的行政部门外，还必须有具体负责工作的机构，而且农药涉及的学科与部门（农业、环保、化工、卫生）较多，还必须明确生产、销售与推广应用等部门都要与所确定的主管监督的行政部门密切合作，共同加强农药管理。

2. 设立专家委员会

设立专家委员会的目的是为了便于对农药的评审和重大法规的制定提出建议。

委员一般由农、林、化工、卫生、环境保护、商业等政府部门，科学研究团体和高等院校的管理和技术专家组成，由主管部门聘请或任命。

委员会下设农业、毒性、残留、环保、标准等专业委员会，根据工作需要讨论有关业务技术问题。

3. 建立农药登记制度

采取有效措施，确保每一种农药能在国内使用前按照本国的法律或规定进行登记，方可出售。这已成为各国农药管理的核心制度，但不同国家、地区由于政治、经济等方面的差异，农药登记管理的重点各有所侧重。

美国、德国、日本等经济发达国家，它们的农药生产均处于世界领先地位。从 20 世纪 70 年代开始，这些国家农药登记要求的重点已从药效、质量的管理，向农药的安全化和环境保护方面发展。而且，这也已成为全世界农药登记管理的发展趋势。

4. 制订农药最高残留限量（maximum residue limits，MRL）

即法律上允许或承认某种食物、农产品或家畜饲料内，或其表皮所含的可以接受的农药残留最大浓度。

美国、德国、日本在 20 世纪 50～60 年代就率先制定了《食品中农药最高残留限量（允许量）程序和条例》。目前大多数国家都制定了各类农产品的农药最高残留限量控制标准，并由政府有关部门监督实施。

值得注意的是，国际组织为了确保食品卫生，又有利于农产品贸易，也提出一些统一的 MRL 值供各国参考采用。如 FAO/WHO 于 1962 年成立了国际食品法典委员会，开始进行国际食品法典的制定工作。其中农药残留法典委员会（Codex committee on Pesticide Residue，CCPR）从 1963 年开始定期召开联席会议（Joint Meeting on Pesticide Residue，JMMPR），起到了制定农产品农药残留量标准的国际中心作用。

5. 明确标签的重要性和法律性。

早在 1910 年美国制定联邦杀虫剂管理法时，主要规定了对一些标签的要求，1947 年制定农药登记制度时，规定除标签上标明的用途外，一概禁止使用，以保证其使用效果和安全性。澳大利亚对农药标签特别重视，制定了《农药标签法规》，对标签的内容、格式均有统一规定，标签要经过严格审查，才能使用。

1985 年 FAO 制定了《农药标签准则》（Guidelines on Good Labelling Practice for Pesticides），详细说明了什么是标签，发布准则的目的，明确规定了标签的内容。

6. 法律授予主管当局监督开展登记后活动的权力

这体现在 6 个方面：①对市场农药产品质量的监督；②使用标签内容一致的监督；③中毒

情况的监督；④食品中农药残留限量的监督；⑤农药使用对环境的影响；⑥有关安全使用农药的培训（生产、销售、使用者）以及关于生产、销售、使用、进口、广告、登记许可证的签发制度等。

根据以上特点，农药管理可分为两个大阶段：

第一个阶段：登记前管理，即根据登记要求，在农药研制、开发和登记过程中进行的管理工作。未经农药主管登记当局批准登记的农药不得进入市场作为商品销售和使用。

第二个阶段：登记后管理，即对登记后进入市场流通的农药进行的监督检查。包括对已登记的产品进行复查和再登记，并对农药标签、农药广告内容进行审查和监督，在生产、销售、使用、广告等方面建立许可证的签发制度，经常对市场流通的农药商品质量进行抽查和检测，对食品中农药最高残留限量及中毒情况进行监督，开展有关安全使用农药的培训和考核制度等。

四、我国农药登记管理的机构、内容和程序

（一）管理机构

1997 年 5 月 8 日颁布的《农药管理条例》明确规定，国务院农业行政主管部门负责全国的农药登记工作；各省、自治区、直辖市人民政府农业行政主管部门协助国务院农业行政主管部门做好本行政区域内的农药登记工作；国务院农业行政主管部门所属的农药检定机构负责全国的农药具体登记工作；各省、自治区、直辖市人民政府农业行政主管部门所属的农药检定机构协助做好本行政区域内的农药具体登记工作。国务院农业行政主管部门所属的农药检定机构具体是指农业部农药检定所；省、自治区、直辖市人民政府农业行政主管部门所属的农药检定机构具体是指各省、自治区、直辖市农药检定所（站）。

我国的农药管理，按内容来说可分为登记前管理和登记后管理两个方面。前者的重点是农药登记，后者的重点是对登记后进入市场的农药进行管理。

1. 登记前管理

根据“农药登记规定”，未经登记的农药不得生产、销售和使用。国外的农药，即使在其他国家已登记而在我国未登记，也不能在我国生产、销售和使用。

因此，农药登记的主要内容可从以下 3 个方面来理解，即：

我国尚未登记过的有效成分的新农药，整个登记过程分 3 个阶段进行，即田间试验、临时登记、正式登记。

经正式登记和临时登记的农药，在登记有效期限内，同一厂家或者不同厂家改变剂型、含量（或配比）、使用范围、使用方法的，农药生产者应当申请田间试验、变更登记。

生产其他厂家已经登记的相同农药的，农药生产者应当申请田间试验、变更登记。

2. 登记后管理

农药标签管理：申请农药登记时，必须提供农药的标签样张，并经农药登记部门审核批准后方可使用，不得随意更改。

标签内容：农药名称、规格、登记号、生产许可证号、净重、生产厂家、农药类别、使用说明、毒性标志、注意事项、生产日期、批号。

农药广告管理主要审查广告的内容，审查机关是各级农业行政部门，审批原则是：

未经批准登记的农药产品不得登广告；

广告内容与农药登记证及农药登记广告相符；

不得以任何形式弄虚作假，蒙蔽或欺骗客户。

3. 登记申请及审批程序

农药登记的申请及审批程序如图 11-1 所示：

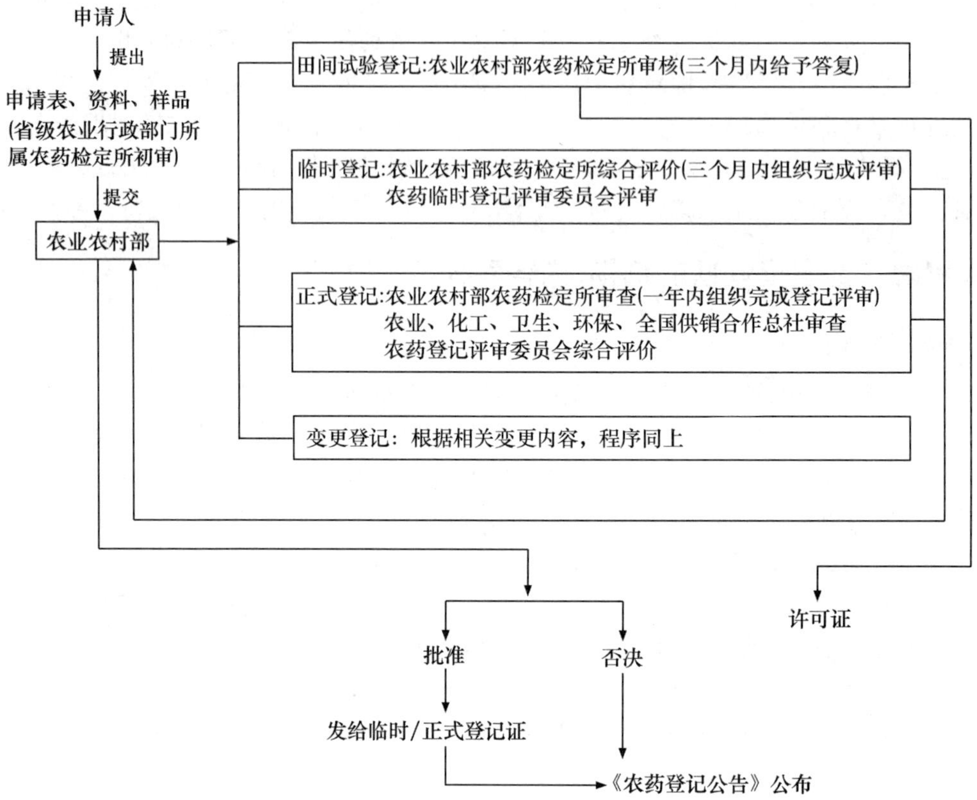

图 11-1　农药登记的申请及审批程序

【模块小结】

农药是动态发展的特殊商品，新品种总要不断地取代老品种，以适应农业生产的发展和社会的需求。特别是 20 世纪 80 年代以来，全社会对农药的属性提出了更为苛刻的要求，简单说来就是生物活性高、对非靶标生物安全、和环境相容性好。因此，新农药的研究与开发始终是农药科学和农药企业发展的原动力。我国在加入 WTO 后，为了应对知识产权保护的新情况，及时调整了我国农药产业的发展方针，逐渐由仿制转向创制。到目前为止，已有 20 余个我国自主开发的新农药获得临时登记，标志着我国新农药的研发已进入一个崭新的阶段。

新农药的研究与开发是一项复杂的系统工程，涉及化学、化工、生物、农学、医学和环境科学等众多学科，需要多学科的专家分工协作，按照严密组织的工作程序，进行系统的研究和试验。新农药的研制过程大体上可分为“研究”与“开发”两个阶段。在研究阶段，主要目的是从大量的化合物中筛选出新的农药活性化合物，发现先导化合物，经结构优化，筛选供开发的候选化合物。在开发阶段，则主要是对候选化合物进行开发试验和安全性评价，最后选定农药新品种，进行工业化开发并商业化。

【模块巩固】

1.发现农药先导化合物有哪些主要途径？各有何特点？

2.试述生物筛选在新农药研究与开发中的意义。

3.为什么要对农药进行全面管理？

参考文献

[1] 徐汉虹.植物化学保护.5版.北京:中国农业出版社,2018.
[2] 徐汉虹.生物农药.北京:中国农业出版社,2013.
[3] 赵善欢.植物化学保护.3版.北京:中国农业出版社,2000.
[4] 徐映明,朱文达.农药问答.5版.北京:化学工业出版社,2011.
[5] 吴文君.农药作用原理.北京:化学工业出版社,2004.
[6] 黄伯俊.黄毓麟.农药毒理学.北京:人民军医出版社,2004.
[7] 柴宝山,杨吉春,刘长令.新型邻苯二甲酰胺类杀虫剂的研究进展.精细化工中间体,2007.
[8] 王险峰.进口农药应用手册. 北京:中国农业出版社,2000.
[9] 柏亚罗.具有不同作用机理的杀螨剂. 现代农药,2005.
[10] 叶钟音.现代农药应用技术全书.北京:中国农业出版社,2002.
[11] 朱永和,王振荣,李布青.农药大典.北京:中国三峡出版社农业科技出版中心,2006.
[12] 张一宾,张怿.世界农药新进展.北京:化学工业出版社,2007.
[13] 刘长令.世界农药大全(杀菌剂卷).北京:化学工业出版社,2006.
[14] 沈德隆,龚启孙,翁建全,等.具有杀线虫活性的三氟丁烯类化合物研究进展. 浙江化工,2005.
[15] 倪汉文.除草剂使用的基本原理.北京:化学工业版社,2002.
[16] 吴向阳,仰榴青,等.灭螺药物研究进展.中国血吸虫病防治杂志,2006.
[17] 吕缘,易尚辉,刘桃成,等.氯硝柳胺灭杀钉螺效果影响因素分析.中华流行病学杂志,2006.
[18] 苏少泉,滕春红,陈良.激素类除草剂的现况与抗激素除草剂作物的发展.农药,2013,52(6):391-393.
[19] 陶波.除草剂安全使用与药害鉴定技术.北京:化学工业出版社,2014.
[20] 杨吉春,吴峤,孙旭峰,等.杀虫杀螨剂开发的新进展.农药,2012,51(10):703-716.
[21] 华乃震.新型高效、低毒杀螨剂产品的综述.世界农药,2016,38(3):25-34.
[22] 叶钟音.现代农药应用技术全书.北京:中国农业出版社,2002.
[23] 张一宾,张怿,伍贤英.世界农药新进展(三).北京:化学工业出版社,2013.
[24] 张宗俭,等.植物生长调节剂:农药科学使用指南.3版.北京:化学工业出版社,2015.
[25] 杨健,王汉斌.杀鼠剂的毒性及分类.中国医刊,2008,43(4):2-3.
[26] 张兴.无公害农药与农药无公害化.北京:化学工业出版社,2008.
[27] 袁传卫,姜兴印.光合作用抑制性除草剂的研究.农药科学与管理,2014,35(04):23-27.
[28] 赵平,严秋旭,李新,等.双酰胺类杀虫剂的现状与展望.农药科学与管理,2016,36(11):23-29.
[29] 赵青山,付颖,叶非.三唑并嘧啶磺酰胺类除草剂的研究概况.植物保护,2011,37(02):14-19.